GAOZHI GAOZHUAN

YUANYI ZHUANYE XILIE GUIHUA JIAOCAI 高职高专园艺专业系列规划教材

植物生理生化

ZHIWU SHENGLI SHENGHUA

主　　编　邹秀华
副 主 编　张君艳　涂清芳
审　　稿　杨文富　胡洪禄

重庆大学出版社

内容提要

本书是以植物为对象，将植物生理学和生物化学的重要内容结合起来编写的一部适应当前高职教育和就业岗位要求的综合性教材。

各章正文前有学习目标、技能目标、知识点、案例导入；正文中有知识链接、相关案例，正文后有本章总结、习题和思考题；章末附主体案例和案例分析与讨论题等。书后附有主要实验实训内容。

本书坚持以就业为导向，以够用、实用为目标，体现基础性、岗位实用性。使用对象为高职高专种植类、生物技术类及相关专业的学生，也可作为从事种植类行业的广大科技人员、种植者的参考书。

图书在版编目(CIP)数据

植物生理生化 / 邹秀华主编．—重庆：重庆大学出版社，2014.4

高职高专园艺专业系列规划教材

ISBN 978-7-5624-8023-5

Ⅰ.①植… Ⅱ.①邹… Ⅲ.①植物生理学—高等职业教育—教材 ②植物学—生物化学—高等职业教育—教材 Ⅳ.①Q94

中国版本图书馆 CIP 数据核字(2014)第 032653 号

高职高专园艺专业系列规划教材

植物生理生化

主　编　邹秀华

副主编　张君艳　涂清芳

策划编辑：屈腾龙

责任编辑：文　鹏　　版式设计：屈腾龙

责任校对：贾　梅　　责任印制：赵　晟

*

重庆大学出版社出版发行

出版人：邓晓益

社址：重庆市沙坪坝区大学城西路 21 号

邮编：401331

电话：(023) 88617190　88617185(中小学)

传真：(023) 88617186　88617166

网址：http://www.cqup.com.cn

邮箱：fxk@cqup.com.cn (营销中心)

全国新华书店经销

自贡兴华印务有限公司印刷

*

开本：787×1092　1/16　印张：19　字数：474 千

2014 年 4 月第 1 版　　2014 年 4 月第 1 次印刷

印数：1—3 000

ISBN 978-7-5624-8023-5　定价：36.00 元

GAOZHI GAOZHUAN

YUANYI ZHUANYE XILIE GUIHUA JIAOCAI

高职高专园艺专业系列规划教材

编委会

GAOZHI GAOZHUAN
YUANYI ZHUANYE XILIE GUIHUA JIAOCAI

高职高专园艺专业系列规划教材

参加编写单位

（排名不分先后，以拼音为序）

安徽林业职业技术学院
安徽滁州职业技术学院
安徽芜湖职业技术学院
北京农业职业学院
重庆三峡职业学院
甘肃林业职业技术学院
甘肃农业职业技术学院
贵州毕节职业技术学院
贵州黔东南民族职业技术学院
贵州遵义职业技术学院
河南农业大学
河南农业职业学院
河南濮阳职业技术学院
河南商丘学院
河南商丘职业技术学院
河南信阳农林学院
河南周口职业技术学院
华中农业大学
湖北生态工程职业技术学院
湖北生物科技职业技术学院
湖南生物机电职业技术学院
江西生物科技职业学院
江苏畜牧兽医职业技术学院
辽宁农业职业技术学院
山东菏泽学院
山东潍坊职业学院
山西省晋中职业技术学院
山西运城农业职业技术学院
陕西杨凌职业技术学院
新疆农业职业技术学院
云南临沧师范高等专科学校
云南昆明学院
云南农业职业技术学院
云南热带作物职业学院
云南西双版纳职业技术学院

前言 Premise

根据教育部《关于加强高职高专教育教材建设的若干意见》以及2006年16号文件《关于全面提高高等职业教育教学质量的若干意见》等文件精神，按照全国高等职业院校种植类专业对《植物生理》和《生物化学》所需教学内容的基本要求，以突出高职高专教育“学以致用”“以就业为导向”的特点，为培养种植类高等职业技术专业人才，我们组织编写了此教材。

本书是种植类专业一门重要的专业基础课程，主要目的是为学生学习后续专业课程，如作物生产技术、蔬菜生产技术、果树生产技术、作物育种技术等奠定坚实的植物生理生化基础理论知识和实验技能，培养在学习专业课及岗位行使职能时，能利用所学知识灵活解决遇到的各种问题并在生产中善于发现问题、勇于创新的高素质综合人才。

以往多数高职高专院校农林等种植类专业，开设《植物生理》或《植物与植物生理》时，还要开设其伴侣课程《生物化学》，作为二门单设课程，有些前沿内容显得过多、过深，与高职高专学生就业岗位关系不大，且二门课程中内容有许多重复，如《生物化学》中的生物氧化、糖的分解代谢等主要内容与《植物生理》中的植物呼吸作用及光合作用过程中的内容基本相同。考虑到学生在中学生物课程中学习过植物学知识，此系列配套教材中的《植物生产与环境》课程又有植物学内容，因此，此教材中不再包含植物组织、植物形态结构、植物分类等植物学内容。这样可紧缩课时，使学生有更充裕的时间进行专业和岗位技能学习和培训，符合“教高”16号文件中关于“改革课程体系和教学内容，建立突出职业能力培养的课程标准，规范课程教学的基本要求，提高课程教学质量”的宗旨。同时，根据“教高”“高等职业院校要积极与行业企业合作开发课程”“与行业企业共同开发紧密结合生产实际的实训教材，并确保优质教材进课堂”“改革教学方法和手段，融教、学、做为一体，强化学生能力的培养”等的殷切要求，在编写教材和实训教材内容时，广泛邀请专业教师、种植类有关岗位资深专家、生产一线的科技人员和实践经验丰富的种植者参与教材建设，并认真听取他们的意见和建议，使教材更具生产实用性。

植物生理是研究植物生命活动规律及其与环境之间关系的一门科学。植物生理学从诞生之日起就与农业生产结下了不解之缘。著名的俄国植物生理学家季米里亚捷夫早在20世纪30年代就作出了“植物生理学是合理农业的基础”；而生物化学是运用化学的原理和方法，研究生物体的物质组成和遵循化学规律所发生的一系列化学变化，进而揭示生命现象本质的一门科学。植物生理和生物化学都属于生物学的分支，植物生理生化属于新产生的一门从生化的角度分析研究植物生理代谢过程的综合学科。

本书遵循认知规律，首先讲述植物细胞生理生化的基础知识，在此基础上介绍：植物水分、矿质代谢，光合、呼吸作用，植物的生长物质、植物的生长发育规律和植物的逆境生理，将生产上经常利用的生理生化基本原理、基本过程及生产上的基本应用作了重点阐述。为加强对理论的理解和与实践相结合，每章都附有案例导入、知识连接、案例分析等内容。教材后附有可操作性、生产应用性强的实验实训项目。教材文字简练，通俗易懂，图文并茂，适合高职学院学生的认知能力。

本书共分 8 章，由邹秀华（潍坊职业学院）主编并统稿。第 1 章由张君艳（甘肃林业职业技术学院）编写；第 2，3 章由涂清芳（滁州职业技术学院）、周爱芹（潍坊职业学院）编写；第 4，5，7 章由邹秀华编写；第 6，8 章由郭继荣（甘肃林业职业技术学院）、于囡囡（潍坊职业学院）编写。编写过程中，潍坊职业学院植物生理教授杨文富和生物化学教授胡洪禄认真进行了审稿，专业课程教师韩世栋、杜守良，高级农艺师刁久欣、李现奎、朱德兴等给予了许多指导和建议。为使教材更加完善，编写人员在编写过程中参阅和应用了许多专家和学者的资料和图片，在此一并表示衷心的感谢！

教材是科学的载体，内容应力求客观、真实。由于编者水平的缘故，教材中难免有不当之处，敬请各位读者批评指正。

编　者

2013 年 9 月

目录

Contents

第1章 植物细胞生理生化的基础知识

学习目标

- 深入了解：植物细胞的基本概念、形态、结构和特点；酶的基本概念、作用特点及影响因素；植物大分子的种类、作用；原生质的胶体特性。
- 了解：酶的类型、性质、组成特点；植物大分子的性质、合成与降解等基本过程。

技能目标

- 能熟练操作显微镜观察植物细胞的显微结构；能制作植物组织的临时装片。
- 能根据原理，利用基本的材料、仪器和试剂测定糖、蛋白质、酶等的基本性质。

知识点

植物细胞的基本结构；细胞内酶的特点；植物大分子种类及作用；原生质胶体特性。

案例导入)))

植物细胞与植物生理生化

340 多年前，英国皇家科学学会的罗伯特·胡克用荷兰人列文虎克发明制作的显微镜观察了一小片软木，看到软木是由许多蜂窝状的小格子组成。胡克将每一个格子称作“细胞”。1838—1839 年，德国植物学家施莱登和动物学家施旺根据对植物和动物观察的大量资料提出：一切动、植物有机体都由细胞组成；每个细胞是相对独立单位，既有自己的生命，又与其他细胞共同组成整体生命，第一次明确地指出了细胞是有机体结构的基本单位，也是生命活动的基本单位，从而建立了细胞学说。恩格斯高度评价了细胞学说，把它列为 19 世纪自然科学的重大发现之一。细胞学说为生物科学的发展奠定了坚实的基础。20 世纪初，电子显微镜研制成功，它大大提高了显微镜的分辨率，从而使人们看到了光学显微镜下所看不到的更为精细的结构。20 世纪 60 年代，利用组织培养技术，从植物离体细胞培养成完整的植株，这一事实表明了离体的单细胞具有遗传上的全能性，一个细胞可造就一个单细胞或多细胞生命个体。

植物生理生化是研究植物生命活动规律及生命活动过程中所发生的生化反应的一门科学，是生物化学知识与植物生理知识的相互融合。植物的生命活动通过一系列严谨的化学反应来体现，如光合作用中的C3途径和C4途径，呼吸作用中的EMP和TCA循环等。因此，要真正理解和掌握这些规律和生化反应，首先应该学习植物细胞的有关基础知识。植物细胞的基础知识包括植物细胞的形态和组成，植物细胞内的酶、细胞内生物大分子物质、生物膜等微观构成部分的基本概念、基本组成及其特性、代谢规律等。

1.1 植物细胞

1.1.1 植物细胞的概念和类型

1）植物细胞的概念

除病毒和类病毒等少数个体外，已知的生命体几乎都由细胞构成；生物体所担负的各种功能是构成生物体的每个细胞代谢活动的总体呈现，如植物的绿色叶片能进行光合作用，其实质是构成叶片的每个绿色细胞都在进行光合作用的宏观总体表现。因此，细胞是生物体结构和功能的基本单位，植物细胞是构成植物体形态结构和生理功能的基本单位。植物细胞和动物细胞在结构上的差别，主要表现在植物细胞有细胞壁、质体（包括叶绿体）和液泡，而动物细胞却没有。

2）原核细胞和真核细胞

植物细胞又有原核细胞和真核细胞之分。原核细胞形态较小，结构简单，没有完整的细胞核。由原核细胞构成的生命称为原核生物，如细菌和蓝藻。真核细胞结构复杂，形态较大，细胞核完整。由真核细胞构成的生物称真核生物。自然界中绝大多数生命都是真核生物。二者的主要区别见表1.1。

表1.1 原核细胞和真核细胞的区别

特征	原核细胞	真核细胞
细胞大小	较小（1～10 μm）	较大（10～100 μm）
染色体	一个细胞只有一条染色体，其DNA没有和RNA、蛋白质联结在一起	一个细胞有多条染色体，其DNA和RNA、蛋白质联结在一起
细胞核	无核膜、核仁	有完整的核结构，有线粒体、质体、高尔基体等细胞器
内膜系统	简单	复杂
细胞分裂	出芽或无丝分裂，无有丝分裂	能进行有丝分裂

1.1.2　植物细胞的形态和大小

1）植物细胞的形态

植物细胞的形状多种多样（图1.1），主要取决于细胞的遗传特性、所处的位置、担负的功能以及环境的影响。如保护组织的细胞多呈扁平形，表面角质化或木栓化；根尖、茎尖生长锥中的分生组织细胞近球形，细胞彼此排列紧密，多呈球形、椭球形、多面体等；起输导作用的细胞多呈长筒形；起支承作用的细胞，其细胞壁厚呈纤维形、星形等。一般细胞的形态取决于其担负的功能，形态与功能是相适应的。

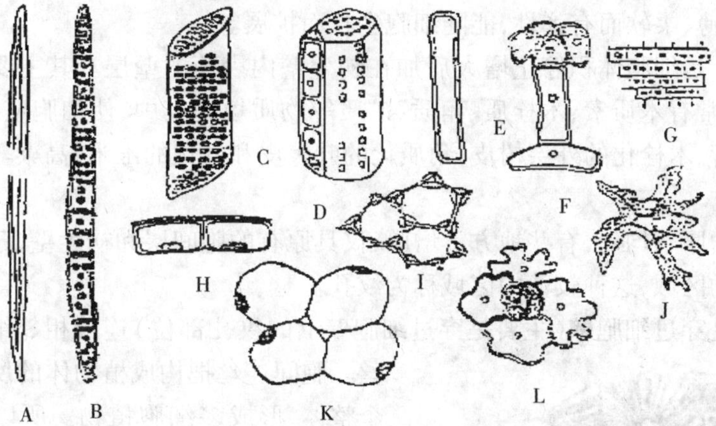

图1.1　植物细胞的各种形状

A—纤维；B—管胞；C—导管分子；D—筛管分子和伴胞；
E—木薄壁组织细胞；F—分泌毛；G—分生组织细胞；H—表皮细胞；
I—厚角组织细胞；J—分枝状石细胞；K—薄壁组织细胞；L—表皮和保卫细胞

2）植物细胞的大小

植物细胞一般较小，肉眼难以看到。在种子植物中，细胞直径一般为10～200 μm，极少数植物的细胞较大，如番茄果肉、西瓜瓤的细胞，直径可达1 000 μm；棉花种子外种皮的表皮毛长可达75 000 μm，而苎麻纤维细胞可长达550 000 μm；这些细胞肉眼便可以分辨出来。构成植物的细胞体积小，与环境接触面积相对增大，有利于与外部环境之间快速地进行物质、能量和信息的交换。

1.1.3　植物细胞的基本结构

植物细胞的形状尽管多种多样，大小不同，但其结构基本相似。一切活细胞都由原生质体和细胞壁构成，与相邻细胞之间由胞间连丝相连（图1.2）。

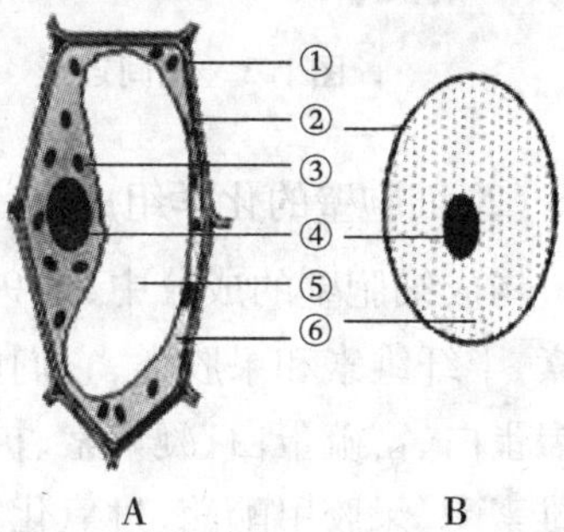

图1.2　细胞显微结构示意图

A. 植物细胞；B. 动物细胞

①—细胞壁；②—细胞膜；③—1/3 叶绿体；④细胞核；⑤液泡；⑥细胞质

1)细胞壁

细胞壁是植物细胞特有的结构,是原生质体外围的一层有一定硬度和弹性的固体结构,起维持细胞形状、保护原生质体、支持器官等作用,并与植物的吸收、蒸腾、运输和分泌等有很大关系。

(1)细胞壁结构

细胞壁大体可分为胞间层、初生壁和次生壁三个层次。

①胞间层　是细胞分裂产生新细胞时形成的相邻细胞共有的一层薄膜。其主要成分为果胶质,其特性为柔软和胶粘,并有可塑性,在细胞间起缓冲作用。

②初生壁　是在细胞生长过程中形成的细胞壁层次。主要成分为纤维素、半纤维素和果胶质,通常较薄、柔软而有弹性,能随细胞生长而扩展。

③次生壁　是细胞体积停止增大后加在初生壁内表面的壁层。其主要成分为纤维素和半纤维素,并常有木质素、木栓质、角质、矿质等物质填充其中,使细胞壁性质发生变化,如木质化的导管、木栓化的外层树皮、角质化的叶表皮和硅化的玉米、高粱等禾本科植物的茎的表皮细胞。

次生壁的增厚不均匀,有些地方不增厚,仅具原有的胞间层和初生壁,于是在细胞壁上形成许多较薄的区域,这种较薄的区域称为纹孔。

胞间连丝是穿过细胞壁(主要是穿过细胞壁上的纹孔部位)连接相邻细胞的原生质细丝。胞间连丝把构成植物体的所有细胞连成一个整体,形成多细胞植物。所以胞间连丝是单细胞植物进化为多细胞植物的产物。所有细胞的原生质体由胞间连丝连成的整体,称共质体;除共质体之外的植物部分,称质外体,质外体占住的空间称自由空间,如细胞壁、细胞间隙以及导管等存在的空间。胞间连丝也是植物体内物质代谢、能量代谢和信息传递的通道(图1.3)。

图1.3　胞间连丝

胞间连丝的数量与分布和细胞类型、生理功能及所处的位置密切相关,如在输送物质活跃的筛管、转移细胞与周围细胞间数量较多。

(2)细胞壁的化学组成

构成细胞壁的成分中,约90%为多糖,10%为蛋白质、酶类及脂肪酸等。多糖主要是纤维素、半纤维素和果胶类,它们由葡萄糖、阿拉伯糖、半乳糖醛酸等聚合而成;蛋白质主要为伸展蛋白、富硫蛋白、凝集素、扩张蛋白等;酶类物质以水解酶类和氧化还原酶类为主,包括纤维素酶、果胶甲酯酶、过氧化物酶等;次生细胞壁中还有大量木质素。

2)原生质体

原生质体来源于原生质。原生质是细胞内具有生命活动物质的总称,是细胞结构和功能的物质基础。原生质主要含有碳、氢、氧、氮四种元素,约占90%,其次是一些矿质元素成分。原生质的物质组成可分为有机物和无机物两大类。无机物主要有水、无机盐、溶于水中的气体等，含量最多的是水，一般可达细胞全重的60%～90%，细胞中的无机盐通常以离子状态存在，如 Na^+、K^+、Mg^{2+}、Cl^-、PO_4^{2-} 等。有机物主要有蛋白质、核酸、脂类、糖类以及微量的生理活性物质，如酶及其辅因子、激素、抗生素等。

原生质体是分化了的原生质，是细胞内所有结构的总称。对植物细胞来讲，原生质体是脱去细胞壁的细胞，包括细胞膜、细胞质和细胞核。

（1）细胞膜

细胞膜指包裹着原生质体、紧靠细胞壁的一层薄膜，简称质膜或胞外膜，厚度为 7～8 nm。细胞内构成细胞器的膜，称胞内膜，胞外膜和胞内膜具有相似的结构和功能，统称生物膜。

①生物膜的功能与化学组成　生物膜是微观世界的“建筑材料”，参与建造细胞内几乎所有的细胞器，同时参与生命活动中的物质代谢、能量转换和信息传递，为生命活动的区域化、有序化提供重要的保障。

生物膜的主要成分是蛋白质和脂类。膜中蛋白质含量最多，占膜干重的50%～75%，多为具有生理活性的酶蛋白，对进入细胞内的物质具有识别和运转功能，使膜具有选择透过性。多个酶蛋白分子可结合为多酶复合体，执行复杂的代谢活动，如光合链与呼吸连中电子的传递、矿质离子的运转、高分子物质的合成等。脂类占25%～45%，主要是卵磷脂，还有糖脂、硫脂等。糖类占5%，以低聚糖为主，主要分布于原生质膜的外层，其中多数与膜蛋白结合形成糖蛋白，使细胞表面结构丰富，主要作用是进行信号识别和信息交换。

②结构模型　关于生物膜的结构有许多模型，如单位膜模型、流动镶嵌模型和板块镶嵌模型等，这里主要介绍最为大家认可的液态流动镶嵌模型（图 1.4）。

液态流动镶嵌模型在 1972 年提出，该模型是在经典单位膜模型基础上建立的，是单位膜假说的发展。该模型对膜的结构主要观点如下：a. 卵磷脂分子中有一个极性头部和一个疏水尾部，可自发形成疏水尾部两两相靠的双分子层，构成膜的骨架；b. 膜具有不对称性。

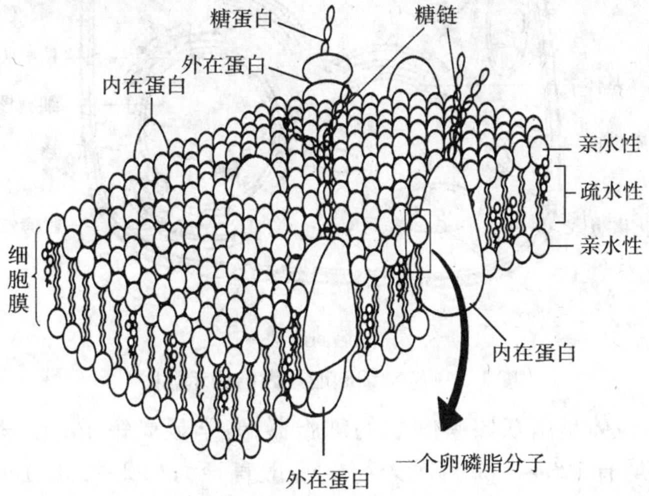

图 1.4　膜的流动镶嵌模型

蛋白质不只分布在膜表面且在膜表面不是均匀排布,可镶嵌入膜中,根据在膜中的位置,可分为外在蛋白与内在蛋白,外在蛋白分布在膜的表面,内在蛋白又叫镶嵌蛋白,可穿膜存在(又称跨膜蛋白)或全部埋入膜内。c.膜具有流动性,主要是指组成膜的二层卵磷脂具有相对流动性,随环境和对物质吸收状况的改变而改变,可以是固态、半固态或是可相对流动的液态。

流动镶嵌模型可解释物质进入细胞途径、细胞对物质吸收存在饱和现象等诸多单位膜模型所难以解释的问题,得到比较广泛的支持,但仍难解答蛋白质对脂类分子流动性的控制作用、膜各部分流动不均匀性等方面的问题。

(2)细胞质

细胞质是细胞质膜以内、细胞核以外的部分,由胞基质、细胞器组成。

①胞基质　在电子显微镜下也看不出有特殊结构的细胞质部分称胞基质,由均质半透明的胞质溶胶组成,是细胞质的基本成分,约占细胞体积1/2,含水、无机离子、溶解的气体、糖类、氨基酸、蛋白质、核糖核酸等。活细胞的胞基质在细胞内作有规律的持续流动,这种运动称为胞质运动。它是细胞之间物质运输和信息传递的介质,为各类细胞器行使功能提供必需的场所和原料。

②细胞器　细胞器是细胞质中具有一定形态结构和担负特定生理功能的亚单位或微器官,主要有线粒体、质体、内质网、高尔基体、核糖体、溶酶体、液泡、圆球体、微体、微管和微丝等(图1.5)。

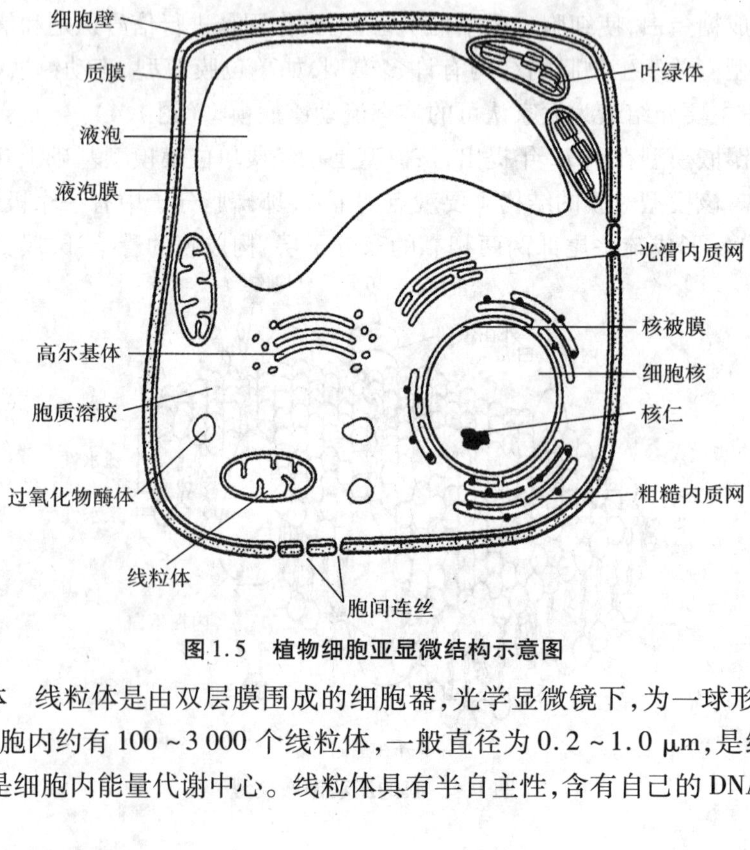

图1.5　植物细胞亚显微结构示意图

a.线粒体　线粒体是由双层膜围成的细胞器,光学显微镜下,为一球形、线形或杆状小粒。每一细胞内约有100~3 000个线粒体,一般直径为0.2~1.0 μm,是细胞有氧呼吸的主要场所,是细胞内能量代谢中心。线粒体具有半自主性,含有自己的DNA,能自主合成部分蛋白质。

b. 质体和叶绿体　质体由前质体分化发育而来，依色素有无分为白色体（无色素）和有色体（有色素），通常提到的叶绿体属于有色体。各种质体之间可以相互转化。

叶绿体是绿色植物进行光合作用的场所，存在于植物绿色器官的细胞中，尤以叶肉细胞为最多，高等植物的叶肉细胞一般含数十个至上百个左右叶绿体，通常呈扁椭圆状，平均直径约 5 ~ 7 μm，包括叶绿素和类胡萝卜素两类。叶绿素含量多，则植物通常呈现出绿色。叶绿体也有自己特有的 DNA，是半自主复制性细胞器。

c. 液泡　在成熟的活植物细胞中通常都有一个充满液体的中央液泡，是在细胞生长发育过程中由小的液泡融合而成的，是单层膜细胞器。液泡中含有无机盐、氨基酸、糖类以及各种色素等代谢物，甚至还含有有毒化合物，并处于高渗状态，使细胞处于吸涨饱满的状态。其主要功能是转运物质，吞噬和消化作用，调节细胞水势，吸收和积累物质，赋予细胞不同颜色（如花青素的颜色是随着细胞液酸碱性不同而变化的，酸性时呈红色，碱性时呈蓝色）。液泡中的水溶液一般称细胞液。

d. 高尔基体　高尔基体由单层膜包围的盘形液囊堆叠而成，分泌旺盛的细胞较发达。有 3 种基本组分：扁平囊泡、分泌囊泡和运输囊泡。其中，扁平囊泡可以看成是处于内质网膜和质膜的中间分化阶段。其功能主要有：物质集运作用，与细胞内、细胞间物质运输有关，也与消化及分泌物质有关；参与某些生物大分子物质的装配；参与细胞壁的形成；分泌细胞壁物质及其他多糖黏液（如食虫植物分泌的黏液）。高尔基体与内质网在功能上密切相关，二者共同完成许多生理功能，在结构上常依附在一起。

e. 内质网　内质网是由单层膜围成的扁平囊状的腔、泡、管或池，交织成网状结构，并与质膜、核膜、胞间连丝及相邻细胞的内质网发生联系。有的内质网表面上附有核糖体，称粗糙型内质网，有的不附着核糖体，称光滑型内质网。内质网的主要功能是扩大细胞的内表面积；促进细胞内和细胞间物质、信息的合成、运输、传递和交换，内质网还参与细胞壁和膜的形成。

f. 核糖体　核糖体又称核糖核蛋白体，无膜包裹，由 rRNA 和蛋白质构成。核糖体是蛋白质合成的场所，也是多种酶的集合体，由多个活性中心共同承担蛋白质合成功能，而每个活性中心又都是由一组特殊的蛋白质构成，每种酶或蛋白只有在整体结构中才具有催化活性。每一细胞内核糖体的数目可达数百万个，游离核糖体合成细胞内留存的蛋白质，如膜中的结构蛋白，而附在内质网上的核糖体合成向细胞外分泌的蛋白质。

g. 溶酶体　溶酶体是由高尔基体断裂产生、单层膜包裹的小泡，数目可多可少，大小不等，含有 60 多种能够水解多糖、磷脂、核酸和蛋白质的酸性酶，溶酶体的 pH 值约为 5，是其中酶促反应的最适 pH 值。根据处于完成其生理功能的不同阶段，大致分为：初级溶酶体、次级溶酶体和残余小体。其功能有：与食物泡融合，将细胞吞噬进的食物或致病菌等大颗粒物质消化成生物大分子，通过外排将残渣作用排出细胞；在细胞分化过程中，某些衰老细胞器和生物大分子等陷入溶酶体内被消化掉，这是机体重新组装的需要。

h. 微体　微体由单位膜包围而成，呈球形。微体分为过氧化物酶体和乙醛酸循环体。过氧化物酶体常和叶绿体、线粒体相邻，一起执行光呼吸。乙醛酸循环体存在于油料植物种子中，与脂肪代谢有关。

i. 圆球体　圆球体是由单层膜围成的球状小体，内含脂肪酶，可积累或分解脂肪，具有溶酶体的部分性质，也含有多种水解酶。

j. 微梁系统　微梁系统主要包括微管、微丝和中间纤维，它们都是由丝状蛋白多聚糖构成，不具膜结构，相互联结成立体三维网络体系，分布于整个细胞质当中，起到细胞骨架的作用。它是细胞中动态丝状网架，主要起到固定、引导、运输和信号传导作用。

微管是由微管蛋白（α 和 β 球状蛋白）组成的中空长管，外表无膜。细胞有丝分裂时，由微管构成纺锤丝；微管还影响细胞壁的生长和分化；微管与直径更小的微丝和中间纤维构成细胞骨架，起支持细胞的作用。

微丝是比微管更细的纤维，直径为 5 ~ 8 nm，由类似于肌动蛋白和肌球蛋白的蛋白质构成，有收缩功能，故与细胞内物质运输和原生质流动有关。

中间纤维是一类柔韧性很强的蛋白质丝，成分比微管和微丝复杂，由丝状亚基组成，首先形成双股超螺旋状的二聚体，随后组装为四聚体，最后形成圆柱状的中间纤维。它可以从核骨架向细胞膜延伸，提供一个细胞质纤维网，起支架作用，使细胞保持空间上的完整性，还有人认为中间纤维与细胞发育和分化有关。

（3）细胞核

细胞核是遗传物质的主要存在部位，是细胞遗传和代谢的控制中心。通常一个细胞只有一个细胞核。细胞核一般为圆球形，直径约 10 ~ 20 μm。核的形态在细胞分裂周期各阶段不同，细胞核由核被膜、核仁与核质组成。

核被膜有二层单位膜围成，上有核孔，并可自行调节开关，是核与外界进行物质、能量、信息交换的通道。

核仁是核膜内无膜包被的小球体，常有一到几个，主要成分是 RNA 和蛋白质。核仁与核糖体及蛋白质的合成有关。

核仁与核膜之间的物质是核质，核质由染色质和核液两部分组成。染色质主要由 DNA 和组蛋白组成，易被碱性染料染色。由于 DNA 是由建造生命体的密码组成，并能通过复制传递给后代，是重要的遗传物质，所以染色质是遗传物质的载体。染色质在核液中的分布有两种状态：在细胞不分裂时，呈细丝状，光镜下难以看到；在细胞有丝分裂时，染色质细丝螺旋变粗，光镜下可以明显看到，称为染色体。核液不能被碱性材料染色，是核行使功能的场所，成分和原生质相似。

通过以上内容可以看出，植物的各种功能，在植物细胞内都有相应的微器官来完成，各种微器官基本都有膜包被，保持了相对独立的空间，使生命活动能够有条不紊地进行。更证明了植物细胞是植物体结构和功能的基本单位这一科学论断。

1.2 植物细胞的酶

1.2.1 酶概述

1)酶的概念

酶是具有催化活性的蛋白质、核酸或其复合体,是提高生化反应速度的生物催化剂。

早在19世纪初就有关于酶的研究,但直至1878年由Kühne首先提出,1926年J. B. Sumner首次从刀豆中分离出脲酶结晶。此后,酶学迅速发展,酶的性质、组成与结构、作用机理等方面都有了深入的研究。

酶能够加快生化反应的速度,但并不参与生化反应过程中反应物或生成物的形成。绝大多数酶的化学本质是具有特殊生物活性的蛋白质。1982年T. Cech等科学家发现了RNA的催化作用,拓宽了以往认为酶的本质就是蛋白质的认识,开辟了酶学研究新领域,认为酶不仅可以是蛋白质,还可以是具有催化活性的核糖核酸分子(核酶、核糖酶、类酶RNA)和脱氧核糖核酸分子(脱氧核酶)。

凡是由酶催化进行的化学反应,称为酶促反应。在酶促反应中,受酶催化发生变化的物质为底物,由底物转变成的新物质称为产物。

酶存在于一切有生命的动植物细胞内,其含量虽甚微,但具有催化效率高、专一性强、作用条件温和等重要特点。若没有酶,生化反应将无法进行,如植物体内碳水化合物、脂类、蛋白质、核酸、维生素等的合成、降解及转化都将停止,生命也会终止。

生产、科研中使用的酶大多是从原料中纯化而来。

2)酶的命名与分类

1961年以前,大多数酶都是根据催化底物、催化性质或酶的来源命名,即习惯命名法,如水解淀粉、蛋白质、脂肪的酶分别称为淀粉酶、蛋白酶、脂肪酶,催化脱氢反应的称为脱氢酶,胰蛋白酶来自胰脏,胃蛋白酶来自胃,还有木瓜酶、β-淀粉酶等。这种命名法简单易行,被广泛使用,但缺乏系统性,会出现一酶多名或一名多酶的现象。

为了克服以上弊端,国际生化学会酶学委员会于1961年提出了系统命名法和酶的分类原则。酶学委提出:每一种酶都有一个系统名称和习惯名称,如β-淀粉酶的系统名称为α-1,4-多聚葡萄糖麦芽糖水解酶,以表明从α-多聚葡萄糖上水解1,4-糖苷键,并产生麦芽糖的反应。但因系统命名法名称太长,习惯命名法也经常使用。若酶促反应中有两种底物,则两种底物之间用“:”分开,如乙醇脱氢酶用系统名称时应写成“乙醇:NAD^+氧化还原酶”,若底物之一为水时可将水略去不写。

按照系统分类,酶被分为六大类,分别以1,2,3,4,5,6表示。根据底物中被作用的基团或键的特点,将每一大类又分为若干个亚类,按顺序编成1,2,3等数字。为了更精确地表示底物的性质,每一个亚类再分为若干亚亚类,仍用1,2,3等编号。最后是该酶在此亚亚类中的顺序号,也按数字1,2,3…表示。因此,每一个酶的分类编号由4个数字组成,数字间用"."隔开,编号之前加"EC",表示酶学委员会(Enzyme Commission)。例如:EC1.1.1.1是醇脱氢酶,1.表示氧化还原酶大类,1.1表示作用于CHOH为给体的亚类,1.1.1表示以NAD+或NADP+为受体的亚亚类,其系统命名为"醇:NAD^+氧化还原酶"。

(1)氧化还原酶类

氧化还原酶催化氧化还原反应,分为脱氢酶、氧化酶和过氧化物酶和加氧酶等亚类。脱氢酶使底物脱氢氧化,脱去的氢为辅酶所接受;氧化酶将底物上脱下的氢转移给氧分子,生成过氧化氢或水;过氧化物酶将底物中脱下的氢与过氧化氢等过氧化物反应,使过氧化物中的氧还原生成水;加氧酶是将氧加到底物中,使底物氧化。用公式表示为:

$$AH_2+B \longleftrightarrow A+BH_2$$

(2)转移酶类

转移酶是将底物上的某一集团转移给另一化合物,催化功能基团在分子间的转移,包括转甲基酶、转氨酶等。其中,许多转移酶需要辅酶,通常底物分子的一部分与酶或辅酶结合,这类酶包括激酶。用公式表示为:

$$A\text{-}R+B \longleftrightarrow A+B\text{-}R$$

(3)水解酶类

水解酶是一类特殊的转移酶,水作为转移基团的受体,它主要催化复杂有机物加水分解为较简单的化合物的反应。这类酶包括酯酶、肽酶、糖苷酶等,其中酯酶催化酯键水解,肽酶催化肽键水解,糖苷酶催化糖苷键水解,如蛋白酶、氨肽酶等。用公式表示为:

$$AB+H_2O \longleftrightarrow AOH+BH$$

(4)裂合酶类

裂合酶又称裂解酶,催化底物裂解并形成双键,或其逆反应。其中,催化细胞内的加成反应的裂合酶常命名为合成酶,常包括醛缩酶、水化酶、脱氨酶等。用公式表示为:

$$AB \longleftrightarrow A+B$$

(5)异构酶类

异构酶催化各种同分异构体的相互转变,包括顺反异构酶、消旋酶、变位酶等。反应过程只有一个底物或一个产物,因此为最简单的酶促反应。用公式表示为:

$$A \longleftrightarrow B$$

(6)合成酶类

合成酶又称连接酶,催化两个底物的连接或交联反应,在ATP的参与下,利用其高能键水解时释放的能量催化有机物的合成。因此,这类反应通常需要消ATP中的能量,包括羧化酶、酪氨酸合成酶、谷氨酰胺合成酶等。用公式表示为:

$$A+B+ATP \longleftrightarrow AB+ADP$$

3）酶作用的特点

酶作为生物催化剂，除具有一般催化剂的催化特性外。还具有以下特点：

（1）酶催化条件温和

绝大多数酶是活细胞产生的蛋白质，催化条件温和，能在常温、常压和 pH 近中性的条件下发生反应。但酶对环境条件较敏感，常因温度、pH 等轻微的变化或抑制剂的存在而影响其活性。凡能使蛋白质发生变性的因素都能使酶丧失活性，如高温、强酸、强碱、重金属等。

（2）酶催化的高效性

酶促反应要比相应的没有催化剂的反应快 $10^8 \sim 10^{20}$ 倍，比一般催化剂催化的反应快 $10^7 \sim 10^{13}$ 倍。这是因为在酶促反应中，底物与酶结合为中间产物，降低了反应所需的活化能，使反应加速。酶分子空间结构大，活化能比一般催化剂降低得多，因而使反应速度也就更快。

（3）酶催化的专一性

酶的专一性又称特异性。酶通常对其作用的底物（反应物）具有严格的选择性，一种酶通常只作用一种或一类底物，如脲酶只分解尿素，而不分解甲基尿素或其衍生物，葡萄糖激酶只催化葡萄糖磷酸化生成 6-磷酸葡萄糖，而不能催化果糖的磷酸化反应。

酶的特异性分为绝对特异性、相对特异性和立体异构特异性。绝对特异性是指酶只能催化一种或两种结构极相似的化合物进行反应，底物有任何变化都会妨碍催化作用的进行，如脲酶。相对特异性是指可以作用于一类化合物或一种化学键的酶，对底物要求不太严格，如脂肪酶能催化脂肪中酯键的水解；蛋白酶能催化肽键的水解。立体异构特异性指被作用的底物应具有特定的立体结构才能被催化，这种异构性包括光学异构性和几何异构性，如 L-氨基酸氧化酶只催化 L-氨基酸氧化而对 D-氨基酸不起作用。

（4）酶活性的可调节性

酶促反应受到多种方式的调节与控制，使其在细胞内能有条不紊地进行，生命活动才得以协调进行。其调控方式很多，包括结构调节、抑制剂调节、激活剂调节、共价修饰调节、反馈调节、激素调节等，如改变温度、pH、加入抑制剂等可影响反应的方向与强度。

4）酶的类型与构成

（1）酶的类型

①根据酶组成不同分类　分为单成分酶和双成分酶。单成分酶由简单蛋白质构成，水解产物只有氨基酸，酶活性仅决定于蛋白质空间结构，如蛋白酶、脲酶、核糖核酸酶等。双成分酶由结合蛋白质构成，包括酶蛋白和辅因子，整个酶称全酶，即全酶＝酶蛋白＋辅因子。辅因子起传递电子、原子和某些化学基团的作用，是酶活性所必需的构成部分。酶蛋白决定酶反应的专一性，只有全酶才能表现出酶的活性，缺一不可，如细胞色素氧化酶、脱氢酶、过氧化物酶等。辅助因子主要有金属离子（Fe^{2+}、Zn^{2+}、Mn^{2+}、Cu^{2+}等）、金属有机化合物（如铁卟啉）和有机小分子化合物（如 B 族维生素衍生物等）。辅助因子又分为辅酶和辅基。

辅酶与酶蛋白结合松弛,可通过透析除去,以游离状态存在。通常一种辅酶可以是几种酶蛋白的辅酶;而辅基与酶蛋白以共价键的形式牢固结合,不能用透析方法除去,通常一种辅基为一种酶所特有。

②根据酶蛋白分子结构的特点分类　可分为单体酶、寡聚酶和多酶复合体3类。单体酶只有一条多肽链,一般为催化水解反应的酶,如溶菌酶、核糖核酸酶、胰蛋白酶等;寡聚酶由几个或多个亚基组成,相互以非共价键牢固结合,分子量较大,如3-磷酸甘油醛脱氢酶等;多酶复合体是由几个酶镶嵌而成,相对分子量高,可催化底物转化为产物而进行的一系列顺序反应,如合成脂肪酸时脂肪酸合成酶复合体、丙酮酸脱氢酶系等。

(2)酶的构成

根据酶的各组分在催化反应中所起的作用不同,酶结构由活性中心和必需基团构成。

①活性中心　在酶分子中能直接和底物结合,并与催化作用有关的基团部位称为酶活性部位或活性中心,活性中心即是酶与底物结合的部位,又是反应的催化部位。

②必需基团　是维持酶空间构象所必需基团,也是酶催化作用的必需基团。

(3)酶的变构效应和变构酶

每个酶都有特定的空间构象,在与底物结合或受外界环境影响时,构象可发生变化。以调节酶的反应速度,这种效应即为“变构效应”。具有变构效应的酶称为“变构酶”,多为寡聚酶,含有两个或多个亚基。其分子中包括两个中心,一个是与底物结合,催化底物反应的活性中心;另一个是与调节物结合、调节反应速度的变构中心。变构酶受代谢终产物的反馈抑制,通常是代谢过程中的关键酶。

(4)同工酶

同工酶是指存在于同一种属生物或同一个体中催化相同的化学反应,而酶蛋白的分子结构、理化性质及生物学功能不同的一组酶,它们由不同位点的基因或等位基因编码的多肽链组成。同工酶具有多种多样的生物学功能,广泛存在于生物界,如同工酶的组织特异性和发育阶段特异性可满足某些组织或某一发育阶段代谢转换的特殊需求。同工酶作为遗传标记,已广泛应用于研究物种进化、遗传变异、杂交育种和个体发育、组织分化等,如植物的遗传变异可通过子代和亲代同工酶谱的比较来鉴别。在医学方面,同工酶也是研究癌瘤发生的重要手段。

5)辅酶和辅基

酶的种类多种多样,但常见的辅酶和辅基种类相对较少,表明一种辅酶或辅基可以和多种酶蛋白结合形成功能、结构各不相同的酶。辅酶和辅基大多数是重要的维生素类物质,在物质代谢过程中起着非常重要的调节作用。

(1)辅酶

①辅酶Ⅰ和辅酶Ⅱ　辅酶Ⅰ全名为烟酰胺腺嘌呤二核苷酸,缩写为NAD;辅酶Ⅱ为烟酰胺腺嘌呤二核苷酸磷酸,缩写为NADP(图1.6)。辅酶Ⅰ和辅酶Ⅱ是生物体内烟酸(尼克酸)和烟酰胺(尼克酰胺)的主要存在形式,因此是维生素PP(或维生素B_5)的主要供应形式,在肉类、谷物、花生及酵母中含量丰富。

NAD 和 NADP 是生物体多种脱氢酶的辅酶，在氧化还原反应中起着传递氢和电子的作用。NAD^+表示氧化型，NADH 表示还原型。氧化型的 NAD^+ 能被氢还原：$NAD^+ +2H \leftrightarrow NADH+H^+$，NADH 又可把氢和电子转移给另一个化合物而将自身又变为氧化型，如图 1.6 所示。

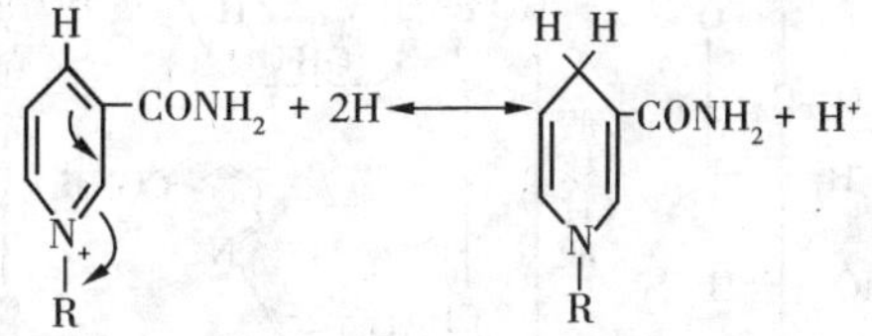

图 1.6　NAD 与 NADP 的氧化型（左）与还原型（R 为分子结构的其他部分）

左：氧化型的 NAD　　右：还原型 NADH

②核黄素和黄素辅酶　是以核苷酸为主要成分的辅酶，有黄素单核苷酸（FMN）和黄素腺嘌呤二核苷酸（FAD）两种，在生物氧化过程中起着传递氢的作用。其作用机理与辅酶Ⅰ和辅酶Ⅱ不同，脱氢反应只发生在核黄素部分，蛋白-FMN 和蛋白-FAD 表示氧化态，蛋白-$FMNH_2$ 和蛋白-FAD H_2 表示还原态，如：$FAD+2H \leftrightarrow FADH_2$（图 1.7；图 1.8（c）、（d））。

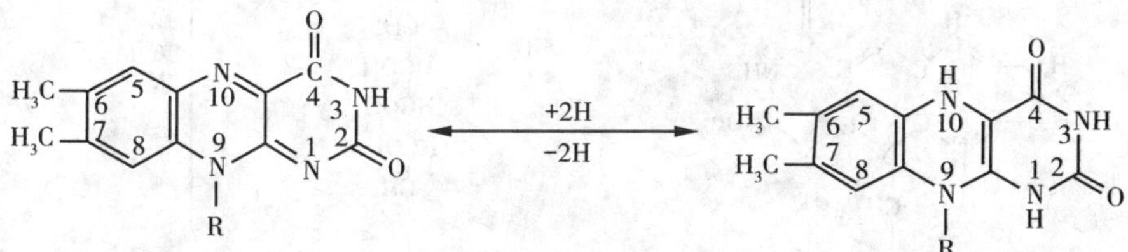

氧化型核黄素（黄色）　　还原型核黄素（无色）

图 1.7　FAD 与 FMN 的结构及氧化还原型相互转化示意图（R 为分子结构的其他部分）

左：FAD 或 FMN　　右：$FADH_2$ 或 $FMNH_2$

③硫胺素　硫胺素也称维生素 B_1，经体内硫胺素激酶催化后转化为焦磷酸硫胺素（TPP），反应简式：硫胺素+ATP→TPP+ADP。谷物外皮和酵母中含量丰富，在脱羧、转酮反应中起重要作用，因此硫胺素为羧化辅酶。

④泛酸与辅酶 A　泛酸又称维生素 B_3，广泛存在于动植物组织中，参与辅酶 A（CoA-SH）的组成。它主要起转移酰基的作用，转移作用由-SH 来完成，反应简式：

$$CoA\text{-}S\ H+RCOO\ H \rightleftharpoons CoA\text{-}S\text{-}COR+H_2O$$

⑤维生素 B_6　维生素 B_6 包括吡哆醇、吡哆醛和吡哆胺，不同形式间可相互转化，分布很广，是转氨酶、脱羧酶和消旋酶的辅酶，故在氨基酸代谢中起重要的调节作用。

⑥维生素 C　维生素 C 具有防治坏血病的功效，故又称抗坏血酸，广泛存在于果蔬中。维生素 C 是一种己糖酸内酯，其烯醇式羟基极易解离释放出 H^+，而被氧化成为脱氢抗坏血酸，因此，维生素 C 既具有一定酸性又有很强的还原性。在生物体内，能自成氧化还原体系，如图 1.8（a）所示。维生素 C 在生物体内主要起参与体内氧化还原反应，保护巯基；促进 Fe^{3+}还原为 Fe^{2+}；参与羧化反应，促进胶原蛋白的合成等作用。

以上辅酶全部都能溶解于水中，在生化反应中起重要的调节作用。另外，还有一些脂溶性维生素，在生物的生长发育过程中亦是必不可少的辅酶，如维生素 A、维生素 D、维生

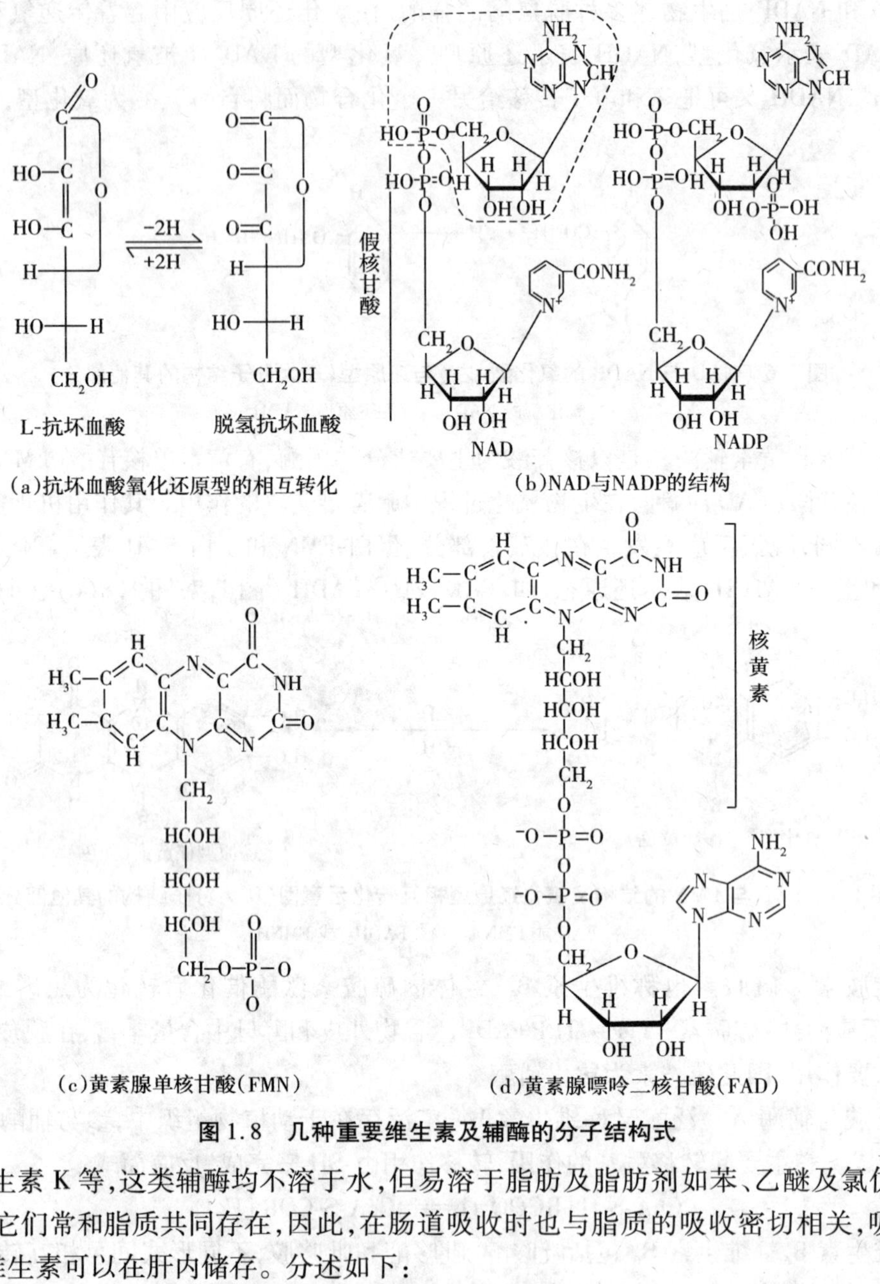

(a)抗坏血酸氧化还原型的相互转化　(b)NAD与NADP的结构

(c)黄素腺单核甘酸(FMN)　(d)黄素腺嘌呤二核甘酸(FAD)

图 1.8　几种重要维生素及辅酶的分子结构式

素 E、维生素 K 等,这类辅酶均不溶于水,但易溶于脂肪及脂肪剂如苯、乙醚及氯仿等。在食物中,它们常和脂质共同存在,因此,在肠道吸收时也与脂质的吸收密切相关,吸收后的脂溶性维生素可以在肝内储存。分述如下:

a. 维生素 A　维生素 A 是构成视觉内感光物质的成分。若缺乏,视网膜感受弱光的能力减弱,严重时出现夜盲症。它主要来自动物性食品,以肝脏、乳制品及蛋黄中含量最多。

b. 维生素 D　维生素 D 具有抗佝偻病作用,能促进小肠黏膜细胞对钙和磷的吸收,可防治佝偻病、软骨病、手足抽搐症等。维生素 D 以鱼肝油中含量最丰富,其次是肝、奶和蛋黄中。

c. 维生素 E　维生素 E 又称生育酚,与动物生育有关,也是动物和人体中最为有效的抗氧化剂。它能对抗生物膜磷脂中不饱和脂肪酸的过氧化反应,因而避免脂质中过氧化物产生,保护生物膜的结构和功能。维生素 E 一般不易缺乏,在植物油中含量丰富,尤以麦胚油、大豆油、玉米油和葵花子油中含量最为丰富,其次是豆类及蔬菜。

d. 维生素 K　维生素 K 又称凝血维生素,具有促进凝血的功能,若缺乏,则生物体凝血时间延长,易发生肌肉及胃肠道出血。维生素 K 在鱼肝油、蛋黄及奶酪中含量较为丰富。

(2)无机离子

在结合酶中,有一些酶的辅基中含有金属离子,有的金属离子虽不是辅基的成分,但能起到关键的活化作用,仍是酶促反应所必需,称为金属活化剂。如铁、铜、镁、锌、锰、钼、钙、钾、钠等,主要为一些一价和二价的金属离子,其间不相互替换,离子自身的特点越接近,二者之间的拮抗作用越明显,如 Na^+抑制 K^+,Ca^{2+}抑制 Mg^{2+}。

1.2.2　影响酶促反应的因素

在生物体正常的新陈代谢中,各种酶的活性相互协调。体内环境条件变化时,会影响酶的活性,从而间接影响新陈代谢的速度和方向,进一步影响生物体的生长发育。

1)酶促反应速度与酶活力单位

(1)酶促反应速度

酶促反应速度可用单位时间内、单位体积中参与酶促反应的底物减少量或产物生成量来表示。反应速度越快,表明在单位时间内酶活性越强,催化相应化学反应的能力越强(即酶活力)。

(2)酶活力单位

用酶活力单位 U 表示酶活力的大小,国际生化学会规定:在最适条件下(25 ℃),每分钟内催化 1 μmol 底物转化为产物所需的酶量定为一个活力单位,1 IU=1 μmol/min,因此酶的含量可用每克酶制剂含有多少酶活力单位来表示(IU · g)。随后,国际酶学委员会提出新的酶活力国际单位 Katal(简称 Kat),规定为:在最适条件下,每秒能催化 1 mol 底物转化为产物所需的酶量,定为一个 Kat 单位(1 Kat=1 mol/s),1 Kat=6×10^7 IU。

(3)酶的比活力

酶的比活力指每毫克酶蛋白所具有的酶活力单位,用来表示酶的纯度。比活力越高,说明酶纯度越高,反之亦然。

2)影响酶促反应的因素

酶促反应通常受底物浓度、酶浓度、介质 pH、温度、抑制剂、激活剂等因素的影响。

(1)底物浓度

几乎所有的酶促反应,在环境条件保持恒定、酶浓度不变的情况下,其反应速度取决于底物浓度。当底物浓度较低时,反应速度与底物浓度的关系呈正比,表现为一级反应;随着底物浓度的增加,反应速度不再按比例升高,表现为混合级反应;如果再继续加大底物浓度,反应速度趋于极限,表现为零级反应,即底物浓度的变化对酶促反应速度的影响呈双曲

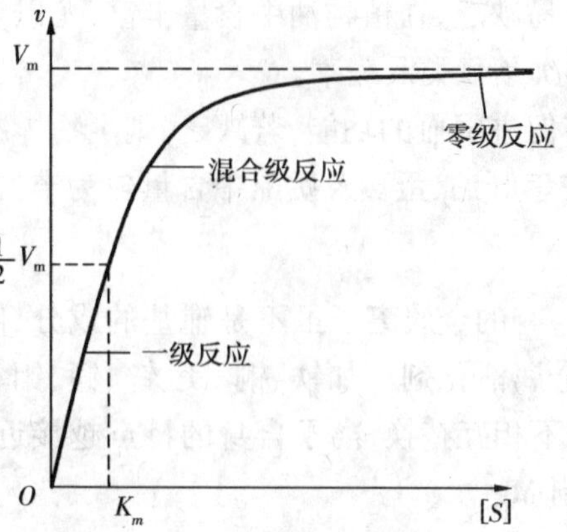

图 1.9　底物浓度与酶促反应

线关系（图 1.9）。Michaelis 和 Mente 研究底物浓度与反应速度之间的关系，提出米氏方程，即 $v=\frac{v_{max}[S]}{K_m+[S]}$。其中，$v$ 为反应速度；$[S]$ 为底物浓度；K_m 为米氏常数，是指酶促反应速度达到最大值的一半时的底物浓度。不同的酶在恒定条件下具有不同的 K_m 值。K_m 值只与酶的性质有关，而与酶浓度无关。

米氏方程揭示了其他条件不变的前提下，底物浓度与反应速度之间的定量关系：对大多数酶而言，米氏常数可表示酶与底物的相对亲和力，数值越小，表明达到最大反应速度一半时所需的底物浓度越小，酶与底物的亲和力就越大。

(2)酶浓度

在酶促反应中，若底物浓度远远大于酶浓度，此时反应速度与酶浓度呈线性关系，随着酶浓度的增加，反应速度也随之加快（图 1.10）。

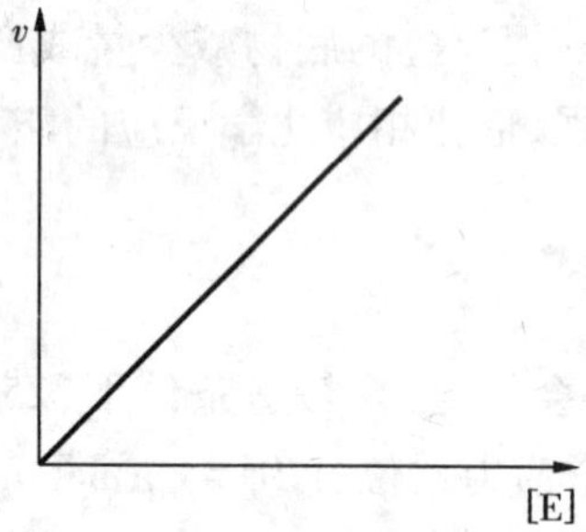

图 1.10　酶浓度与酶促反应速度的关系

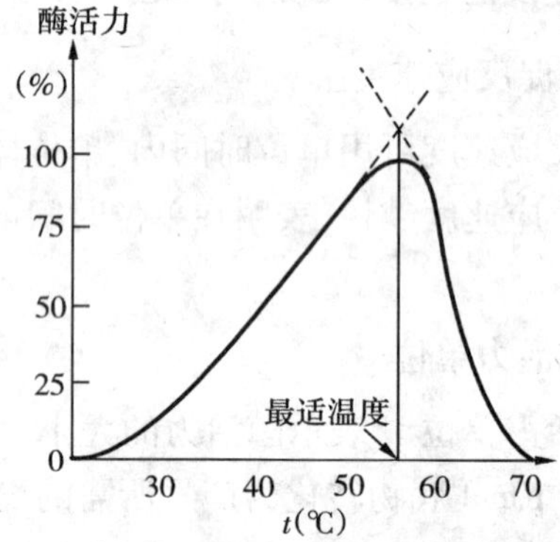

图 1.11　温度对酶促反应速度的影响

(3)温度

随着温度升高，酶促反应的速度加快，但在温度升高的同时，酶稳定性下降。因为随着温度的升高，酶分子热变性加剧，反应速度减慢。一般情况下，能使酶促反应速度达到最大值时的温度称为酶的最适温度。最适温度下，在保证反应速度相对最快的前提下，温度升高对酶活性的影响最小，表现出钟罩形曲线（图 1.11）。大多数酶的热稳定温度为 30 ~ 40 ℃，有少数酶耐高温，如 a 淀粉酶能耐 70 ℃高温，并随着反应时间的延长，酶分子的最适温度降低。

(4)pH 值

pH 值影响酶的活性，在保证酶活性的 pH 前提下，反应速度与 pH 值之间存在曲线关系（图 1.12）。pH 值影响反应速度的原因主要是由于其对酶分子结构的稳定性、解离状态、底物分子的解离状态，以及酶与底物复合物的电离状况都有明显的影响。使酶促反应速度最快的溶液 pH 称为该酶的最适 pH。一般酶的最适 pH 值为 4 ~ 8。酶种类不同，最适

pH有差异。其中，植物和微生物的酶最适pH范围为4.5～6.5；而动物的最适范围为6.5～8.0。酶最适pH与K_m不同，常受到酶的浓度、底物、缓冲液的种类等因素的影响，因此，不是特征常数。

(5)抑制剂

抑制剂是指能使酶的必需基团或酶活性部位中基团的化学性质改变，而降低酶活力甚至使其失活的物质。抑制剂对酶活性存在抑制作用。根据抑制剂与底物之间的抑制作用，可以将其分为竞争性抑制剂、反竞争性、非竞争性和不可逆抑制剂。

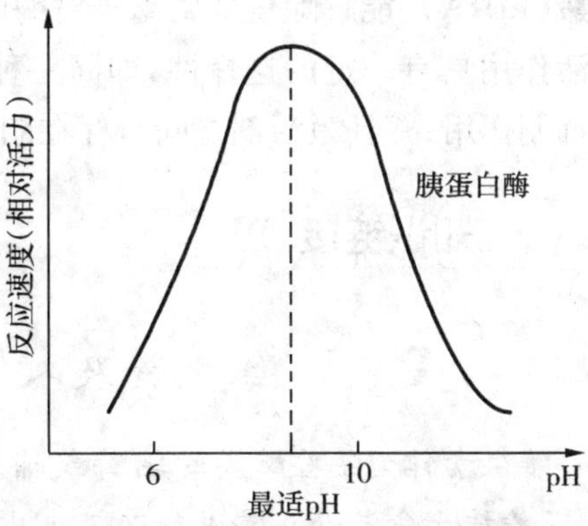

图1.12　pH对酶促反应速度的影响

竞争性抑制剂是最常见的形式，它与游离的酶结合，从而抑制了酶与底物的结合(图1.13)。因为抑制剂(I)与底物(S)结构类似，共同竞争酶的活性中心。当S和I都同时存在于溶液中时，酶能够形成ES的比例取决于S和I的相对浓度和酶对它们的亲和性。因此，可通过增加S的浓度而抑制EI的形成。当S的浓度足够大时，仍旧可以将E饱和，反应速度与没有I存在时一样。

反竞争性抑制剂只与ES结合，而不作用于游离的酶，从而使酶分子形成非活性形式ESI(图1.14)。这种情况下，底物的浓度大小不会改变反应速度的下降趋势，这种抑制现象多存在于底物的反应中。

非竞争性抑制剂既可与E结合，也可以与ES结合，形成的EI和ESI都是失活形式的复合物(图1.15)。由于抑制剂结合在底物结合部位以外的地方，可能是将酶的构象改变为一种仍可结合底物，但不能催化任何反应的另一种构象，所以，这种抑制现象不能通过增加底物浓度来减小或消除。

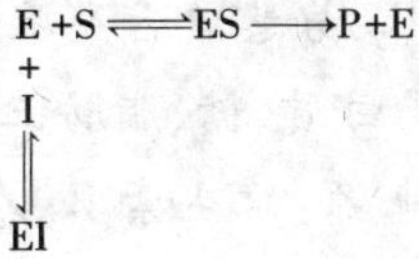

图1.13　竞争性抑制

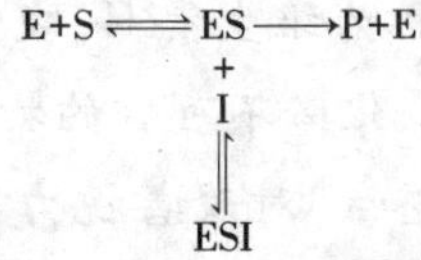

图1.14　反竞争性抑制

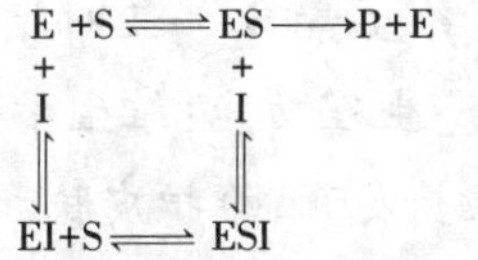

图1.15　非竞争性抑制

不可逆抑制剂直接作用于酶的活性部位，与酶分子形成稳定的共价键，从而达到使酶失活的效果。它常取代酶活性部位的氨基酸残基的侧链，以致改变了酶的构象或阻止整个底物分子进入活性部位。有机磷化合物、有机汞、有机砷化合物、氰化物等都是酶的不可逆抑制剂，可使酶失去活性，导致昆虫、病原微生物等由于代谢受阻而中毒死亡。

(6)激活剂

激活剂是指能提高酶活性并能提高酶促反应速度的物质，包括一些无机离子，如K^+、Na^+、Mg^{2+}、Zn^{2+}、Fe^{2+}、Cu^{2+}等金属阳离子和Cl^-、Br^-等阴离子，以及部分简单有机化合物，如作为巯基酶还原剂的还原型谷胱甘肽、半胱氨酸、抗坏血酸等，作为金属螯合剂的乙二胺四乙酸(EDTA),能解除重金属离子对酶的抑制作用,从而保持或恢复酶活性。激活剂对酶的激活作用具有一定的选择性,即同一种激活剂对某一种酶起激活作用,而可能对另一种酶起抑制作用;并且激活剂之间也存在颉颃现象。

知识链接)))

维生素及人体对维生素的摄取来源

维生素作为某些酶类的辅酶或辅基,在生物体物质代谢过程中起非常重要的调节作用,是维持生命活动正常进行必不可少的一类小分子有机化合物。若人体缺乏,就会表现出明显的缺乏症,影响生物体的生长与发育。维生素化学结构不同,生理功能各异,通常分为脂溶性维生素和水溶性维生素两大类。下面介绍主要维生素的种类、功能及人体摄取维生素的来源。

1)水溶性维生素

①维生素C　又叫抗坏血酸。生理功能:维生素C是活性很强的还原物质,具有消除自由基的作用;参与细胞间酸的形成,维护正常生理功能。它还具有提高免疫、防止感染、促进外伤愈合等广泛的生理作用。来源:维生素C广泛存在于水果和蔬菜中。水果中以猕猴桃含量最丰富,其次是酸枣、红果、柿、橙等,蔬菜中以红柿椒为最多,其次是芥兰、菜花、苦瓜等。

②维生素B_1　又叫硫胺素、抗脚气病因子、抗神经炎因子等,在生物体内通常以硫胺焦磷酸盐(TPP)的形式存在。一般烹饪破坏较少,但在压力锅和在碱性溶液中易破坏。生理功能:维生素B_1具有促进碳水化合物氧化,促进神经、消化和循环系统的正常功能,促进身体发育等功能。缺乏维生素B_1患脚气病。来源:粗粮、豌豆、花生、瘦猪肉、肝、肾、心等是主要来源。干酵母中含大量维生素B_1。

③维生素B_2　又叫核黄素,也被称为维生素G,缺少维生素B_2易患口舌炎症(口腔溃疡)等。生理功能:维生素B_2是生物氧化必不可少的物质,促进蛋白质、糖、脂肪三大代谢,促进生长发育,维护皮肤和黏膜的完整性,对改善视力有作用。来源:维生素B_2在动物的肝、肾、脏器,鳝鱼、河蟹及红蘑、紫菜中含量较丰富。

④维生素PP　又称尼克酸。生理功能:维护神经系统、消化系统和皮肤的正常功能,缺乏时可患癞皮病。来源:维生素PP广泛存在于动植物食物中,红蘑中含量最丰富,其次是动物肝、肾、心、瘦肉中,植物食物中米、面、豆类均较丰富。

⑤维生素B_6　生理功能:维生素B_6是很多酶的辅酶,参与蛋白质、脂肪和血红蛋白的合成,缺乏可引起贫血、惊厥、脂肪肝和脂溢性皮炎等。来源:食物中广泛存在,肠道中细菌又可合成一部分,一般不会缺乏。肉、蛋、奶、肝及果仁中含量丰富。

⑥泛酸　生理功能:泛酸在组织内变成辅酶A,经乙酰化形成乙酰辅酶A,可促进胆碱合成乙酰胆碱,胆固醇、甾醇激素,缺乏时肾上腺功能不全。来源:鸡蛋、牛奶、牛肝、猪肉、面粉、马铃薯等食物广泛存在,所以一般不至于缺乏。

⑦生物素　又叫维生素H。生理功能：生物素是蛋白质、脂肪和糖代谢中所必需的羧化酶的组成部分，直接参与氨基酸和长链脂肪酸的合成。生吃鸡蛋，其蛋清中清蛋白可产生抗生物素蛋白而致生物素缺乏。来源：牛肝、鸡肉、羊肉、猪肉、鸡蛋、面粉、豌豆、菠菜等。

⑧叶酸　生理功能：叶酸有造血功能。缺乏时可致巨幼红细胞贫血及胎儿畸形。来源：动物肝、肾及水果、蔬菜均富含叶酸，一般不会缺乏，仅有吸收不良、代谢失常需要量增加时才导致缺乏。

⑨维生素B_{12}　生理功能：维生素B_{12}能提高叶酸利用率，因此B_{12}缺乏可致贫血。它可调节神经功能及治疗脂肪肝。来源：维生素B_{12}可由肠道细菌合成，亦可由动物肝、肾及豆类发酵食品供给。

2）脂溶性维生素

脂溶性维生素主要有维生素A、维生素D、维生素E（生育酚）、维生素K，内容书中正文已有，不再赘述。

3）类维生素物质

类维生素物质主要有胆碱、肌醇，此外还有对氨基苯甲酸、α-硫辛酸、生物类黄酮等。

①胆碱　是卵磷脂的组成成分，也存在于神经鞘磷脂之中。生理功能：促进脑发育和提高记忆能力；保证信息传递；调控细胞凋亡；构成生物膜的重要组成成分；促进脂肪代谢；降低血清胆固醇等。来源：蛋类、动物的脑、啤酒酵母、麦芽、大豆卵磷脂，尤其在肝脏、花生、蔬菜中含量高。

②肌醇　几乎所有生物都含有游离态或结合态的肌醇。生理功能：降低胆固醇，预防动脉硬化；促进毛发的生长，防止脱发；预防湿疹；帮助体内脂肪的再分配（重新分布）；具有镇静作用。肌醇在供给脑细胞营养上扮演重要的角色。来源：动物肝脏、啤酒酵母、牛脑和牛心、美国甜瓜、葡萄柚、葡萄干、麦芽、未精制的糖蜜、花生、甘蓝菜、全麦谷物等。

1.3　植物大分子及其转化

植物大分子是指作为植物体内主要活性成分，分子量达到上万或更多的各种有机分子。高相对分子量的有机化合物主要指蛋白质、核酸、脂类及碳水化合物（指多糖），它们都是光合作用直接或间接的产物，或构成植物体，或作为贮藏物质而存在。

高分子有机物在植物的代谢活动中是可以相互转化的。如种子成熟时，叶中制造的碳水化合物以蔗糖的形式输送到种子胚乳、子叶中，转化为葡萄糖经脱水缩合而成不溶于水的大分子淀粉等；种子萌发时，种子胚乳、子叶中的淀粉又分解为单糖、双糖输送到胚中供胚呼吸及重新合成胚自身物质。植物大分子的转化包括合成和分解两个方面，植物的生长发育过程即是不断分解与合成的过程（图1.16）。以下概括介绍植物体内主要几种大分子有机物的转化过程。

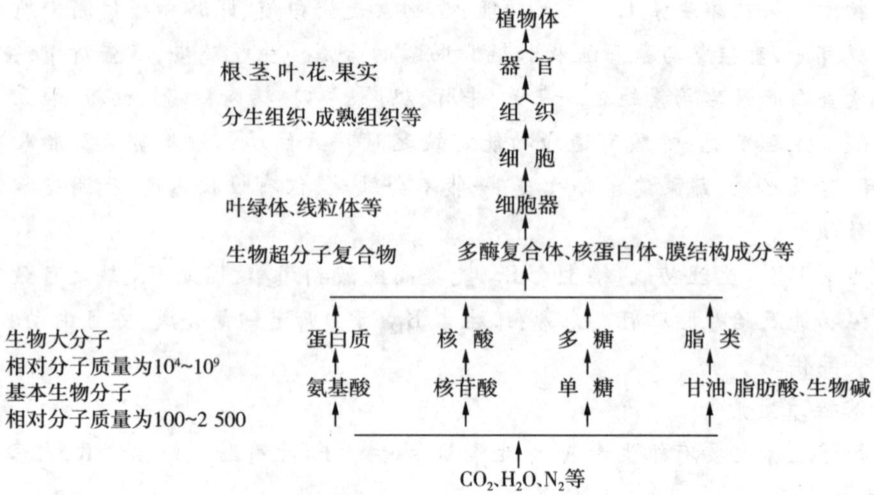

图 1.16　各种大分子物质组成植物的器官、组织

1.3.1　碳水化合物的转化

1)碳水化合物的功能

碳水化合物属于多羟基醛或酮。基本组成元素为 C、H、O 三种元素,基本表达式为 $C(H_2O)$,故称碳水化合物,主要有单糖、双糖和多糖。糖类是植物光合作用的直接产物,是生物体的基本组成物质,也是自然界分布最广、数量最多的高分子有机化合物。它在植物体内主要有如下功能:

①为植物生命活动提供所需能量　呼吸作用的底物为糖类物质,通过分解为生命提供大量的 ATP。

②是合成其他生命必需物质的原料　蛋白质、核酸和脂类物质的合成,需要糖类提供碳架。

③充当结构物质　纤维素、半纤维素、果胶物质等都是多糖物质,它们参与植物细胞壁的构成。

2)碳水化合物的合成与分解

(1)糖合成的前体

双糖和多糖形成前,首先会形成活化的单糖形式,即糖核苷酸,糖核苷酸是合成其他糖类物质的前体。植物体内的糖核苷酸有两种,分别是二磷酸葡萄糖尿苷(UDPG)和二磷酸葡萄糖腺苷(ADPG)。植物体内的尿苷三磷酸(UTP)、腺苷三磷酸(ATP)及葡萄糖-1-磷酸(G-1-P)能够保证糖前体物质的生成,反应过程如下:

$$UTP+G\text{-}1\text{-}P \xrightarrow{\text{UDPG 焦磷酸化酶}} UDPG+PPi \qquad PPi+H_2O \xrightarrow{\text{焦磷酸酯酶}} 2Pi$$

$$ATP+G\text{-}1\text{-}P \xrightarrow{\text{ATP 焦磷酸化酶}} ADPG+PPi \qquad PPi+H_2O \xrightarrow{\text{焦磷酸酯酶}} 2Pi$$

(2)蔗糖的合成与分解

①蔗糖的合成　蔗糖是高等植物光合作用的主要产物,也是植物体内运输碳水化合物的主要形式。蔗糖由葡萄糖和果糖合成,但不能直接合成,葡萄糖需以其活化形式二磷酸葡萄糖尿苷(UDPG)进行蔗糖的合成。有两条途径:

一条是磷酸蔗糖合成酶途径,以 UDPG 为糖供体,与光合作用产生的果糖-6-磷酸合成磷酸蔗糖,最后水解形成蔗糖,这一过程经常发生在植物叶绿体细胞内,具体过程如下:

$$\text{UDPG}+\text{果糖-6-磷酸}\xleftrightarrow{\text{磷酸蔗糖合成酶}}\text{磷酸蔗糖}+\text{UDP}$$

$$\text{磷酸蔗糖}+H_2O\xleftrightarrow{\text{磷酸酯酶}}\text{蔗糖}+H_3PO_4$$

另一条是蔗糖合成酶途径,以 ADPG 为糖供体,与果糖合成蔗糖。

$$\text{ADPG}+\text{果糖}\xleftrightarrow{\text{蔗糖合成酶}}\text{蔗糖}+\text{ADP}$$

②蔗糖的分解　以上的蔗糖合成过程虽为可逆,但蔗糖降解大多是通过酶转化完成的,蔗糖水解后得到的是葡萄糖与果糖的混合物。

$$\text{蔗糖}+H_2O\xleftrightarrow{\text{转化酶}}\text{葡萄糖}+\text{果糖}$$

(3)淀粉的合成和降解

淀粉是植物体内重要的贮藏物质,由若干个 α-葡萄糖分子以糖苷键连接而成,分直链淀粉和支链淀粉。直链淀粉是由 α-葡萄糖以 1,4 糖苷键连接形成,而支链淀粉是由 α-葡萄糖以 1,4 糖苷键连接的直链部分和 1,6 糖苷键连接的支链部分组成。植物不同、品种不同,二种淀粉含有的比例不同,糯米中含支链淀粉比例高。

①淀粉的合成　淀粉可在叶绿体中合成,也可在果实、种子、根等器官中利用葡萄糖或蔗糖合成。合成途径主要有两条:

一条为 ADPG-葡基转移酶(淀粉的合成酶)途径,以 ADPG 为糖供体,葡萄糖为糖受体,此途径为植物合成淀粉的主要途径,与以 UDPG 为底物的合成途径(主要发生在人及动物体内)相比,合成速度快10 倍。在 ADPG-葡基转移酶的作用下,每反应一次,即转移一个葡萄糖单位,使糖链加长一个单位。

$$\text{ADPG}+(\text{G})_{\underset{\text{引子}}{n}}\xleftrightarrow[n\geqslant 2]{\text{ADPG 葡基转移酶}}(\text{G})_{n+1}+\text{ADP}$$

另一条为淀粉磷酸化酶途径,糖供体为 G-1-P,糖受体为有两个以上 α-1,4 糖苷键的直链淀粉[用$(G)_n$表示]:

$$\text{G-1-P}+(\text{G})_n\xleftrightarrow[n\geqslant 3]{\text{淀粉磷酸化酶}}(\text{G})_{n+1}+H_3PO_4$$

以上两条途径可形成直链淀粉,而合成支链淀粉需 Q-酶途径完成,此途径合成具有 α-1,6 糖苷键的支链淀粉,要求糖供体和糖受体至少含有 3 个以上 α-1,4 糖苷键的糖,一般是以 40 个糖单位的糊精作供体和受体。

如果糖供体与糖受体的组成单位一样,都是葡萄糖,且为两个或两个以上 α-1,4-糖苷键的糖,则可通过 D-酶途径进行淀粉合成。产物除淀粉之外,还有游离的葡萄糖。

$$(\text{G})_m+(\text{G})_n\xleftrightarrow[n\geqslant 3]{\text{D-酶}}(\text{G})_{(n+m)-1}+\text{G}$$

②淀粉的分解　淀粉降解可通过水解和磷酸解两种形式。

a. 淀粉的水解　分两步进行：

第一步是淀粉在淀粉酶的催化下，水解为麦芽糖。参与水解的淀粉酶有α-淀粉酶、β-淀粉酶及R-酶等，α-淀粉酶、β-淀粉酶只能水解1，4糖苷键，R-酶可水解分枝处的1，6糖苷键。三种酶合作，可把不同组成的淀粉完全水解为麦芽糖。

$$\text{淀粉}+H_2O \xrightleftharpoons{\text{淀粉酶}} \text{麦芽糖}$$

第二步是在麦芽糖酶的作用下，麦芽糖水解为葡萄糖：

$$\text{麦芽糖}+H_2O \xrightleftharpoons{\text{淀粉酶}} 2\ \text{葡萄糖}$$

b. 淀粉的磷酸解　是淀粉[可用$(G)_n$表示]在淀粉磷酸化酶的催化下，与磷酸反应生成葡萄糖-1-磷酸的过程：

$$(G)_n+\text{磷酸} \xrightleftharpoons[n\geqslant 3]{\text{淀粉磷酸化酶}} (G)_{n-1}+\text{葡萄糖-1-磷酸}$$

此过程反复进行，可把淀粉完全分解为葡萄糖-1-磷酸，葡萄糖-1-磷酸可进一步参与植物体内的代谢活动。

淀粉酶水解淀粉需要较高的温度。在较高温度环境下，植物体内的淀粉可通过淀粉酶水解；而淀粉磷酸化酶要求温度较低，植物果实、块根、块茎等贮藏淀粉多的器官，在冬天低温环境下也会变甜，这是淀粉磷酸化酶作用的结果。

1.3.2　脂肪的转化

植物体内的脂类主要是由不饱和脂肪酸和甘油组成的甘油三酯，以液态油滴的形式存在于细胞内，在细胞内合成后不再转移。豆科植物种子在成熟时会积累大量脂肪，种子萌发时又分解转化为葡萄糖和蔗糖，通过呼吸作用为生命活动提供能量或运输到胚中参入代谢活动。

(1)脂肪的合成

脂肪是由三分子脂肪酸和一分子甘油组成的，但甘油和脂肪酸不能直接合成脂肪。脂肪是由甘油和脂肪酸的活化形式甘油磷酸和脂肪酰CoA直接合成的。

①甘油磷酸的合成　在植物体中，合成甘油的前体物质甘油磷酸是由呼吸作用糖酵解的中间产物二羟丙酮磷酸经还原转变而来，甘油磷酸一般不存在游离态，在细胞质中形成后，就地与脂肪酰CoA合成脂肪。

$$\text{二羟丙酮磷酸}+NADH_2 \xrightleftharpoons{\text{甘油磷酸脱氢酶}} \text{甘油磷酸}+NAD^+$$

如不合成脂肪，生成的甘油磷酸可通过水解生成甘油：

$$\text{甘油磷酸}+H_2O \xrightleftharpoons{\text{磷酸酯酶}} \text{甘油}+\text{磷酸}$$

②脂肪酰CoA的合成　脂肪酰CoA是以呼吸作用的中间产物乙酰CoA为原料逐步合成的。主要反应如下：

丙二酰 CoA 再和乙酰 CoA 在几种酶组成的多酶体系催化下，经过脱羧等一系列转化，合成丁酰 CoA，丁酰 CoA 是活化的四碳脂肪酸片段：

$$\text{丙二酰 CoA}+\text{乙酰 CoA}\xrightarrow{\text{多酶体系}}\text{丁酰 CoA}\quad(\searrow CO_2)$$

每次加入一个丙二酰 CoA，可重复上述过程，每次使碳链增长 2 个碳原子。经过多次加长，可形成含不同碳原子的脂肪酰 CoA，即活化的脂肪酸。

③合成脂肪　甘油磷酸和二分子脂肪酰 CoA，在酰基转移酶作用下首先生成甘油磷酸二酯（又称磷酯酸），经脱磷酸后再与另一分子脂肪酰 CoA 反应，可生成甘油三酯：

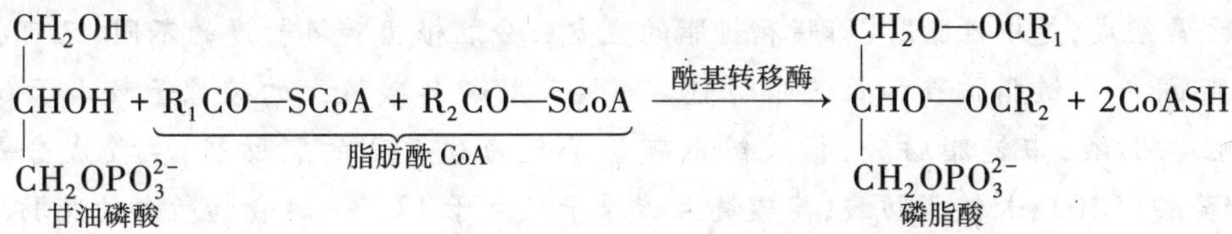

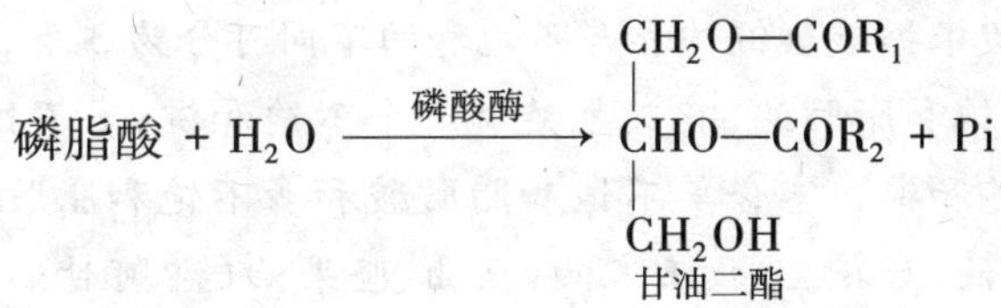

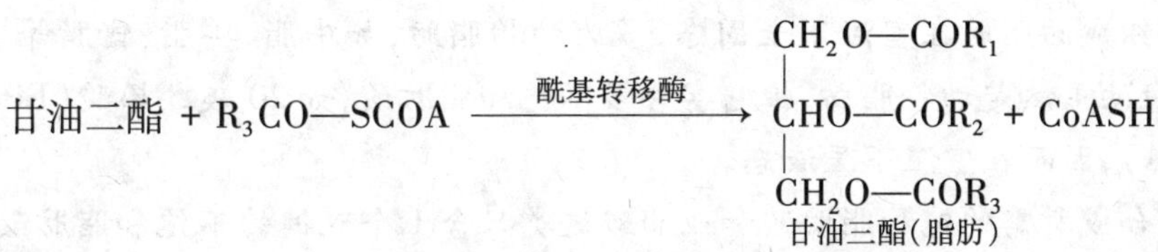

（2）脂肪的降解

脂肪在脂肪水解酶的作用下，水解成甘油和脂肪酸。

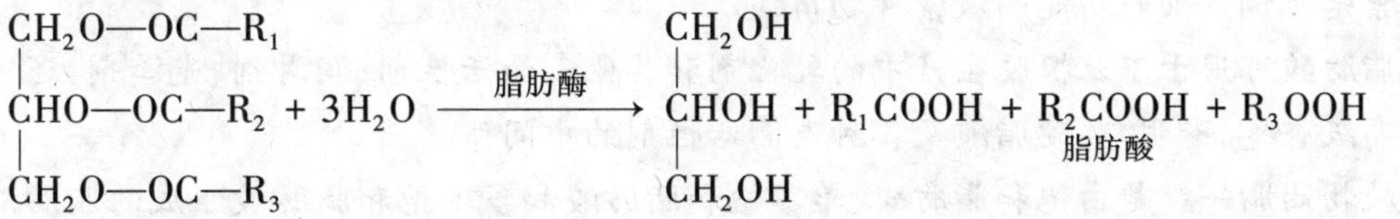

脂肪酶在温、湿度高的环境中活性升高，会加快分解脂肪为游离的脂肪酸和甘油，贮藏种子内会发出难闻的异味，食用品质下降，特别是油料种子腐败速度加快。花生、油菜子等脂肪种子生活力短，种子播种寿命为一年。

甘油和脂肪酸可进一步被分解。甘油可经有氧呼吸被彻底分解为 CO_2 和 H_2O，也可经糖代谢转化为葡萄糖。脂肪酸经活化和多次脱乙酰 CoA，最后全部转化成乙酰 CoA。乙酰 CoA 可重新参入脂肪合成，也可参入呼吸作用，分解为 CO_2 和 H_2O。因此看出脂肪和糖可相互转化。甘油和脂肪酸的进一步分解，可用下列二式概括：

甘油 —磷酸化→ 甘油磷酸 —氧化→ 丙糖磷酸 → CO_2+H_2O（经呼吸作用）
丙糖磷酸 → 葡萄糖（经糖代谢）

脂肪酸 —活化（CoASH）→ 脂肪酰 CoA --多次氧化--→ n 乙酰 CoA

知识链接)))

脂肪酸概述

脂肪酸是指一端含有一个羧基的长脂肪族碳氢链组成的有机物。脂肪酸是由碳、氢、氧3种元素组成，是中性脂肪、磷脂和糖脂的主要成分。根据碳链长度的不同，又可将其分为短链脂肪酸、中链脂肪酸和长链脂肪酸。短链脂肪酸其碳链上的碳原子数小于6，也称作挥发性脂肪酸；中链脂肪酸，指碳链上碳原子数为6～12的脂肪酸，主要成分是辛酸（C8）和癸酸（C10）；长链脂肪酸，其碳链上碳原子数大于12。一般食物所含的脂肪酸大多是长链脂肪酸。脂肪酸根据碳氢链饱和与不饱和的不同可分为3类，即：饱和脂肪酸，碳氢上没有不饱和键；单不饱和脂肪酸，其碳氢链有一个不饱和键；多不饱和脂肪酸，其碳氢链有两个或两个以上不饱和键。富含单不饱和脂肪酸和多不饱和脂肪酸组成的脂肪在室温下呈液态，大多为植物油，如花生油、玉米油、豆油、坚果油（即阿甘油）、菜子油等。以饱和脂肪酸为主组成的脂肪在室温下呈固态，多为动物脂肪，如牛脂、羊脂、猪脂等。但也有例外，如深海鱼油虽然是动物脂肪，但它富含多不饱和脂肪酸，如20碳5烯酸（EPA）和22碳6烯酸（DHA），因而在室温下呈液态。

动物能合成所需的饱和脂肪酸和亚油酸这类只含1个双键的不饱和脂肪酸，含有2个或2个以上双键的多双键脂肪酸则必须从植物中获取，故后者称为必需脂肪酸，其中亚麻酸和亚油酸最重要。花生四烯酸从亚油酸生成。花生四烯酸是大多数前列腺素的前体，前列腺素是能调节细胞功能的激素样物质。

脂肪酸可用于丁苯橡胶生产中的乳化剂和其他表面活性剂、润滑剂、光泽剂，还可用于生产高级香皂、透明皂、硬脂酸及各种表面活性剂的中间体。

植物油脂一般是由饱和脂肪酸、单不饱和脂肪酸和多不饱和脂肪酸组成的脂肪混合而成，三者的比例在不同植物中不同（表1.2）。

表1.2　不同植物油脂中三种脂肪酸的比例（%）

油脂	饱和脂肪酸	单不饱和脂肪酸	多不饱和脂肪酸
大豆油	14	25	61
花生油	14	50	36
玉米油	15	24	61
葵花子油	12	19	69

续表

油脂	饱和脂肪酸	单不饱和脂肪酸	多不饱和脂肪酸
棉子油	28	18	54
芝麻油	15	41	44
棕榈油	51	39	10
猪　脂	38	48	14
牛　脂	51	42	7
羊　脂	54	36	10
鸡　脂	31	48	21
深海鱼油	28	23	49

1.3.3　核酸

核酸是细胞内唯一可通过复制传给子代的遗传物质,是一种线形或环形的多聚核苷酸,可以携带并传递全部的遗传信息。

1)核酸的类型与组成

核酸的基本构成单位是核苷酸。核苷酸可进一步分解为核苷和磷酸,核苷由戊糖和碱基缩合而成,碱基通常为嘌呤碱和嘧啶碱。所以,可以认为核酸由核苷酸组成,而核苷酸又由碱基、戊糖和磷酸组成(图 1.17)。

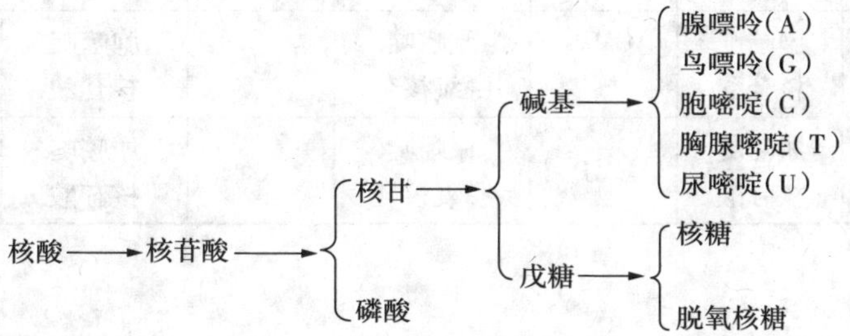

图 1.17　核酸的组成

生物体中核酸有两种:脱氧核糖核酸(DNA)和核糖核酸(RNA)。两类核酸所含的碱基都是 4 种(图 1.18)。其中,嘌呤碱完全相同,即腺嘌呤(A)和鸟嘌呤(G)。而嘧啶碱有差异,RNA 中为胞嘧啶(C)、尿嘧啶(U),DNA 中则为胞嘧啶和胸腺嘧啶(T);RNA 和 DNA 所含戊糖也不同,RNA 中为核糖,DNA 中为脱氧核糖。

核苷是核糖或脱氧核糖与嘌呤碱或嘧啶碱生成的糖苷。在核苷分子中,糖上的原子编号为 1′,2′,3′,4′,5′,以区别碱基上的原子编号 1,2,3,4,5,…。戊糖与碱基之间以 N-C 糖苷键相连,核酸分子中的糖苷键均为 β-糖苷键。核苷有核糖核苷和脱氧核糖核苷之分,其代号与相应的碱基相同,脱氧核糖核苷的代号在碱基前加“d”,如 dA、dG、dC、dT 等。核酸中的主要核苷见表 1.3,核苷的结构以腺苷与胞苷的结构为例,如图 1.19 所示。

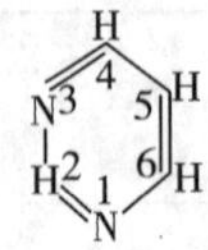
嘧啶

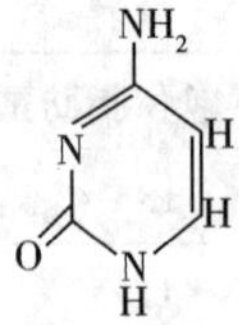
胞嘧啶(C)
(2-氧-4-氨基嘧啶)

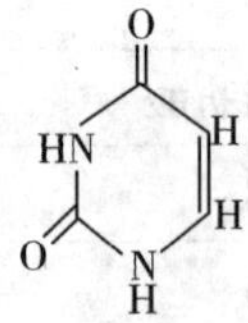
尿嘧啶(U)
(2,4-二氧嘧啶)

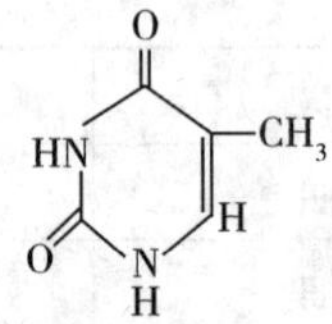
胸腺嘧啶(T)
(5-甲基尿嘧啶)

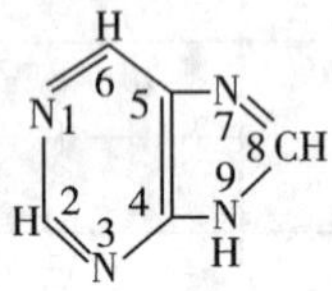
嘌呤

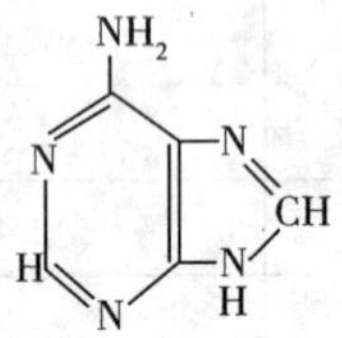
腺嘌呤(A)
(6-氨基嘌呤)

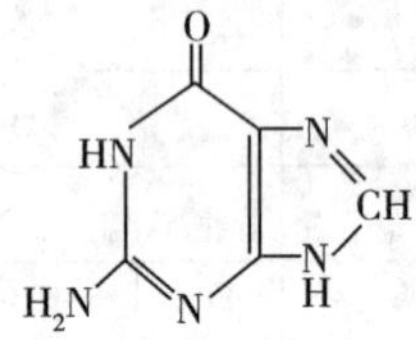
鸟嘌呤(G)
(2-氨基-6-氧嘌呤)

图 1.18　嘌呤碱与嘧啶碱的结构式

(嘌呤环和嘧啶环上各原子编号为国际统一规定顺序)

表 1.3　核酸中的主要核苷及核苷酸

核糖核酸(RNA)				脱氧核糖核酸(DNA)			
核苷	核苷代号	核苷酸	核苷酸代号	全称	核苷代号	核苷酸	核苷酸代号
腺嘌呤核苷	A	腺嘌呤核苷酸	AMP	腺嘌呤脱氧核苷	A	腺嘌呤核苷酸	dAMP
鸟嘌呤核苷	G	鸟嘌呤核苷酸	GMP	鸟嘌呤脱氧核苷	G	鸟嘌呤核苷酸	dGMP
胞嘧啶核苷	C	胞嘧啶核苷酸	CMP	胞嘧啶脱氧核苷	C	胞嘧啶核苷酸	dCMP
尿嘧啶核苷	U	尿嘧啶核苷酸	UMP	尿嘧啶脱氧核苷	U	尿嘧啶核苷酸	dTMP

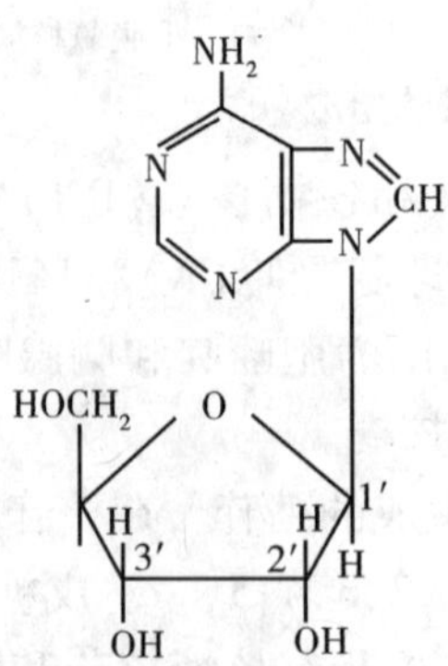
腺嘌呤核苷(A)

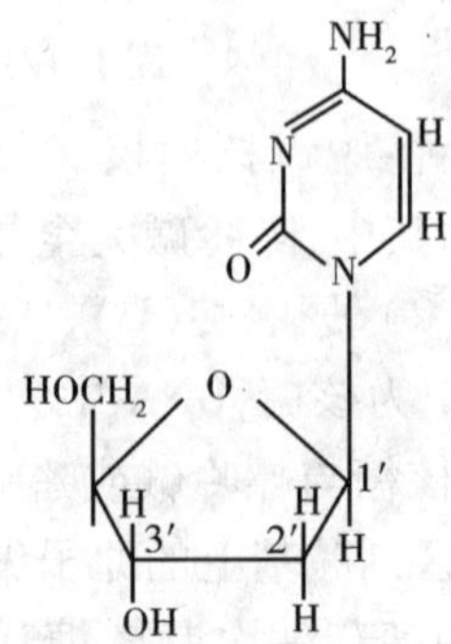
胞嘧啶脱氧核苷(dC)

图 1.19　腺嘌呤核苷(A)与胞嘧啶脱氧核苷(dC)的结构式

核苷酸是核苷的磷酸酯，它是由核苷中戊糖上羟基被磷酸酯化而成。生物体内存在的核苷酸均是5′-核苷酸，以鸟苷酸与脱氧胸苷酸为例，其结构式如图1.20所示。核苷酸根据与磷酸的结合个数常形成核苷单磷酸、核苷二磷酸和核苷三磷酸。如AMP、ADP和ATP，在能量转换中起十分重要的作用。

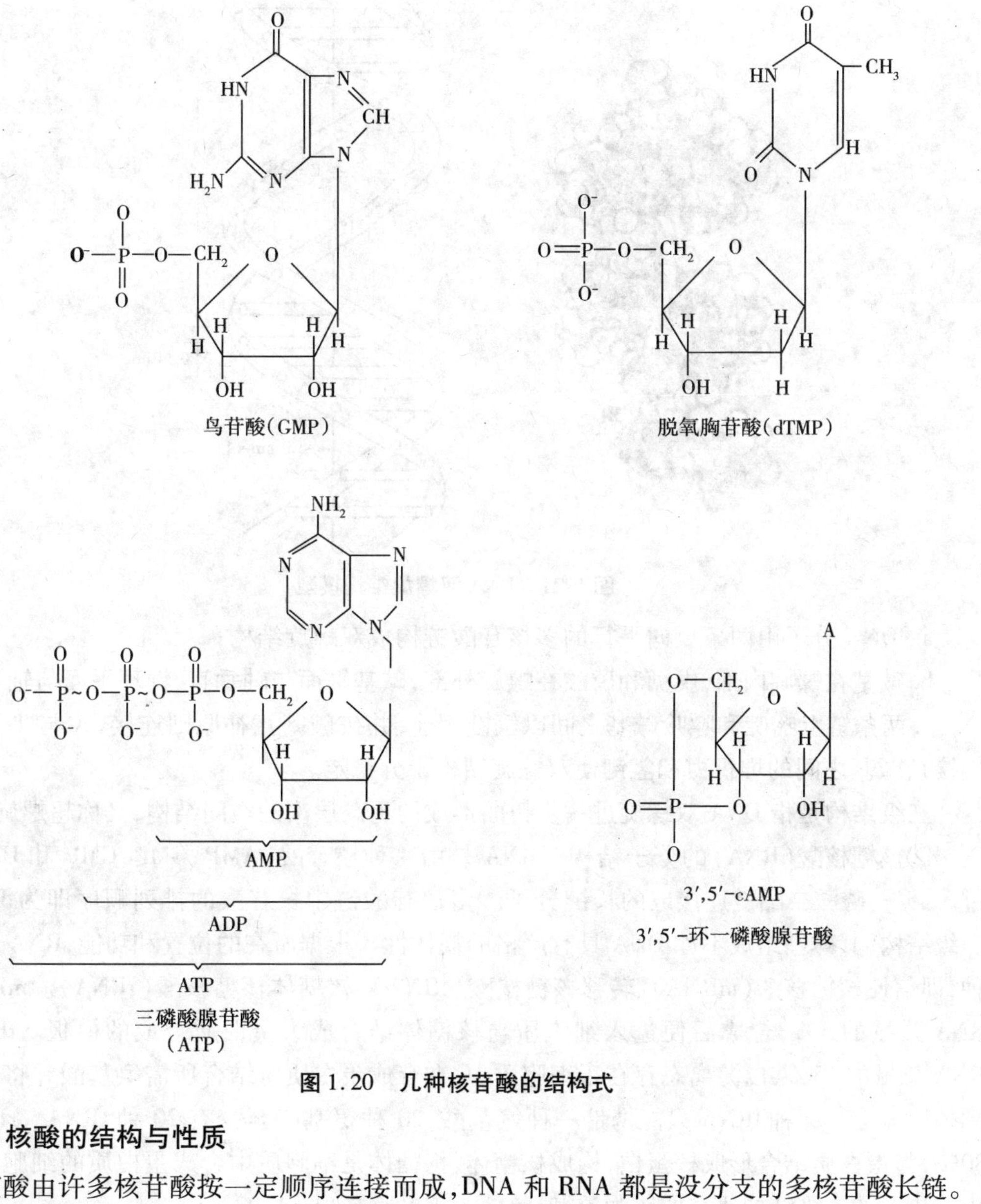

图1.20　几种核苷酸的结构式

2)核酸的结构与性质

核酸由许多核苷酸按一定顺序连接而成，DNA和RNA都是没分支的多核苷酸长链。

(1)核酸的结构

①脱氧核糖核酸(DNA)的分子结构　DNA是一类非常复杂的生物大分子，是由4种脱氧核苷酸(dAMP、dGMP、dCMP和dTMP)通过3′,5′—磷酸二酯键连接成的长链分子，每个DNA由几千至几千万个脱氧核苷酸组成，具有一至三级结构。DNA的一级结构是指

DNA 链中脱氧核苷酸的连接方式和排列顺序。二级结构是指 DNA 的双螺旋结构(图 1.21)。DNA 双螺旋结构有以下特点:

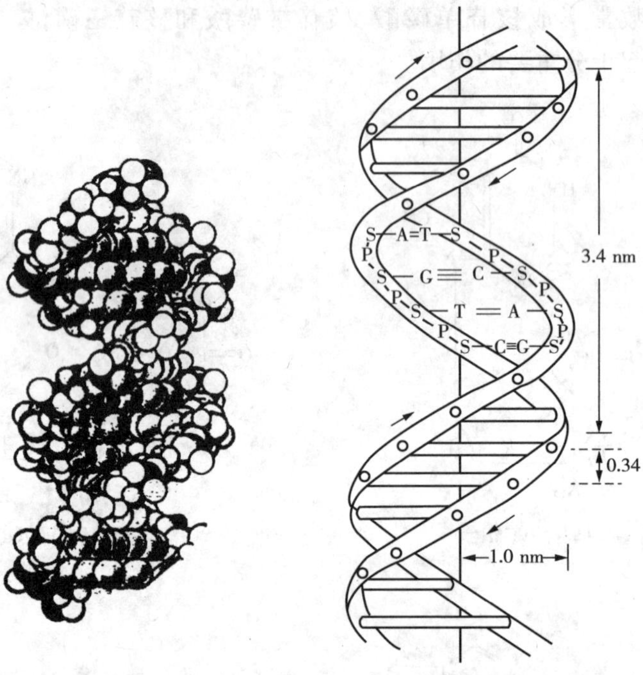

图 1.21　DNA 双螺旋结构模型

a. DNA 分子由两条反向平行的多核苷酸链构成双螺旋结构;

b. 碱基在螺旋内部,戊糖和磷酸在螺旋外部,碱基平面与轴垂直,糖环平面与轴平行;

c. 两条链上嘧啶和嘌呤碱基之间以氢键相连,并按碱基互补原则连接(A 与 T、G 与 C 连接),碱基之间的堆积力和氢键使双螺旋结构十分稳定。

三级结构是指 DNA 双螺旋进一步扭曲形成的更高层次的空间结构,又称超螺旋结构。

②核糖核酸(RNA)的分子结构　RNA 是由 4 种核苷酸(AMP、GMP、CMP 和 UMP)通过 3′,5′—磷酸二酯键连接成的长链分子。多核苷酸链中核苷酸的排列顺序即为 RNA 的一级结构,其碱基组成不如 DNA 具有严格的规律性。根据所在的位置和功能,RNA 分为三种,即信使核糖核酸(mRNA)、转移核糖核酸(tRNA)、核糖体核糖核酸(rRNA)。mRNA 占 RNA 总量的 5%,合成后便进入细胞质与核糖体结合成为蛋白质合成的模板。tRNA 占 RNA 总量的 15%,以游离态存在于细胞质中,在合成蛋白质时结合所需氨基酸并将其转运到核糖体上。一种 tRNA 只能携带一种氨基酸,20 种氨基酸至少有 20 种 tRNA。rRNA 占 80%,与蛋白质结合形成核蛋白,构成核糖体,核糖体是细胞质中合成蛋白质的细胞器。其中,tRNA 的二级结构研究的较为透彻,整体为三叶草形(图 1.22)。

(2)核酸的性质

①理化性质　核酸既具有碱性基团,又有酸性基团,所以为两性电解质,常因磷酸酸性强而表现出酸性。提纯的 DNA 为白色纤维状固体,RNA 为白色粉末,均微溶于水,不溶于一般有机溶剂,故可通过乙醇沉淀溶液中的核酸进而达到分离纯化的效果。核酸的水溶液

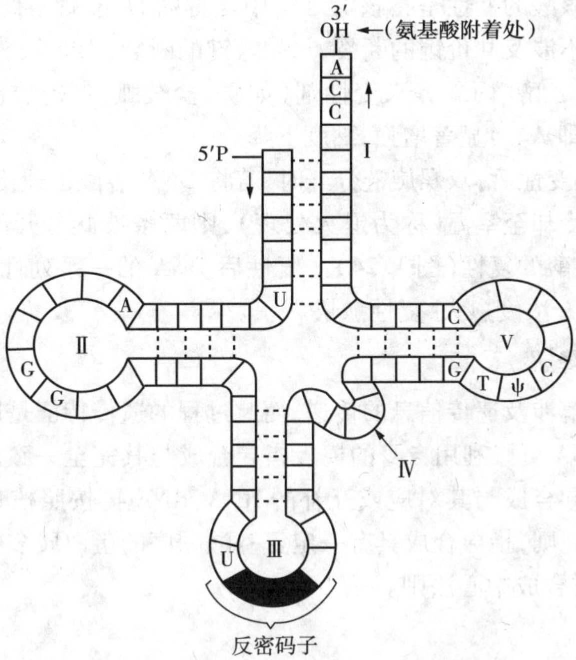

图 1.22　tRNA 三叶草二级结构通式

(虚线为氢键 Ⅰ. 氨基酸臂;Ⅱ. 二氢尿嘧啶环;

Ⅲ. 反密码环;Ⅳ. 可变环;Ⅴ. T&C 环)

具有较高的黏度,而 DNA 的黏度强于 RNA。核酸还具有明显的显色反应,如 RNA 与浓盐酸、$FeCl_3$ 和苔黑酚(甲基间苯二酚)共热产生绿色,而 DNA 与二苯胺共热产生蓝色,可利用这些不同的颜色反应区别 RNA 和 DNA。

②紫外吸收性质　由于核酸分子中具有共轭双键,能强烈吸收紫外光,DNA 在 260 nm 附近有最大吸收峰,230 nm 处有吸收低谷(图 1.23)。RNA 和 DNA 的吸收曲线大致相同,而蛋白质的最大吸收值在 280 nm 处。因此,可以利用紫外吸收特性定性和定量测定核酸或区别蛋白质,并能通过核酸紫外吸收值的变化,反映核酸双螺旋结构的破坏与恢复,从而作为核酸变性与复性的指标。

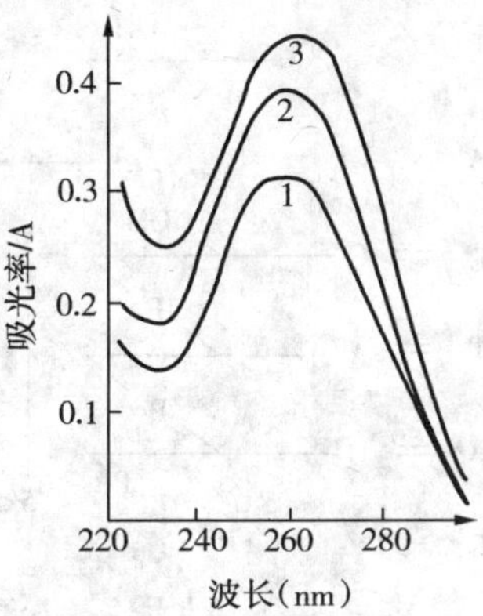

图 1.23　DNA 的紫外吸收光谱

1. 天然 DNA;2. 变性 DNA;3. 核苷酸总吸收值

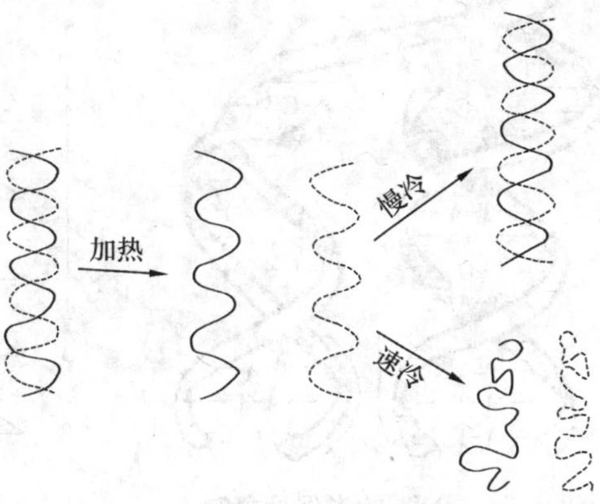

图 1.24　DNA 的变性与复性

③变性与复性　核酸的变性是指核酸结构中氢键断裂,双螺旋结构解开,变成无规则线团的过程。变性并不涉及共价键的断裂,只是氢键的断裂,引起氢键断裂的因素有高温、强酸、强碱、有机溶剂(乙醇、丙酮等)、变性剂(如脲、盐酸胍、水杨酸、射线等)。核酸变性后,对紫外光的吸收(即 A_{260})显著增强,黏度下降。

复性是指 DNA 热变性后,双螺旋链分开时,若将 DNA 溶液迅速冷却,两条单链则继续保持分开。但若缓慢冷却至室温(称为退火处理),则两条彼此分开的单链重新合成双螺旋结构,此过程称为核酸的复性(图 1.24)。复性后 DNA 的一系列性质得到恢复,DNA 片段愈大,复性愈慢,DNA 浓度愈大,复性愈快。

3)核酸的合成与降解

核酸的合成与降解涉及遗传信息的传递,而此过程的遗传特征是以遗传密码的形式编码在 DNA 上,亲代 DNA 可以利用自身的模板指导合成与其完全一致的子代,同时 DNA 还可按照核苷酸顺序指导合成与其对应或互补的 RNA,RNA 再按照核苷酸链上每 3 个核苷酸对应 1 种氨基酸的规则,指导合成具有一定氨基酸顺序的蛋白质多肽链,即遵守“复制→转录→翻译”的蛋白质合成中心法则。

(1)DNA 合成

①DNA 合成的半保留复制　DNA 复制前先解开双螺旋结构,以每条单链为模板,按碱基互补规律,形成两条新链,这样在子链中就有一条是原来的,一条是新形成,即所谓的半保留复制(图 1.25)。

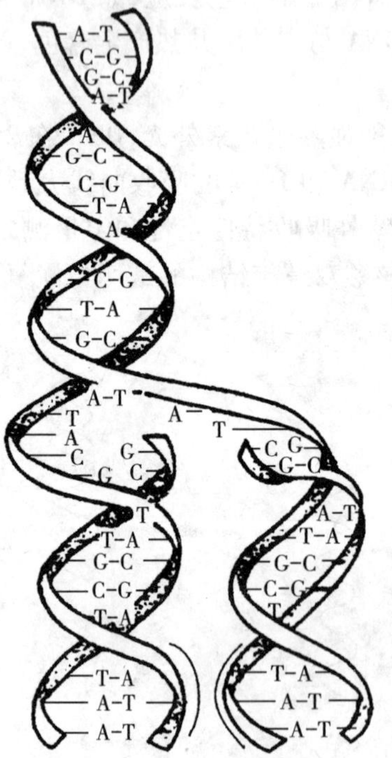

图 1.25　DNA 的半保留复制

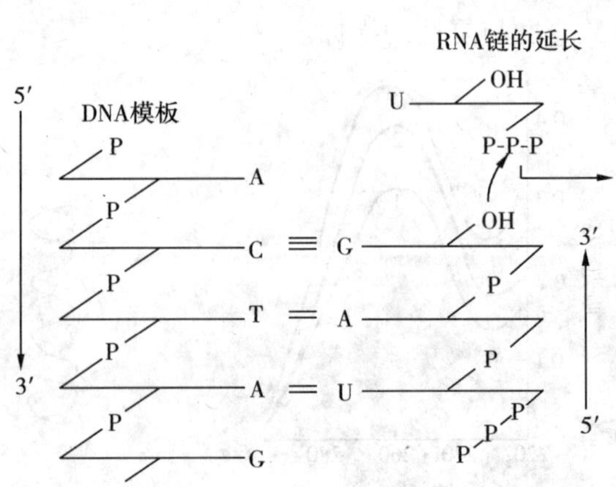

图 1.26　DNA 指导的 RNA 合成(转录)

②逆向转录 以RNA为模板，按RNA中的碱基顺序合成DNA，此过程为中心法则中的逆转录。

(2)RNA合成

DNA复制完成之后，通过细胞分裂遗传信息由亲代可传递至子代。也可以DNA片段为模板合成RNA，此过程称为转录(图1.26)。复制与转录的主要区别在于复制形成的子代DNA仍具有双螺旋结构，而转录的RNA只是一段单链。另外，合成的程序与体系也不同。

(3)核酸降解

核酸降解由专门的核酸酶催化完成，核酸酶可水解多核苷酸的二酯键。根据作用的位置不同，核酸酶可分为2种：核酸外切酶和核酸内切酶。核酸外切酶作用于核酸链末端3′，5′—磷酸二酯键，将核苷酸逐个水解下来；核酸内切酶作用于核酸链内部3′，5′—磷酸二酯键，形成核苷酸片段。核苷酸可在核苷酸酶的催化下，分解为核苷和磷酸，核苷又可在核苷酶的催化下分解成核糖和碱基。核酸降解可用以下简式表达：

$$\text{核酸}\xrightarrow{\text{核酸酶}}\text{核苷酸}\xrightarrow{\text{核苷酸酶}}\begin{cases}\text{磷酸}\\ \text{核苷}\xrightarrow{\text{核苷酶}}\begin{cases}\text{核糖}\\ \text{碱基}\end{cases}\end{cases}$$

1.3.4 蛋白质

蛋白质是一类含氮的高分子有机物质，是生命物质原生质的主要成分。恩格斯曾精辟地说“生命是蛋白质的表现形式”，没有蛋白质就没有生命。因此，它是与各种形式的生命活动紧密联系在一起的重要物质。植物体中的每一个细胞和所有重要组成部分都有蛋白质参与，植物的生命活动也基本都由蛋白质来完成的。

1)蛋白质的基本单位及其性质

所有蛋白质都含碳、氢、氧、氮4种元素。4种元素的含量大致为：碳50%～55%、氢6%～8%、氧20%～30%、氮15%～18%。各种蛋白质含氮量很接近，约为16%，因此，蛋白质的含量可由试样中氮的含量乘以系数6.25(100/16)大体计算出来。

构成蛋白质的基本单位是氨基酸。氨基酸共有20余种，其结构通式为H_2N-RCH-COOH。氨基酸的种类及分类组别见表1.4。

表1.4 氨基酸的种类及分类组别

分类	名称	符号	分类	名称	符号
非极性氨基酸(疏水氨基酸)	丙氨酸	Ala(A)	非解离的极性氨基酸	甘氨酸	Gly(G)
	缬氨酸	Val(V)		丝氨酸	Ser(S)
	亮氨酸	Leu(L)		苏氨酸	Thr(T)
	异亮氨酸	Ile(I)		半胱氨酸	Cys(C)
	脯氨酸	Pro(P)		酪氨酸	Tyr(Y)
	苯丙氨酸	Phe(F)		天冬酰胺	Asn(N)
	色氨酸	Trp(W)		谷氨酰胺	Gln(Q)
	蛋氨酸	Met(M)			

续表

分类	名称	符号	分类	名称	符号
极性氨基酸 （亲水氨基酸）	天冬氨酸 谷氨酸	Asp(A) Glu(E)	碱性氨基酸	赖氨酸 组氨酸 精氨酸	Lys(K) Arg(R) His(H)

所有氨基酸都溶于稀酸和稀碱，而不溶于乙醚或乙醇。甘氨酸、丙氨酸和丝氨酸有甜味，精氨酸有苦味，谷氨酸有鲜味，它们吸收峰分别在278 nm、279 nm和259 nm处，并由于自身结构特点，具有两性解离特点，并与茚三酮具有显色反应，形成蓝紫色或黄色（脯氨酸）化合物。

2）**蛋白质的结构**

蛋白质是由α-氨基酸按一定顺序结合形成的多肽物质。首先由一个α-氨基酸的羧基与另一个α-氨基酸的氨基脱水缩合形成酰胺键，又称肽键。多个氨基酸通过肽键相连而形成的片段称为多肽。图1.27为蛋白质多肽链中一个片段的结构通式。蛋白质具有一级、二级、三级、四级结构，其分子结构决定了它的功能。

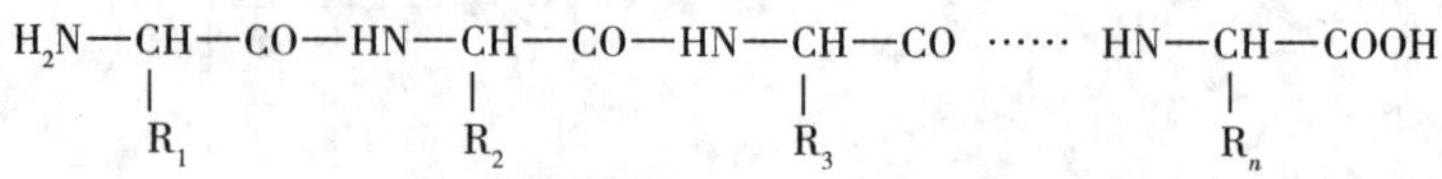

图1.27　蛋白质多肽链中一个片段的结构通式

（1）一级结构

蛋白质的一级结构就是蛋白质多肽链中氨基酸残基的排列顺序，也是蛋白质最基本的结构。它是由基因上遗传密码的排列顺序所决定的。各种氨基酸按遗传密码的顺序，通过肽键连接起来，成为多肽链，故肽键是蛋白质结构中的主键。一级结构是由肽键和少量二硫键维系的。图1.28为牛胰岛素的一级结构氨基酸排列序列。

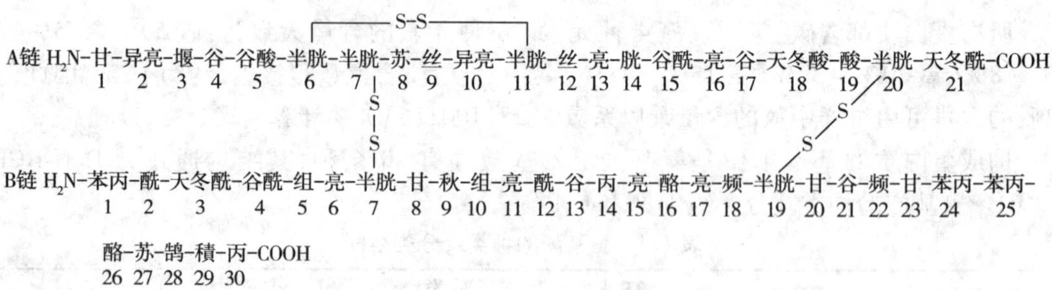

图1.28　牛胰岛素的一级结构

（2）二级结构

二级结构指一级结构中的主链原子经折叠、螺旋等而形成的局部空间结构，即构象。包括a螺旋、β折叠、β转角及自由回转过程。二级结构不涉及侧链部分的构象。二级结构是通过骨架上的羰基和酰胺基团之间形成的氢键维持的，图1.29为二级结构示意图。

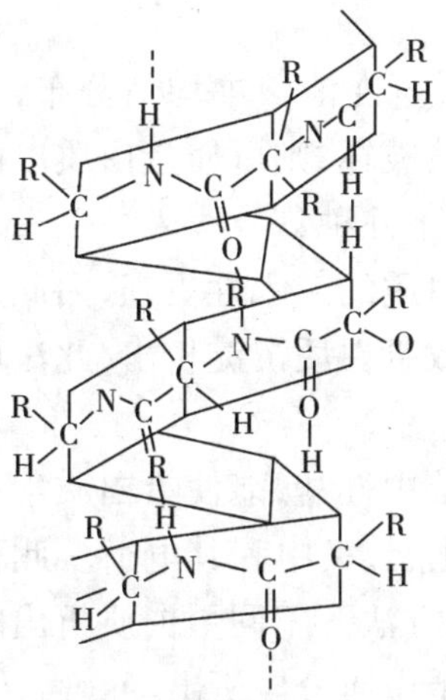

图 1.29　蛋白质二级结构

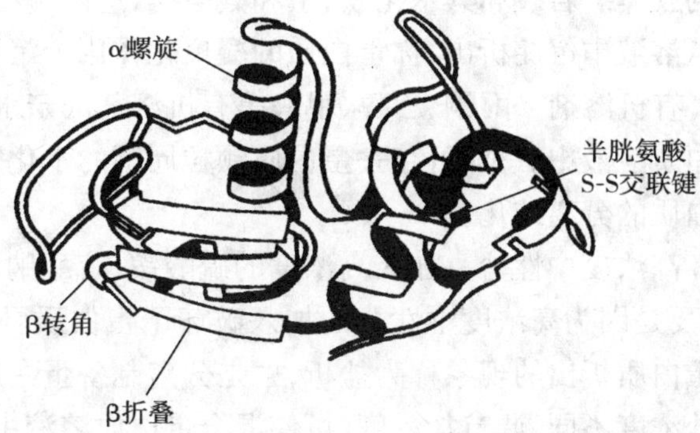

图 1.30　卵溶菌酶的三级结构

(3)三级结构

在二级结构基础上,通过侧链基团的相互作用,肽链再折叠而形成的特定构象称为蛋白质的三级结构。三级结构是由盐键、氢键、二硫键及疏水键等来维系的。如图 1.30 所示为卵溶菌酶的三级结构,多肽链折叠成近乎球状的三级结构。

(4)四级结构

四级结构是由两条或两条以上的具有三级结构的多肽链聚合而成特定构象,其中每一条具有三级结构的多肽链称为亚基。亚基不能单独存在,否则失去活力,只有靠次级键聚合在一起才具有完整的生物活性。图 1.31 为血红蛋白的四级结构。

图 1.31　血红蛋白四级结构

3)蛋白质的类别与性质

(1)蛋白质类别

蛋白质根据组成可分为单纯蛋白质(简单蛋白质)和结合蛋白质(复合蛋白质);根据形态可分为球状蛋白和纤维状蛋白;根据生理功能可分为酶、储藏蛋白(如卵清蛋白、酪蛋白)、运载蛋白(血红蛋白、血蓝蛋白、肌红蛋白)、收缩蛋白(如肌球蛋白、肌动蛋白)、保护蛋白(如抗体、补体)、毒蛋白(如蛇毒、蓖麻蛋白)、激素(如牛胰岛素)、结构蛋白(如胶原蛋白、壳硬蛋白、糖蛋白、膜结构蛋白)等。

(2)蛋白质性质

蛋白质的性质相似于原生质的性质。

①蛋白质的胶体特性　蛋白质分子量大,在水溶液中所形成的颗粒直径为 1 ~ 100 nm,在胶体颗粒范围内,因此具有胶体性质。其颗粒不能透过半透膜,利用此性质,可通过透析纯化蛋白质。具体方法是将含有较小分子杂质的蛋白质溶液放入用羊皮纸、火棉胶等材料制成的透析袋中,然后将袋子浸入蒸馏水中,小分子杂质能透过半透膜由袋内扩散到蒸馏

水中，而蛋白质则留在袋内。

②凝聚化作用　蛋白质颗粒周围带有电荷层和水化膜层，可在溶液中均匀分布，形成稳定的胶体。若破坏其水化膜，中和其电荷，这两种稳定因素被破坏，则可使蛋白质以固体状态从溶液中沉淀析出，称蛋白质的凝聚化作用。沉淀剂有以下几种：

a. 有机溶剂　丙酮、乙醇、甲醇等有机溶剂的亲水性比蛋白质的亲水性更强，因此加入到蛋白质溶液中后，即可夺去蛋白质颗粒周围的水化膜层，导致蛋白质沉淀析出，此法可用于蛋白质的分离纯化。

b. 高浓度中性盐　加入高浓度的硫酸铵、硫酸钠、氯化钠等中性盐，能使蛋白质生成沉淀，主要是因为高浓度中性盐的加入破坏了蛋白质颗粒的水化层，又中和其电荷。此种加盐使蛋白质析出的现象称为盐析，也是分离制备蛋白质的常用方法。不同蛋白质析出时需要的盐浓度不同，调节盐浓度，可使混合蛋白质溶液中的几种蛋白质分段析出。

c. 重金属盐及生物碱　重金属盐及生物碱试剂都能与蛋白质形成不溶性的盐，生物碱还可使蛋白质结构发生变性死亡而沉淀析出。因此，若误食重金属盐时应及时服用大量生蛋清及牛奶，以阻止有害离子被吸收，常见的重金属盐如氯化高汞、硝酸银、醋酸铅等，生物碱有苦味酸、三氯乙酸、磷钨酸、单宁酸等。

③蛋白质的变性和复性　当天然蛋白质受到某些物理或化学因素影响，使其分子内部原有的空间结构发生变化，理化性质改变，生物活性丧失，但仍保留一级结构，这种过程称为蛋白质的变性作用。引起蛋白质变性的因素很多，物理因素有高温（70～1 000 ℃）、高压、紫外线、X 射线、超声波、剧烈震荡或搅拌等；化学因素有：强酸、强碱、尿素、去污剂、重金属盐、三氯乙酸、苦味酸、浓乙醇等。蛋白质的变性常伴有如下表现：丧失生物活性，如酶失去催化能力，血红蛋白丧失运输氧功能；黏度增大，溶解度降低，易析出沉淀；某些原来埋藏在蛋白质分子内部的基团易暴露等。蛋白质的变性与生物活动密切相关，机体衰老时，相应的蛋白质也变性，如种子久储后蛋白质的亲水性降低是丧失发芽能力的原因之一。

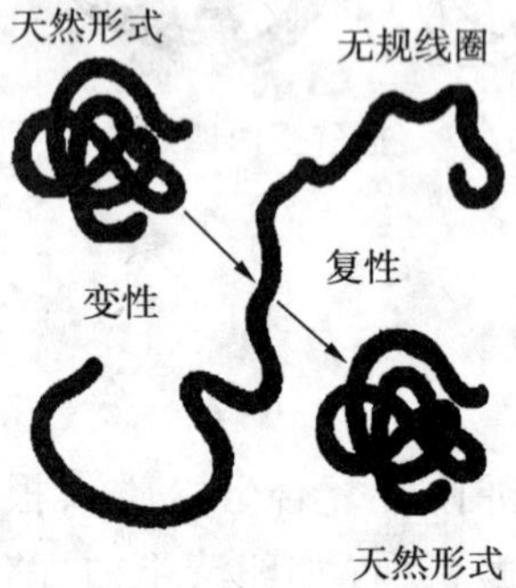

图 1.32　球蛋白的变性与复性
（引自王三根，2008）

不同蛋白质对变性因素的敏感程度各不相同。若引起变性的因素比较温和，蛋白质的空间结构仅有轻微的局部改变，当除去变性因素后，仍能使空间结构恢复到接近原来的状态，其理化性质和生物活性也能恢复，此过程称为蛋白质的复性（图 1.32）。

4）蛋白质的合成与降解

蛋白质生物合成的基本过程是把 DNA 分子中的某段遗传信息转录到 mRNA，再将 mRNA 所编码的遗传信息表达为蛋白质中氨基酸的排列顺序。

（1）蛋白质的合成体系

①mRNA　mRNA 是由 DNA 转录而来，也是合成蛋白质的模板，它按照自身的碱基排列顺序，每 3 个碱基对应一种氨基酸的规则，指导合成具有一定氨基酸顺序的蛋白质多肽链。这一过程类似于把电报密码翻译成公众皆识的文字语言，因此，常把以 mRNA 为模板，

将遗传信息表达为蛋白质中氨基酸顺序的过程称为翻译。其中，每 3 个碱基组成的密码对应1 种氨基酸，即三联体密码(密码子)。三联体密码和氨基酸之间的编码和译制规律见表1.5。蛋白质包括20 余种氨基酸，而三联体密码有64 个之多，因此，大部分氨基酸有 2 个或2 个以上密码子与其对应。如亮氨酸有 6 个密码子：UUA、UUG、CUU、CUC、CUA 和CUG，这些密码子称为同义密码子，这个现象称为密码子的兼并性。

表1.5　遗传密码字典

5′-磷酸末端碱基	中间碱基(第二位)				3′-OH末端的碱基
	U	C	A	G	
U	苯丙氨酸	丝氨酸	酪氨酸	半胱氨酸	U
	苯丙氨酸	丝氨酸	酪氨酸	半胱氨酸	C
	亮氨酸	丝氨酸	终止信号	终止信号	A
	亮氨酸	丝氨酸	终止信号	色氨酸	G
C	亮氨酸	脯氨酸	组氨酸	精氨酸	U
	亮氨酸	脯氨酸	组氨酸	精氨酸	C
	亮氨酸	脯氨酸	谷酰胺	精氨酸	A
	亮氨酸	脯氨酸	谷酰胺	精氨酸	G
A	异亮氨酸	苏氨酸	天冬酰胺	丝氨酸	U
	异亮氨酸	苏氨酸	天冬酰胺	丝氨酸	C
	异亮氨酸	苏氨酸	赖氨酸	精氨酸	A
	甲硫氨酸和甲酰甲硫氨酸	苏氨酸	赖氨酸	精氨酸	G
G	缬氨酸	丙氨酸	天冬氨酸	甘氨酸	U
	缬氨酸	丙氨酸	天冬氨酸	甘氨酸	C
	缬氨酸	丙氨酸	谷氨酸	甘氨酸	A
	缬氨酸	丙氨酸	谷氨酸	甘氨酸	G

注：密码子的阅读方向为5′→3′，即先读左边的碱基，再读中间的，最后读右边的。"三联体"密码子即为对应的氨基酸的遗传密码。如，UGC 代表半胱氨酸，CAC 代表组氨酸，AGA 代表精氨酸等。

②tRNA　tRNA 是转运氨基酸的工具，但只有当 tRNA 具备以下三个条件时才体现转运功能：能识别特异的氨基酰-tRNA-合成酶，即酶的结合位点；识别 mRNA 上的三联体密码；是被核糖体上的氨基酰-tRNA 位点及肽酰-tRNA 位点，并与核糖体的大亚基结合。

③rRNA 及核糖体　为合成蛋白质多肽链的场所。组成核糖体的 rRNA 只是一种结构成分，在蛋白质合成过程中，没有传递遗传信息的作用，而组成核糖体的蛋白质既是结构成分，还是活性基团。

④辅因子　主要是蛋白质及蛋白质复合体，包括起始因子、延长因子、终止因子及释放因子。

⑤底物、能量(ATP、GTP)及无机离子(Mg^{2+}、K^+)　也是合成蛋白质的主要组分。

(2)蛋白质合成过程

合成过程可简要概括为 3 个主要阶段：氨基酸活化；氨基酸的转移和氨酰基-tRNA 形

成;多肽的形成。

①氨基酸活化　未经活化的氨基酸是不能直接连接起来形成蛋白质多肽的。氨基酸的活化是指氨基酸在氨酰-tRNA 合成酶催化下,形成氨酰-AMP-酶复合物的过程。复合物中的氨酰基就是活化状态的氨基酸,这一过程消耗能量 ATP。

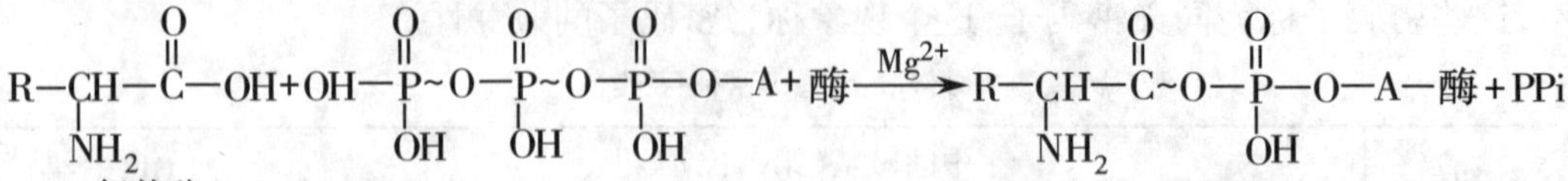

氨基酸　ATP　氨酰—AMP—酶复合物　焦磷酸

②氨基酸的转移和氨基酰-tRNA 形成　活化氨基酸在氨酰基-tRNA 合成酶催化下,与 tRNA 结合形成氨酰基-tRNA 复合物,然后运到核糖体上。因此,氨酰基-tRNA 合成酶具有 2 个作用:一是催化氨基酸的活化,二是把活化的氨基酸转移给 tRNA。

氨酰—AMP—酶复合物　氨酰—tRNA

一种 tRNA 只能转运某种特定的氨基酸,而一种氨基酸可由不止一种的 tRNA 携带,所以 20 种氨基酸至少要有 20 种不同的 tRNA 来携带。原核细胞中起始氨基酸活化后,还要甲酰化,形成甲酰甲硫氨酰-tRNA,而真核细胞没有此过程。

③多肽的形成　以细胞核中 DNA 的某个片段为模板复制出的 mRNA,携带遗传信息进入细胞质与核糖体结合,形成合成蛋白质的模板,每种蛋白质都有其专一的 mRNA 模板。蛋白质中氨基酸的排列顺序是由 mRNA 上遗传密码子的排列顺序决定的。根据 mRNA 上相邻的三个碱基组成的密码子,tRNA 可在环境中寻找到对应的活化氨基酸,通过合成氨酰基-tRNA 来携带氨基酸至模板的特定位置上。tRNA 通过自身和 mRNA 分子上某些碱基存在的对应关系,首先与 mRNA 通过氢键相结合,然后将携带的氨基酸按顺序脱水结合,形成多肽(图 1.33)。

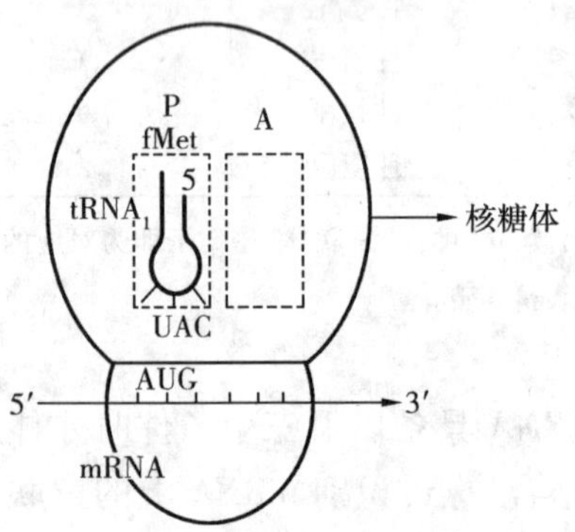

图 1.33　以 mRNA 和核糖体结合体为模板进行多肽的合成

(fMet 为合成多肽的第一个氨基酸甲酰甲硫氨酸)

多肽沿着 mRNA 合成至终止密码子,标志着蛋白质多肽的完成。合成的多肽分子在核糖体上受酶的催化而脱落下来,mRNA 也和核糖体分开。一条 mRNA 分子链上可以同时结合多个核糖体,同时进行多肽的合成;而每个核糖体也可重复进行上述过程。肽链延长的速度是较快的,例如,大肠杆菌的一个核糖体每秒钟可以使肽链延长 20 个氨基酸残基。

(3)蛋白质的分解

植物体内的蛋白质在合成部位形成后便不再移动,要移动需分解为氨基酸。如大豆荚果在发育成熟的过程中,体内产生的氨基酸和酰胺先运输到荚皮(果皮)中。催化蛋白质水解的酶有两类,一是肽链内切酶,作用于肽链内部,产物为较短的肽链片段;二是肽链端解酶,作用于肽链末端,将单一的氨基酸从链端水解下来,产物是各种氨基酸或二肽。在这两类酶的作用下,蛋白质被水解为氨基酸。

1.3.5 原生质胶体的理化特性

原生质主要是由蛋白质、核酸、磷脂等长链大分子形成的颗粒分散在水中后形成的。其颗粒直径为1~100 nm,属胶体颗粒大小范围。原生质是一种有一定弹性和黏性、无色、半透明、半流动状态的胶体溶液,具胶体特性。因其颗粒带有—COOH、—OH、—NH_2 等极性基,能吸附水分子,因此,原生质是一种亲水胶体。其各组成成分占的比例见表1.6,比重略大于水。

表1.6 组成原生质各成分的比例

无机物		有机物			
水	矿盐及化合物	蛋白质	核酸	脂类	糖
85%	1.5%	10%	1.1%	2%	0.4%

原生质胶体的理化特性主要有胶体的带电性、吸附性、黏性与弹性、胶凝化作用和胶聚化作用。

1)带电性

原生质胶粒主要由蛋白质组成。蛋白质分子是可进行两性解离的物质,因此,原生质胶粒具带电性。其带电荷可随溶液 pH 的变化,呈现两性离子、正离子、负离子三种状态。这使胶体溶液能更好地和环境进行物质交换,并具一定的缓冲性,提高植物对环境的适应能力。

当蛋白质所带正、负电荷相等,即净电荷为零时,此溶液的 pH 值称该蛋白质的等电点(pI)。在等电点时,蛋白质溶解度减小,易沉淀析出。植物原生质胶体的等电点范围通常为4.6~5.0。在非等电点时,原生质胶粒表面一般带有同性电荷,由于同性相斥,易于其在溶液中的分散。

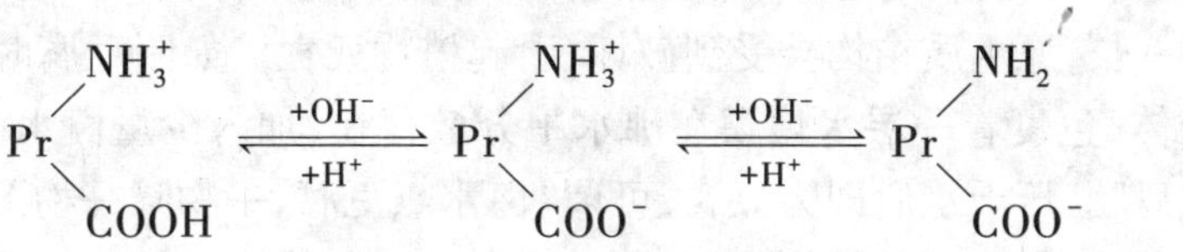

pH<pI 净电荷为正　　pH=pI 净电荷=0　　pH>pI 净电荷为负

2)吸附性

由于原生质胶体颗粒分散度很高,总表面积很大,表面能也相应增加。它可通过分子间的吸引力,吸附多种物质,如水、酶、矿物质、色素及生理活性物质,进一步进行复杂的生理代谢活动。

原生质胶体具有很强的吸附水的能力,即亲水性。离胶粒近的水,与胶粒结合牢固,一般不参入代谢活动，称束缚水，如干燥的小麦、玉米等淀粉类种子中含水量一般为12% ~ 14%，这部分水便为束缚水。束缚水可维持原生质的活性，并保护原生质与外界空气隔绝不被氧化。因此，蛋白质含量多的种子束缚水含量高，寿命长，抗逆性强；而离胶粒较远的水，吸附力减弱，可自由移动，称自由水。

3）黏性与弹性

原生质胶体的黏性，与束缚水和自由水相对含量有关。束缚水多，自由水相对少的，黏性大，反之则黏性小；用一定的外力拉长细胞质，去掉外力后细胞质又缩回原状，说明原生质具有弹性。黏性与弹性一般呈正相关，即黏性大则弹性大，黏性小则弹性小。

植物细胞内原生质的黏性和弹性大，生长代谢慢，但抗逆性强，如抗干旱、低温；黏性和弹性越小，生长越旺盛，但抗逆性小，如春季萌芽开花后，植物易受冻伤。

4）凝胶化作用

原生质胶体通常呈现两种存在状态：溶胶状态和凝胶状态。溶胶是含自由水较多的液体半流动状态。溶胶在适当条件下，整个体系会转变成一种具弹性的半固体状态，失去流动性，这种现象称胶凝化作用，引起这种转变的主要因素是温度和水分。

当温度降低、胶粒动能减小或水分减少时，胶粒之间距离缩小，互相连接形成网状结构，水分子处于网眼结构的孔隙之中，这时胶体呈凝胶状态；当温度升高、胶粒动能增大或水分含量高时，胶粒距离增大，联系消失，网状结构不再存在，胶粒呈自由活动状态，即溶胶状态。

$$\text{溶胶} \underset{\text{高温、多水}}{\overset{\text{低温、缺水}}{\rightleftarrows}} \text{凝胶}$$

夏季雨水多，细胞原生质处于溶胶状态时，植物代谢活跃，生长旺盛，但抗逆性较弱；冬季根、茎、种子细胞内的原生质处在凝胶状态，代谢微弱，器官处于休眠期，对低温、干旱等不良环境的抵抗能力提高。因此，植物通过两种存在状态的相互转化来调控生长发育节奏，以适应环境条件相。

5）凝聚化作用

原生质胶粒在一定的pH溶液中带同性电荷，以及原生质胶粒外包裹的水化膜，是原生质胶体处于稳定状态的两个重要条件。当这两者被破坏时，如加入一定量的电解质，就会消除水化膜和胶体带电性，原生质胶粒会合并成大的颗粒沉淀析出。这种现象称凝聚化作用。凝聚时间一长，原生质结构会受到破坏，引起植物死亡。如制豆腐时，加水磨成浆状的大豆蛋白质胶体，包裹着一层水化膜在沸水中分散存在，加入少量卤水（含 MgCl），便可很快沉淀析出成豆脑，压干水后即为豆腐，可谓“卤水点豆腐，一物降一物”。

此外，重金属、高温、农药等能使蛋白质发生变性，导致原生质胶体发生凝聚化作用，引起植物组织、器官，甚至个体死亡。

1.3.6 植物大分子之间的关系

通过对碳水化合物、脂类、蛋白质及核酸这四类生物大分子结构、性质、合成等知识的学习，我们已经了解到，生命过程的进行与延续，实质是这些生物大分子物质之间错综复杂的相互转化、互相联系、相互制约过程，完成了统一的植物代谢，其中以呼吸作用中碳水化合物的代谢为中心，将各种物质的代谢联系起来。这一枢纽作用表现在两方面：首先通过呼吸作用中碳水化合物的氧化，为植物的生命活动提供能量；二是碳水化合物降解的中间产物为其他物质的合成提供所需要的碳架。植物代谢过程中生物大分子之间的相互转化关系如图 1.34 所示。

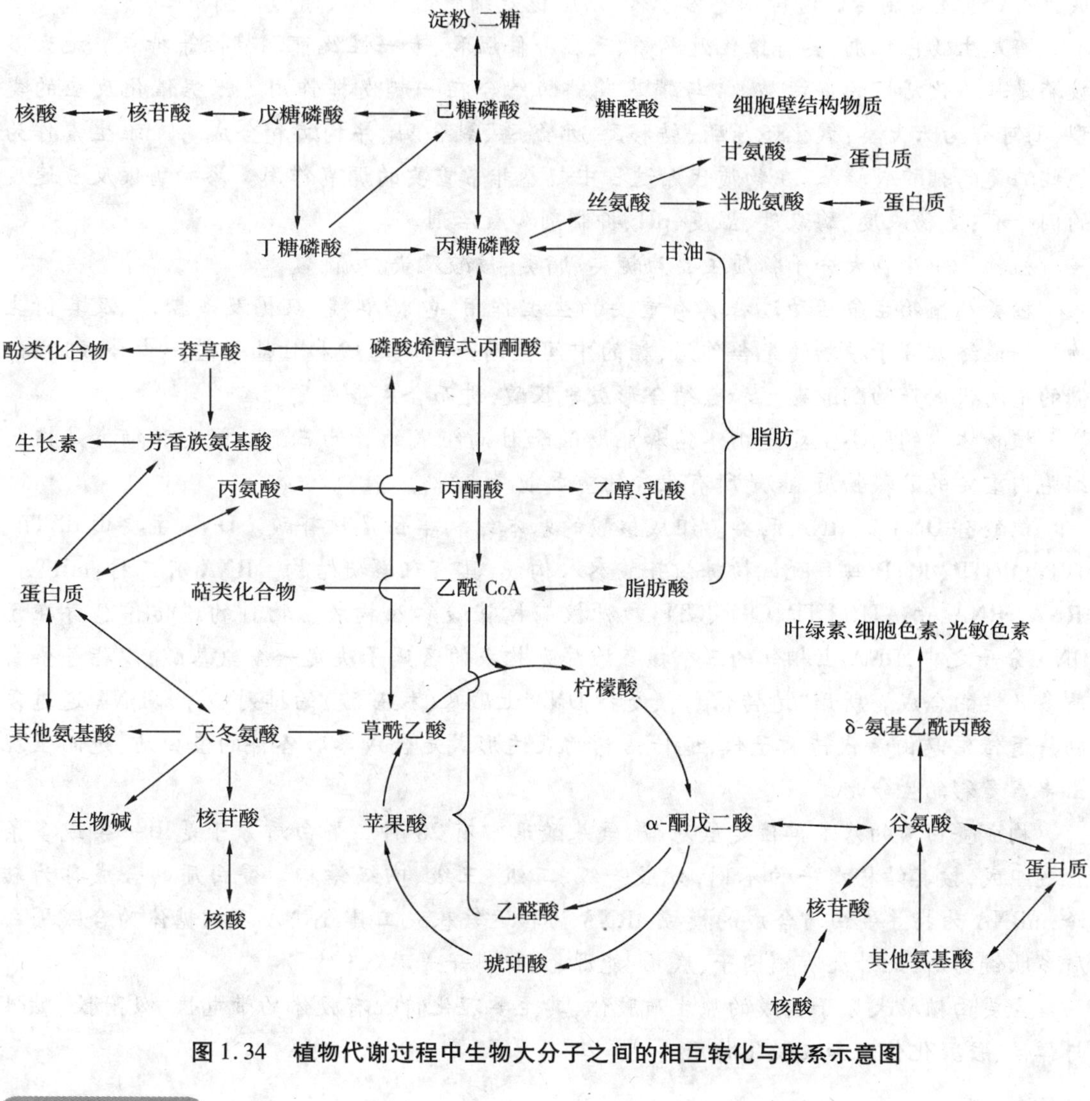

图 1.34　植物代谢过程中生物大分子之间的相互转化与联系示意图

本章小结

细胞是生物体结构和功能的基本单位，植物细胞是植物体结构和功能的基本单位。细胞分为原核细胞和真核细胞两大类。原核细胞简单，没有完整的细胞核和高度分化的细胞器，而真核细胞结构较复杂。植物细胞有细胞壁、质体（包括叶绿体）和液泡，这是其区别于动物细胞的三大结构特征。

原生质是生命的本原物质，是细胞内所有生命物质的总称。原生质体是分化了的原生质，是细胞内所有结构的总称。

植物细胞由原生质体和细胞壁构成。原生质体由细胞膜、细胞质和细胞核组成。相邻细胞由胞间连丝相连。磷脂双分子层组成了生物膜的基本骨架，其中镶嵌的各种膜蛋白决定了膜的大部分功能；细胞质中有执行细胞各种功能的细胞器，如进行光合作用的叶绿体和进行呼吸作用的线粒体等；细胞核中存在染色质，染色质由遗传物质 DNA 和组蛋白组成，DNA 通过复制传递遗传信息给子代，细胞核是细胞遗传和代谢的控制中心。

酶是生物催化剂，具有催化效率高、反应条件温和、专一性及可调节性等特点。绝大多数酶是具催化活性的蛋白质，常与辅基或辅酶结合在一起发挥作用。根据催化反应的类型，酶可分为六大类：氧化还原酶、转移酶、水解酶、裂合酶、异构酶和合成酶。维生素作为某些酶类的辅酶或辅基，在物质代谢过程中起着非常重要的调节作用。影响酶促反应速度的因子有：底物浓度、酶浓度、温度、pH、抑制剂和激活剂。

植物体中生物大分子物质主要为糖类、脂类、核酸及蛋白质。

糖类在植物生命活动过程具有重要的生理作用，包括单糖、双糖及多糖，以及其衍生物。糖最终来源于植物的光合作用，糖的中间代谢产物脂肪酸和甘油可进一步合成脂肪，糖的中间代谢产物酮酸也可和氨结合形成氨基酸，进而合成蛋白质。

植物体内的脂类主要是由不饱和脂肪酸和甘油组成的甘油三酯。脂类和糖类是植物细胞内重要的贮藏物质，也是所有生命的重要能量来源。

核酸有 DNA 及 RNA 两类。组成核酸的基本结构单位是核苷酸。DNA 主要由 dATP、dTTP、dGTP、dCTP 四种脱氧核糖核苷酸参入构成，具有双螺旋结构。RNA 有三种：mRNA、tRNA、rRNA，由 ATP、UTP、GTP、CTP 四种核糖核苷酸参入构成。物种的遗传信息存在于 DNA 分子之中，DNA 上相邻的三个核苷酸序列构成的密码子决定一个氨基酸，以指导蛋白质多肽链的合成。所谓“遗传信息”，是指 DNA 上碱基（核苷酸）的排列顺序。DNA 通过复制将遗传信息由亲代传至子代，遗传信息的表达形式是合成各种各样的蛋白质，进而呈现出丰富多彩的生命形式。

构成蛋白质的基本单位是氨基酸，氨基酸通常有 20 种。蛋白质分子是由一条或多条肽链组成，按其结构水平的不同，分成一级、二级、三级、四级结构。蛋白质的合成称为转译，mRNA 为指导蛋白质合成的模板，tRNA 为转运氨基酸工具，rRNA 及核糖体为合成蛋白质多肽链场所，此外还有辅因子、底物、能源、无机离子等参入。

主要由植物大分子构成的原生质胶体，其主要理化特性有胶体的带电性、吸附性、黏性与弹性、胶凝化作用和胶聚化作用。

案　例

种子萌发

种子的萌发主要分三个阶段。第一阶段是种子吸水，种子首先要吸足水分。第二阶段是种子表面静止阶段。种子通过第一阶段吸水膨胀后，形态上有一段相对静止的时间，但种皮内部分子水平上却发生了一系列复杂的物质和能量转化，如图 1.35 所示。种子内子叶、胚乳中贮藏的营养物质被分解转化成能量或小分子物质,促进胚细胞的分裂、长大和分化,当胚根生长到一定程度,种皮不能容纳时,便是种子萌发的第三阶段:胚根突破种皮,生产上称"露白"。至此,种子萌发基本成功。

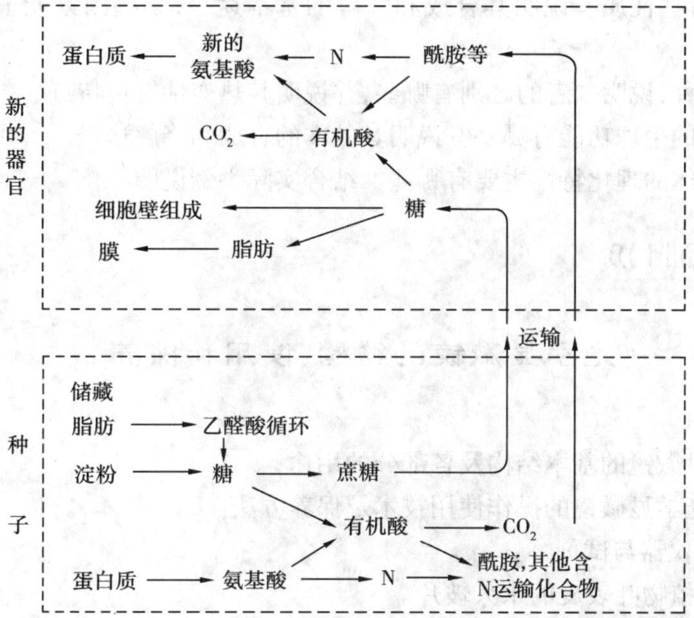

图1.35　种子萌发时各物质之间的相互转化

种子萌发过程实质上是种子体内一系列生理生化反应的过程。播种在土壤里的种子萌发后,胚根扎入土壤,胚芽伸出地面,一棵幼苗就诞生了。

案例分析与讨论题

①分析一下,为何种子要充分吸水后才能萌发?胚乳或子叶中的脂肪、淀粉和蛋白质三种大分子物质在种子吸水后,首先要进行哪些转化?

②讨论:种子萌发过程中,开始主要有哪些类型的酶参与反应过程?温度如何影响这些反应的速率?

③种子萌发的过程,其实质是胚细胞不断分裂、生长与分化形成幼苗的过程,分析讨论一下胚生长的能量和物质来源。生产上采取哪些措施,才能使幼苗更健壮?

复习思考题

1. 名词解释

细胞　原生质　原生质体　细胞器　生物膜　酶　辅酶　辅基　激活剂　竞争性抑制作用　K_m　NAD^+　$NADP^+$　FAD　FMN

2. 简述植物细胞的基本结构。

3. 说明生物膜的组成。膜流动镶嵌模型的要点是什么?

4. 简述酶的类型和命名规则。

5. 何为酶的最适 pH 和最适温度?

6. 何为酶的激活剂？重要的激活剂有哪些？

7. 哪些因素可以影响酶促反应速度？

8. 糖的种类有哪些？说明糖的生物学功能，并说明其基本的合成和降解途径。

9. 蛋白质有哪些性质？说明其合成和降解的基本途径，哪些因素能破坏蛋白质的稳定性。

10. 核酸有两种，说明二者的区别有哪些，并说明其热变性有何特点。

11. 脂类物质的生理功能有哪些？说明其基本的合成和降解途径。

12. 原生质胶体的理化特性主要有哪些？结合实际举例说明。

实验实训 1)))

光学显微镜的结构、使用和保养

1) 目的要求

①了解光学显微镜的基本结构及各部分的用途；

②熟练掌握光学显微镜的操作使用技术及保养方法。

2) 实验材料、仪器与试剂

①实验材料：植物叶表皮的永久玻片。

②仪器、用具：光学显微镜、纱布、擦镜纸、脱脂棉等。

③试剂：二甲苯、蒸馏水。

3) 实验步骤与方法

(1) 光学显微镜的结构

生物学上常用的光学显微镜由机械部分和光学部分组成。

①机械部分

a. 镜座　位于显微镜最下方，起支持稳固作用。

b. 镜臂　由倾斜关节与镜座相连。是显微镜的主要支架，也是取镜时手握的部位。使用时可以倾斜，斜度不超过 30°为宜。

c. 镜筒　是中空的圆筒，可上下升降，上端装有目镜，下端安装物镜转换器。

d. 物镜转换器　可装置不同放大倍数的物镜，通过转动可转换物镜。

e. 载物台　是放置玻片的部位，与镜筒成直角，有两个金属压夹或推动器。

f. 调焦旋钮　镜臂上装有粗调旋钮和细调旋钮，转动时可使镜筒上下移动，调焦以使物像清晰。(粗调旋钮又称粗调节轮或粗准焦旋钮，细调节旋钮亦同)

②光学部分

a. 物镜　安装在物镜转换器上，物镜将标本作第一次放大。物镜的放大倍数在物镜上有注明。常用的低倍物镜放大倍数为 10x，高倍物镜为 40x，油镜为 100x。

b. 目镜　在镜筒上端，将物镜生成的倒像作第二次放大。目镜的放大倍数也在目镜上注明。显微镜的放大倍数等于物镜放大倍数与目镜放大倍数的乘积。

c. 聚光器　安装在载物台通光孔的下面，将反光镜反射的光线汇集，使视野变得均匀明亮。有的显微镜以光圈盘上大小不等的圆孔调节光强度。

d.反光镜　反光镜有平面和凹面两个面,在光线强或用低倍物镜观察时一般使用平面反射光线,而光线弱或用高倍物镜观察时使用凹面反射光线。

(2)光学显微镜的使用

①取镜　将显微镜放在距实验台或工作台边沿约5~10 cm的台面上,稍偏操作者的左方,右侧放绘图纸、记录材料等。

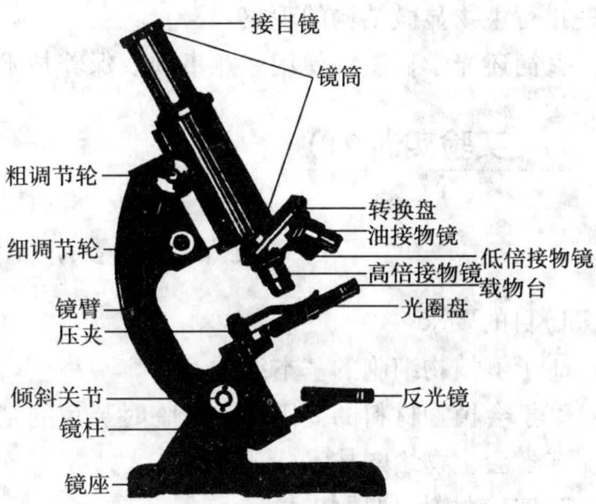

图1.36　光学显微镜的结构

②对光　转动准焦旋钮提升镜筒,再转动物镜转换器,使低倍物镜正对通光孔。调节反光镜、聚光器的光圈等,使视野光线均匀明亮。

③放置玻片　取玻片置于载物台上,调整位置使所要观察的材料位于通光孔中央,用压夹固定。

④低倍物镜的使用　首先从侧面仔细观察,并转动粗调旋钮使镜筒缓慢下降至接近低倍物镜。左眼从目镜观察,右眼自然睁开着,转动粗调旋钮,使镜筒缓慢上升,直到看到物像。转动细调旋钮,至物像清晰。

⑤高倍物镜的使用　低倍物镜下已观察到清晰图像,将要观察的材料部位移到视野正中央,旋转物镜转换器使高倍物镜对准通光孔。调节细准焦旋钮使物像清晰,调节反光镜等使视野中光的强度适宜。注意,使用高倍物镜时一般不用粗调旋钮。如需调换玻片,要将高倍镜换成低倍镜,取下原玻片,换上新玻片,重新按以上步骤进行操作和观察。

⑥还原显微镜　观察完毕后,转动粗调节轮开高物镜,从载物台上移去玻片,扭转转换器,使低倍镜或没有物镜头的部位对准通光孔,降下镜筒至最低,调整反光镜使之竖立,清洁干净并套上镜套,放回镜箱,锁好放回。

(3)光学显微镜使用注意事项及保养方法

①取放显微镜时要一手握住镜臂,一手托稳镜座,保证显微镜的安全。

②使用显微镜时不要随便拆卸,以免损坏零部件;规范使用显微镜。

③观察材料时,须先使用低倍镜,因为其视野大,易发现目标和确定要观察的部位。从低倍镜转至高倍镜后,要用细调旋钮略微调焦,切勿使用粗调旋钮大幅度开降,以免压碎玻片、损伤镜头。

④显微镜要保持清洁,机械部分可用软布擦净,光学部分须用擦镜纸擦拭。

⑤显微镜用后若有较顽固的污迹,可用脱脂棉蘸少许二甲苯擦拭,再用干净软布擦净。

⑥显微镜放置要做到防尘、防潮、防热、防腐蚀。

4)作业

①简述光学显微镜的操作使用步骤,并反复进行显微镜的操作练习,做到熟练使用显

微镜进行生物显微结构的观察。

②简述光学显微镜使用注意事项及保养技术。

实验实训 2)))

观察植物细胞的显微结构

1)目的要求

①了解植物细胞的基本结构；

②学会植物材料的徒手切片及临时装片的制作技术；

③学会生物绘图技术。

2)实验材料、仪器与试剂

①实验材料:洋葱、天竺葵、鸭跖草等植物叶表皮的永久装片,胡萝卜的肉质根。

②仪器、用具:光学显微镜、纱布、擦镜纸、刀片、镊子、载玻片、盖玻片、培养皿、滴管、2H 铅笔。

③试剂:蒸馏水。

3)实验步骤与方法

(1)观察植物细胞的基本结构

用光学显微镜观察不同植物叶表皮的永久装片。先用低倍镜观察,再用高倍镜仔细观察某个细胞的形状及各部分结构,可观察到细胞壁、细胞质、细胞核和液泡等结构部分及表皮上明显的气孔结构。

(2)植物材料临时装片的制作

①洗净载玻片和盖玻片。

②用滴管滴一滴蒸馏水于载玻片中,用镊子将小而薄的植物材料(如洋葱表皮、茎切片等)置于载玻片的水滴中。

③用镊子轻轻夹住盖玻片,使盖玻片边缘与水滴一边的边缘接触,然后慢慢向另一边下放,将空气逐渐挤掉,至放平盖玻片,避免产生气泡。若水分过多,可用吸水纸从盖玻片侧面吸去一部分水。

(3)徒手切片技术

用光学显微镜观察的材料必须是透明薄片,徒手切片是获得这种材料的常用技术。

①材料应选用软硬适度的根、茎或叶,本次实验选用胡萝卜的肉质根。

②切片前,在培养皿中盛好清水,备好滴管、刀片等用具。

③将胡萝卜根切成约 5 mm 见方、长度 1 ~2 cm 的长条,便于手持切片。

④用左手拿住材料,使材料稍突出手指,右手持刀片,把刀刃放在经过削平的平面上,且与材料断面平行,然后以均匀的力量和平稳的动作,自左前方向右后方滑行切片。注意要用整个手臂向后拉,动作敏捷,一次切下。切片过程要用清水湿润材料和刀面,使之润滑,以免材料破损。连续切下许多薄片后,用镊子将薄片移入培养皿的清水中。

⑤用镊子挑选薄而透明的切片,放在载玻片上,制成临时装片观察,可观察到胡萝卜肉

质根细胞的有色体，为橙红色的不规则颗粒或棒状体。

(4)生物绘图技术

①认真观察材料标本，清楚生物的形态结构特点。

②一般用2H 铅笔绘图，线条光滑流畅，点要匀称，浓度大的暗处点密，浓度稀的明处点疏，点线不重复描绘。

③图面大小适宜，在报告纸上的位置稍偏左，右边空间用来引线标注。

④注图引线一般向右边引出，间隔均匀，太接近时可用折线，但不能交叉重叠，标注尽量排列整齐。

⑤绘图科学性要强，没有科学性错误，并且力求整洁美观。

⑥绘图完成后在图下方注明图形名称等信息。

4)作业

①绘制 1 ~3 个叶表皮的细胞，并注明细胞的主要结构部分。

②简述生物绘图的技术要求。

③简述植物材料临时装片的制作步骤。

实验实训 3

蛋白质性质的测定

1)目的意义

以蛋清蛋白、卵黄蛋白、大豆分离蛋白和明胶为原料，了解蛋白质的功能性质及其影响因素。

2)原理

蛋白质的功能性质一般是指能使蛋白质成为人们所需要的食品特征而具有的物理化学性质，即食品加工、贮藏、销售过程中发生作用的那些物理化学性质，这些性质对食品的质量及风味起着重要的作用。蛋白质的功能性质与蛋白质在食品体系中的用途有着十分密切的关系，是开发和有效利用蛋白质资源的重要依据。

蛋白质的功能性质可分为水化性质、表面性质、蛋白质-蛋白质相互作用的有关性质三个主要类型。主要包括吸水性、溶解性、保水性、分散性、黏度和黏着性、乳化性、起泡性、凝胶作用等。蛋白质的功能性质及其变化规律非常复杂，受到多种因素的相互影响，比如蛋白质种类、蛋白浓度、温度、溶剂、pH、离子强度等。

3)实验材料、仪器与试剂

①实验材料：蛋清蛋白。

②仪器：恒温水浴锅、天平、100 mL/50 mL 烧杯、普通玻璃试管、刻度试管、50 mL 塑料离心管、pH 试纸等。

③试剂。

a. 2% 蛋清蛋白溶液：取 2 g 蛋清加 98 g 蒸馏水稀释，过滤取清液；

b. 5% 蛋清蛋白溶液：取 5 g 蛋清加 98 g 蒸馏水稀释，过滤取清液；

c. 卵黄蛋白：鸡蛋除蛋清后剩下的蛋黄捣碎。

d. 其他：大豆分离蛋白粉；1M 盐酸；1M 氢氧化钠；饱和氯化钠溶液；饱和硫酸铵溶液；酒石酸；硫酸铵；氯化钠；氯化钙饱和溶液；水溶性曙红 Y；明胶。

4）实验步骤

（1）蛋白质的水溶性

①在 50 mL 的小烧杯中加入 0.5 mL 蛋清蛋白并加入 5 mL 水，摇匀，观察其水溶性，看有无沉淀产生。在溶液中逐滴加入饱和氯化钠溶液，摇匀，得到澄清的蛋白质的氯化钠溶液。

取上述蛋白质的氯化钠溶液 3 mL，加入 3 mL 饱和的硫酸铵溶液，观察球蛋白的沉淀析出，再加入粉末硫酸铵至饱和，摇匀，观察清蛋白从溶液中析出，解释蛋清蛋白在水中及氯化钠溶液中的溶解度以及蛋白质沉淀的原因。

②在四个试管中各加入 0.15 g 大豆分离蛋白粉，分别加入 5 mL 水，5 mL 饱和食盐水，5 mL 1 mol/mL 的氢氧化钠溶液，5 mL 1 mol/mL 的盐酸溶液，摇匀，在温水浴中温热片刻，观察大豆蛋白在不同溶液中的溶解度。

在第 1、2 支试管中加入饱和硫酸铵溶液 3 mL，析出大豆球蛋白沉淀。第 3、4 支试管中分别用 1 mol/mL 盐酸及 1 mol/mL 氢氧化钠中和至 pH4～4.5（用 pH 试纸测定），观察沉淀的生成，解释大豆蛋白的溶解性及 pH 对大豆蛋白溶解性的影响。

（2）蛋白质的乳化性

取 2.5 g 卵黄蛋白加入 250 mL 三角锥形瓶中，加入 47.5 mL 水、0.25 g 氯化钠，混合均匀后，一边摇匀一边加入植物油 10 mL。加完后，手握锥形瓶，较强烈地振荡 5 min 使其分散成均匀的乳状液，静置 10 min，待泡沫大部分消除后，观察乳化效果，看油相和水相是否出现分层。从乳化层中取出 10 mL 于玻璃试管中，加入少量水溶性曙红 Y 溶液数滴，将染色均匀，取一滴乳状液在显微镜下仔细观察，被染色部分为水相，未被染色部分为油相，根据显微镜下观察所得到的染料分布，确定该乳状液是属于水包油型还是油包水型。用红色表示水相，白色表示油相，绘制示意图描述观察到的现象。如图 1.37 所示两种乳状液：黑色代表油相、白色代表水相。

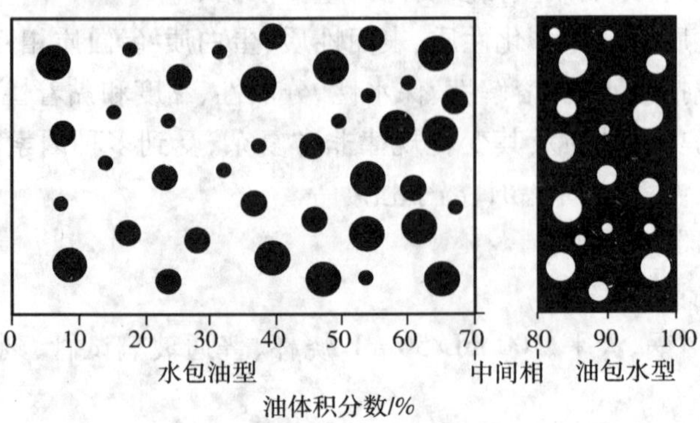

图 1.37　水包油型和油包水型乳状液形态示意图

（3）蛋白质的起泡性

①取两个 50 mL 带刻度的塑料离心管，分别加入 2% 和 5% 的蛋清蛋白溶液 15 mL，扭

紧盖，同时用力上下震荡 1～2 min，观察泡沫产生的数量及泡沫稳定性有何不同。从刻度上分别读取产生泡沫的体积 V，起泡性计算如下：

$$起泡性(\%)=\frac{泡沫体积}{溶液原体积}=\frac{V}{15}\times 100\%$$

然后静置，分别记录泡沫消除的时间，表示泡沫稳定性。

②取三支刻度试管，各加入 2% 蛋清蛋白溶液 5 mL，其中一份加入酒石酸 0.1 g，一份加入氯化钠 0.1 g，另一支做对照。混匀后，用 pH 试纸测定各管的 pH，然后以相同的方式振荡 2 min，观察泡沫产生的多少及泡沫稳定性有何不同，并按上式计算起泡性。分别记录泡沫消除的时间，表示泡沫稳定性。

(4) 蛋白质的胶凝作用

①在试管中取 1 mL 蛋清蛋白，加 1 mL 水和几滴饱和食盐水至溶解澄清，放入沸水浴中，加热片刻，观察凝胶的形成。

②在 100 mL 烧杯中加入 2 g 大豆分离蛋白粉，40 mL 水，在沸水浴中加热不断搅拌均匀，稍冷，将其分成二份。一份加入 5 滴饱和氯化钙，另一份加入 5 滴蒸馏水，放置温水浴中数分钟，观察比较凝胶的生成情况。

③在试管中加入 0.5 g 明胶、5 mL 水，水浴中温热溶解形成黏稠溶液，冷却后，观察凝胶生成。

5) 作业及思考

①记录各项实验数据，并计算实验结果。

②解答实验实训中提出的问题及实验现象。

③酒石酸和氯化钠对蛋白质形成的泡沫稳定性有何影响？为什么？

④什么是凝胶作用？影响大豆蛋白凝胶形成的因素有哪些？

实验实训 4)))

糖类化合物性质的测定

1) 目的意义

以单糖、低聚糖和多糖为原料，了解糖类化合物的功能与性质。

2) 原理

糖类化合物是一类多羟基的内半缩醛、酮及其聚合物。按其水解情况的不同，糖类化合物可分为单糖、双糖和多糖三类，可根据各自的性质进行种类的鉴别。

①单糖的性质　单糖的性质有水溶液中的变旋现象；与苯肼成砂；稀碱介质中的差向异构化；半缩醛、酮羟基与含羟基的化合物成苷；氧化反应（醛糖能被溴水温和氧化成糖酸；醛、酮都能被吐伦试剂、斐林试剂氧化；被稀硝酸氧化为糖二酸；被高碘酸氧化断裂成甲醛或甲酸）；强酸介质中与酚类化合物缩合而呈现颜色反应（如 Molicsh 反应、Seliwanoff 反应）等。

②双糖的性质　双糖根据分子中是否还保留有原来一个单糖分子的半缩醛羟基而分

成还原性双糖(如麦芽糖、纤维二糖)与非还原性双糖(如蔗糖)。还原性双糖由于分子中还保留有原来单糖分子中的一个半缩醛羟基,水溶液中能开环成开链的醛式而表现出还原性(能被吐伦试剂或斐林试剂氧化)、变旋现象和成砂反应。非还原性糖由于分子中没有半缩醛羟基而没有上述性质。双糖分子可在酸或酶催化下水解成单糖而表现出单糖的还原性。

③多糖的性质　多糖由成千上万个单糖单位缩合而成,难溶于水,无甜味,无还原性,能被酸或碱催化而逐步水解成单糖。淀粉是一种常见的多糖,在酸或酶催化下水解,可逐步生成分子较小的多糖,最后水解成葡萄糖,即淀粉→各种糊精→麦芽糖→葡萄糖。碘与淀粉显蓝紫色,与不同分子量的糊精显红色或黄色,糖分子量太小时,与碘不显色。常用碘实验对淀粉进行定性分析及检验淀粉的水解程度。

3)实验材料、仪器与试剂

①实验材料:葡萄糖、果糖、蔗糖、麦芽糖、乳糖、淀粉等各种糖类物质。

②仪器:恒温水浴锅、天平、100 mL/50 mL 烧杯、100 mL 容量瓶、普通玻璃试管、试管架、刻度试管、吸管等。

③试剂。

a. 吐伦试剂:向硝酸银溶液中加入几滴氢氧化钠稀溶液,产生棕色的氧化银沉淀,再向溶液中滴加浓氨水,直至棕色沉淀刚好溶解,所得的溶液即为吐伦试剂。

b. 斐林试剂:分为斐林试剂 A(0.1 g/mL 的 NaOH 水溶液)和斐林试剂 B(0.05 g/mL 的硫酸铜水溶液)。

c. Molicsh 试剂:15% α-萘酚乙醇溶液。

d. Seliwanoff 试剂:取 0.01 g 间苯二酚溶于 10 mL 浓盐酸中和 10 mL 水,混合均匀即成。

e. 其他:浓硫酸;苯肼;0.1% 碘。

4)实验步骤

(1)糖的还原性

①与吐伦试剂反应　取 4 支试管,各加入吐伦试剂 1 mL(向硝酸银溶液中加入几滴氢氧化钠稀溶液,产生棕色的氧化银沉淀。再向溶液中滴加浓氨水,直至棕色沉淀刚好溶解。所得的溶液即为吐伦试剂),然后分别加入 4 滴 2% 葡萄糖、2% 果糖、2% 蔗糖、2% 麦芽糖溶液,摇匀,将试管同时 50 ~ 60 ℃水浴中加热,观察有无银镜产生。

②与斐林试剂的反应　取 5 支试管,各加入 1 mL 斐林试剂 A(0.1 g/mL 的 NaOH 水溶液)和 1 mL 斐林试剂 B(0.05 g/mL 的硫酸铜水溶液),混匀,然后分别加入 4 滴 2% 葡萄糖、2% 果糖、2% 蔗糖、2% 麦芽糖、1% 淀粉溶液,摇匀,将试管同时放入沸水浴中加热 2 ~ 3 min,然后取出冷却,观察。

(2)糖的显色反应

①Molicsh 反应　取 5 支试管,各加入 2% 葡萄糖、2% 果糖、2% 蔗糖、2% 麦芽糖、1% 淀粉溶液 1 mL,再向各试管中加入 4 滴新配制的 Molicsh 试剂(15% α-萘酚乙醇溶液)。混合均匀后,将试管倾斜,沿着试管壁徐徐加入浓硫酸 1 mL(注意不要摇动),硫酸与糖溶液明显分为两层。观察液面交界处有无紫色环出现。若数分钟内没有颜色变化,可在水浴中温

热,观察。

②Seliwanoff 反应　取 4 支试管,分别加入 10 滴间苯二酚-盐酸试剂,再各滴入 2 滴 2% 葡萄糖、2% 果糖、2% 蔗糖、2% 麦芽糖溶液,混合均匀后,将试管同时放入沸水浴中加热 2 min,观察并比较试管中出现的颜色的次序。

(3)糖砂的生成

取 3 支试管,各加入 2% 葡萄糖、2% 蔗糖、2% 乳糖溶液 2 mL,再分别加入 1 mL 新鲜配制的苯肼试剂,摇匀,取少量棉花塞住试管口,同时放入沸水浴中加热煮沸,随时将出现沉淀的试管取出,并记录时间。加热 20 ~ 30 min 以后,将所有试管取出,让其自行冷却,比较各试管中产生糖砂的顺序,取出少量晶体,用显微镜观察各种糖砂的晶型。

(4)淀粉的碘试验

在试管中加入 10 滴 1% 淀粉溶液,再加入 1 滴 0.1% 碘溶液,观察现象。将试管放入沸水中加热 5 ~ 10 min,观察现象。取出冷却后,结果又如何?

5)作业及思考

①记录各项实验观察结果。

②解答实验实训中提出的问题并解释实验现象。

【附注】

①Molicsh 反应很灵敏,在实验时如不慎有滤纸碎片落入试管中,也会得到阳性结果。某些化合物(如甲酸、丙酮、乳酸和草酸等)都呈阳性结果。所以只能用其阴性结果来判断糖类化合物的不存在。

②Seliwanoff 反应是鉴定酮糖的特殊反应。酮糖与盐酸共热生成糠醛衍生物,再与间苯二酚形成鲜红色的缩合物。在 Seliwanoff 反应实验中,酮糖变为糠醛衍生物比醛糖快 15 ~ 20 倍。若加热时间过长,葡萄糖、麦芽糖、蔗糖也有阳性结果。另外,葡萄糖浓度高时,在酸存在下,能部分转化为果糖。因此进行本实验应注意:盐酸和葡萄糖的浓度均不得超过 12%,观察颜色或沉淀的时间不得超过加热后 2 min。

实验实训 5

酶的基本性质

酶是生物体中具有催化功能的蛋白质,所以又称生物催化剂。生物体内存在多种多样的酶,从而使生物体在温和的条件下能够迅速完成复杂的代谢反应。因此,了解酶的基本性质,对于揭示各种生化进程具有非常重要的意义。

酶作为一种特殊的催化剂,与一般催化剂比较,具有许多特殊的性质。

①高效性:酶比一般催化剂更能大量降低反应的活化能,从而极大地加快反应速度。

②专一性:酶因为活性中心的存在,而比一般催化剂具有高得多的反应特异性,即一种酶只能对一种或一类化合物起一定的催化作用。

本实验的目的就在于通过简单实验更进一步认识酶的性质,加深理解酶在生化进程中的作用。

1)酶的高效性

(1)原理

在生物体内,某些代谢由于需氧脱氢反应的结果而产生对有机体有毒害作用的过氧化氢(H_2O_2)。广泛存在于各种生物体中的过氧化氢酶(又称触酶)能催化过氧化氢很快地分解成 H_2O 和 O_2,使其不致在体内积累太多。铁粉也能催化上述反应,但其催化效率仅为过氧化氢酶的100亿分之一。

(2)实验材料、仪器与试剂

①实验材料:马铃薯。

②仪器:试管、试管架、研钵、具塞刻度吸管等。

③试剂:2% H_2O_2、铁粉。

(3)操作步骤

①酶液制备:用玻璃片刮取马铃薯块茎肉5 g,置研钵中,加少许水研磨成糊糜状,即为粗酶液。取一半置于刻度试管中,在沸水浴中加热煮熟5分钟,待用。

②性质检验:取4支试管,编号,按下表操作:

管　号	1	2	3	4
2% H_2O_2(mL)	3	3	3	3
生马铃薯糜	少许	—	—	—
熟马铃薯糜	—	少许	—	—
铁　粉	—	—	少许	—
实验现象				

(4)作业

仔细观察并记录各管出现的反应,并逐一作出解释。

2)酶的专一性

(1)原理

淀粉酶和蔗糖酶(又称转化酶)是生物体内广泛存在的两种碳水化合物水解酶,但它们作用的底物不同。淀粉酶只能水解淀粉生成麦芽糖,不能水解蔗糖为果糖和葡萄糖。蔗糖酶与之相反,可水解蔗糖,却不能水解淀粉。

麦芽糖、果糖和葡萄糖都是还原性糖,可与本尼地(Benedict)试剂反应生成砖红色沉淀——氧化亚铜。蔗糖为非还原性糖,没有此反应。淀粉因其还原性末端可有少许反应,但弱得多。

(2)实验材料、仪器与试剂

①实验材料

a. 新鲜唾液;

b. 鲜酵母。

②仪器

电热恒温水浴、研钵、试管、试管架、量筒、漏斗、滴管等。

③试剂

a. 1%淀粉溶液：称取 1 g 可溶性淀粉混悬于 10 mL 蒸馏水中，搅动着倒入 60 mL 沸腾的蒸馏水中，使其完全溶解。晾至室温后加水至 100 mL，放置于冰箱中贮存。

b. 2%蔗糖溶液：称取 2 g 分析纯蔗糖溶于 100 mL 蒸馏水中。现用现配。

c. 本尼地试剂：称取 17.3 g 硫酸铜溶于 100 mL 蒸馏水中，冷却后定容至 150 mL。取柠檬酸钠 173 g 及碳酸钠（$Na_2CO_3 \cdot H_2O$）100 g 或无水碳酸纳（Na_2CO_3）82 g，加水 600 mL 热溶解，冷却后定容至 850 mL。最后把硫酸铜溶液缓缓倒入柠檬酸钠—碳酸钠溶液中，边加边搅拌，如有沉淀可过滤。此试剂可长期保存。

(3)操作步骤

①酶液制备

a. 唾液淀粉酶：每人在一量筒中取自己的唾液 2～3 mL，稀释至 10 mL。

b. 蔗糖酶：称取 1 g 新鲜酵母放入研钵中，加少许石英砂和蒸馏水。研磨 10 min 左右，用蒸馏水稀释至 25 mL，静置片刻再过滤或离心，清液即为蔗糖酶提取液。

②性质检验

取 6 支试管，编号，按下表操作：

管 号	1	2	3	4	5	6
1%淀粉(mL)	1	1	—	—	1	—
2%蔗糖(mL)	—	—	1	1	—	1
淀粉酶液(mL)	1	—	1	—	—	—
蔗糖酶液(mL)	—	1	—	1	—	—
蒸馏水(mL)	—	—	—	—	1	1
反 应	摇匀，放入 37 ℃水浴中保温 10 分钟					
本尼地试剂(mL)	2	2	2	2	2	2
反 应	摇匀，放入沸水浴中加热数分钟					
实验现象						

(4)作业

仔细观察并记录各管出现的反应，并逐一作出解释。

第2章 植物的水分代谢

学习目标

- 深入了解：细胞吸水的方式、根系吸水的动力、气孔蒸腾的特点、蒸腾作用的影响因素、作物的需水规律等。
- 了解：水势的概念、细胞水势的组分、根系吸水的部位、合理灌溉等。
- 一般了解：水在植物生活中的作用、蒸腾作用的意义等。

技能目标

- 会测植物细胞的水势、蒸腾作用的速率；能使植物细胞发生质壁分离及复原现象。
- 能够根据土壤、植物形态和生理指标对植物进行合理灌溉。

知识点

细胞吸水、根系吸水的动力；蒸腾作用的基本概念，蒸腾作用的过程及影响因素；合理灌溉在生产上的应用。

案例导入)))

植物为什么萎蔫？

炎夏中午及前后，植物的地上部分容易萎蔫。我们发现有的萎蔫傍晚会消失，枝叶又恢复挺立状态；而有的萎蔫却不消失。同样是萎蔫，为何呈现两种不同的结果？

干旱天气，植物萎蔫，人们会说是土壤缺水造成的，但为何在雨季，土壤积水也会引起植物萎蔫？在盐碱地里栽种某些作物，为何即使灌溉，地上部仍呈现萎蔫状态，然后逐渐死亡？为何许多作物不能在盐碱地中生存？

家里的许多盆栽花卉从阳台上移到室内，盆内并不缺水，但为何时间稍长便会发生萎蔫，重新搬到阳台上又可恢复正常？

施肥少了，庄稼不长，这很容易理解，但施肥多了，庄稼会萎蔫，甚至死亡，人们称其为“施多了肥，烧死了”，这又是什么原因？

植物体内水分亏缺是导致植物萎蔫的直接原因,这一点毋庸置疑,但植物水分亏缺的原因却比较复杂。生产实践中要正确解决萎蔫现象,首先就要从根源上找出引起萎蔫的正确原因,才能对症下药。因此,我们要学习有关植物水分代谢的有关知识,了解植物吸收水、利用水、散失水的基本原理和基本过程,了解影响植物根系吸水的内外因素和作物需水规律,才能在实际生产中科学地解决萎蔫的问题,并在生产中对作物进行合理灌溉,保证作物正常的生长发育。

2.1 植物对水分的需要

生命没有水就不能生存。地球上如果没有水,也不会有生命的诞生。同样,植物一生也离不开水。植物对水分吸收、运输、利用和散失的过程,称植物的水分代谢。我国是一个农业大国,农谚“有收无收在于水,收多收少在于肥”,“水是命,肥是劲”,毛泽东指出“水是农业的命脉”,无不说明水在农业生产中之扼喉地位。了解有关植物水分代谢的原理,对从事、指导农业生产,进行合理灌溉等方面具有十分重要的意义。

2.1.1 植物的含水量

植物的含水量平均占植物体鲜重的60% ~95%,植物种类、器官、组织、生育期以及生活环境等不同,含水量有较大差异。陆生植物含水量较少,水生植物含水量较多,如浮水植物凤眼莲含水量在90%以上,生长在岩石上的地衣含水量仅有6%。生物体内不同组织或器官含水量也不相同,如晒干的谷物种子中含水量为13% ~15%,玉米种子为11%,而花生种子只有5.1%,大麦根尖为93%,苹果果实为84%等;同一种植物,幼嫩的组织、器官含水量多一些,而趋向衰老的组织、器官含水量则低一些。同一植物生长在潮湿环境比干燥环境含水量高。

2.1.2 水在植物体内的重要作用

1)水是原生质的重要组成成分

水以束缚水和自由水的形式参与原生质的组成,原生质中水分含量及存在状态与植物生长代谢及对环境的适应有很大的关系。生长在干热岩石上的地衣,细胞内的水基本是束缚水,原生质处在凝胶状态,此时地衣处于生理代谢极微弱的假死状态,所以能抵抗极恶劣的环境;秋季过渡到冬季,种子、树木体内糖、蛋白质等含量升高,自由水慢慢减少,束缚水相对升高,代谢逐渐减弱,最后进入休眠状态,可度过寒冷、干旱的冬季。由春季到夏季,温度升高,雨水逐渐增多,植物细胞吸水,原生质由凝胶变为溶胶状态,生长代谢越来越旺盛,植物逐渐繁茂,因此水分也是调控植物适应环境的一个重要因子。

2)水是植物生理代谢的原料和介质

水是植物体内许多生化反应的原料,如光合作用、呼吸作用必须有水参加才能进行,植物体内的各种水解反应更离不开水;水是植物代谢反应的介质,如肥料需溶解在水中才能被植物吸收,吸收的肥料需借助水才能运输到地上部器官中去,增加或减少土壤含水量可以调节植物对肥料的吸收,在植物生长发育的不同阶段,灵活地以水促肥或控肥可使植物高产稳产。植物体内各种代谢反应都是在以水为主要成分的胶体或溶液中进行的。

3)水能使植物保持挺立状态,保证植物的正常生长发育

植物细胞内液泡水分充足,可使植物器官保持挺立状态,则叶片舒展、气孔张开,可充分接受阳光和进行气体交换,也利于花朵开放及传粉授粉,植物才能正常生长。若液泡缺水,植物会处于萎蔫状态,不利于各种生命活动的进行,时间一久,导致死亡。

植物生长发育的某些阶段,对水分十分敏感,如在雌、雄蕊发育时,由花粉母细胞形成单核花粉粒、由胚囊母细胞形成单核胚囊的过程中,对水分特别敏感,水分不足会引起雌、雄配子败育,不能形成产量。

4)水能调节植物体的温度,改善植物生存环境

水的汽化热和比热较高,可以在一定程度上避免外界环境温度突然变化(高热或寒流)对植物体造成损伤。强光下,植物能通过体内水分蒸发带走大量热量,可使器官免遭烈日灼伤;低温时又可放出热量,尽量降低冻害。水也可改善环境湿度、温度及土壤水气状况等,为植物生长创造良好的生态环境。

知识链接)))

水的理化特性

地球上最早的生命是在原始海洋中孕育的,所以生命从一开始就离不开水。干燥种子的生命只能处于休眠状态,有了足够的水才能萌发生长。陆生生物,甚至干旱沙漠地带的生物,已经适应了在空气中生活,它们体内的一切组织依然都是浴于水中的。

水为什么会有如此神奇的功效?这一切主要决定于水分子的特殊结构及其特殊的理化特性。水分子由一个氧原子(O)和两个氢原子(H)以共价键结合而成,氢端显正电性,氧端带负电性,造成了水分子的两个极点不同,称水的极性。氢原子可与带负电性的氧、氮、氟等原子之间以静电吸引力相结合,这种特殊的分子间作用力称氢键。水分子的结构特征和氢键的形成,使水具有以下重要理化特征:

①内聚力　相同分子间的吸引力称内聚力。水分子之间有氢键存在,因此内聚力强大,常温下即成为液体,“抽刀断水水更流”。高大树木,其根部吸收的水分被传输到树冠时,导管中的水柱正因存在内聚力才能连续不断。

②高比热和汽化热　1 g 水升高 1 ℃所需要的热量为比热,1 g 水变成蒸汽时所需要的热量为汽化热。分子间有氢键的物质温度升高或汽化时,除了要克服纯粹的分子间引力

外，还必须提高温度额外地供应一份能量来破坏分子间的氢键，所以水的比热和汽化热较高。有水的地方温度稳定，如大海边，冬暖夏凉，正是由于水在炎热时可吸收较多的热量，在寒冷时又可放出较多的热量。

③水合作用　由于水分子的极性，它会被带电颗粒吸引，颗粒周围形成一层水化膜，又称束缚水，这种现象称为水合作用。蛋白质胶粒是两性带电离子，以氢键吸附水的能力极强，和水能形成较厚的水化膜，可保护蛋白质活性，故蛋白质种子寿命长。

④溶解能力　水由于有极性，是一种良好的溶剂，其溶解物质种类之多，数量之广，是任何其他溶剂所不可比拟的。

⑤电离特性　水电离后形成氢离子(H^+)和氢氧根离子(OH^-)，可促进生化反应，保证生命活动的正常进行。如 C_4 途径中 CO_2 只有溶入水生成 HCO_3^- 才能进行同化；蛋白质、淀粉等高分子物质，需经水电离的 H^+ 和 OH^- 切割成小分子物质(称水解反应)，才能参入运输、新物质的合成、降解放出能量的代谢过程中。

2.2　植物对水分的吸收

2.2.1　植物细胞对水分的吸收

植物根系吸收水分，微观上其实是根系细胞在吸收水分，要了解根系如何吸收水分，首先应了解植物细胞是如何吸水的。

1)水势

在恒温、恒压条件下，体系可用于做功的能量称自由能。每摩尔物质的自由能就是其化学势。因此在纯水中，每摩尔水所具有的自由能，称水的化学势，简称水势。在配制蔗糖溶液时，1 L 水和 1 L 蔗糖混合在一起，体积并不是 2 L，因一部分水分子浸填到蔗糖分子空隙中，使总体积减小。水的摩尔数应根据总体积减去蔗糖的体积所得的水的体积计算，所得数值称每偏摩尔体积的水，所以在某一溶液体系中，水势指每偏摩尔体积的水所具有的自由能。

水势用 ψ_w 表示，单位为帕斯卡，简称帕(Pa)或 MPa(兆帕，1 MPa = 10^6 Pa)。水势可用压强单位表示，如 1 个大气压相当于 1.013×10^5 Pa；1 巴相当于 10^5 Pa，约为 0.987 个大气压。

$$\psi_w = \frac{\mu_w - \mu_{w0}}{V_{w.m}} = \frac{\Delta\mu_w}{V_{w.m}}$$

式中　μ_w——溶液中水的化学势；

μ_{w0}——纯水的化学势；

$V_{w.m}$——水的偏摩尔体积。

由公式可得，纯水的水势为0。在溶液中，溶质颗粒和水分子会发生碰撞和吸引，从而阻碍了水分子移动，降低了水的自由能，故溶液的水势均为负值，如海水的水势为-2.5 MPa，1 mol 蔗糖溶液的水势为-2.69 MPa。

一个含水体系的水势高低主要受溶质、压力、衬质（亲水物质）、温度的影响，应为各种影响值的总和。即在一定温度下，体系水势一般为溶质势（ψ_s）、衬质势（ψ_m）和压力势（ψ_p）之和：

$$\psi_w=\psi_s+\psi_m+\psi_p$$

（1）溶质势（ψ_s）

溶质势指由于溶液中溶质的存在而使水势降低的值，称溶质势或渗透势，为负值。溶液浓度愈高，溶质势就愈低。

（2）压力势（ψ_p）

体系若受到正压力会增加水的自由能，使水势升高。一般压力势为正值，但当受负压力时，如木质部导管中的液体在蒸腾作用进行时。由于蒸腾拉力为负压，使导管中水势降低，压力势为负值。一个体系中，由于压力的存在而使水势改变的值，称压力势。

（3）衬质势（ψ_m）

蛋白质颗粒、纤维素、淀粉粒等亲水物质，表面能够吸附水分子，具有潜在的吸水能力，这类物质称衬质。由于衬质的存在而使水势降低的值，称衬质势，为负值。

水分总是从水势高处流向水势低处。

2）植物细胞吸水原理

植物细胞吸水方式主要有渗透作用吸水和吸胀作用吸水两种。

有液泡的细胞靠渗透作用吸水，这是细胞吸水的主要方式。渗透作用吸水是生命现象，只有活的细胞才具有这种吸水方式。幼小的细胞、干燥的种子等没有大液泡的细胞，靠亲水胶体的吸胀作用吸水，死、活细胞都可进行，这是一种物理现象，但只有活细胞吸胀后才能继续生长。

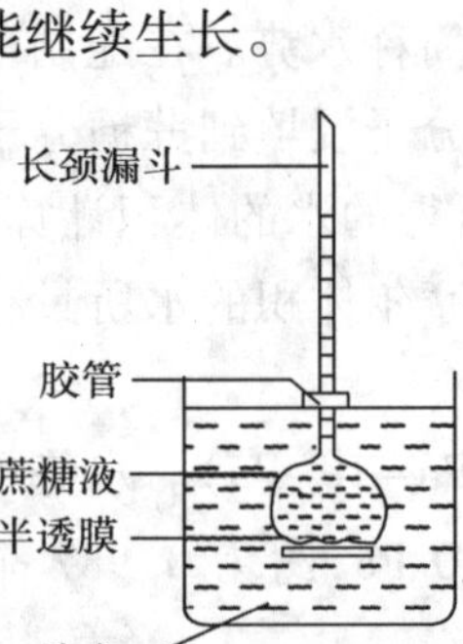

图2.1　半透膜的渗透作用

（1）植物细胞的渗透作用吸水

渗透作用吸水是指水分子通过半透膜由水势高的一方向水势低的一方扩散的现象。两种水势不同的溶液和半透膜便构成一个渗透系统。半透膜指只允许水通过而溶质不能通过的膜，活细胞的质膜和液泡膜等生物膜是选择透过性膜，仅允许水分子和一些小分子物质通过，相当于半透膜。此外，种子的种皮、动物的膀胱也可相当于半透膜。

图2.1为一渗透体系，长颈漏斗下捆绑半透膜（可用猪膀胱或人工半透膜胶管）后，置于一盛水烧杯中，装入蔗糖溶液量于烧杯中水齐平，因烧杯中水的$\psi_{w水}=0$，而蔗糖溶液的水势$\psi_{w蔗糖}=\psi_s<0$，所以烧杯中水向漏斗中扩散，使漏斗中液面上升，上升的蔗糖溶液产生压力势，为正值。当达到一定高度，蔗糖溶液的溶质势和压力势绝对值相等时，两者正、负对消，即：$\psi_w=\psi_s+\psi_m=0$，漏斗中的液面

不再上升。

一个具有液泡的植物细胞，与外界细胞或溶液相接触，即构成一个渗透系统：

- 植物细胞
  - 细胞壁——全透性
  - 原生质层——选择透过性
    - 细胞膜
    - 细胞质
    - 液泡膜
  - 液泡
    - 液泡膜
    - 细胞液——具有一定的浓度
  - 细胞核
- 外界溶液
- 细胞液与外界溶液：浓度差
- 成熟的植物细胞是一个渗透系统

细胞膜、液泡膜及二者之间的细胞质相当于半透膜。当植物细胞的液泡充分吸水后，向外对细胞壁产生压力，称为膨压，细胞壁同时对液泡产生向内的反压力，即产生压力势 Ψ_p，为正值。因衬质的带电性基本被液泡中的水中和而转变的溶质，故衬质势可忽略不计，其水势可表示为：

$$\psi_w = \psi_s + \psi_p$$

有液泡的植物细胞处于外界溶液中时，会出现三种情况：

当外界溶液水势>细胞水势时，细胞吸水；

当外界溶液水势=细胞水势时，细胞吸水=细胞失水，处动态平衡中；

当外界溶液水势<细胞水势时，细胞失水，体积缩小。因细胞壁的弹性小于原生质体弹性，当细胞继续失水到一定程度，原生质体和细胞壁发生分离，称质壁分离现象（图 2.2）。此时，$\psi_p = 0$，$\psi_w = \psi_s$。把发生质壁分离时间不久的细胞放在水势高的溶液中，原生质体和细胞壁又会恢复到分离之前的状态，称质壁分离复原现象，细胞不会死亡。但质壁分离发生时间过久，会导致细胞死亡，土壤一次施肥过多、土壤盐碱含量过高、土壤长时间干旱都会导致这种现象的发生，引起植物死亡，生产上应加以避免。

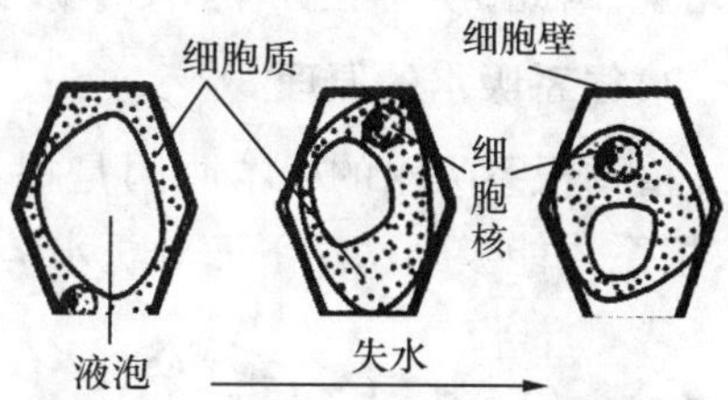

图 2.2　植物细胞质壁分离现象

生理上可根据质壁分离现象确定植物细胞的死活；测定植物细胞的渗透势（质壁分离时与压力势相等）；观察物质进入原生质膜的难易程度（容易的质壁分离速度快）。

（2）植物细胞的吸胀作用吸水

吸胀作用是亲水胶体吸水膨胀的现象。无液泡的细胞靠这种方式吸水，因无液泡，细胞的压力势和溶质势都可忽略不计，即 $\psi_p = 0$，$\psi_s = 0$。如干燥种子、分生组织细胞，其种子和细胞内含蛋白质、淀粉、纤维素等具亲水性，蛋白质亲水性最高，它们产生的衬质势是细胞水势的主要部分，因此 $\psi_w = \psi_m$，衬质势一般很小，如豆科植物干燥种子的衬质势可低于 −100 MPa，放在水中，可使细胞剧烈吸水胀大。

3）植物细胞间水分的移动

相邻细胞间水分的移动方向决定于两细胞水势高低，水分总是从水势高的细胞移向水势低的细胞（图 2.3）。两细胞间水势差越大，水分移动越快，反之越慢。

当多个细胞连在一起时，如果存在水势梯度差，则水分就会从水势高的细胞一端流向

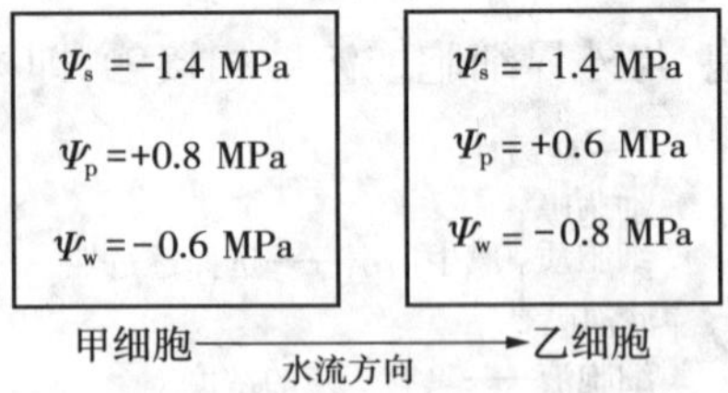

图 2.3　细胞水分流动的方向

水势低的一端。植物体内,以及土壤、植物和大气三者之间,水分的移动方向均符合这一规律。

2.2.2　植物根系对水分的吸收

1)根系吸水的部位

植物吸收水分的主要部位是根尖的根毛区,原因主要有二:其一,根毛区根毛多,吸收面积大;其二,根毛区有了输导组织,吸收的水分可很快输送到地上部去。由于根毛区在根的先端,因此,移栽植物时要尽量减少对根系的损伤。

2)根系吸水的原理

植物根系吸水的根本原因是根系和土壤之间存在水势差,且根系水势须低于土壤水势,根系才能吸到水。下面分析水势差产生的原因。

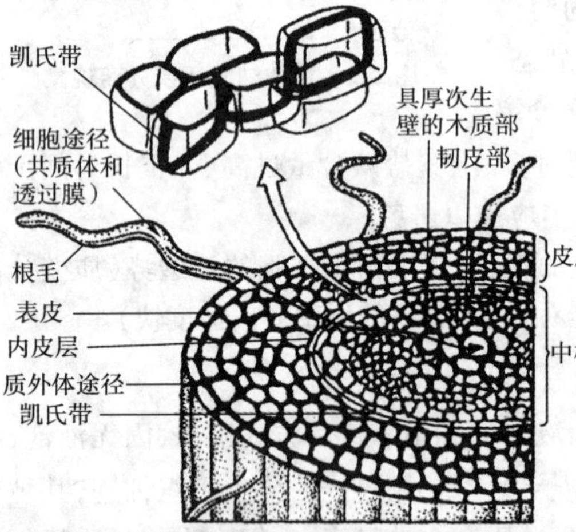

图 2.4　根毛区横切面示凯氏带及水运输途径

(1)根的代谢活动产生水势差

根毛区是植物吸收水分和矿盐的主要部位,属初生构造区,其内皮层由于有凯氏带或马蹄形细胞,相当于半透膜,使内皮层以外的部分(包括土壤)和以内的导管形成渗透系统(图 2.4)。根毛细胞消耗其呼吸能量不断从土壤中主动吸收植物生长所需的矿盐,矿盐通过主动运输经内皮层选择进入内皮层以里,经中柱鞘细胞进入根导管中,使导管体系内溶液浓度升高,水势下降,与土壤溶液间形成水势差,从而使土壤中的水分通过内皮层(相当于半透膜)扩散进入根导管,即根系吸水。这种吸水方式是由根系自身的代谢活动引起的,为主动吸水方式。由于根际土壤溶液中水的自由能大于导管内水的自由能,便形成一种向上的推力,可把根导管内液体压上地上部导管,因此,把这种由根的代谢活动所产生的能使根部液体沿导管向升的力量称为根压。根压可用压力计来测量,大多数植物的根压为 0.05 ~0.5 MPa(图 2.5)。

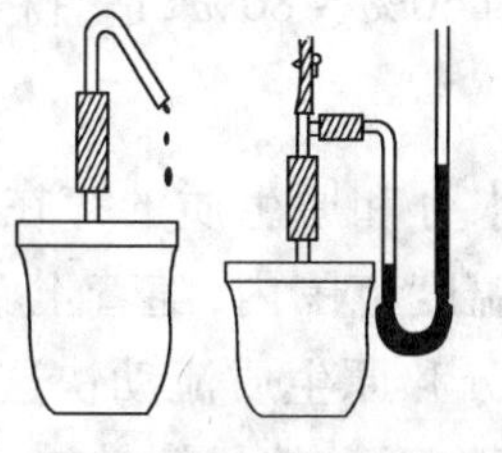

图 2.5　根压引起的伤流

左:伤流液从茎的切口流出;右:用压力计测根压。

图 2.6　油菜叶尖吐水

将植物茎基部切断,不久伤口会流出液体的现象称伤流。伤流证明根压的存在,伤流液的成分和量可反映根系吸收物质状况及代谢强弱。有些植物伤流现象较重,如葡萄、瓜类、核桃等,修剪时要避开伤流严重时期,如核桃在休眠期而葡萄在生长期。

在温度温和的清晨或傍晚,根系代谢活跃,吸收的水大于蒸发的水,体内水分过饱和,水便从叶缘上的水孔泌出,称吐水(图 2.6)。水孔类似于气孔,但不能关闭。吐水也由根压引起,夏天清晨,植物叶缘挂的水珠有露水,也有水孔吐的水;热带雨林树冠下的阔叶植物吐水现象比较重,如有一种芭蕉,因吐水严重,当地人形象地称其为"雨蕉"。

(2)植物的蒸腾作用产生水势差

当植物体进行蒸腾作用时,表面细胞首先失水,细胞液浓度升高,水势降低,表面细胞和内部相邻细胞间产生水势差,相邻细胞的水便进入表面细胞,以此类推,依次形成从叶肉细胞、叶脉导管、茎导管、根导管、土壤一个自上而下水势逐渐升高的水势梯度,最终使根系从土壤中吸水。这种吸水方式是由植物的蒸腾作用引起,是一个被动的物理过程,因此称被动吸水方式。蒸腾作用使植物体上部导管内溶液的水势低于下部,产生的自由能差把下部的水拉上上部,因此,把由于叶片的蒸腾作用而产生的使根系吸水并拉向上部的力量称蒸腾拉力。如带有叶的离体枝条插在盛水的瓶中,虽无根吸水,但枝叶并没在短期内枯萎,因通过蒸腾作用获得了水分,扦插繁殖也证明蒸腾拉力的存在。

蒸腾拉力比根压大得多,烈日下可达十几个大气压。1 个大气压如不考虑导管阻力的话可使水分升高 10 m 左右,故蒸腾拉力可把水拉上几十米甚至上百米高的树冠顶端。生长代谢时,蒸腾拉力是根系吸水和水分上升的主要动力,即被动吸水是植物吸水的主要方式。而根压一般仅为 1 ~ 2 个大气压,对高大的树木仅靠根压显然是不够的。在早春树木未吐芽和蒸腾很弱时,根压才成为根系吸水的主要动力,其他时间只起补充吸水作用。

导管内的水由于水分子之间的内聚力和管壁对水的吸附力,可克服重力,使水柱连续上升。水在长而通畅的导管内运输速度很快,每小时可达 20 ~ 40 m;裸子植物只有管胞,水在管胞中的运输速率每小时仅 0.6 m 左右。导管中的水可通过纹孔,横向运输到周围薄壁细胞中去,但运输速度很慢。

3)影响根系吸水的环境条件

(1)土壤含水量

土壤中的水分可分为吸湿水、膜状水、毛管水和重力水几部分,其中能够被植物吸收利用的水为有效水,主要为毛管水。多施有机肥可使土壤形成团粒结构,增加毛管数量,提高有效水的含量。一般土壤含水量为田间最大持水量的60% ~80%,适宜植物生长。

(2)土壤温度

土壤温度能够影响根系的生长速率、呼吸速率、水分和原生质的存在状态和流动速率等,从而影响植物根系对水分的吸收。通常,在一定温度范围内,随着土壤温度的升高,根系生长快吸收面积大、呼吸速率高产生的根压大、水分和原生质流动快这些因素都促进根系吸水,反之则吸水减慢。过高或过低的温度影响植物正常的代谢功能,均不利于根系的吸水。此外,剧烈的降温比逐渐降温对根系的吸水影响更大,如夏季中午不宜用井水浇灌,因井水凉,与高温的地面间温差大,根系突然受凉后,吸水急剧降低,而此时蒸腾旺盛,导致植物体由于水分亏缺,出现叶片萎蔫、花果脱落现象,所以应于清晨、傍晚灌溉,或在地上流经一段距离后再流入大田。

(3)土壤通气状况

通气状况好的土壤氧气充足,根呼吸通畅代谢旺盛,有利于根压的产生,促进根系吸水。相反,土壤板结、涝害等引起土壤通气不良时,根际氧气进不去使 CO_2 积聚,呼吸困难,吸水能力必然下降,严重时会由于无氧呼吸及产生的毒素导致根系腐烂死亡。因此,生产上应及时改良土壤结构,为作物生长提供一个土层肥厚、疏松的土壤环境。

(4)土壤溶液浓度

土壤溶液的浓度高,水势过低,根系吸水困难。一次施肥过多,会发生质壁分离现象导致植株局部或整株失水死亡,即"烧苗"现象,但施肥太少又满足不了生长需要,因此施肥要少施勤施,干旱了要及时灌溉,要保证土壤溶液的水势高于根细胞水势。

土壤有水,但由于含盐、碱等太多,水势低,根系吸收不到其中的水或根中水流向土壤而发生的干旱,称生理干旱。

2.2.3 水分在植物体内的运输

水分从土壤到植物体又散失到大气中去的过程,是一个连续的过程。在这一过程中,水分只有1% ~5%参与了植物体的建造和贮藏物质的合成,其他大部分都消耗于蒸腾作用中,变成水蒸气散失到大气中去。水分运输的总路线为:土壤中的水 → 根毛细胞 → 根皮层细胞 → 中柱鞘细胞 → 根木质部导管 → 茎木质部导管 → 叶柄导管 → 叶脉导管→ 叶肉细胞 → 叶肉细胞间隙 → 气孔下腔→ 气孔 → 大气中(图2.7)。

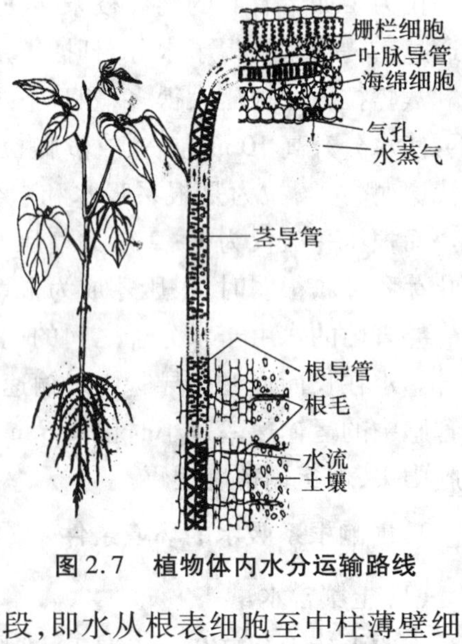

图2.7 植物体内水分运输路线

在这个过程中,水分运输经过的具体途径可概括为两种:一种是经活细胞的短距离运输。途径有两段,即水从根表细胞至中柱薄壁细胞和水从靠近叶脉的叶肉细胞至气孔下腔。这两段在植物体内的长度不过几毫米。水分穿过内皮层时必须通过胞间连丝或跨膜运输,运输的阻力很大,运输速度极慢,仅为 10^{-3} cm/h,水分在其他活细胞间运输一般是通过细胞间隙或细胞壁;另一种是通过导管或管胞的长距离运输,包括水分在根、茎、叶柄和叶脉导管或管胞等死细胞中的运输。水分子受到的阻力很小,适宜于水分的长距离运输,速度极快,为 1 ~ 45 m/h。管胞的运输速度通常低于导管。另外,水分运输的速度也受植物生长状况及环境的影响,如光照强度、温度、湿度等。

2.3　植物体内水分的散失

植物体内水分的散失主要是通过植物的蒸腾作用。此外,吐水现象也是植物体内水分散失的一种方式。下面主要介绍植物的蒸腾作用。

2.3.1　蒸腾作用的意义及方式

植物体内的水分以气体状态通过植物体表面散失到大气中去的过程,称植物的蒸腾作用。蒸腾和一般的蒸发不同,江、河、湖水的蒸发,其蒸发量与面积成正比,是一个较简单的物理过程。而植物的蒸腾作用是生命有机体的生理代谢过程,受植物生命活动的调控。

1)蒸腾作用的意义

蒸腾作用是一个失水过程,会消耗掉植物一生吸收水量的95%以上,干旱山区土壤水分不足时,经常由于蒸腾过度,使作物颗粒无收。但对于植物的正常生命活动,它又是必不可少的,其重要意义主要表现在以下几个方面:其一,促进植物对水分和矿质元素的吸收、运输和分配。蒸腾拉力是植物吸水的主要动力,同时可把水和溶解在水中的矿质元素运输、分配到地上部各个器官中去。其二,蒸腾作用可带走植物吸收的大量热能,使植物不至于灼伤、枯焦、死亡。如果把一株植物从土壤中拔出放在烈日下,很快便会成为毫无生命的枯草。其三,蒸腾作用可使气孔张开,在进行蒸腾作用的同时,促进 CO_2 和 O_2 通过气孔进出叶片,有利于植物光合作用和呼吸作用的进行。

2)蒸腾作用的部位和方式

除根和地下器官外,植物幼小时叶、茎各器官表面都可通过表皮细胞和气孔发生蒸腾。随着植株的成长,老茎、根表面有木栓层阻止水分散出,木栓层上的皮孔也能发生少量蒸腾,称皮孔蒸腾,仅占总蒸腾量的0.1%左右。长大的植物,蒸腾部位主要为叶片,叶片表面由气孔和角质化的表皮细胞外壁组成。通过角质层的蒸腾,叫做角质蒸腾,占蒸腾作用的5% ~10%。幼嫩叶子的角质蒸腾可达总蒸腾量的1/3 ~1/2。一般植物成熟叶片的角质蒸腾,仅占总蒸腾量的3% ~5%,其他都通过气孔蒸腾。因此,叶片的气孔蒸腾是陆生和旱生植物蒸腾作用的主要方式。

2.3.2 植物的气孔蒸腾

1)气孔

气孔是植物表皮组织上由两个保卫细胞围成的小孔,是植物与外界进行气体交换的通道,O_2、CO_2 和水蒸气均可通过气孔通过。气孔的数量很多,但直径很小,一般长为 7 ~ 38 μm,宽为 1 ~ 12 μm,其总面积约占叶面积的 1%。在每平方毫米的叶面积上,气孔数目多达 40 ~ 500 多个,称气孔频度。气孔所占总面积一般不超过叶面积的 1%,但是蒸腾量比同面积的自由水面快几十到一百倍。因为小孔的扩散速度不与其面积成正比,而是与小孔的周长成正比,称为小孔扩散律。因水分从小孔周缘扩散出去只受内部水分子的碰撞,而中间水分子需受周围各方向水分子的挤碰,因此水分从小孔周缘扩散出去比从中间扩散出去受的阻力小,速度就快,这种现象称小孔边缘效应。如果把一个大孔分割成若干个小孔,由于小孔的总周长比一个大孔大得多,又有边缘效应,所以所有小孔蒸发量总和自然比一个大孔或同面积的自由水面要快。

不同植物的叶、同一植物不同的叶、同一片叶的不同部位(包括上、下表皮)气孔数目都有差异,且受客观生境条件的影响。一般阳生的双子叶植物叶平展,下表皮气孔较多,上表皮接受阳光,气孔多会导致水分散失快,所以上表皮少,如苹果气孔都在下表皮上,上表皮无气孔;玉米、高粱等单子叶植物叶上斜,叶两面受光,上、下表皮气孔数量相当;睡莲等植物叶浮在水面上,下表皮位置缺氧气孔基本都分布在上表皮(表 2.1)。

表 2.1　几种植物气孔数目及分布

植物名称	生长环境	上表皮气孔数(个)	下表皮气孔数(个)
苹果树	果园	0	294
豌豆	田地	101	216
玉米	田地	94	158
睡莲	池塘	625	3

植物的气孔是由保卫细胞所围成,两个保卫细胞比其他表皮细胞小得多,呈绿色,内含叶绿体,能进行光合作用。不同植物的气孔形态不同(图 2.8)。双子叶植物的气孔是由两个半月形或肾形的保卫细胞所围成;单子叶植物的保卫细胞为哑铃形,另外还有两个至多个副卫细胞与之相连。

气孔一般白天开、夜晚关。调节气孔开闭的原因,主要与构成气孔的保卫细胞代谢活动及其特殊结构有关。保卫细胞小且内有叶绿体,对双子叶植物来讲,两保卫细胞相邻的一边细胞壁厚,相背的两边较薄,对单子叶植物来讲,两哑铃形保卫细胞中间细胞壁加厚,而两端薄。白天保卫细胞进行光合作用,使细胞液的浓度升高,因细胞很小,少量的物质即可降低其水势,使保卫细胞吸水。由于厚的细胞壁一边伸缩能力差,当保卫细胞吸水膨胀时,半月形保卫细胞便被拉成弓形,哑铃状保卫细胞两端膨大而中间不膨大,二者皆导致气孔张开;夜晚,光合作用停止,保卫细胞细胞液浓度降低、水势升高而失水收缩,厚壁重新变

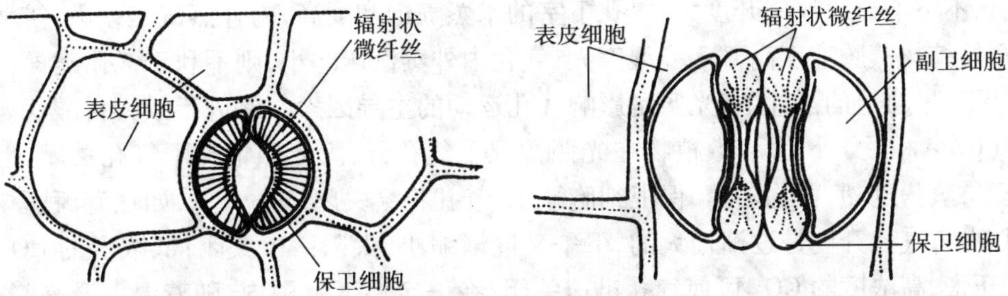

图2.8 植物气孔的形态

左:双子叶植物半月形保卫细胞;右:单子叶植物亚铃形保卫细胞

直,哑铃状膨大的两端回缩,二类气孔关闭。此外,保卫细胞壁上有辐射状微纤丝存在,可牵引内壁向外运动,有助于气孔均匀拉开。关于气孔开闭的机理有许多假说,如淀粉糖转换假说、钾离子累积假说、苹果酸代谢学说等。

知识链接

气孔开闭的机理

①淀粉与糖转化学说 在光照下,保卫细胞光合作用消耗了 CO_2,细胞质 pH 增高到7,淀粉磷酸化酶催化淀粉水解为糖,保卫细胞渗透势下降水势降低,从周围细胞吸取水分,保卫细胞膨大气孔张开。

②K^+累积学说 在光照下,保卫细胞质膜上的 H^+-ATPase 被激,水解保卫细胞由光合磷酸化和氧化磷酸化生成的 ATP,产生的能量将 H^+从保卫细胞分泌到周围细胞中,保卫细胞 pH 值升高,周围细胞的 pH 值降低,驱动 K^+从周围细胞经保卫细胞质膜上,内向 K^+通道进入保卫细胞,保卫细胞 pH 值升高,周围细胞的 pH 值降低,驱动 K^+从周围细胞经保卫细胞质膜上,内向 K^+通道进入保卫细胞,保卫细胞 K^+浓度增加,水势降低,保卫细胞吸水,气孔张开。在 K^+进入保卫细胞的同时,还伴随着等量负电荷的阴离子进入,维持保卫细胞电中性,这也具有降低水势的效果。在暗中,光合作用停止,H^+-ATPase 停止做功,保卫细胞质膜去极化。驱使 K^+经外向 K^+通向周围细胞转移,并伴有阴离子释放,保卫细胞水势升高,保卫细胞失水,气孔关闭。

③苹果酸代谢学说 在光照下,保卫细胞内的部分 CO_2 被利用,pH 值上升至8.0~8.5,活化了 PEP 羧化酶,由淀粉降解产生的 PEP,与 HCO^{3-} 结合形成草酰乙酸,进一步被 NADPH 还原为苹果酸,苹果酸解离为 $2H^+$和苹果酸根,在 H^+/K^+泵驱使下,H^+与 K^+交换,保卫细胞内 K^+浓度增加,水势降低,苹果酸根进入液泡和 Cl^-共同与 K^+在电学上保持平衡。同时,苹果酸的存在还可降低水势,促使保卫细胞吸水,气孔张开。

2)气孔蒸腾的过程

气孔蒸腾过程分为两步。第一步,水分先从叶肉细胞的细胞壁被蒸发出来,以水蒸气的形式进入细胞间隙,然后汇集在气孔下室;第二步,气孔下室的水蒸气经张开的气孔,扩散到大气中去,这一步主要决定于气孔下室与大气之间湿度(或蒸汽压差)的大小。一般叶片气孔不下陷、数目多,开度大,气孔下室的水蒸气饱和度高,内外蒸汽压差大,扩散阻力小,这样的植物蒸腾速度高。环境湿度大,气孔内外蒸汽压差小,则不利于气孔蒸腾。

在无干旱胁迫的条件下,光照是影响气孔运动的主导因素。除进行景天科酸代谢途径的植物(CAM 植物)外,大多数植物在光照情况下气孔开,无光照情况下气孔关闭,但在烈日强光下,蒸腾剧烈,植物萎蔫,保卫细胞缺水,气孔将会关闭。一天里,如在春、秋季节,从早晨到中午,气孔开度是逐渐增大的,下午又逐渐缩小,太阳落山关闭;低浓度的 CO_2 可促进气孔开张,高浓度的 CO_2 可使气孔迅速关闭;在一定温度范围内,随着温度升高,气孔开度增大,一般 30 ℃时气孔开度达到最大;水分逐渐增多会促进气孔开大,但地里水分过多,表皮细胞吸水胀大,会相互挤靠,使气孔关闭。缺水较重时,植物的气孔只在早晨和傍晚开,禾本科植物晚上气孔永远关闭,对缺水特别敏感,遇到干旱,午前就关闭气孔;细胞分裂素能促进气孔开张,而脱落酸则会引起气孔关闭。

2.3.3 蒸腾作用的指标

植物不同,蒸腾量有较大差异,衡量蒸腾作用强弱的指标主要有以下三种。

1)蒸腾速率

单位时间、单位材料植物通过蒸腾作用所散失水的数量,称为蒸腾速率,以前也称蒸腾强度。单位材料可以是单位叶面积,难测叶面积的叶片或仙人掌、假叶树等变态器官,可用单位重量。叶面积测定时,常用单位有 $g/m^2 \cdot h$ 或 $mg/dm^2 \cdot h$ 表示。大多数植物白天的蒸腾速率为 15 ~250 $g/m^2 \cdot h$,夜间为 1 ~20 $g/m^2 \cdot h$。

2)蒸腾效率

植物每蒸腾 1 kg 水所形成干物质的克数称为蒸腾效率。数值越大,植物利用水的效率越高。常用单位是 g/kg。大多数植物的蒸腾效率为 1 ~8 g/kg。

3)蒸腾系数

植物每制造 1 g 干物质所消耗水分的克数称为蒸腾系数,又称需水量,为蒸腾效率的倒数,用 g/g 表示,也可不写单位。一般植物的蒸腾系数为 125 ~1 000,蒸腾系数是衡量植物水分利用率的一个非常有用的指标,不同植物的蒸腾系数有很大差异,其数值越小,表明植物对水分的利用率越高,缺水少雨地区尽量选择栽种需水量低的抗旱作物(表 2.2)。

表 2.2 几种作物的蒸腾系数(需水量) 单位(g 水/1g 干物质)

作 物	小 麦	水 稻	玉 米	高 粱	谷 子	棉 花	西 瓜	豌 豆
需水量	513	716	368	322	310	646	600	788

2.3.4 影响蒸腾作用的因素

1)内部因素

影响植物蒸腾作用的内部因素主要有:叶面积大小、角质层厚薄、气孔位置、气孔下室大小、气孔频度、气孔开度等。叶面积大、角质层薄、气孔不下陷、气孔室大、气孔频度高、气孔开度大的植物蒸腾速率高，蒸腾失水多，不抗干旱；反之，蒸腾失水低，抗旱能力强。

2）外部因素

植物的蒸腾作用是一个复杂的生理过程，既受到其本身形态、结构等内部因素的影响，也与植物生存环境诸多的因素密切相关。凡能影响气孔运动的外部因子均能影响蒸腾作用。

（1）光照

光照对蒸腾起着决定性的促进作用。光的能量使水变成水蒸气离开细胞，形成蒸腾拉力；光照使温度升高，空气干燥，促进水分子向大气中扩散。但光照过强，使蒸腾失水大于根吸水量，引起植物体内水分亏缺，会发生暂时萎蔫现象，使气孔开度变小，叶面积降低，蒸腾作用减弱。如果土壤缺水，发生永久萎蔫，时间一长，植物会由于干旱枯黄死亡。

（2）温度

蒸腾作用一般随温度的升高而加强，在光直射下，叶温较气温一般高 2 ~ 10 ℃，厚叶更显著。因此气温增高时，气室蒸汽压的增大要比大气蒸汽压的增大高，蒸汽压差加大，蒸腾加强。据测定，在 30 ℃时叶内外的蒸汽压差是 20 ℃的 3 倍，蒸腾也加速到接近 3 倍。炎夏一般在下午 2 点气温最高，蒸腾作用也达到高峰。

（3）空气湿度

通常，大气相对湿度越小，气孔内外的蒸汽压差就越大，水分子扩散越快，蒸腾速率也就越高。反之，大气相对湿度越高，气孔内外的蒸汽压差就越小，气室内的水蒸气扩散阻力大，使蒸腾速率降低。

（4）风速

一定的风速可以吹走气孔外的水蒸气，增加了气孔内外的蒸汽压差，加快蒸腾速率。但强风若引起叶温降低，气孔开度减小或关闭，会使蒸腾减弱。

（5）土壤条件

植物地上部分的蒸腾作用和根系的吸水有密切关系。凡促进根系吸水的土壤条件，如土壤含水量高、土壤通气状况好、土壤温度适当、土壤溶液浓度低都能促进蒸腾作用；相反，蒸腾减弱。

案 例

不畏干旱的肉质植物

全身肉质的植物，如仙人掌科、景天科、百合科等科的许多植物，都是典型的旱生植物，其耐干旱的能力令人感叹。对长期干旱、植被十分稀疏的山地、沙漠地带，它们能坦然面对。如在沙漠里，水分仅仅来自少得可怜的几场雨水、露水或少许地下水。这些植物是用什么本领来战胜旱魔的呢？让我们来分析一下。

首先是贮水。它们厚厚的肉质茎或叶内有非常发达的贮水组织，在雨季能蓄贮大量的水分，体内含水量可高达自身重量的90%以上，如北美洲沙漠地带，一株高15～20 m的仙人掌可蓄水在2 000 kg以上。西非的猴面包树，茎最粗的连40个人都抱不拢，蓄贮水量高达40 000 kg。所以在干旱缺水的地区，这些植物常常是动物的水源，也是沙漠旅行者的甘泉。

其次，肉质多浆植物有很多"节流"的方法。这些植物的细胞液很黏稠，液泡内贮存有大量胶质，即多浆，使细胞水势很低，不容易散失水分；它们的叶一般退化为针状，或干脆无叶，如光棍树，可减少蒸腾面积，而代之以肉质、绿色的变态茎在蓄水的同时进行光合作用，且变态茎、叶表面覆有厚厚的角质层、蜡质层或木质化，这些变化都能减弱蒸腾作用；它们的代谢方式大多也发生改变，能在夜间张开气孔吸收和贮存CO_2，白天把气孔关闭起来利用光能进行光合作用，而白天气孔的关闭可使蒸腾量大大下降。

"适者生存，逆者被淘汰"，这是自然生存的法则。肉质植物能够在极度干旱的恶劣环境中活出自己的一片天地，正是其不断改善自己的外部形态结构和内部生理代谢方式，积极适应环境的生命奇迹。

2.4 作物的合理灌溉

2.4.1 作物体内的水分平衡和合理灌溉

作物一生处在不断吸水、利用水和散失水的连续过程中，作物体内水分含量与生长、发育关系密切，一般作物吸水和失水(包括利用水、蒸腾水、吐水)之间存在三种情况：

①吸收的水>失水，作物体内水分过多，作物营养器官徒长，以果实、种子为收获物的作物产量会降低。连续阴雨天或漫灌易出现这种现象。

②吸收的水<失水，作物体内水分亏缺，作物呈萎蔫状态，器官早衰、脱落，果实、籽粒早熟、瘦小。

③吸收的水=失水，这时作物各器官生长、发育状态最佳，一般把作物吸水与失水相当时的动态关系叫做作物的水分平衡，是一种理论上的理想状态，实际中较难达到。

合理灌溉理论上就是通过灌溉，使作物吸收的水与失去的水最大限度地接近平衡状态，越接近越合理。在这一前提下，生产上用尽量少的水获取最大的经济效益，即为合理灌溉。

作物不同，器官不同，作物和器官一生中发育阶段不同，需水量不同，要合理灌溉，对作物需水规律应充分熟悉、了解。

2.4.2 作物的需水规律

1)作物的需水量

(1)不同作物需水量不同

通常用作物的生物产量乘以蒸腾系数所得到数值,作为形成作物本身大概理论最低需水总量(因脱落的器官没计算在内)。作物不同需水量不同,小麦为513g 水/1g 干物质,谷子是310,谷子对水的利用率就高,抗旱能力也比小麦强;C_3 植物的需水量大于 C_4 植物,如 C_4 植物玉米为368,C_3 植物水稻为716。在选择栽培作物时,应根据作物的需水量和当地的水浇条件及雨水情况进行合理选择。在实际生产中,灌溉量一般比理论值要大很多,因土壤中的水、土壤漏水、土壤蒸发和流失的水量都包括在灌溉水和降雨中,而降雨量是一个不确定时间和量的因素,还应根据雨水情况适当增减灌溉量。

(2)同一作物不同生育期需水量不同

一般作物幼苗期植株小、叶少需水量少;植株长到最大、叶面积总和最大时,蒸腾、生长代谢耗水最多,此时一般是营养生长和生殖生长并进的时期,需水量最大,称作物需水最大期;到成熟期以后,叶片枯衰、脱落,逐渐失去功能,水分消耗逐渐减少,需水量也相应减少。

有时可通过控制灌水量调控作物各器官生长发育进程。如春季大多数作物通过充足的水肥促进其营养生长快速进行;当作物苗期地上部生长过旺而根系弱时,为抑制地上部生长,促进根系生长,这一段时间要少浇水,生产上称"蹲苗";小麦拔节水浇早了,营养生长过旺,影响小麦孕穗,所以拔节水要适当晚几天浇。

因此,生产上应根据不同生育期和具体情况,进行合理、有效地灌溉。

2)作物需水临界期

作物一生中有几个对缺水最敏感、最易受害的关键时期,称作物需水临界期,一般是生殖器官形成和发育时期,即花粉粒和胚囊形成、受精及受精后幼果膨大时期。此时细胞内原生质的黏度和弹性较小,代谢活跃,作物忍受和抵抗干旱的能力相对减弱,这期间如果缺水,生殖器官形成会受阻,叶中制造的养分难以输送到幼果中去,会造成花果大量脱落、果小、秕粒,对产量影响较大。禾本科作物小麦、玉米、水稻等需水临界期一般在孕穗开花期及灌浆期,其他农作物也大都在开花期前后和幼果快速膨大时期。因此,栽培作物时,应充分熟悉所栽培作物的生长发育规律,了解需水临界期的时间段,缺水时及时进行灌溉。

2.4.3 作物合理灌溉的指标

作物维持正常生长发育是否已经缺水,是否达到了需要灌溉的时间,一般要从三个方面的指标进行正确判断:土壤指标、作物形态指标和作物生理指标。

1）土壤指标

作物根系的分布范围一般在0～90 cm厚的土层中。这一土层厚度中，据测定，土壤含水量为田间最大持水量的60%～80%时适应于作物生长的各个时期。含有机质较多、有较好团粒结构沙壤土，其田间最大持水量约为20%，则适于作物生长的这种土壤含水量应为12%～16%，如果低于此含水量时，应及时进行灌溉。

2）形态指标

形态指标是根据作物外部形态发生的变化来确定是否进行灌溉。我国农民自古以来就有看苗灌水的经验。作物出现萎蔫是缺水最直观的外部表现，但炎夏烈日下，有时地里并不缺水，作物也呈现萎蔫现象，这是由于蒸腾失水高于根系吸水造成的，称暂时萎蔫，当傍晚蒸腾低时，萎蔫就消失了，这种情况不需要灌溉。如果中午和傍晚都呈现萎蔫，则是土壤缺水的表现，这种萎蔫称永久萎蔫，需要对土壤进行灌溉。其次，观察茎、叶的颜色，如果缺水，细胞生长得慢，但并不影响叶绿素的合成，故作物长得矮，叶片小、呈又浓又暗的绿色。有时茎、叶颜色发红，这是由于干旱时淀粉等碳水化合物的分解大于合成，细胞中积累较多的可溶性糖，形成了较多花色素糖苷在酸性细胞液条件下呈红色的缘故，出现这两种情况时就应灌溉了。再是折一下叶柄或枝梢，如果易折断，表明弹性、脆性大，不缺水，如果不易折断表明组织软、缺水。根据作物形态变化判断作物是否缺水并不精准，因为当形态上出现上述缺水症状时，内部生理代谢缺水早已存在，生长发育已经受到一定程度的伤害了。

形态指标的掌握，应不断进行大田生产观察，向有经验的人学习请教，经反复实践，日积月累，才能正确把握。

3）生理指标

生理指标能及时、准确地反映植物体内水分含量状况，其量化数值也更科学一些。常用的灌溉生理指标有叶片细胞的水势、渗透势、细胞液的浓度和气孔开度等。一般以长成的功能叶作为测定对象。叶片是水分缺乏最敏感的器官，当土壤水分不足时，叶片含水量首先降低，细胞液浓度随之升高，水势及渗透势（溶质势）随之下降，气孔开度随之减小或关闭。在实际应用中，将测定的数值与相应的临界值进行比较，即可确定灌溉的时间和数量。常见的不同植物的灌溉生理指标临界值见表2.3。

表2.3　不同作物几种灌溉指标的临界值

作物生育期	叶片渗透势（-MPa）	叶片水势（-MPa）	叶片细胞液浓度/%	气孔开度/μm
冬小麦				
分蘖—孕穗期	-1.1～-1.0	-0.9～-0.8	5.5～6.5	
孕穗—抽穗期	-1.2～-1.1	-1.0～-0.9	6.5～7.5	
灌浆期	-1.5～-1.3	-1.2～-1.1	8.0～9.0	
成熟期	-1.6～-1.3	-1.5～-1.4	11.0～12.0	

续表

作物生育期	叶片渗透势（-MPa）	叶片水势（-MPa）	叶片细胞液浓度/%	气孔开度/μm
春小麦				
分蘖—拔节期	-1.1～-1.0	-0.9～-0.8	5.5～6.5	6.5
拔节—抽穗期	-1.2～-1.0	-1.0～-0.9	6.5～7.5	6.5
灌浆期	-1.5～-1.3	-1.2～-1.1	8.0～9.0	5.5
棉　花				
花前期		-1.2		
花期—棉铃形成期		-1.4		
成熟期		-1.6		
蔬菜整个生长期			10	
茶树嫩梢生长期		-0.8～-0.9		

需要注意的是，植物灌溉的生理指标会因不同植物种类、生育期、测定部位以及不同地区和取样时间而有差异，应用时宜结合当地具体情况，校正临界值，以便有效指导灌溉实践。

知识链接)))

节水灌溉与我国节水灌溉的发展趋势

1）节水灌溉（water-saving irrigation）

节水灌溉是指以最低限度的用水量获得最大的产量或收益，也就是最大限度地提高单位灌溉水量的农作物产量和产值的灌溉措施。节水灌溉的基本要求，就是要采取最有效的技术措施，使有限的灌溉水量创造最佳的生产效益和经济效益。

据预测，到2050年世界总人口将由目前的70亿人增加到90亿人，人类对粮食的需求将在当前的水平上再增长70%至100%。世界淡水资源日益紧缺，而人类对粮食的需求也不断上升，淡水资源已经成为农业发展和世界粮食供应的安全威胁。要破解耕地面积有限、淡水资源紧缺和世界粮食需求上涨之间的难题，发展节水灌溉成为关键。节水灌溉是以最低限度的用水量获得最大的产量或收益，也就是最大限度地提高单位灌溉水量的农作物产量和产值的灌溉措施。当前世界各国节水灌溉的主要措施包括渠道防渗、低压管灌、喷灌、微灌等。

实行节水灌溉工程后，可以减少灌溉过程中劳动力配置。滴灌通过局部湿润灌溉，田间土壤疏松，通透气性良好，易溶性肥料、植物生长调节剂、内吸杀虫剂等可随水滴入，可减少中耕、施肥、喷药、锄草等的作业次数和劳动力投入，节省大量的人力物力。

通过节水灌溉，农作物得到及时灌溉，提高了灌溉保证率，能有效促进粮食增产增收，这也是节水灌溉工程的主要效益。此外,节水灌溉还能实现节水、节地、节电等效益。

目前,欧美等农业发达国家在节水灌溉方面已经取得重大进展,节水灌溉的普及程度较高。在发达国家,喷灌技术、微灌技术、渠道防渗工程技术、管道输水灌溉技术等节水灌溉技术已经较为成熟,其中喷灌、滴灌又是最先进的节水灌溉技术,欧美发达国家60%~80%的灌溉面积采用喷灌、滴灌的灌溉方法,农业灌溉率约为70%以上。据《中国节水灌溉行业深度调研与投资战略规划分析报告前瞻》数据显示,目前,全世界的总耕地面积仅为15亿公顷,有灌排设施的耕地面积仅占27%,却生产出全世界55%的粮食,预计今后新增的粮食产量中80%至90%将来自有灌排设施的耕地。

2)我国节水灌溉的发展趋势

我国的节水灌溉技术发展呈现以下趋势:①喷灌技术仍为大田农作物机械化节水灌溉的主要技术,其研究方向是进一步节能及综合利用。不同喷灌机型有各自的优缺点,要因地制宜综合考虑。软管卷盘式喷灌机及人工移动式喷灌机比较适合我国国情。②地下灌溉已被世人公认为一种最有发展前景的高效节水灌溉技术。尽管目前还存在一些问题,应用推广速度较慢,但随着关键技术的解决,今后将会得到一定的发展。③地面灌溉仍是当今世界占主导地位的灌水技术。随着高效田间灌水技术的成熟,输配水有低压管道化方向发展的趋势。④农业高效节水灌溉技术管理水平越来越高。应用专家系统、计算机网络技术、控制技术资源数据库、模拟模型等技术的集成,达到时,空、量、质上的精确灌水,是今后攻关的重点。⑤节水综合技术的开发利用,是提高水分利用率和水分利用效率的重要途径,也是今后节水灌溉发展的方向。⑥节水灌溉新技术。水源供水方面:光伏提水技术可以在偏远的无市电地区提水灌溉,真正意义上从节水灌溉的出发点进行灌溉,可以达到节电、节水、节能源以及节约人力物力的效果。灌溉方面:微灌、喷灌、滴灌这些是先进的节水灌溉技术,结合光伏提水系统可以更好地组成真正意义上的节水灌溉系统。

本章小结

水是维持植物生存的重要条件,没有水就没有生命。任何植物体内都含有水分,其含水量因种类、器官、组织、生长发育阶段以及生活环境等的不同而有较大差异。植物体内的水分有两种存在状态,即束缚水和自由水。束缚水在植物体内不能自由移动,不能参与细胞内任何的生理生化反应,也不能起到溶质的作用。自由水可以自由移动,也可以参与细胞内代谢活动的水分。当自由水的相对含量高时,原生质体处于溶胶状态,植物代谢旺盛、生长快、抗逆性差;当自由水的相对含量较低时,原生质体处于凝胶状态,植物代谢减弱、生长缓慢、抗逆性较强。水具有明显的极性、高比热容、高汽化热和较强的内聚力等特性。水是原生质的重要成分,是植物体内一些代谢反应的原料,是代谢过程的介质。水能保持植物正常的姿态及正常的生长发育。水能调节植物体和环境的温度、湿度。总之,植物生命活动离不开水。

水势是指同温度下,物系中的水与纯水间每偏摩尔体积的化学势差,是来衡量一个体系内,水能量大小的,能说明水流动的方向。纯水的水势为0,溶液的水势为负值。水总是由高水势处流向低水势处,一直到两边水势相等为止。植物细胞是一个渗透体系。构成植物细胞水势的主要因素有溶质势(ψ_s)、衬质势(ψ_m)和压力势(ψ_p),$\psi_w=\psi_s+\psi_m+\psi_p$。植物细胞吸水的方式主要有渗透吸水和吸胀吸水两种。渗透吸水是植物吸水的主要方式,成熟的植物细胞含有大液泡,靠渗透作用吸水,$\psi_w=\psi_s+\psi_p$;幼小的细胞、干燥的种子等没有大液泡的细胞,靠吸胀作用吸水,$\psi_w=\psi_m$。相邻两细胞间水分的移动方向,是从水势高的细胞移向水势低的细胞。水势差越大,水分移动越快,反之越慢。

植物吸收水分的主要部位是根尖的根毛区。根系吸水的途径有质外体途径、共质体途径、跨膜途径3种方式。植物根系吸水的动力有根压和蒸腾拉力两种。在蒸腾作用明显的季节,植物主要依靠蒸腾拉力进行被动吸水,在植物叶片尚未形成及展开时,主要依靠根压进行主动吸水。水分从被根系吸收到通过叶片蒸腾到体外的过程为:土壤水分被根系表皮和根毛吸收—根的皮层细胞—中柱薄壁细胞—根的导管(管胞)—茎的导管(管胞)—叶柄导管(管胞)—叶脉导管(管胞)—叶肉细胞—叶肉细胞间隙—气孔下腔—通过气孔逸出到大气中。

植物体内水分的散失有两种方式,一种是以气体状态散失到体外,如蒸腾作用,这是植物水分散失的主要方式。另一种是以液体状态散失到体外,如植物吐水。蒸腾作用会消耗掉植物吸收水分的95%以上,但它对植物正常的生命活动具有重要意义。蒸腾作用有三种方式,分别是气孔蒸腾、角质层蒸腾和皮孔蒸腾。植物幼小时,全株都可发生蒸腾。长大的植物以叶片的气孔蒸腾为主。一般,环境湿度小,气孔频度高、开度大等,均有利于促进气孔蒸腾。表示蒸腾作用强度的指标有蒸腾速率、蒸腾效率、蒸腾系数。影响植物蒸腾作用的内部因素有叶面积大小、角质层薄厚、气孔下室大小、气孔频度及开张度等。影响植物蒸腾作用的外部因素较多,凡是能影响气孔运动的环境因素均能影响蒸腾作用,如光照、温度、CO_2浓度、空气湿度、风速及土壤条件。

合理灌溉的基本原则是用最少量的水获得最大的效果。不同种类的植物、同一植物不同生长发育时期的需水量均不同。水分临界期是植物在生命周期中对缺水最敏感和最易受害的时期,此期应特别注意土壤水分的保持和合理灌水,以保证植物稳产、高产。生产中,通常以植物的形态指标、生理指标和土壤指标作为确定灌溉时期的依据。

案　例)))

植物也出汗

夏天的清晨,到野外去走走,可以看到很多植物叶子的尖端或边缘有一滴滴的水珠淌下来,好像在流汗。人们常说这是露水。滴下来的真是露水吗?那亮晶晶的水珠慢慢地从植物叶片尖端冒出来,逐渐增大,最后掉落下来;接着,叶尖又冒出水珠,慢慢增大,再掉落下来……显然,这不全是露水,因为露水应该布满叶面,而且不会不断形成。如果检测一下,会发现植物这缓慢滴下的水珠含有少量的无机盐和其他物质,与露水是有区别的。

这是怎么回事呢?原来,植物叶片的尖端或边缘有小孔,叫做水孔,它们与植物体内运输水分和无机盐的导管相通,植物体内的水分可以通过水孔排出体外。平常,人们看不到叶尖上有水珠积聚起来。当外界的温度较高,空气湿度较大且土壤含水量充足时,高温使根的吸收作用旺盛，从土壤中吸收大量的水分，较高的空气湿度降低了植物的蒸腾失水量，这样，植物体内多余的水分只好直接从水孔中流出来。在植物生理学上，这种现象叫做“吐水”。

吐水现象在盛夏的清晨最容易看到。白天，植物叶面上的气孔张开着，既进行气体交换，也不断蒸发出水分。可到晚上，气孔关闭，空气湿度又大，蒸腾作用减弱，而适宜的夜温使根仍有较强的吸水能力。这样，植物体内的水分就会过剩，从而出现吐水现象。

植物的“吐水”，在稻、麦、玉米等禾谷类植物中经常发生。在芋、金莲花等植物上也很明显。芋在吐水最旺盛的时候，每分钟能滴下 190 多滴水珠，一个夜晚可以流出 10 ~ 100 mL 的水。

木本植物的“吐水”现象就更奇特了。在热带森林中，有一种树，在“吐水”时，滴滴答答，好像在哭泣似的，当地居民干脆把它叫做“哭泣树”。中美洲多米尼加的雨蕉也是会“哭泣”的植物。在温度高、湿度大、水蒸气接近饱和及无风的情况下，雨蕉体内的水分会从水孔溢出来，一滴滴地从叶片上落下来，当地人把雨蕉的这种“吐水”现象当作下雨的预兆。“要知天下雨，先看雨蕉哭”，因此，他们都喜欢在自己的住宅附近种上一两棵雨蕉，作为预报晴雨之用。

案例分析与讨论题

①植物吐水的动力来自哪里？植物吐水和露水是一回事吗？分析一下它们形成的原因。

②设施大棚栽培蔬菜时，技术人员和菜农常根据叶片吐水情况判断蔬菜的生长动态，讨论一下如下三个问题？

a. 有的大棚蔬菜清晨没有吐水现象发生，可能是什么原因？

b. 有的大棚有些蔬菜清晨吐水，有些不吐水，可能是什么原因？

c. 有的大棚，早晨蔬菜叶缘有水珠，中午叶面上有水珠，表明这些大棚蔬菜生长情况如何？分析水珠的来源。

复习思考题

1. 名词解释

自由水　束缚水　水势　衬质势　压力势　渗透势　渗透作用　吸胀作用　根压　吐水　伤流　蒸腾拉力　蒸腾作用　蒸腾效率　蒸腾系数　植物需水临界期

2. 简答题

(1)水在植物生命活动中有哪些作用？

(2)植物体内的水分以哪两种状态存在？它们对植物的生长代谢有何影响？

(3)为何提出水分流动的方向是从“水势高处流向水势低处”，而不说从“浓度低处流向浓度高处”？二者有何区别？

(4)根系从土壤中吸水的原因是根系与土壤间存在水势差，分析一下这个水势差是如何产生的？

(5)简述影响根系吸水的条件有哪些？主要影响是什么？

(6)为何土壤施肥不能一次过多？若施多了植物出现萎蔫,应采取哪些补救措施？

(7)蒸腾作用的意义是什么？蒸腾作用有哪些生理指标？

(8)采取哪些措施可以提高作物移栽的成活率？

(9)什么是合理灌溉？如何才能做到合理灌溉？

(10)解释以下现象和问题：

①冬季来临前给作物浇足水不容易受冻害；②盐碱地种植作物不易成活；③带土移栽植物易成活；④炎夏中午不能用地下水灌溉；⑤丘陵地种植花生后，覆上地膜长得好；⑥果园里，做树盘灌溉比畦埂灌溉更好；⑦根据所学知识回答本章开篇案例导入中有关萎蔫问题。

实验实训1

植物细胞的质壁分离及其复原

1)目的意义

质壁分离是在细胞水平上进行植物生理学研究的重要方法，在生产实践中也有重要的应用价值。利用细胞能否发生质壁分离，可以判断细胞的死活；根据系列浓度下的质壁分离现象，可以测定细胞液的渗透势；根据质壁分离复原的条件及速度，可以观察某种物质透过细胞壁及原生质膜的难易程度及速度；根据质壁分离的不同类型，还可以判断原生质黏滞性的大小；在生产上则可以解释一次施入可溶性肥料过多引起的“烧苗”现象。

本实验的目的是了解植物细胞质壁分离的现象及发生条件，学会在实验室条件下质壁分离及其复原的操作方法。

2)原理

生活细胞的原生质层相当于一个半透膜，液泡内的细胞液是具有一定水势的水溶液。因此，当把细胞置于一定浓度的外液中时，就会构成一个渗透系统。根据渗透原理，水分总是由高势区移向低势区。当已液泡化细胞的细胞液水势高于外液时，其内的水分就会流向外液，随着细胞的不断失水，原生质与细胞壁不断收缩，但由于二者弹性不同，细胞壁的收缩能力有限，而原生质持续收缩的能力强，最终引起细胞质与细胞壁发生分离。分离最初发生在边角上，最后完全分离。由不同离子引起的质壁分离具有不同的类型：Ca^{2+}等二价阳离子能降低原生质水合度，使原生质黏性加大，细胞发生凹形质壁分离，特别严重的凹形分离又叫痉挛型质壁分离；而 K^+ 等一价阳离子则能提高原生质水合度，使原生质黏性变小，细胞发生凸形质壁分离；如用 KNO_3 溶液进行较长时间的质壁分离时，由于原生质膨胀变厚，好似帽状包围在收缩液泡的两端，形成帽状质壁分离。

3)实验材料、仪器与试剂

①实验材料：洋葱鳞茎；紫鸭跖草叶片；小麦、水稻、白菜、棉花或其他植物叶片；也可根据需要取木本植物形成层、韧皮部等组织。

②仪器：显微镜、载玻片与盖玻片、小镊子、单面刀片、解剖针、滴管、滤纸、酒精灯等。

③试剂:0.03%中性品红或稀碘液、1 mol/L KNO_3 溶液、1 mol/L $CaCl_2$ 溶液、无离子水。稀碘液配制:称取 2 g KI 溶于 5 mL 蒸馏水中,再称取 1 g 碘加入其中,待溶解后稀释到 300 mL,贮于棕色瓶中暗中保存备用。

4)操作步骤

①细胞染色:选取洋葱鳞茎或紫鸭跖草叶片,用清水洗净,用刀片轻轻划断下表皮,使成 1 cm^2 左右的小块,用解剖针或尖头小镊子将下表皮轻轻撕下,立即放入 0.03% 中性红溶液或稀碘液中染色 10 ~ 15 min(分钟),取出后用自来水浸泡 10 ~ 15 min,制成临时玻片标本。对于含有花青素的洋葱鳞茎上表皮或紫鸭跖草的上表皮可不必染色。对于不易揭取表皮的禾本科植物叶片,可用刀片轻轻刮掉一侧的表皮及叶肉,取留下的表皮染色。

②质壁分离观察:将染色的制片标本置于显微镜下观察,可看到液泡被染成玫瑰色(细胞壁及细胞质不被染色)或整个细胞被染成黄色。然后从盖玻片的一侧滴 1 滴 1 mol/L KNO_3 溶液,在对侧用滤纸条吸水,使 KNO_3 溶液与表皮细胞接触,重复 2 ~ 3 次,镜下观察。另取被染色的临时玻片标本,以同样方法用 1 mol/L $CaCl_2$ 溶液处理,然后镜下观察。比较 K^+ 与 Ca^{2+} 所引起质壁分离的类型。

③质壁分离复原观察:将上述用 KNO_3 或 $CaCl_2$ 处理的已发生质壁分离的临时玻片标本在盖玻片的一侧滴 1 滴无离子水,在对侧用滤纸条吸水,重复 3 ~ 5 次,置镜下观察,会看到收缩的细胞质因吸水而逐渐伸展,最终直抵细胞壁,这就是质壁分离复原。

④死细胞对照观察:另取一部分相同材料,置载玻片上,加 1 滴蒸馏水煮沸,将细胞杀死。然后重复 1、2 两步,观察其能否发生质壁分离现象。记录结果并给予解释。

5)作业

记录实验过程和观察到的现象和实验数据,并回答试验中提出的问题。

【附注】

①用洋葱鳞茎做材料,取中部偏内的鳞叶较便于观察。

②无色透明的材料不经染色也能进行此项观察,可简便操作过程,缩短实验时间。

③用稀碘液做染色液时,染后可不必用清水冲洗,直接从一侧滴加高渗溶液,用滤纸条从另一侧吸出碘液即可。

实验实训 2

小液流法测定植物组织水势

1)目的意义

典型植物细胞的水势(ψ_w)是由衬质势(ψ_m)、溶质势(ψ_s)和压力势(ψ_p)组成的代数和。相邻细胞之间水分移动方向决定于 ψ_w,而不决定于 ψ_s,即决定于其间的水势差($\Delta\psi_w$),水分将由高势区移向低势区,在植物组织中水分的移动也是如此。对于整株植物而言,总的规律是:位于形态学下部的组织和器官,其水势总是高于形态学上部的组织和器官。因此,水分由下(根系)向上(茎叶)运输。如把土壤—植物—大气看成是一个体系,那么这三者恰成顺序性的梯度变化;土壤水势最高,大气水势最低,植物水势介于二者之间。

所以，正常情况下植物根系从土壤中吸收水分，并由地下部运至地上部，然后通过叶片散失到大气中。由此可见，测定植物组织水势是了解植物体内水分状况及其与环境关系的重要生理指标。

2）原理

当植物组织浸在一定浓度的外液中时，水分的运动不外乎三种情况：一是组织水势高于外液水势，组织失水，外液浓度降低，比重变小；二是组织水势低于外液，组织吸水，外液浓度升高，比重变大；三是两者水势相等，水分处于动态平衡状态，外液浓度与比重均不变。本测定就是根据外液比重的变化（通过蓝色小液滴的升降）找出与组织水势相等的外液浓度，此溶液的渗透势即等于组织的水势。

3）实验材料、仪器与试剂

①实验材料：茎、叶、块茎或块根、果实等。

②仪器：打孔器（0.5 cm^2 左右）、玻璃板、大试管与小试管、移液管、毛吸移液管、洗耳球、镊子、解剖针、滤纸等。

③试剂。

a. 1 mol/L 蔗糖溶液：称取预先在 60 ~ 80 ℃下烘干的蔗糖 34.2 g，溶于热蒸馏水中，冷却后用蒸馏水定容至 100 mL。

b. 甲烯蓝粉末。

4）操作步骤

①配制系列浓度蔗糖标准溶液：取 5 支干洁大试管及 5 支小试管，分别对应编号，以 1 mol/L 蔗糖溶液作为母液按下表配制成 0.1、0.2、0.3、0.4、0.5 mol/L 系列溶液各 10 mL，分装于 5 支大试管中，充分摇匀，然后分别取 2 ~ 4 mL 依次装于对应编号的小试管中，大小试管均加盖。

试管编号	1	2	3	4	5
1 mol/L 蔗糖溶液（mL）	1.0	2.0	3.0	4.0	5.0
蒸馏水（mL）	9.0	8.0	7.0	6.0	5.0
蔗糖溶液浓度（mol/L）	0.1	0.2	0.3	0.4	0.5

②测定。

a. 取待测定植物叶片洗净并用滤纸吸干表面水分，避开较大叶脉取小圆片若干，各小试管中分别投入 10 片，使之完全浸没溶液之中，加盖，计时，并经常摇动。

b. 20 min 后用解剖针向各小试管分别加入少许甲烯蓝粉末，轻轻摇动，使溶液着色均匀。

c. 从最低浓度开始，用毛吸移液管依次从小试管中吸取蓝色溶液，分别插入相对应的（相同浓度）大试管溶液中部，轻轻放出 1 滴，慢慢抽出毛吸移液管，观察液滴升降情况：上升表明组织失水，下降说明组织吸水，不动则意味着叶片组织水势等于该溶液的渗透势；如无不动的液滴，可取下降与上升两管溶液浓度的平均值作为等渗溶液。并记录测定时的温度。

5)作业

记录结果并计算：

$$\psi_w = \psi_s = -iCRT$$

式中 ψ_w——组织水势，MPa；

ψ_s——渗质势（渗透势），MPa；

i——溶质解离系数（蔗糖为1）；

C——小液滴不动时的溶液浓度，mol/L；

R——普适气体常数（0.008 314 L · MPa/mol · K）；

T——热力学温度（K）（即273+t，t为实验环境温度℃）。

【附注】

①配好的系列浓度蔗糖液是否充分摇匀，是本实验成败的关键；

②如以马铃薯块茎做实验材料，系列浓度取0.1～0.5即可；如以叶片做材料，系列浓度需向前延伸，可根据需要选定起始浓度。

第3章 植物的矿质营养代谢

学习目标

- 深入了解:植物必需矿素的种类、生理作用及主要缺素症;
- 了解:植物必需元素须具备的条件及确定方法,合理施肥的生理基础等;植物对矿质元素的吸收和运输原理、特点。

技能目标

- 能识别当地作物必需矿素主要缺素症状;能根据作物的需肥指标进行合理施肥。

知识点

植物必需矿素的种类、生理作用及缺素症;植物常见缺素症;合理施肥的依据。

案例导入)))

李比希的矿质营养学说与化学肥料

古希腊哲学家亚里士多德曾说"万物土中生,万物土中来",认为作物产量的形成物质全部来源于土壤。1840 年,德国著名化学家李比希出版了《化学在农业及生理学上的应用》一书,阐述了农作物生长从土壤里获取的只是矿质元素,他确定了氮、钙、镁、磷和钾等元素对农作物的作用。李比希还指出,作物从土壤中吸走的矿质元素必须如数归还土壤,否则土壤将日益贫瘠,创立了植物的矿质营养学说和归还学说,引起了农业理论的一场革命。他还预言农作物需要的矿物质将会在工厂里通过化学反应生产出来,为化肥的发明与应用奠定了理论基础,不久,他的预言就被证实。现在各种必需矿质元素肥料应有尽有,施化肥已成为提高单位面积产量的主要措施。据联合国粮农组织(UAO)统计,化肥在对农作物增产的总份额中占 40% ~60%。中国能以占世界 7% 的耕地养活世界 22% 的人口,可以说化肥起到举足轻重的作用。

但化肥的应用对土壤造成污染,主要表现在:重金属和有毒元素增加;微生物活性降低,物质难以转化及降解;养分失调,硝酸盐累积;酸化加剧,pH 变化太大。因此在应用化肥时应同时加强污染消除意识,做到以下几方面:强化环保意识,加强监测管理;增施有机肥,改善理化性质;普及配方施肥,促进养分平衡;应用硝化抑制剂,缓解土壤污染;采取多管齐下,改浅施为深施。

要科学施肥,就必须认识植物所必需的各种矿质元素,了解它们与植物生长发育之间的关系。

3.1 植物必需矿质元素及其作用

植物要维持正常的生长和代谢,就需要从环境中不断摄取无机营养物质,不仅需要从空气中吸收 CO_2 和 O_2,还需要从土壤中吸收水和各种矿质元素。矿质元素因来源于地下各类矿石中而得名。植物对矿质元素的吸收、运转和同化利用,称植物的矿质营养代谢。

3.1.1 植物体内的矿质元素和必需矿质元素

1)植物体内的矿质元素

研究植物的矿质营养,常用方法是分析健康植株所含的元素。将植物材料放在105 ℃的条件下烘干水分后得到的部分称干物质,其中包含无机物和有机物。将干物质放在600 ℃条件下充分燃烧,有机物被烧掉,有机物中的C、H、O、N等元素是以 CO_2、H_2O、N_2、NH_3、SO_2 和N的氧化物等气体形式挥发掉。余下不能挥发的部分是无机物,又称灰分。灰分的化学组成是各种矿质元素的氧化物,灰分中的元素称为灰分元素或矿质元素。氮不是矿质元素,也不含在灰分中,但因为和其他矿质元素一样是植物从土壤中吸收获取的,故通常把氮素列入植物的矿质营养中。

据灰分分析,植物体内的矿质元素种类很多,地壳中存在的元素几乎都可在不同的植物中找到,已发现70种以上的元素存在于不同的植物中。植物不同种类、不同器官、不同部位所含矿质元素的量有较大差异,通常表现为盐生植物大于陆生植物,陆生植物高于水生植物,成年植株高于幼年植株,同一植物体内各部位含量也有差异(表3.1)。

表3.1 陆生植物体及各部分灰分含量基本值

植物部分	植物整株	种子	木本茎	草本根、茎	叶
灰分占干重/%	5~12	3	1	4~5	10~15

2)植物体内必需的矿质元素

(1)植物必需元素的条件

植物必需元素是指植物生长发育所必不可少的元素。灰分中大量存在的矿质元素不一定是植物生活中必需的。关于必需元素的确定历来多有争议，对此国际植物营养学会有统一的规定，植物必需元素必须同时具备以下三个条件：

①缺少该元素，植物生长发育将受到限制，不能完成其生活史；

②缺少该元素，植物表现出专一的缺素症，只有加入该元素后症状才能消除；

③该元素在植物营养生理中的作用是直接的，而不是通过影响土壤、介质、培养基等外部条件而引起的间接效果。

(2)植物必需元素的确定方法

天然土壤成分复杂，其中的元素成分无法控制，用土培法无法确定植物必需矿质元素。确定植物必需元素常用方法有溶液培养法(水培法)和砂基培养法(砂培法)。

溶液培养法也称为水培法，是在含有全部或部分矿质元素的溶液中培养植物的方法。砂基培养法也属于溶液培养法，只是以洁净不易分解的石英砂、珍珠岩或细小的玻璃球等代替土壤固定植物，再加入上述营养液来培养植物的方法。溶液培养法最初是用来研究植物必需元素的，现在已经发展成为一种产业，即无土栽培，并且生产上已进一步发明出其他方式，如气培法、营养膜法等(图3.1)。

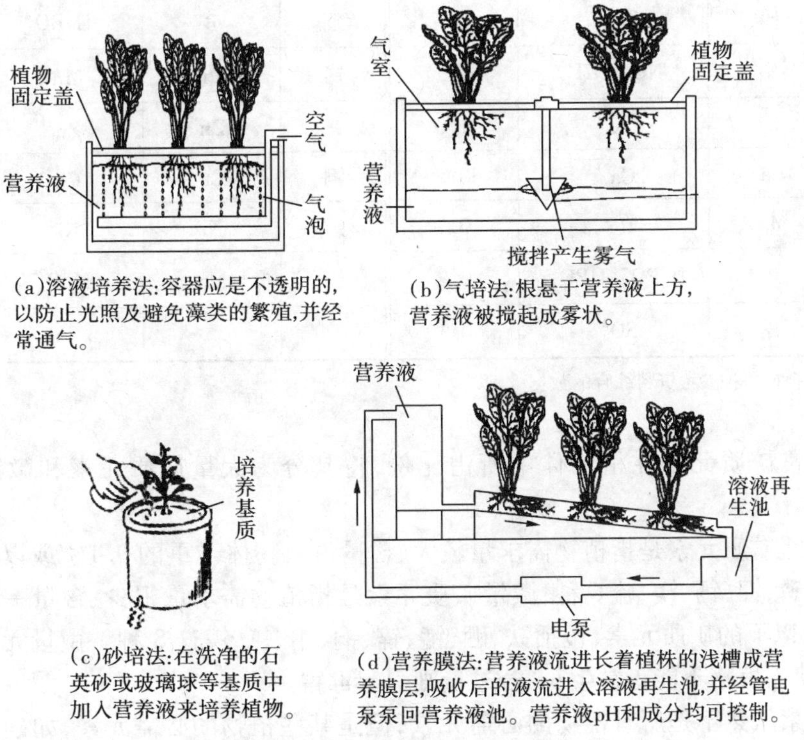

(a)溶液培养法：容器应是不透明的，以防止光照及避免藻类的繁殖，并经常通气。

(b)气培法：根悬于营养液上方，营养液被搅起成雾状。

(c)砂培法：在洗净的石英砂或玻璃球等基质中加入营养液来培养植物。

(d)营养膜法：营养液流进长着植株的浅槽成营养膜层，吸收后的液流进入溶液再生池，并经管电泵泵回营养液池。营养液pH和成分均可控制。

图3.1　植物溶液培养方式

研究植物必需元素时，可在配制的混合营养液中减加某种元素，根据必需元素的三条标准，观察植物的生长发育变化情况，判定该元素是否为植物必需元素，如下为确定必需元素的基本步骤(X为待确定元素)：

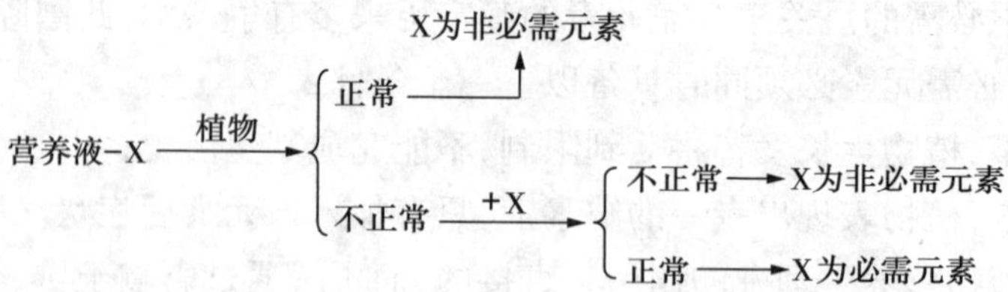

(3)植物必需矿质元素的种类

按照植物必需元素的标准和确定方法，目前公认的植物生长发育必需元素有17种，分别是碳、氢、氧、氮、磷、钾、钙、镁、硫、铁、硼、锰、锌、铜、钼、氯、镍(表3.2)。其中，碳、氢、氧在植物体内的含量很高，但不是灰分的成分，为非矿质元素。因此，植物必需的矿质元素为其他14种。

表3.2　植物必需元素(引自Salisbry等1992)

元　素	化学符号	植物可利用态	干重/%	元　素	化学符号	植物可利用态	干重/%
氧	O	O_2、H_2O、CO_2	45	氯	Cl	Cl^-	0.01
碳	C	CO_2	45	铁	Fe	Fe^{3+}、Fe^{2+}	0.01
氢	H	H_2O	6	硼	B	H_3BO_3	0.002
氮	N	NO_3^-、NH_4^+	1.5	锰	Mn	Mn^{2+}	0.005
钾	K	K^+	1.0	锌	Zn	Zn^{2+}	0.002
钙	Ca	Ca^{2+}	0.5	铜	Cu	Cu^{2+}	0.000 6
镁	Mg	Mg^{2+}	0.2	镍*	Ni	Ni^{2+}	0.000 1
磷	P	$H_2PO_4^-$、HPO_4^{2-}	0.2	钼	Mo	MoO_4^{2-}	0.000 01
硫	S	SO_4^{2-}	0.1				

*镍的数据为根据多种参考资料综合的数据。

根据必需矿质元素在植物体中所占比例，将其分为大量矿质元素和微量矿质元素两类。

大量必需矿质元素是指植物需求量较大、含量占植物体干重的0.1%或以上的矿质元素，包括氮、磷、钾、钙、镁、硫6种；微量矿质元素是指植物需求量很少、含量一般占植物干重0.01%或以下的矿质元素，包括铁、硼、锰、锌、铜、钼、氯、镍这8种。微量元素的需求量甚微，但若缺乏植物不能正常生长，若过量则引起毒害。

有些元素虽然不是所有植物的必需元素，但是某些植物的必需元素，如硅是禾本科植物的必需元素。还有一些元素能促进植物的某些生长发育，被称为有益元素，常见的有钠、硅、钴、硒、钒、稀土元素等。

3.1.2　植物体内必需矿质元素的主要生理功能及失调症

植物必需矿质元素的生理功能包括一般生理功能和各种矿素的具体生理功能；失调症

是指由于缺少或过多使用矿质元素，使植物形态发生的不良变化。

1）必需矿质元素的一般生理功能

必需矿质元素在植物体内的一般生理功能具有普遍性含义，概括起来有以下三点：①是植物细胞结构物质的组成成分，如N、P、S、Ca等；②作为酶、辅酶的成分或激活剂等，参与或调节酶的催化活性，从而调节植物的生长发育。大量元素和微量元素都有这一功能；③起电化学作用，如渗透调节、胶体稳定和电荷中和等，如K、Ca、Mg、Cl等；④参与能量转换及促进有机物质的运输和分配，如P、K、B等。

2）各植物必需矿质元素的主要生理功能及失调症

（1）氮（N）

根主要吸收无机态氮，即铵态氮和硝态氮。也可吸收小分子有机态氮，如尿素。

主要生理功能：无氮形不成蛋白质、核酸、磷脂，而这些物质是原生质、细胞核和生物膜的重要组成部分；氮是酶和辅酶的重要组分，植物体内复杂的生化反应须臾也离不开酶的催化调节。氮是某些植物激素（如生长素和细胞分裂素）、维生素（B_1、B_2、B_6、PP等）的成分，它们对植物生长发育有重要的调控作用；氮是叶绿素分子的重要组成元素，与光合作用密切相关。因此，氮又被称为生命元素。当氮肥供应充足时，枝叶繁茂，躯体高大，分蘖（分枝）能力强，籽粒中含蛋白质高。

缺素症状：缺氮时，植物生长矮小，茎枝纤细，分枝、分蘖很少，叶片小而薄，花果少且易脱落；较老部位的含氮物质，如叶绿素，会被分解，转运到生长旺盛的幼嫩部位重新利用，故枝叶由下部开始逐渐向上变黄缺氮较重时，全株绿色变淡，自下向上老叶枯黄脱落。像氮这种在植物体内移动性较强的元素称"可再利用的元素"，其缺素症首先出现在老叶上。

过量症状：氮多，合成蛋白质多，合成多糖少，导致营养器官生长过旺，枝条徒长，叶片大、深绿、下垂，茎秆机械组织不发达，易倒伏；生殖器官形成受到抑制，花芽不易形成，落花落果严重，成熟期推迟；抵抗不良环境的能力下降，易发生病虫害。

（2）磷（P）

根吸收磷的形式是$H_2PO_4^-$、HPO_4^{2-}，磷在幼嫩的组织和种子中含量多。

主要生理功能：磷是核酸、生物膜的重要成分；磷参入辅酶NADH和NADPH的形成，光合、呼吸、硝酸还原、脂肪合成等都需要这些辅酶参加；磷是植物体内通用能量物质ATP的组成元素，许多有机化合物需ATP活化（磷酸化）才能参入生化反应，植物体内物质的合成、降解、运输及相互转化需通过ATP才能实现；光合作用中，磷酸可促使光合产物合成蔗糖运输到果实、种子、根系、枝干中去形成产量并增加细胞液的浓度，故磷能增加果实产量，使籽粒饱满，也能增强植物的抗逆性，如抗旱性、抗盐碱能力等。此外，磷酸盐可构成缓冲体系，维持细胞代谢环境的稳定。作物需磷肥的临界期在幼苗期。

缺素症状：缺磷时，幼苗根系不发达，生长缓慢，植株矮小；由于糖分输出受阻，叶色暗绿无光泽或紫红色，与缺水症状相似；种子、果实变小，籽粒秕，成熟期延迟，产量降低。磷在作物体内再利用的能力很强，缺磷首先从老的器官、组织开始呈现。

过量症状：磷肥过多时，磷酸钙沉淀，会在叶片上会产生小焦斑。另外，磷过多还会阻止植物对硅的吸收，并减少土壤中锌的有效性。

(3)钾(K)

根吸收钾的形式是 K^+，在土壤中以 KCl、K_2SO_4 等盐类形式存在，为易流动性元素。

主要生理功能：钾是调节植物细胞溶质势的重要物质，植物利用钾离子流动性快的特点，在失水时升高钾离子浓度降低水势，增加了原生质的水合度，不易失水，因此抗旱、抗冻；保卫细胞白天通过升高钾离子浓度使水势降低，吸水后气孔张开；钾是 60 多种酶的活化剂，特别是植物茎叶长成后，叶片制造的光合产物以可溶糖的形式大量输出到贮藏器官中去，须在淀粉合成酶的催化下合成淀粉才能容存更多的糖，而钾是淀粉合成酶的激活剂，因钾能促进多糖的形成，所以后期施钾肥，能使籽粒饱满，机械组织发达。

缺素症状：缺钾时，植物细胞溶质势降低，极容易失去水分，离叶脉较远的叶缘、叶尖逐渐失水枯死焦碎，叶脉间有坏死斑点；由于叶片中水的分布不匀，生长不均衡，常发生弯曲或皱缩变形现象；茎干柔弱易倒伏，生长缓慢，根系发育差，果实、块根、块茎小，籽粒秕。缺钾症状首先在下部老叶上表现出来。

过剩症状：过量的钾肥会影响植物对氮、钙、镁、硼的吸收，引起植物生长缓慢，叶片失去弹性，果实表面粗糙，品质下降。

氮、磷、钾的作用大，植物对氮、磷、钾的需求量也大，因此氮、磷、钾被称为“肥料三要素”。它们都是易移动、可再利用元素，缺素症均首先出现在老叶上。

(4)钙(Ca)

植物吸收钙的形式为 Ca^{2+}，植物从土壤中吸收 $CaCl_2$、$CaSO_4$ 等盐类中的钙离子。

主要生理功能：钙是植物细胞壁胞间层中果胶酸钙的成分；钙离子是生物膜骨架卵磷脂分子中磷酸与蛋白质羧基间联结的桥梁，具有稳定膜结构的作用；钙可与植物体内的草酸形成草酸钙结晶，消除过量草酸对植物的毒害；钙对植物抗病有一定作用，低钙可引起植物多种生理病害；植物细胞质中存在多种钙结合蛋白、钙调节蛋白，其中一种酸性蛋白质(钙调素 Cam)与 Ca^{2+} 有很高的亲和力，与 Ca^{2+} 结合成 Ca^{2+}-Cam 复合体在植物体内具有信使功能，与细胞内外信息传递、植物的定向生长等相关。

缺素症状：由于钙在植株内不能转移，缺素症状首先出现在生长点和其他幼嫩组织上，如根尖、顶芽和幼叶等。缺钙时，细胞壁分解，组织变软，胞内和维管组织中积累褐色物质，影响运输，表现为顶芽坏死，叶缘向上卷曲枯焦，上部叶尖常呈钩状、变形、缺绿，根系生长差，常常变黑并腐烂，植株生长缓慢。严重缺钙时引起许多蔬菜、水果的生理病害，比如大白菜干心病、番茄和辣椒的脐腐病、芹菜的黑心病，果实顶腐病、苦痘病、水心病、裂果病等。大多数土壤含有丰富的钙元素，但钙在土壤和植物器官中极易形成不溶性钙盐等沉淀物，难以吸收和流动运输，常因局部供钙不足出现缺素症。钙集中分布在老的叶和组织中。

过量症状：钙过量会影响植物对硼、锰、铁、锌等的吸收，导致植物落叶，树势衰弱。另外，土壤中钙过量会造成土壤 pH 升高而呈中性或碱性，对适宜生长在偏酸性土壤中的植物有较大影响。

(5)镁(Mg)

植物吸收镁的形式为 Mg^{2+}，以离子状态进入植物体内，一部分形成有机化合物，一部分以离子状态存在。

主要生理功能：镁是形成叶绿素分子的重要元素，主要存在于叶绿体中，因此参与光合作用中光的吸收、光能与电能之间能量转换；酶是核酸、蛋白质、碳水化合物等有机物代谢过程中许多酶的活化剂。如镁能促进氨基酸的活化，有利于蛋白质的合成，镁能活化磷酸激酶，可促进碳水化合物的合成和相互转化；酶还促进一些维生素的合成，如维生素 A 和维生素 C。在叶片衰老脱落时，镁移动到种子、果实等贮藏器官中去。

缺素症状：缺镁时，植物从老叶开始脉间叶肉失绿变黄，且边缘和叶尖叶肉首先变黄，叶脉仍保持绿色；植物生长缓慢，严重时，禾本科植物叶基出现斑点。双子叶植物叶片出现褐色或紫红色斑点，甚至整个叶片坏死。由于镁在植物体内易移动，缺镁症状首先出现在下部老叶上。土壤中钾肥施用过多，也会影响植物对镁的吸收而导致缺镁。

过量症状：镁与钾和钙存在拮抗作用。酸性土壤中，镁过剩易导致缺钾、缺钙。碱性土壤中，镁过剩会影响植物对硼、锰、锌的吸收，导致缺硼、缺锰和缺锌。

(6)硫(S)

植物吸收硫的形式为 SO_4^{2-}。根从土壤中的 $(NH_4)_2SO_4$、K_2SO_4 等盐类中吸收 SO_4^{2-}。

主要生理功能：硫是胱氨酸、半胱氨酸和蛋氨酸等的组成元素。这些含硫氨基酸能合成蛋白质，在植物体内分布均匀，所以硫也是原生质的构成成分。硫是酶、辅酶和维生素的组成元素，如固氮酶、辅酶 A、铁-硫氧还蛋白、硫氧还蛋白、硫胺素、生物素等，它们参入植物体内多种氧化还原代谢过程，促进植物体内有机物的合成和能量的转化。

缺素症状：缺硫时，幼叶首先失绿，叶片包括叶脉均匀变黄或变黄白色，易脱落。植株生长缓慢，绿色变淡。

过素症状：土壤中硫元素过量，会使土壤酸化，从而对植物根系造成损伤，影响根系对矿质元素的吸收。

(7)铁(Fe)

铁主要以 Fe^{2+} 或其螯合物形式被植物吸收。铁进入植物内处于被固定状态，不易移动。

主要生理功能：铁在植物体内含量很少，但影响叶绿素的合成，铁也是铁-硫氧还蛋白、细胞色素氧化酶、过氧化物酶、过氧化氢酶等的组成元素，在光合、呼吸等许多生化反应中起电子传递和能量转换的重要作用。

缺素症状：铁缺素症首先出现在幼叶上。局部叶肉开始发黄，后逐渐由黄转白，称“黄化病”。严重缺铁时，叶脉也变成黄色，植株上部叶全部变黄。我国北方土壤多偏碱，缺铁较严重。

过量症状：一般不会出现铁元素过量的情况。如果铁过剩，会影响磷和锰在植物体内的移动。

(8)硼(B)

植物以 H_3BO_3 的形式吸收硼元素，在花柱和柱头中含量较多。

主要生理功能：硼能和糖形成络合物，促进糖的运输，糖充足可促进花粉粒萌发和花粉管伸长，提高坐果率；硼能促进根尖和茎尖生长，促进分生组织分化；硼能提高豆科作物根瘤菌的固氮能力。

缺素症状：缺硼时茎尖生长点生长受抑制，严重时枯萎，甚至死亡；花、果脱落严重，发育不良，呈现“花而不实”“畸形果”现象。如油菜的花而不实、甜菜的腐心病、苹果的缩果病等。缺硼可降低豆科植物的固氮能力。

过量症状：成熟叶片叶尖或叶缘出现褐色干枯，叶背现斑点，严重时茎枯至整株死亡。

(9)锰(Mn)

锰主要以 Mn^{2+} 形式被植物吸收。

主要生理功能：锰参入叶绿素的形成，参与光合作用中水光解放氧，与光合作用关系密切；锰是呼吸作用中己糖磷酸激酶、羧化酶等的活化剂，能提高呼吸速率；锰能促进淀粉酶的活性，促进淀粉水解为可溶性糖，对种子萌发和作物前期生长有促进作用；此外，缺锰硝酸不能还原为氨，影响氨基酸和蛋白质的合成。

缺素症状：植物缺锰时，叶片失绿而叶脉保持绿色，叶缘皱缩，严重时出现杂色斑点，但叶不萎蔫。症状先在新叶上出现。如燕麦“灰斑病”、豌豆“杂斑病”。

过量症状：高锰对植物有毒害，产生氧化锰沉淀，使老叶中出现褐色斑点。过量锰拮抗植物对铁的吸收，曾发现菠萝和水稻等作物因此受害。

(10)锌(Zn)

植物吸收锌的形式为 Zn^{2+}，为易移动元素。

主要生理功能：锌参入叶绿素的形成；锌是碳酸酐酶的成分，碳酸酐酶可促进 CO_2 和 H_2O 反应生成 HCO_3^-。光合作用 C_4 途径中，CO_2 需先生成 HCO_3^-，才能被同化。生长素合成须锌参加。锌是谷氨酸脱氢酶及羧肽酶的组成成分，它在氮代谢中也起一定作用。

缺素症状：缺锌时，生长素缺乏，细胞伸长生长受抑制，植株表现节间伸长停滞，春季呈现明显的小叶病和簇叶病，用锌肥可解除病症。

过量症状：在锌矿和垃圾堆附近易发生锌中毒，植物叶片萎蔫、脱落。高锌会抑制植物对磷和铁的吸收。

(11)铜(Cu)

植物吸收铜的形式为 Cu^{2+}。为不易移动元素。

主要生理功能：铜是多酚氧化酶、抗坏血酸氧化酶、细胞色素氧化酶等的成分，是光合链中质体蓝素 PC 的成分，因此铜与呼吸和光合作用有关。铜对植物体内的病原微生物有抑制作用，可用硫酸铜或铜制剂对作物进行杀菌、消毒。

缺素症状：叶片生长缓慢，呈现蓝绿色，幼叶叶尖瘦长、泛白，栅栏组织退化，蒸腾旺盛，即使水分充足，也枯萎下垂，严重时顶梢枯死。禾本科作物缺铜时，植株丛生，严重时不抽穗，或穗萎缩变形。果树缺铜时，叶、花和果实均易褪色，果实易裂果。

过量症状：铜过量会抑制根的生长，使根尖变得粗短，成分枝状或鸡爪状。过量的铜还会影响植物对铁的吸收，从而出现缺铁症状，叶片失绿黄化。

(12)钼(Mo)

钼以钼酸盐(MoO_4^{2-})的形式被植物吸收,为不易移动元素。

主要生理功能:钼是固氮酶的成分,增施钼肥可增进大豆、花生等豆科植物根瘤菌的固氮作用;钼是硝酸还原酶的成分,使硝酸根还原为氨,促进氨基酸和蛋白质合成。

缺素症状:缺钼时,呈现缺氮症状,植株生长缓慢,叶片失绿,且有大小不一的黄色和橙黄色斑点;严重缺钼时叶缘萎蔫,叶片向内扭曲呈杯状,老叶变厚、焦枯,以致死亡。缺钼症状最先出现在老叶或茎中部的叶片,并向幼叶及生长点发展。常见病害有花椰菜的"鞭尾病",柑橘的"黄斑病"。缺钼发生在酸性土壤上,常常伴随锰和铝的毒害。在酸性土壤上施用石灰可防止缺钼。

过量症状:茄科植物对钼过量较敏感。小枝呈金黄色,后变红黄色。

(13)氯(Cl)

植物吸收氯的形式为 Cl^-,为易移动元素,1974 年被定为植物必需元素。

主要生理功能:氯离子促进水的光解放氧,参与光合作用;根和叶的细胞分裂需要氯;氯能降低细胞水势,提高原生质的水合度,调节气孔开张;氯对抑制病害有一定作用。

缺素症状:缺氯时,植物萎蔫,叶尖干枯。番茄缺氯时,首先叶片尖端出现凋萎,之后叶片失绿呈青铜色,逐渐由局部遍及全叶而坏死,根系生长不良,表现为根细而短,侧根少,还表现为不结果。生产实践中很少缺氯。

过量症状:氯过量会出现叶缘似烧伤,早熟性发黄及叶片脱落等症状。作物根据对氯的敏感程度可分为耐氯作物和忌氯作物。耐氯作物:大麦、玉米、甜菜、菠菜、番茄和一些棕榈科植物;忌氯作物:果木、烟草、菜豆、马铃薯、柑橘、莴苣和一些豆科作物。

(14)镍(Ni)

植物吸收镍的形式为 Ni^{2+}。

主要生理功能:镍是脲酶、氢酶的金属辅基,对植物氮代谢和正常生长有重要作用。

缺素症状:缺镍时,植物体内由于积累尿素而对植物产生毒害,叶尖黄化坏死,不能完成生活史。有些植物,如大麦,在缺镍条件下收获的种子不能萌发。

过量症状:叶片失绿,脉间出现褐色坏死,根系生长受阻,呈暗褐色。

3)植物缺素症的诊断

植物缺乏某元素,在形态上发生的不正常变化,称缺素症。缺素症严重时还会导致器官、植株死亡。植物出现缺素症状时,应根据矿质元素的生理作用和缺素症状等及时进行诊断,以下是植物缺素主要症状检索表,供诊断参考(表 3.3)。

表 3.3　植物缺乏必需矿质元素症状检索表

症状	缺素
1. 症状在较老器官或组织上先出现	
2. 整个植物生长受限制,一般不出现缺素斑点,长期缺乏则茎细短	
3. 新叶淡绿,老叶黄化枯焦,干燥时呈褐色 ……	缺氮
3. 茎叶暗绿或呈紫红色,生育期延迟 ……	缺磷

续表

2. 局部出现失绿斑点或条纹，基部叶片不干焦但杂色或缺绿	
3. 叶缘失绿，或叶子上有失绿或坏死的斑点	
4. 叶尖及叶边缘先枯焦，并出现斑点，症状随生育期而加重，早衰	缺钾
4. 叶小，簇生，茎短，叶脉间有坏死斑点并蔓延至脉，生育期延迟	缺锌
3. 叶脉间明显失绿，出现清晰网状脉纹，有多种色泽斑点或斑块	缺镁
1. 症状在较幼嫩器官或组织上先出现	
2. 生长点坏死	
3. 嫩叶初期呈弯钩状，互相粘连不易伸展，从尖向内死亡	缺钙
3. 嫩叶从基部枯死，茎脆易开裂，花器官发育不正常，生育期延长	缺硼
2. 生长点不坏死	
3. 嫩叶萎蔫，叶暗灰绿色或有坏死斑，茎尖弱	缺铜
3. 嫩叶不萎蔫，叶失绿	
4. 坏死斑点小，叶脉仍绿	缺锰
4. 无坏死斑点	
5. 脉间失绿，叶脉仍绿，发展至整片叶淡黄或发白	缺铁
5. 新叶黄绿，失绿均匀，生育期延迟	缺硫

导致植物形态出现不正常的原因很多，如：缺乏和过量施用矿质元素、病虫害、药害、土壤气候等环境因素不适、植物本身的机械伤害等，最近1～2年来的植物生长状况及药肥施用情况也应作调查记录，实际进行诊断时，对这些方面应综合分析，作出正确的结论。如果单通过观察形态、综合分析难以下结论，可通过以下三个步骤确认。

(1)形态分析诊断

通过形态观察及各方面综合分析后，初步确定植株可能缺乏的元素。

(2)化学分析诊断

对初步判定缺乏的元素进行定量测定。一般以出现症状的部位为材料，通过仪器和化学方法检测该元素含量，并与标准值(或该元素在正常植株相似部位的含量)进行对比。如果该元素在病株内的含量明显比标准值低，这种元素可能就是导致植株生长不良的原因。可同时对土壤中该元素的含量进行测定，以协助缺素症的诊断。

(3)加入诊断

根据以上方法初步确定植物缺乏该矿质元素后，对植株补充施用该元素，经过一段时间的生长后，如果症状消失，则可确定缺乏该元素。大量元素可采用土壤施肥的方法加入，微量元素可采用根外追肥的方法进行补充。对于较大面积的作物，可先在小面积上试验，待确定正确结果后，再大面积补充施用。

知识链接

缺素症口诀

作物营养要平衡，营养失衡把病生，病症发生早诊断，准确判断好矫正。
缺素判断并不难，根茎叶花细观察，简单介绍供参考，结合土测很重要。
缺氮抑制苗生长，老叶先黄新叶薄，根小茎细多木质，花迟果落不正常。
缺磷株小分蘖少，新叶暗绿老叶紫，主根软弱侧根稀，花少果迟种粒小。
缺钾株矮生长慢，老叶尖缘卷枯焦，根系易烂茎纤细，种果畸形不饱满。
缺锌节短株矮小，新叶黄白肉变薄，棉花叶缘上翘起，桃梨小叶或簇叶。
缺硼顶叶皱缩卷，腋芽丛生花蕾落，块根空心根尖死，花而不实最典型。
缺钼株矮幼叶黄，老叶肉厚卷下方，豆类枝稀根瘤少，小麦迟迟不灌浆。
缺锰失绿株变形，幼叶黄白褐斑生，茎弱黄老多木质，花果稀少重量轻。
缺钙未老株先衰，幼叶边黄卷枯粘，根尖细脆腐烂死，茄果烂脐株萎蔫。
缺镁后期植株黄，老叶脉间变褐亡，花色苍白受抑制，根茎生长不正常。
缺硫幼叶先变黄，叶尖焦枯茎基红，根系暗褐白根少，成熟迟缓结实稀。
缺铁失绿先顶端，果树林木最严重，幼叶脉间先黄化，全叶变白难矫正。
缺铜变形株发黄，禾谷叶黄幼尖蔫，根茎不良树冒胶，抽穗困难芒不全。

几种作物常用无土栽培营养液配方

MS 营养液成分		N_6 营养液成分		Hoagland 营养液成分	
母液成分	标准量 /($mg \cdot L^{-1}$)	母液成分	标准量 /($mg \cdot L^{-1}$)	母液成分及浓度	标准量 /($mL \cdot L^{-1}$)
A. 大量元素		A. 大量元素		A. 大量元素及浓度	
NH_4NO_3	1 650	NH_4NO_3	463	KH_2PO_4 1M	1
KNO_3	1 900	KNO_3	2 830	KNO_3 1M	5
$MgSO_4 \cdot 7H_2O$	370	$MgSO_4 \cdot 7H_2O$	185	$CaNO_3$ 1M	5
KH_2PO_4	170	KH_2PO_4	400	$MgSO_4$ 1M	2
$CaCl_2 \cdot 2H_2O$	440	$CaCl_2 \cdot 2H_2O$	166	B. 微量元素及浓度	
B. 微量元素		B. 微量元素		H_3BO_3 2.86 g/L	1
$FeSO_4 \cdot 7H_2O$	27.8	$FeSO_4 \cdot 7H_2O$	27.8	$MnCl_2 \cdot 4H_2O$ 1.81 g/L	1
Na · EDTA	37.3	Na · EDTA	37.3	$ZnSO_4 \cdot 7H_2O$ 0.22 g/L	1
$MnSO_4 \cdot 4H_2O$	22.3	$MnSO_4 \cdot 4H_2O$	4.4	$CuSO_4 \cdot 5H_2O$ 0.08 g/L	1
$ZnSO_4 \cdot 7H_2O$	8.6	$ZnSO_4 \cdot 7H_2O$	1.5	$H_2MoO_4 \cdot H_2O$ 0.02 g/L	1
$CoCl_2 \cdot 6H_2O$	0.025	H_3BO_3	1.6	FeEDTA（乙二胺四乙酸铁液 1 mL 含铁 5 mg）	1
$CuSO_4 \cdot 5H_2O$	0.025	KI	0.8		
$Na_2MoO_4 \cdot 2H_2O$	0.25	pH	5.8	pH	5.8
H_3BO_3	6.2				
KI	0.83				
pH	5.7				

3.2 植物对矿质元素的吸收与利用

3.2.1 植物细胞对矿质元素的吸收

植物细胞对矿质元素的吸收是指矿质元素从细胞膜以外环境进入膜内的过程。植物细胞对矿质元素的吸收有3种方式:主动吸收、被动吸收和胞饮作用,主动吸收是植物细胞吸收矿质元素的主要方式。

1)主动吸收

主动吸收是指矿盐逆电化学势梯度进入细胞内的过程,需消耗细胞代谢能量。电化学势梯度指电势梯度和化学势梯度。化学势是浓度的函数,可用浓度梯度代表化学势梯度。离子扩散方向由离子浓度引起的化学势梯度和所带电荷引起的电势梯度两者所决定;不带电分子的扩散方向主要由质膜内外该分子浓度差引起的化学势梯度所决定。一般离子和分子的浓度起决定作用。植物体内的矿盐离子浓度通常高于土壤溶液中离子浓度,因此主动吸收是植物吸收矿盐离子的主要方式。

离子或分子如何能够逆着电化学势梯度从细胞外跨膜转移到细胞内的问题,至今尚未完全解决。目前比较公认的是载体蛋白假说(图3.2),这种假说认为组成质膜的蛋白质中有一种专门运输物质的活性跨膜蛋白,称载体蛋白,又称运输酶或透过酶。这种载体蛋白能够识别质膜外细胞和植物生长所需要的物质,并与之结合形成复合体。在能量的推动下,复合体旋转180°,将物质释放到细胞内,然后载体蛋白与物质亲和力变弱,将物质释放到细胞内。如此循环,可不断吸收矿盐离子和尿素等小分子

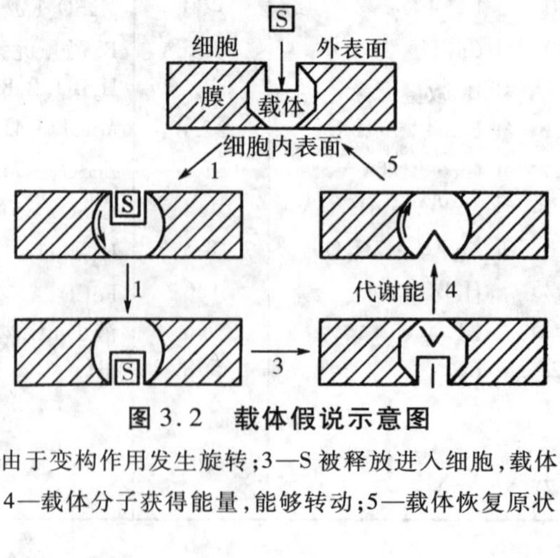

图3.2 载体假说示意图

1—载体分子与S结合;2—由于变构作用发生旋转;3—S被释放进入细胞,载体分子回到不能运动的状态;4—载体分子获得能量,能够转动;5—载体恢复原状

物质。载体蛋白具有专一性,只能和一种或一类物质结合并将其转移到质膜内侧,因此主动吸收具有选择性。载体蛋白在质膜上有许多种类,所以不同的离子得以进入质膜。

2)被动吸收

被动吸收是指矿盐顺电化学梯度通过扩散作用进入植物细胞内的过程,不需要消耗代谢能量。扩散方式有两种:自由扩散和协助扩散(图3.3)。自由扩散为矿盐离子或小分子通过膜磷脂双分子层扩散进入细胞的过程;协助扩散是小分子物质通过浓度梯度激活膜上的转运蛋白,由转运蛋白协助进入细胞。如果细胞所处外液中某离子或分子的浓度大于细胞内该离子浓度,外液中的离子通过两种方式顺着浓度梯度便向细胞内不断扩散,直至平衡。被动吸收矿盐和其他物质,对植物往往是有害的,如盐碱地中,盐碱离子进入根系细胞,使根系细胞水势降低吸收不到水分,植物会由于生理干旱而难以生存。

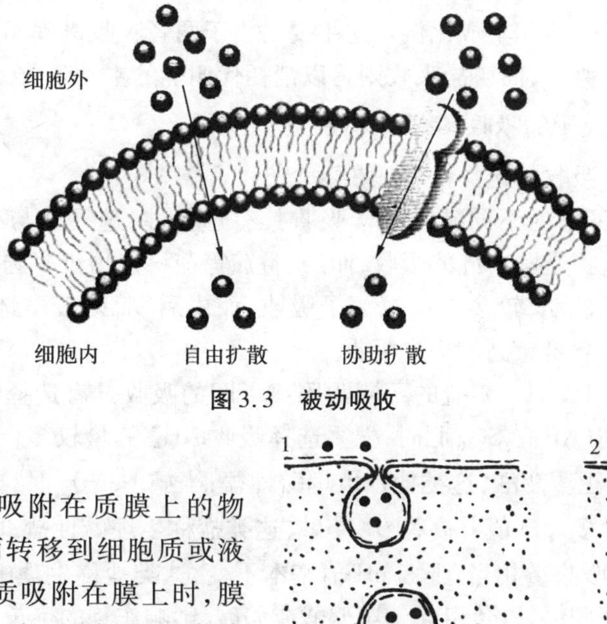

图3.3　被动吸收

3)胞饮作用

胞饮作用是指吸附在质膜上的物质,通过膜的内折而转移到细胞质或液泡内的过程。当物质吸附在膜上时,膜内陷,物质便进入内陷区,然后,逐渐将物质吞入膜内折形成的小囊泡内,小囊泡脱离质膜移入细胞质内,泡膜溶解释放物质于细胞质内。小囊泡也可将物质吐出于液泡内(图3.4)。胞饮作用是植物细胞吸收矿盐离子、液体及较大分子的方式之一,为非选择性吸收,甚至可以将病原微生物带进来。

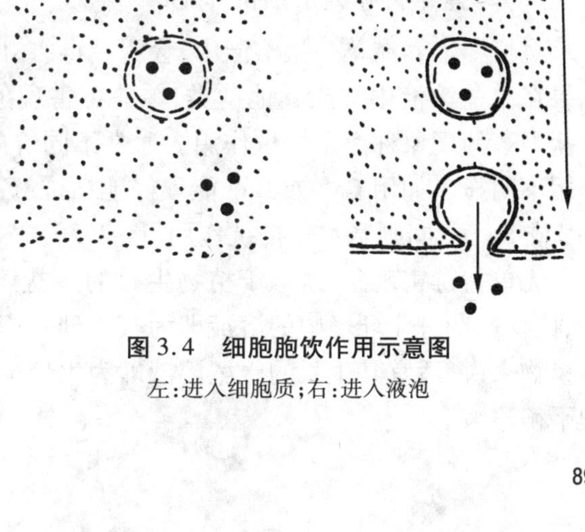

图3.4　细胞胞饮作用示意图

左:进入细胞质;右:进入液泡

3.2.2 植物根系对矿质元素的吸收

1）根系吸收矿盐的部位

根系是植物吸收矿盐离子的主要器官。根系吸收矿盐的主要部位与吸水一样，在根尖的根毛区。伸长区虽然也能吸收矿盐，但吸收面积小，离导管又远，所以不是主要部位。有了周皮的老根已失去吸收能力，因此植物根尖集中分布区域应在树冠冠缘垂直投影内外。较大的树，侧根分开角度大，应在冠缘和主枝枝缘垂直投影内外，施肥时应注意施用部位要靠近这些区域，大树尽量用放射状施肥。

2）根系吸收矿盐的特点

（1）根系吸收矿盐和吸收水的量不成比例

矿盐离子需溶解在水中才能被植物吸收，又要随水流才能被输送到地上部各处去。但植物吸收水和吸收矿盐量却不成比例。这主要是由于两者吸收机理不同，水分吸收主要以蒸腾引起的被动吸水为主，而矿盐吸收则是以消耗代谢能的主动吸收为主。

（2）根系对矿盐离子的吸收具有选择性

植物根系对离子吸收的选择性表现在两个方面。

其一，对同一溶液中的不同矿盐离子吸收具有选择性，选择性与植物生长所需有关。如禾本科植物较多选择土壤中硅的吸收，而茄、番茄等茄科植物较多选择土壤中钙、镁离子吸收。多数植物生长前期，较多选择氮离子吸收，而中后期，则较多选择磷、钾离子吸收。对有些元素虽溶液中含量较高却极少吸收。

其二，对溶液中组成同一矿盐的不同阴阳离子间的吸收具有选择性，也与植物生长所需有关。如土壤追施$(NH_4)_2SO_4$肥时，根系选择吸收NH_4^+的量较多，土壤中SO_4^{2-}和H^+增多，导致pH值下降，土壤变酸，这类盐称生理酸性盐；当施$NaNO_3$时，根系吸收NO_3^-量多，土壤中Na^+和OH^-增多，pH值升高，土壤变碱，这类盐称生理碱性盐；而施NH_4NO_3时，根系对NH_4^+和NO_3^-的吸收量相当，土壤pH值基本不变，这类盐称生理中性盐。生产上要注意不要长期施用单一肥料，以免引起土壤偏酸或偏碱，影响作物的生长。

（3）单盐毒害和离子拮抗作用

将植物培养在单一盐溶液中，会受到毒害，出现生长不良直至死亡的现象称单盐毒害。如果在单盐溶液中加入其他盐类，单盐毒害现象会减轻或消失，这种不同离子间相互消除单盐毒害的现象称离子拮抗作用。通常不同价离子间拮抗作用较显著，而同价离子间拮抗作用不明显。如用Ca^{2+}或Ba^{2+}能很好地拮抗K^+或Na^+引起的单盐毒害，而Na^+和K^+之间、Ca^{2+}或Ba^{2+}之间则基本无拮抗作用（图3.5）。

无单盐毒害现象，适宜于植物生长的多盐溶液，称该植物的生理平衡溶液。在自然界中，植物长期进化环境中的溶液即为其生理平衡溶液，环境不同，生理平衡溶液不同。对陆生植物来讲，适宜其生长的土壤溶液即为生理平衡溶液；对于海生植物来讲，海水即为其生理平衡溶液。

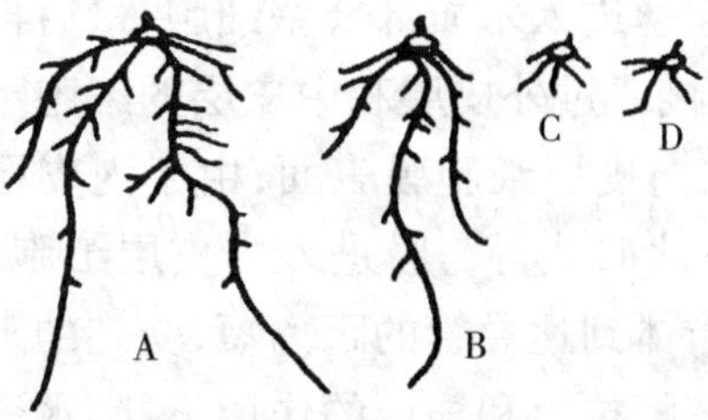

图 3.5　小麦根在单盐和多盐溶液中生长状况

A—NaCl+KCl+$CaCl_2$；B—NaCl+$CaCl_2$；C—$CaCl_2$；D—NaCl

3）根系吸收矿质元素的过程

根系吸收矿质元素的过程分为以下三步：

（1）矿盐离子到达根吸收区域

土壤中的矿盐离子，首先要到达根尖吸收区域才能被吸收，其到达根尖部位主要有下几种途径：

①根尖存在的部位直接和矿盐离子接触；

②矿盐离子随灌溉水和雨水等流动到根尖部位；

③土壤中的矿盐离子从浓度较高的地方扩散到浓度较低的根尖吸收区域。

（2）到达根吸收区域的矿盐离子通过离子交换，吸附到根细胞表面

根表层细胞呼吸放出的 CO_2 溶于水生成 H_2CO_3，H_2CO_3 可解离出 H^+ 和 HCO_3^- 离子，这些离子由于根细胞内原生质胶体具吸附作用被吸附在质膜的表面。土壤中的矿盐离子和质膜表面吸附的 H^+ 和 HCO_3^- 进行竞争性吸附，即发生离子交换吸附，又称等荷同价交换，如 H^+ 和 K^+ 之间、HCO_3^- 和 NO_3^- 之间可交换吸附，而 Ca^{2+} 可交换下 2 个 H^+。具体的交换方式又有如下两种：

①根表层细胞与土壤溶液中的离子进行交换吸附　细胞表面的离子进入土壤溶液，土壤溶液中的离子被吸附到根细胞表面（图 3.6）。

②接触交换　根表面吸附的离子和土壤胶粒吸附离子接触时，可直接发生离子间相互交换吸附现象（图 3.7）。

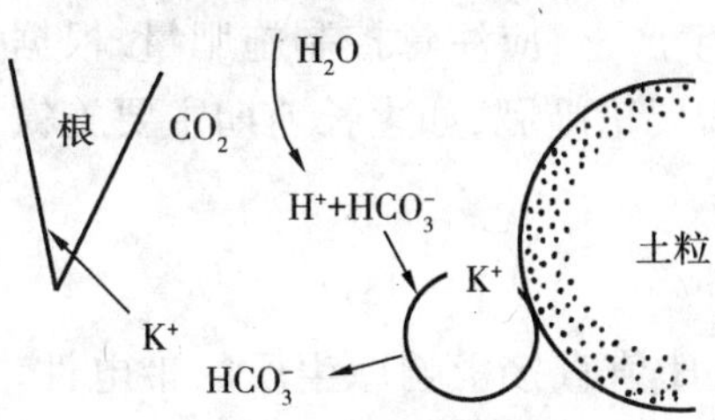

图 3.6　根与土壤溶液中离子交换

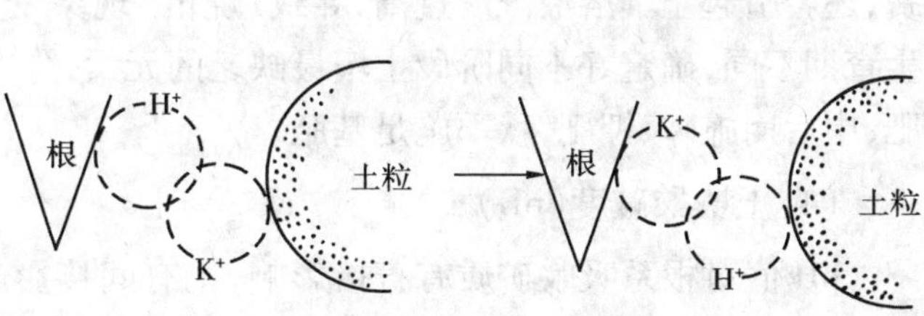

图 3.7　根与土粒吸附离子的接触交换

（3）吸附到根细胞表面的矿质离子进入根导管

吸附在根表层细胞表面的离子进入根导管有两段距离，一是从根表层细胞到内皮层，二是从内皮层到根导管。矿盐离子可通过主动和被动吸收跨膜直接进入根表层细胞内，然

后通过细胞间相贯通的胞间连丝进入木质部薄壁细胞，最后再通过木质部薄壁细胞释放到导管中去；再是矿盐离子可直接通过外皮层和中皮层的细胞壁和细胞间隙占据的质外体自由空间到达内皮层，并吸附在内皮层细胞膜表面，由于内皮层细胞的细胞壁上有木栓化的凯氏带或马蹄形细胞封闭，在此矿盐再跨膜进入内皮层细胞内，经胞间连丝最后进入根导管。后一种方式由于通过共质体到达导管的距离短，受到的阻力小，更快速。

进入根导管中的离子在蒸腾拉力和根压的作用下，随水流运输到地上部各个器官。矿盐跨膜时，质膜对吸收的矿盐离子种类及数量进行选择控制。

4）影响根系吸收矿质离子的因素

（1）土壤温度

在一定温度范围内，根系吸收矿质元素随土温升高而加快，温度过高或过低，吸收速度都会下降。温度适当升高，促进呼吸作用和作物生长代谢，根主动吸收矿盐量增多。温度过高会使细胞膜受伤害，酶钝化，并使根老化减小吸收面积。过低则降低酶的活性，原生质黏度增加，离子透过膜的阻力也会增大，从而降低矿质的吸收。如土温大于 30 ℃时，小麦幼苗吸收钾离子的量大幅度下降（图 3.8）。

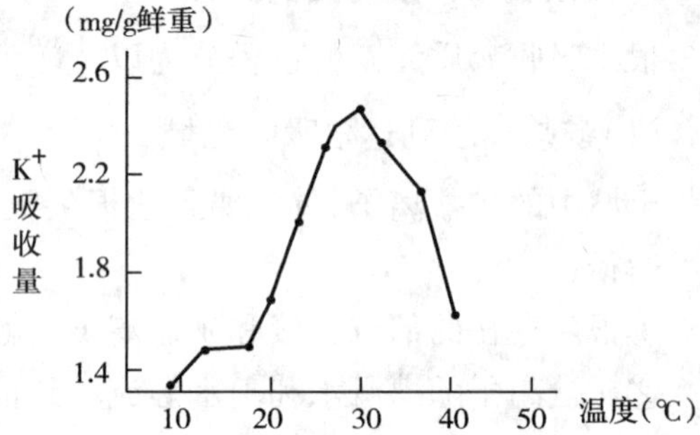

图 3.8　温度对小麦幼苗吸钾的影响

（2）土壤通气状况

土壤通气状况直接影响根呼吸作用，从而影响根对矿盐的主动吸收，因此，通气良好时，根系吸收矿素快；土壤因有机质少而板结或含水量过多时，根际少氧高二氧化碳，根系的呼吸和生长会被抑制，对矿质元素的吸收必然降低。

（3）土壤溶液浓度

土壤溶液中某矿质元素浓度较低时，根吸收此矿素会随溶液中其浓度的升高而增加。但超过一定界限根系吸收速度不再增加，因植物生长所需此矿素已满足，据某些研究认为膜上转运该矿素的载体蛋白数量有限，此时运载饱和。如果过度施用此矿素肥只会造成浪费，还会引起土壤溶液浓度过高，导致“烧苗”现象发生。生产上，应注意控制施肥量，根据生育期不同，确定好不同阶段土壤最缺乏的元素，分次按需要量施肥，如生长前期主要施氮肥，中后期施磷、钾肥，秋季施足基肥。

（4）土壤酸碱度（pH）

pH 值对根系吸收矿质有直接影响，也有间接影响。pH 值直接影响原生质的带电性，从而影响根对离子的吸收。当 pH 偏酸时，根细胞原生质带正电荷，有利于根对阴离子的吸收；相反，当 pH 偏碱时，有利于对阳离子的吸收。即一般阳离子的吸收速率随 pH 值升高而加速，而阴离子的吸收速率则随 pH 值增高而下降（图 3.9）。

pH 的间接影响在于通过影响矿盐的溶解度来影响根对矿素的吸收，偏酸时有利于释放土壤中被固定、吸附的矿盐离子，能满足植物对离子的需要，但由于土壤中矿素可溶性程

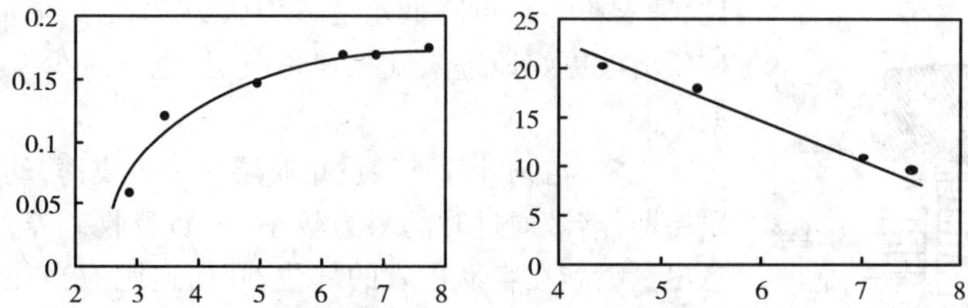

图 3.9　pH 对燕麦吸收 K^+(左)及小麦吸收 NO_3^- 速率的影响

注:横坐标为 pH;纵坐标为吸收速率:左:K^+ mmol/h;右:NO_3^- mol/h

度增加,易随水流失,土壤易贫瘠化。土壤酸性太大时,Al、Fe、Mn 等矿素溶解度增大,可引起植物中毒;而在碱性环境下,Fe、Ca、Mg、Cu、Zn 等元素易成不溶态,难被植物吸收利用,易患缺素症。

此外,pH 还通过影响土壤中微生物的活性,而影响矿质的吸收。一般在 pH 低时,根瘤菌易死亡,豆科植物失去固氮能力,易缺氮素;而在 pH 较高时,反硝化细菌活跃,使硝态氮转化为氨态氮从土壤中放出,土壤氮素减少。

一般植物最适宜生长的 PH 范围为 6~7,可生长的范围为 4~8(表 3.4)。

表 3.4　一些作物生育的最适 pH 值

作物名称	最适 pH	作物名称	最适 pH
马铃薯	4.8~5.4	芹菜	6.0~6.5
胡萝卜	5.3~6.0	柑橘	5.0~7.0
甘薯、烟草、花生 水稻、小麦、大麦、玉米	5.0~6.0	苹果、桃、梨、杏、 紫葡萄、甘蔗、棉花	6.0~8.0
大豆、甘蓝、荔枝、番茄、西瓜	6.0~7.0	茶	5.0~5.5

影响土壤中矿质离子吸收的因素除以上主要因素外,还有其他一些因素。如有些离子之间存在着相互抑制和相互促进关系;土壤中一些有毒物质毒害根系,降低或停止根系对矿盐的吸收,如土壤施入未腐熟的有机质,分解时会产生抑制根呼吸的硫化氢、有机酸、Fe^+ 等还原性物质,抵制根的呼吸、生长,引起根的腐烂,从而降低根对矿素的吸收,生产上应加以注意。

3.2.3　植物地上部分对矿质元素的吸收

把含植物必需矿质元素的速效肥料配制成一定浓度的溶液,喷施于植物地上部分的施肥方法称根外追肥,因叶片为主要吸收部位,又称叶面追肥。

矿质元素可通过叶片角质层和气孔进入叶片细胞内部。角质层有裂缝,呈微细的孔道,矿质元素进入孔道后,穿过细胞壁上的外连丝到达细胞膜,跨膜进入细胞内(图 3.10)。因为水分子有表面张力,叶面追肥时,如果加入少量的展着剂和渗透剂(平平加、吐温、有机

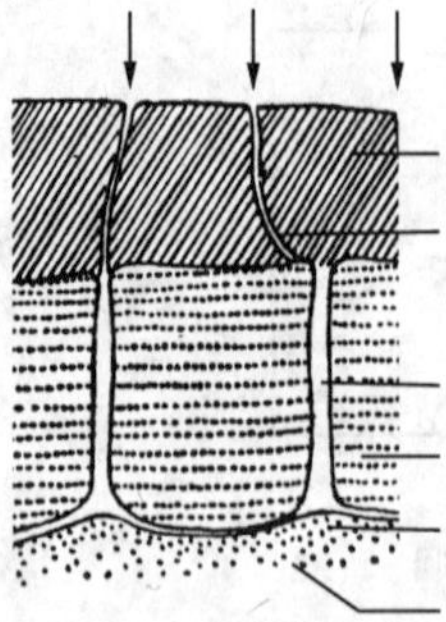

图 3.10　示裂缝和外连丝

硅、洗衣粉等)，可降低水的表面张力，增加溶液渗透能力，使矿质溶液更好地进入气孔和角质层，也可减少矿液从叶面上滚落。

通常，植物叶片下表皮角质层比上表皮薄，幼叶比老叶角质层薄，溶液通过时的阻力较小，更易吸收矿养，生产上应注意尽量喷施在容易进入的部位；叶面追肥应当在清晨或傍晚进行，可避免烧叶、烧苗；生长季节喷施各种矿素，浓度一般不超过 0.5%。

与土壤施肥相比，根外施肥有以下优点：①肥效快。叶面施肥，矿质元素可直接从叶面进入叶内，经历路途和时间短；②利用率高。一些矿质元素，如 Fe^{2+}、Ca^{2+}、Mn^{2+}、Cu^{2+} 等，易被土壤固定或流失，根外施肥可减少这部分浪费。特别适合以上微量元素的补充；③可在植物旺盛生长期需矿素多、幼苗期与生长发育后期根系吸收能力低时，通过根外追肥及时对矿质营养进行补充。

根外施肥也有不足之处，如对禾本科等叶片角质层较厚的作物效果差；施肥浓度低，效果不明显，施肥浓度稍高，易造成叶片伤害；有效期短，易受雨水冲刷等。因此叶面追肥对矿素只起补充作用，不能取代土壤施肥，解决根本问题还需要多施有机肥和配方施肥。

生产上，常配合病虫防治进行叶面施肥，省工省时。

3.2.4　矿质元素在植物体内的运输及利用

1)矿质元素的运输形式及运输途径

通常金属元素以离子的形式进行运输；非金属元素以离子或小分子有机物的形式运输；根吸收的 NH_4^+ 的全部和 NO_3^- 的大部分在根内转化为小分子有机物(氨基酸和酰胺)后向上运输，少部分以 NO_3^- 的形式运输至叶绿体再还原为 NH_4^+；磷酸盐主要以无机离子形式运输，少量在根内合成有机化合物向上运输，如磷酰胆碱和 ATP、ADP、AMP、6-磷酸葡萄糖、6-酸果糖等；硫主要以 SO_4^{2-} 的形式、少量以含硫氨基酸的形式运输。

根系吸收的矿质元素向上运输主要是通过根、茎中的木质部。进入木质部导管后，随蒸腾流一起上升，也有一部分顺浓度差在植物体内扩散。矿质元素在木质部向上运输的同时，也可进行横向运输；叶片吸收的矿质营养，在叶内被利用后，剩余的部分主要通过韧皮部向下运输，也有一部分横向运输至木质部，再向上运输。

2)植物对矿质元素的利用和再利用

矿质元素运输到植物体各部位后，大部分参与体内有机物合成，如氨基酸、蛋白质、核酸等。不参与形成有机物的矿质元素，仍以离子形式存在。

有些元素参入形成的化合物不稳定，可分解释放出离子转移到其他部位，再一次被利用；而以离子形式存在的元素可被植物不断重复利用。这两类元素都称为植物体内易移动、可再利用元素，如氮、磷、钾、镁等；有些元素参入形成的化合物稳定，不能移动和分解，不能被再次利用，称不易移动、不可再利用元素，如钙、硼、铁、锰、硫等。

可再利用元素优先供给植物生长代谢旺盛的部位，如生长点、幼叶、嫩梢、花、发育中的果实等。当这些部位缺乏这类元素时，会将老叶中的这些元素转移过去利用，故其缺素症首先出现在老叶上。而不可再利用元素被运输到地上部分利用后，即被固定起来不再移动，故这类元素的缺素症首先出现在幼叶上。植物成熟，叶片逐渐衰老时，会将所含的可移动矿素移动到种子、果实、根、茎中加以贮藏，因此作物应适当晚一点收割。接近成熟的玉米、白菜等，连根整株拔起，用土堆埋，由于叶、根中的易移动矿素和营养物质继续向果实、地上部运输，可使籽粒继续增重、大白菜进一步生长卷心。果树冬季修剪最好在落叶后，也是这个道理。

矿质元素也可通过叶片或根系被排出体外，如在雨、雪天气矿质被排出或淋洗到土壤中去，可重新吸收利用，对矿质循环有一定的意义。

3.3 作物的合理施肥

生产上，作物常因缺乏某种或某些矿质元素而影响其正常生长发育，因此需及时合理施肥进行补充。合理施肥是根据作物各生育期生长需肥种类和需肥量进行施肥，“需什么补什么，需多少补多少”，即适时、适量、高效施肥。从生产角度讲，合理施肥就是以尽量少的肥，获取最大的经济效益。

3.3.1 合理施肥的生理基础

1）作物生育期不同，主要需肥种类不同

任何作物生育前期主要是营养生长，而营养生长主要是合成蛋白质的过程，需要氮素合成氨基酸。所以，在土壤充足施用有机肥的基础上，前期应以施用氮肥为主，以促进营养生长；当枝叶生长基本完成或果实开始膨大时，应以磷、钾肥为主，促进叶制造的光合产物输送到其他器官中去，促进器官发育和产量形成；豆科植物因根瘤菌形成后可以固氮，主要注重磷、钾肥的使用，仅在苗期施用少量氮肥；许多多年生果树或果树的早熟品种，生殖器官开始快速生长较早，应注意氮、磷、钾肥的综合供应，如葡萄、核桃等，春季可施用含氮高的复合肥。

2）收获器官不同，主要施肥种类不同

叶菜类作物，如白菜、菠菜、芹菜等，应以氮肥为主；禾谷类作物，如水稻、小麦、玉米等，前期需施氮肥，后期需足够的磷、钾肥，才能使籽粒饱满；以贮藏淀粉为主的块根、块茎作物，如甘薯、马铃薯等，后期应增施钾肥，有利于淀粉的合成；油料作物籽粒对镁有特殊需要；番茄、茄等茄科作物，果实发育需较多钙、镁肥。

3）作物不同，需肥形态不同

肥的形态、种类不同，对作物影响不同。水稻体内无硝酸还原酶，不宜施硝态氮而宜施铵态氮;对烟草来说,硝态氮易于可性燃有机酸的形成,而铵态氮易于挥发性芳香物质的形成,故烟草使用 NH_4NO_3,成品烟叶易燃且具芳香味;黄花苜蓿、紫云英等吸收磷的能力弱,适合施用水溶性的过磷酸钙。而毛苕、荞麦吸收磷的能力强,可施用难溶解的磷矿粉和钙镁磷肥;连续2年施用含氯量30%以上的肥料,果树木质部会由白色成褐色,因氯离子渗透性很强,高浓度下会使果树细胞含氯量过多中毒死亡,因此果树忌用含氯化肥。而棉花、苘麻等可适当施氯肥,因氯可促进纤维形成;此外马铃薯和烟草等忌氯,因氯可降低烟叶的可燃性和马铃薯的淀粉含量,而用草木灰做钾肥比氯化钾好。

4)营养临界期和最大效率期

作物生长过程中有两个重要的时期,即营养临界期和养分最大效率期。营养临界期是指某个时期,作物对某种养分的需求量并不多,但却很敏感,若缺乏这种养分,作物生长就会严重受到抑制,即使以后补充这种养分也很难纠正和弥补前期所造成损失。如磷的临界期,多在作物幼苗期,缺磷,根系不发达,地上部生长缓慢。氮的营养临界期一般晚于磷。钾的临界期不同作物时期相差较大;作物营养最大效率期是指作物对某种养分无论是吸收量还是利用率最高、增产效果最好的时期。这一时期一般在营养器官和生殖器官并行旺盛生长时期。如小麦氮素最大效率期在拔节至抽穗期(表3.5),玉米氮素最大效率期在喇叭口至抽雄初期,棉花氮、磷最大效率期均在花铃期,而甘薯氮的最大效率期在生长初期,磷、钾在块根膨大期。

表3.5 小麦、棉花各生育期三要素肥料吸收量占施入量百分比(%)

作物	生育期	N	P_2O_5	K_2O
冬小麦	出苗—返青	15	7	11
	返青—拔节	27	23	32
	拔节—开花	42	49	51
	开花—成熟	16	21	6
棉花	出苗—现蕾	8.8	8.1	10.1
	现蕾—现铃	59.6	58.3	63.5
	现铃—成熟	31.1	33.6	26.4

5)最小养分率和最大养分率

图3.11 木桶理论

最小养分率也称木桶理论。木桶盛水的高低,取决于最低的那一块木板,要提高木桶的盛水量,首先要加高最低的那块木板(图3.11)。植物的生长发育,需要吸收各种养分,但是决定植物产量的却是土壤中那个相对含量最少的有效养分,如果不补充最小养分,即使其他养分增加再多也不能提高产量,而只能造成肥料的浪费,称作物最小养分率;最大养分率是指作物产量会随某种必需矿素施入量的增加而提高,当达到一定的限度,产量最高,超过这一限度,产量不再升高,称最大养分率,因此肥料并不是越多越好。生产上要根据作物生长量施肥,如苗期作物小,应少施勤施,多年生果树应适当多施。根据李比希的养分归还学说，应根据产量组成成分中矿素的含量，施入相应矿肥以归还土壤，地力才不会衰退。

3.3.2　作物合理施肥指标

对作物进行合理施肥，只掌握作物需肥的一般规律还不够，还应掌握施肥的一些具体指标，一般有三个方面指标：土壤指标、形态指标和生理指标。

1）土壤指标

土壤矿养含量主要包括土壤矿质营养的总量和有效含量。矿质营养的总量是指土壤中某元素的总含量，有效含量是指总量中能被植物吸收利用的那部分矿素。可以通过仪器和化学分析的方法测定土壤中某矿质元素的有效含量，与标准值进行比较，以二者之间的差别为依据，进行合理配施基肥和追肥。如根据中国农科院调查，产量达 6 ~ 7.5 t/hm^2 的小麦田，土壤有机质含量应达 1%，总 N 含量在 0.06% 以上，速效 N 在 30 ~ 40 mg/L 以上，速效 P 在 20 mg/L 以上，速效 K 在 30 ~ 40 mg/L 以上。

2）形态指标

我国农民看苗施肥的经验很丰富，可根据植株的外部形态来判断施肥状况。形态指标是指通过观察作物的外部形态，与标准生长态相比较，而得出的作物对矿养的丰缺判断。外部形态主要包括作物的长相、长势和叶色。

如氮肥多，植物生长快，株型松散，叶长而披软。氮不足，生长慢，株型紧凑，叶短而直，因此可以把作物的长势、长相作为追肥的一种指标；叶色能灵敏地反映植物体内的营养状况。含氮量高时，叶色深绿，反之叶色浅黄。所以生产上，常用叶色作为施用氮肥的形态指标。其次，叶色也能反映植物代谢类型，叶色深，植物以氮肥代谢为主，营养生长旺盛，叶色浅，以碳代谢为主。如丰产小麦的叶色在返青、拔节、孕穗时可呈现出“青—黄—青”的交替变化，如果这些叶色变化发生改变，说明肥效不足或过多。

各矿质元素的缺素症状和过量症状，是作物合理施肥的重要形态指标。

3）生理指标

生理指标是采用植物体营养状况分析的方法来确定植物体内矿素的丰缺状况，一般进行叶营养水平测定分析。测定分析内容主要有以下几个方面：

①叶片营养元素含量　可以测定叶片中各矿素的含量与临界浓度作比较，确定是否施肥。临界浓度指作物获得最高产量时组织中营养元素的最低浓度。作物不同，生育期不同，不同元素的临界浓度不同（表 3.6），低于此值，就意味着应及时补充肥料，在此值以上，则不必施肥。这种方法是研究植物营养状况较有前途的方法之一。

表 3.6　几种作物肥料三要素的临界浓度（占干重的百分比）

作　物	测定期	分析部位	N	P_2O_5	K_2O
春小麦	开花末期	叶子	2.6 ~ 3.0	0.52 ~ 0.60	2.8 ~ 3.0

续表

作　物	测定期	分析部位	N	P_2O_5	K_2O
玉　米	抽雄	果穗前一叶	3.10	0.72	1.67
花　生	开花	叶子	4.00 ~ 4.20	0.57	1.20

②酰胺和淀粉含量　作物吸收氮素较多时，剩余氮素会以酰胺的形式贮存起来，以避免氨毒害。通过测试，若叶内含有酰胺，表示氮素充足；若不含酰胺，则说明氮素不足，需要施氮肥。

水稻、玉米等禾本科植物叶鞘内淀粉的含量和含氮量成负相关。氮肥不足时，光合产物主要合成淀粉，淀粉会在叶鞘中积累，需要追施氮肥。淀粉测定方法简单，即将叶鞘劈开，浸入碘液中，如被染成蓝黑色，颜色深，且占叶鞘面积比例大，表明缺氮。

③叶绿素含量　叶中叶绿素含量与含氮量成正相关。如南京地区的小麦返青期，功能叶的叶绿素含量以占干重的1.7% ~2.0%为宜，如果低于1.7%就是缺氮肥；拔节期以1.2% ~1.5%为宜，低于1.1%表示缺氮肥，高于1.6%则氮肥过量；孕穗期以2.1% ~2.5%为正常。另外色卡法也可以快速诊断作物氮肥营养情况。

④酶活性　有些矿质元素缺乏时，其参入、激活或诱导的相应酶的活性就会下降。如缺硝态氮时，硝酸还原酶活性下降；缺铜时，抗坏血酸和多酚氧化酶的活性下降；缺锌时碳酸酐酶和核糖核酸酶活性降低；缺铁可引起过氧化物酶和过氧化氢酶活性下降等。因此，根据一些酶的活性变化情况，可判断植物体内的营养水平，从而指导施肥。

3.3.3　作物施肥增产的原因与提高肥效的措施

1)作物施肥增产的原因

合理施肥对增产的作用是间接的，它通过改善光合性能，调节植物的代谢和改善土壤环境，从而增加干物质积累而提高产量。

(1)促进光合作用，增加作物产量

合理施肥可增大光合面积，增加叶绿素含量，延长叶片的寿命，提高光合速率，降低有机物的消耗，从而提高作物的经济产量。此外，还能促进光合产物的运输和分配。

(2)调节代谢，调控作物的生长发育

因各种矿质元素对植物生长发育的作用不同，可结合栽培目标进行调控，满足人们的需要。如蔬菜作物，可通过氮肥的使用促进其营养生长；禾本科作物中后期可通过控制氮肥用量，增施磷、钾肥，促进生殖生长，使籽粒饱满。

(3)改善土壤环境，满足植物生长的需要

施用有机肥，能改良土壤结构，改善土壤的水、温、气状况，有利于促进土壤微生物活动，加速有机质的分解和转化，提高土壤肥力，从而提高根系生长和吸收的能力。用含钙的生石灰能改良酸性土壤，石膏和硫酸亚铁能改良碱性土壤。

2)提高肥效的措施

(1)控制灌水,调控肥效

若在施肥后及时进行灌溉,以水促肥,则能大大提高肥效。但有时肥过多,往往造成作物徒长,如果通过适当延迟或减少水分供应的方法,限制作物对矿质的吸收,可达到以水控肥的效果。

(2)适当深耕,改善土壤环境

适当深耕,并结合增施有机肥,能够加厚土层,可容纳更多的肥料。并可促进土壤团粒结构的形成,改善土壤环境,促进根系生长,增大根系吸收面积,提高作物对养分的吸收量,充分发挥肥效,促进作物生长。

(3)改进施肥方法,促进肥料吸收

表层施肥,虽然简单易行,但肥料容易氧化分解、流失,浪费较大。应改表层施肥为适当深施,肥料流失少,供肥持久,还可促进根系向纵深生长。除土壤施肥外,还可根据实际情况,采取叶面施肥,提高肥效。

(4)改善光照条件,提高光合效率

作物枝叶只有在充分见光的情况下,才能提高光合作用,促进矿质营养的消耗,达到施肥增产的目的。如果叶片不见光,施再多的肥也无用。因此生产上要注意进行合理密植,果树要及时整形修剪,保证株间、枝叶间通风透光,提高作物的光合效率,从而提高肥料的利用率。

知识链接)))

肥料类型概述

凡施于土壤中或喷洒于作物地上部分,能直接或间接供给作物养分,增加作物产量,改善产品品质,改良土壤性状,培肥地力的物质,都叫肥料,是农业生产的重要物质基础之一。

肥料的分类方法有多种。按化学成分分为:有机肥料、无机肥料、有机无机肥料;按含养分种类分为:单一肥料、复合肥料(多养分肥料);按发挥肥效快慢分:速效肥料、缓效肥料;按肥料形态分为:固体肥料、液体肥料、气体肥料;按肥料的化学性质分为:碱性肥料、酸性肥料、中性肥料。生产上肥料的主要类型为有机肥料、无机肥料和生物肥料(菌肥),现作主要介绍。

有机肥料主要来源于植物和动物,施于土壤以提供矿养、改良土壤结构为其主要功效的含碳物质。包括腐熟的动物排泄物,经沤制、处理的植物残体、生活垃圾等。特点是:含矿养全面,肥效稳定长久,但矿养含量低;含有大量有机质,能改良土壤;种类多、数量大、来源广、成本低;施用量大,积造和施用不便。

无机肥料由物理、化学方法制成,标明的养分呈无机盐形式。包括单一肥料和复合(混)肥料。具有矿养种类少,但含量高,肥效快,便于贮运和施用等优点。其中单一肥料是指只含氮、磷、钾三要素中的一种成分的肥料，是氮肥、磷肥、钾肥的统称，如碳铵、过磷酸钙、硫酸钾等；复合肥料是指同时含有氮、磷、钾三要素中的两种或两种以上成分的肥料。含两种的叫二元复合肥，如磷酸二铵；含三种的叫三元复合肥，这种肥料正式的名称叫复混肥料，是由单一肥料混配而成，规格或品级是按氮磷钾的次序分别以 N、P_2O_5、K_2O 的质量百分含量表示。例如 15-15-15 是一种含 15% N、15% P_2O_5、15% K_2O 的三元复合肥料。

狭义生物肥料，即指微生物（细菌）肥料，简称菌肥。它是由具有特殊效能的微生物经过发酵而成的，含有大量有益微生物。施入土壤后，可活化土壤中的养分，分解土壤中有机质和毒素，改善植物的营养环境，有的能固定空气中的氮素。还有些微生物在其生命活动过程中，可产生活性物质，刺激植物生长发育。现在市场销售的生物肥料，都是以有机质为基础，加入一定含量的菌株及无机矿素混配而成。

本章小结)))

植物体内含有多种元素，必需元素是指其中植物生长发育必不可少的元素。确定植物必需元素常用的方法有溶液培养法（水培法）、砂基培养法（砂培法）和气培法。

按照植物必需元素的标准，目前确认的植物生长发育的必需元素有 17 种，分别是碳、氢、氧、氮、磷、钾、钙、镁、硫、铁、硼、锰、锌、铜、钼、氯、镍。其中，碳、氢、氧在植物体内的含量很高，但不作为矿质元素，其他 14 种必需元素均为矿质元素。根据植物对必需元素需要量的多少，可将其分为大量元素和微量元素两类。有些元素虽然不是植物必需元素，但能促进一些植物的生长发育，被称为有益元素，常见的有钠、硅、钴、硒、钒等。当植物缺乏某种必需元素时，会出现不良的症状，严重时还会导致死亡。因此，当植物表现出缺素症状时，应及时加以诊断，并补给所需元素。常用的诊断方法包括：观察分析形态；化学分析；加入诊断等。

植物细胞对矿质元素的吸收有 3 种方式，分别是主动吸收、被动吸收和胞饮作用，其中主动吸收是植物细胞吸收矿质元素的主要方式。根系是植物吸收矿质元素的主要器官，而根尖的根毛区是吸收矿质元素的主要部位。根系吸收矿质元素的特点有：根系对矿质元素和水分的吸收不成比例；根系对矿质元素离子的吸收具有选择性；具有单盐毒害现象和离子拮抗作用。根系吸收矿质元素的基本过程为：土壤中的矿盐离子和根尖吸收区域相互靠近，然后通过交换吸附，离子被吸附到根系表面；离子通过质外体途径和共质体途径（跨膜和通过胞间连丝）进入到根系导管，后随蒸腾流沿茎、叶木质部导管到达地上部叶、茎尖等需要的器官中去参入同化作用，影响根系吸收矿质元素的环境因素有土壤温度、土壤通气状况、土壤溶液浓度、土壤 pH 值等。

植物地上部分对矿质元素的吸收称为根外营养。生产上常把速效性肥料配成溶液，直接喷施在叶面上以供植物吸收，这种施肥方法称为根外施肥或叶面施肥。根外施肥具有以下几方面的优点：①肥效快；②利用率高；③及时补充作物所需微量矿养；④在根系弱衰或根部有病损时及时补肥。

有些元素在植物体内能够移动并被重复利用多次，被称为可再利用元素，如氮、磷、钾、镁等。这类元素的缺素症状首先出现在老的器官和组织。还有些元素在植物体内和其他物质合成稳定的化合物，不能移动，也不能再分解，因此不能被再次利用，称为不可再利用元素，如钙、硼、铁、锰、硫。它们被运输到地上部分后，立即被利用，且固定起来不能移动，故这类元素的缺素症状首先发生在幼嫩部位。

作物不同，生育期需肥种类不同；作物收获器官不同，需肥种类不同，不同作物需肥形态不同。施肥时应诊断清楚最缺乏的矿素是哪一种或那几种，对营养临界期和最大效率期及最小养分率和最大养分率基本概念应充分了解。

合理施肥的指标有土壤养分指标、作物形态指标及生理指标。土壤指标能反应土壤矿质营养总量和有效含量等。植物形态指标和生理指标是最直接反映植物自身矿养水平的重要依据。

常用的提高肥效的措施有：水肥结合，促进肥效发挥；适当深耕，改善土壤环境；改浅施为深施方法，促进肥料吸收；改善光照条件，提高光合效率等。

案 例

小麦高产施肥技术

氮、磷、钾是小麦营养三要素。据科学测定，在中上等肥力土壤，每生产100 kg小麦籽粒，需要从土壤中吸收3.0 kg氮、1.2 kg五氧化二磷、3.0 kg氧化钾。小麦不同养分的临界期，出现时期不同，氮素的临界期在分蘖期和幼穗分化的四分体期，这两个时期氮素营养供不上，就会使分蘖和穗粒数明显减少，造成减产；磷素的营养临界期在小麦的三叶期；钾素的临界期在拔节期。小麦营养的最大效率期，也因营养元素的不同，出现时期不尽相同。氮素的最大效率期在拔节前至孕穗期，需氮量占整个生育期的37%以上，磷素在抽穗至扬花期，钾素在孕穗期。

优质小麦高产施肥技术总原则是：施足底肥，巧施追肥，推广根外追肥，在增施有机肥的基础上，"稳氮、控磷、补钾、增微"。具体采取以下几项措施：

1）认真抓好秸秆还田，扩大秸秆还田面积，增加土壤有机质含量，改良土壤理化性状

玉米秸秆中不仅含有机质，而且还含有0.75%的氮、0.94%的五氧化二磷、1.53%的氧化钾。保证一亩地能还田300 kg玉米干秸秆，相当于施入2.2 kg氮、2.8 kg五氧化二磷、4.6 kg氧化钾。

2）施足底肥，培育壮苗

（1）单产450 kg以上的高产田，亩施有机肥3 m^3 以上、纯氮11～13 kg、五氧化二磷5～6 kg、氧化钾7～8 kg、硫酸锌1 kg。优质强筋小麦亩施纯氮总量以不超过13 kg为宜。推荐配方如下：A：亩施复合肥（28-7-10）40～45 kg；B：亩施复合肥（15-15-15）40～45 kg加尿素10 kg。

（2）单产350～400 kg的中产田，亩施有机肥1～2 m^3，纯氮稳定在10 kg左右，五氧化二磷4～5 kg，氧化钾5～6 kg，硫酸锌1 kg。推荐配方如下：A：亩施复合肥（25-6-9）40 kg；B：亩施复合肥（15-15-15）35～40 kg加尿素10 kg。

施肥方法：有机肥全部作底肥，70%的氮肥和全部磷、钾、微肥混匀，撒地表后耕翻入土

作底肥,30%氮肥作追肥。

3)巧施追肥

小麦拔节至孕穗期是氮肥的最大效率期,因此,应把小麦施氮量的30%移到拔节期追肥,每亩可追施尿素6~8 kg,一般可增产7%~8%。

4)推广根外追肥,超常量施用磷酸二氢钾

磷酸二氢钾是一种高浓度水溶性速效磷钾肥,含五氧化二磷49%、氧化钾32%,其水溶液为弱酸性,对农作物的种子、幼苗和根部没有灼伤的危险,利用率接近100%,喷施后48 h茎叶吸收量达到最高峰,4 d基本吸收完毕。超常量施用磷酸二氢钾是全国农技中心的示范推广项目。所谓超常量,就是平常用量的10倍以上。小麦超常量施用磷酸二氢钾,不仅使小麦茎秆粗壮不倒伏,穗粒增多,灌浆充分,而且能防御小麦青枯和干热风的危害,增强抗旱和耐寒能力,提高小麦的品质和产量,平均亩增产15%以上。据试验,超常量施用磷酸二氢钾,2004年以来,小麦平均单产超过700 kg,2006年亩施磷酸二氢钾3.2 kg,亩产777.1 kg,创河南省小麦单产历史最高纪录。

超常量施用磷酸二氢钾具体施用方法说明如下:

A.拌种。每5 kg种子用磷酸二氢钾100克加水0.5 kg溶解,水温25 ℃左右,拌匀后堆闷5小时晾干,不粘手为止,然后播种;

B.喷施。可于分蘖前期、拔节前期、孕穗前期、扬花结束后、灌浆中期喷5次,每次用磷酸二氢钾400 g加水30~40 kg,于上午10时前、下午4时以后喷施。缺钾地块可加大到600 g;

C.拌种和喷施可与病虫害防治同时进行,但不能与碱性肥料或碱性农药混用,否则会降低肥效;

D.在拔节期喷施磷酸二氢钾时,每50 kg水可加500 g尿素同时施用。

案例分析与讨论题

①小麦肥料三要素的需肥临界期和最大效率期各在小麦生长的哪些时期?根据矿素的生理作用,分析一下其中的原因。

②根据优质小麦高产施肥技术总原则,讨论一下四项具体措施的合理性表现在哪些方面。

③干热风会使麦株青枯,不能正常灌浆成熟,麦粒空秕,粒重降低,减产可达10%~30%。超常量施用磷酸二氢钾,能降低干热风对小麦产量的危害,提高灌浆结实程度,不发生干热风的年份也能增产。根据磷酸二氢钾中所含必需矿质元素的作用,讨论分析一下其能发挥重要作用的理论依据。

复习思考题

一、名词解释

矿质营养　溶液培养法　必需元素　大量元素　微量元素　主动吸收　被动吸收　单盐毒害　离子拮抗　生理酸性盐　生理碱性盐　需养临界期　最小养分率

二、简答题

1. 植物正常生长发育需要的必需矿质元素的种类有哪些？其中哪些是肥料三要素，其生理作用主要有哪些方面？哪些为大量元素？哪些为微量元素？

2. 植物必需元素判断的标准是什么？判断的方法有哪些？

3. 铁、硼、锌的主要缺素症状是什么？

4. 植物缺素症有的首先出现在嫩叶上，有的首先出现在下部老叶上，为什么？试举例说明。

5. 说明根系吸收矿盐的原理及特点。

6. 为何土壤不能长期施用单一肥料？如土壤出现偏酸或偏碱现象，如何调节？

7. 根系吸收矿质营养的影响因素有哪些？主要有何影响？

8 叶面施肥有什么优缺点？在什么情况下进行叶面施肥能取得较好的效果？

9. 施肥为何能增产，作物需肥规律有哪些？

10. 合理施肥的指标有哪些？生产上发挥肥效的措施有哪些？

实验实训 1

植物根系对离子的选择性吸收

1）目的意义

通过实验说明植物根系对环境的阴离子和阳离子的吸收速度不同，而改变了环境的酸碱度，让学生了解生理酸性盐与生理碱性盐，加深对理论知识的理解，以及指导学生在生产实践中施用化肥时，应注意其性质和带来的问题。

2）原理

植物根系对不同离子的吸收量是不同的，即使是同一种盐类，对阳离子与阴离子的吸收量也不相同。利用植物对不同盐类的阴、阳离子吸收量不同，使溶液的 pH 发生改变可以说明植物对吸收离子的选择性。

3）仪器、试剂与材料

①试剂：0.5 mg/mL $(NH_4)_2SO_4$、0.5 mg/mL $NaNO_3$ 等。

②仪器：pH 计、精密 pH 试纸、移液管、100 mL 三角烧瓶。

③材料：培养出根系的小麦或其他植物的植株。

4）操作步骤

①在实验前 2 ~ 3 周培养根系完好的小麦（或其他植物）植株。

②实验开始时吸取 0.5 mg/mL 浓度的 $(NH_4)_2SO_4$ 和 $NaNO_3$ 各 100 mL 分别置于两个 100 mL 三角烧瓶中，另一三角烧瓶中放蒸馏水 100 mL。用 pH 计或精密 pH 试纸测定以上各溶液和蒸馏水的原始 pH 值。

③取根系发育完善的、大小相似的小麦 3 份，每份株数相等，分别放于上述 3 个三角烧瓶中，在室温下经 2 ~ 3 h 后取出植株，并测定溶液的 pH 值。实验结果按下表记录。

植物从盐溶液中吸收离子后溶液 pH 值的变化

处 理	pH 值	
	放植株前	放植株后
0.5 mg/mL $(NH_4)_2SO_4$		
0.5 mg/mL $NaNO_3$		
蒸馏水		

5)作业

记录实验现象和结果,并分析原因。

【附注】

为了避免根系的分泌作用影响实验结果,故用蒸馏水作对照,将上述 pH 值变化进行修正,即得真实的 pH 变化。

第4章 植物的光合作用

学习目标

- 深入了解：光合作用的基本概念、基本过程、影响因素以及与作物产量形成的关系等问题，对光合作用有一个总体认识。
- 了解：光合链、光合磷酸化、C_3 与 C_4 和 CAM 植物、光呼吸等概念内容；了解同化产物运输与分配规律，对光合作用的调控有总体把握。

技能目标

- 能用分光光度计测定叶片叶绿素的含量；能用半叶法测定叶片的光合速率。
- 能正确分析影响光合作用的因素；能在生产中正确判断抑制光合速率的关键因子并加以调控。

知识点

光合作用的基本过程及影响因素；同化产物运输与分配规律；作物产量与光合作用之间的关系。

案例导入)))

植物构成物质的来源

撒播一粒种子，会长成一株果实累累的作物或果树，这增加的物质来源何处？18 世纪以前，受希腊哲学家亚里士多德的影响，人们普遍认为"万物土中生，万物土中来"，即植物生长所需物质全来源于土壤。1648 年，比利时科学家海尔蒙特做了栽柳称重实验：将一棵 2.5 kg 的柳树苗栽种到一个木桶里，木桶里盛有事先称过质量的土壤。他每天只用纯净的雨水浇灌树苗，5 年后，柳树增重 80 多 kg，而土壤却只减少了 100 g，为此他提出了建造植物体的原料是水分这一观点。1771 年，英国的普里斯特利把一支点燃的蜡烛和一只小白鼠分别放到密闭的玻璃罩里，蜡烛不久就熄灭了，小白鼠很快也死了。而他把一盆植物和一支点燃的蜡烛同放到一个密闭的玻璃罩里，植物却能够长时间地生存，蜡烛也没有熄灭。他又把小鼠放在这里面，植物和小白鼠都能够正常地活着。于是，他得出了结论：植物可以恢复因蜡烛燃烧而变“坏”了的空气。1779 年,荷兰的英格豪斯证明:只有植物的绿叶才可以更新空气,并且在阳光照射下才成功。1785 年,随着空气组成成分的发现,人们才明确绿叶在光下放出的气体是氧气,吸收的是二氧化碳。1804 年,法国的索叙尔通过定量研究进一步证实:二氧化碳和水是植物生长的原料。1845 年,德国科学家梅耶根据能量转化与守恒定律明确指出,植物在进行光合作用时,把光能转换成化学能储存起来。1864 年,德国的萨克斯发现光合作用产生淀粉。1880 年,美国的恩格尔曼发现叶绿体是进行光合作用的场所,氧是由叶绿体释放出来的。1897 年,“光合作用”这个名称首次在教科书中出现。1939 年,英国剑桥大学的希尔用照光的离体叶绿体,使水释放出氧气,说明氧的释放和 CO_2 的还原是两个分开的过程。1940 年,美国科学家鲁宾和卡门采用同位素标记法证明光合作用释放的氧气来自水。20 世纪 40 年代,美国科学家卡尔文用 ^{14}C 标记的 CO_2 进行光合作用,最终探明了二氧化碳在光合作用中转化成有机物的途径。

经过无数前人的探究和科学实验,现在已充分探明作物95%以上的产量和构成物质来源于作物的光合作用,“万物土中生,产量在空中”,要科学地进行植物生产,提高作物的产量和品质,就必须对植物的光合作用的过程有一个全面地了解。

4.1 光合作用的概念和意义

4.1.1 光合作用的概念

绿色植物的光合作用是指植物的绿色细胞吸收光能,将 CO_2 和 H_2O 同化成有机物,并放出氧气的过程。光合作用的反应式可表示为:

$$6CO_2+6H_2O \xrightarrow[\text{叶绿体}]{\text{光}} C_6H_{12}O_6+6O_2$$

上式可简化为:

$$CO_2+H_2O \xrightarrow[\text{叶绿体}]{\text{光}} (CH_2O)+O_2$$

上式表明,光合作用的原料是水和 CO_2,生成物是 (CH_2O) 和 O_2,(CH_2O) 代表合成的是以碳水化合物为主的有机物质。

4.1.2 光合作用的意义

1)合成有机物,蓄存太阳能

据估计,地球上每年通过光合作用约同化 2.0×10^{14} kg 碳,形成 5×10^{14} kg 有机物。其中,陆生植物占60%左右,水生植物占40%左右。植物与其他生命都是生物圈的成员,但植物是初级生产者,处于核心和基础地位。绿色植物合成的有机物,是生命生存的物质基础，人类的食物几乎全部直接或间接来源于光合作用。保证食物供应是人类面临的重大挑战，提高作物的光合作用、提高产量是解决这一难题的关键。

植物在合成有机物的同时，将光能转变为化学能贮藏在有机物中。据估算，植物通过光合作用每年所同化的太阳能为 3.2×10^{21} J。有机物所贮藏的化学能，是所有生命活动的根本动力源泉。目前，人类从事工农业生产，以及日常生活所需要的主要能源，如煤、石油、天然气及木材等，也都是古代或现代植物光合作用所贮存的能量。

2)保持大气中氧气和二氧化碳含量的稳定

生物的呼吸和各种分解、燃烧都吸收 O_2，释放 CO_2。地球上每秒钟要消耗大约 10^7 kg O_2，如果以这样的速率计算，大气中的 O_2 在2千~3千年的时间里就会消耗殆尽，大量 CO_2 的产生，也将导致全球性的空气污染和温室效应。然而大气中 O_2 和 CO_2 的量仍基本保持稳定，这有赖于绿色植物的光合作用，绿色植物可称为天然绿色的空气净化器。

因此，光合作用是生命和整个自然界生存和可持续发展的根本保证。

4.2 光合作用的部位——叶绿体及其色素

植物绿色部位都能进行光合作用，因为绿色部位细胞的细胞质中存在着许多重要细胞器——叶绿体，光合作用的主要生化过程是在叶绿体中完成的。

4.2.1 叶绿体

1)叶绿体的形态

叶绿体尤以叶肉细胞为多，高等植物叶肉细胞中的叶绿体平均长径为4~10 μm，短径为2~4 μm，厚2~3 μm，常呈扁椭圆体形(图4.1)。一般每细胞中含50~200个叶绿体。叶绿体通常分布在细胞周缘(图4.2)，有利于接收光能及与外界进行气体交换。叶绿体可随细胞质作环流运动，也可随光照变化而运动。在强光照下，以窄面对光，在弱光下，以宽

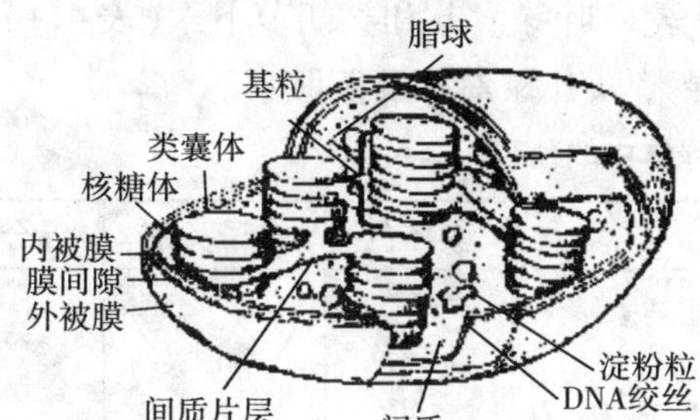

图4.1 叶绿体的超微结构示意图

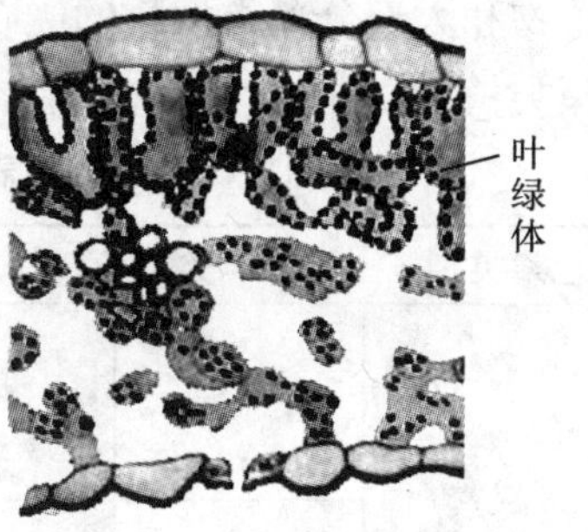

图4.2 叶绿体细胞中的分布
(示叶肉栅栏细胞周缘的叶绿体)

面对光，以调控光能的大小、保护自身不受过度光强的损害。由于叶绿体中含有较多的叶绿素，所以叶绿体和叶片通常是绿色的。

2）叶绿体结构

叶绿体是一个由双层膜围成的细胞器，内膜具有较强的选择透过性，只有经过严格选择的物质才能进入叶绿体内，以保证其内复杂生化反应的顺利进行。

内膜围成的腔内充满着水溶性液体，称基质（或称间质），是 CO_2 同化的场所。基质含有与 CO_2 同化相关的酶类、DNA 绞丝、核糖体、淀粉粒、油滴等。

基质中悬浮着一个由生物膜构成的膜系统，是由单层膜围成的类似囊状、被称作类囊体的许多小体组成。类囊体内也充满水溶性液体，由于类囊体多呈扁平片状，故又称片层。许多个类囊体片层重叠在一起，称一个基粒，一个叶绿体内有十到几十个基粒，因其含较多的叶绿素，故呈深绿色；还有一种贯穿在两个或两个以上基粒之间、不垛叠的较大类囊体称为基质类囊体，含叶绿素较少，呈浅绿色。由于基粒间由基质类囊体相联结，故全部类囊体形成一个相互贯通的封闭系统。类囊体膜上附有叶绿体色素和光合链，是光能吸收、传递与转换的场所。由于光合作用的光反应阶段是在类囊体膜上进行的，因此类囊体膜亦称光合膜。光合膜为光能转化过程中所发生的一系列复杂生化反应提供了广阔的场所。

3）叶绿体的化学组成

据测定，叶绿体的化学组成中，水分为75%～80%，干物质为20%～25%。在干物质中，蛋白质占30%～50%，主要是膜蛋白和参加光合作用的各类酶蛋白；脂类占20%～40%，是构成膜的重要成分，主要构成类囊体膜；色素占叶绿体干重的8%～10%，比其他部位色素含量高；矿质元素占10%左右，起参入和调节光合作用的功能；淀粉、油滴等贮藏物质占10%～20%。

4.2.2 光合色素及其光学性质

1）光合色素

在光合作用中，参与光能的吸收、传递及引起光能转换为电能的色素称光合色素。高等植物和大部分藻类植物的光合色素主要为叶绿素 a、叶绿素 b 和类胡萝卜素（表4.1）；许多藻类植物中，除叶绿素 a、叶绿素 b 外，还有叶绿素 c、叶绿素 d 及藻胆素。

表4.1 高等植物叶绿体中的色素

色素类别	种　类	分子式	颜　色	分子类别	混合色
叶绿素	叶绿素 a	$C_{32}H_{30}ON_4Mg(COOCH_3)(COOC_{20}H_{39})$	蓝绿色	酯类	绿色
	叶绿素 b	$C_{32}H_{28}O_2N_4Mg(COOCH_3)(COOC_{20}H_{39})$	黄绿色	酯类	

续表

色素类别	种 类	分子式	颜 色	分子类别	混合色
类胡萝卜素	胡萝卜素	$C_{40}H_{56}$	橙黄色	烃类	黄色
	叶黄素	$C_{40}H_{54}(OH)_2$	黄色	醇类	

叶绿体色素都不能溶于水,而易溶于丙酮、酒精、石油醚等有机溶剂中,故可以用有机溶剂来提取绿色植物中的叶绿体色素。叶绿素是叶绿酸的酯,与碱可发生皂化反应,生成能溶于水的叶绿酸盐,由于保留有 Mg 核的结构,叶绿酸盐仍可保持叶绿素的绿色。类胡萝卜素中,胡萝卜素是不饱和的碳氢化合物,有 α、β、γ 三种同分异构体,其中以 β-胡萝卜素在植物体内含量最多,β-胡萝卜素水解可生成2 分子维生素 A;叶黄素是由胡萝卜素衍生的二元醇。胡萝卜素和叶黄素都不能与碱发生皂化反应,据此可将叶绿素和类胡萝卜素分离开:

$$C_{32}H_{30}ON_4Mg\begin{matrix}COOCH_3\\COOC_{20}H_{39}\end{matrix} + 2KOH \longrightarrow C_{32}H_{30}ON_4Mg\begin{matrix}COOK\\COOK\end{matrix} + \begin{matrix}CH_3OH\\C_{20}H_{39}OH\end{matrix}$$

此外,叶绿素在酸的作用下,其中的 Mg 可以被 H 所代替形成褐色的去 Mg 叶绿素:

$$C_{32}H_{30}ON_4Mg\begin{matrix}COOCH_3\\COOC_{20}H_{39}\end{matrix} + 2HCl \longrightarrow C_{32}H_{32}ON_4\begin{matrix}COOCH_3\\COOC_{20}H_{39}\end{matrix} + MgCl$$

去 Mg 叶绿素中的 H,又可被其他金属盐中的铜、锌等取代,重新呈现绿色,比原来的绿色更稳定。根据这一原理可用醋酸铜处理来保存绿色标本,反应如下:

$$C_{32}H_{32}ON_4\begin{matrix}COOCH_3\\COOC_{20}H_{39}\end{matrix} + (CH_3COO)_2Cu \longrightarrow C_{32}H_{30}ON_4Cu\begin{matrix}COOCH_3\\COOC_{20}H_{39}\end{matrix} + 2CH_3COOH$$

4 种色素在植物体内含量不等。一般情况下,叶片中叶绿素约为类胡萝卜素的 3 倍,叶绿素 a 为叶绿素 b 的 2 ~3 倍,叶黄素为胡萝卜素的2 倍,由于叶绿素含量多,故叶片通常呈现绿色。在秋季或逆境中,叶绿素较易降解,含量降低,而类胡萝卜素较稳定,叶片才呈现黄色。4 种色素的分子结构见图4.3 和图4.4。这几种色素都能吸收光能,但只有极少数处于特殊状态的叶绿素 a 分子,易被光激发而使电

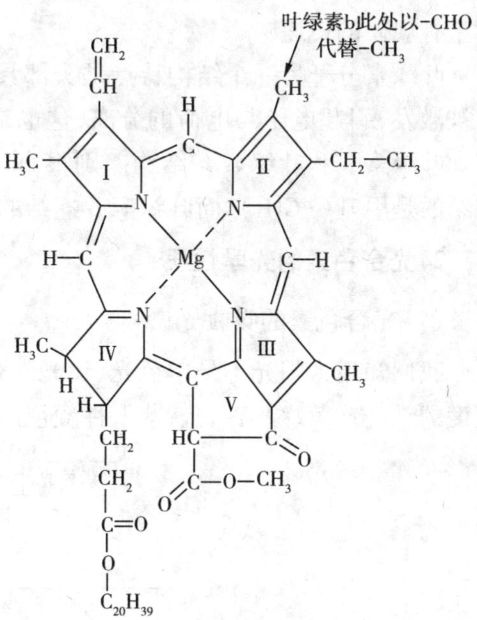

图 4.3 叶绿素 a 分子结构式

子与电荷分离，引起光能转化为电能的反应，是光合作用的重要色素，称“作用中心色素”；而其他色素，包括绝大多数叶绿素 a、全部叶绿素 b、所有类胡萝卜素，称“辅助色素”或“聚光色素”，有时也称“天线色素”，它们只能吸收光能，并把吸收的光能传递到作用中心色素，引起光能转化为电能。全部叶绿素和几乎所有的类胡萝卜素都包埋在类囊体膜中，与膜蛋白质结合，一条肽链上可以结合若干个色素分子。

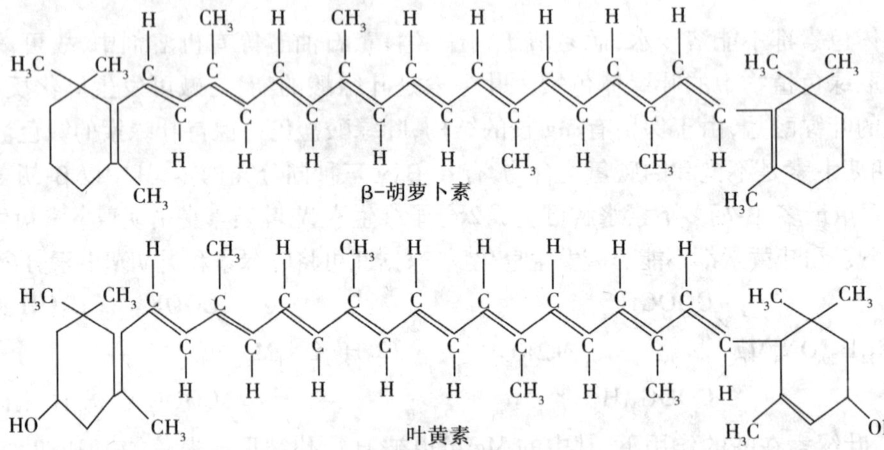

图 4.4　类胡萝卜素分子结构式

从图 4.3 可以看出，叶绿素分子结构好像一个蝌蚪，有四个含氮吡咯环围成一个大卟啉环，中间的镁原子与吡咯环上的氮原子相连，构成了叶绿素分子的头部，还有一个含羰基和羧基的副环(Ⅴ)。由于镁和氮元素分别带有正、负电性，使头部带电具极性，能吸引水分子，即具亲水性；而尾部则有两条碳氢链组成不带电，是疏水亲脂的。这种结构特点决定了它在类囊体膜上排列是定向、有规律的，各色素分子间的距离和取向的固定，有利于电子和能量有规律的传递。

叶绿素分子另一个结构特点是头部具有一系列共轭双键，其电子云密集，易聚集能量而被激发，引起电子与电荷的分离，这也是极少数叶绿素分子能发生光化学反应的基本特征。叶绿素 a 和叶绿素 b 结构差别很小，只是在第Ⅱ吡咯环的第 3 个碳原子上，叶绿素 a 连结的是甲基($-CH_3$)，而叶绿素 b 连结的是甲醛基(-CHO)。

2)光合色素的光学性质

(1)光合色素的吸收光谱

我们知道太阳光不是单色光，让光线透过三棱镜，它的可见光部分就会呈现出由不同宽度的红、橙、黄、绿、青、蓝、紫七种颜色的光带组成的连续光谱，称太阳光谱(图 4.5)。光

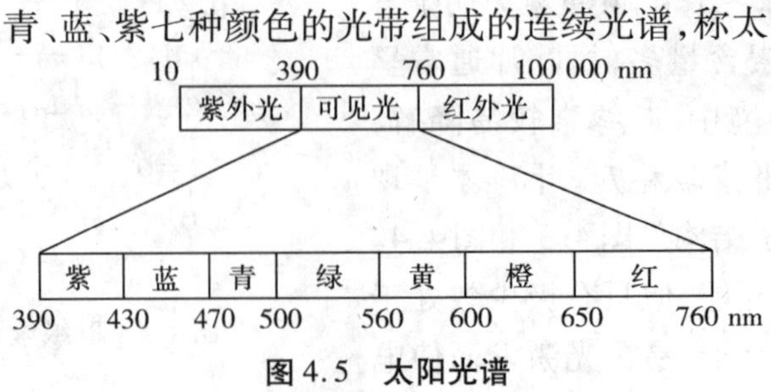

图 4.5　太阳光谱

合作用对太阳光的吸收是对七种光均匀吸收，还是选择吸收呢？我们可让太阳光透过叶绿体色素的提取液后再通过三棱镜，可观察到色素对光的吸收不是均匀吸收，因吸收后形成的光谱上，只在局部出现暗带，这一光谱称光合色素的吸收光谱。用分光光度计可以更精确地测定光合色素的吸收光谱，这些光谱可以用曲线表示(图4.6、图4.7)。

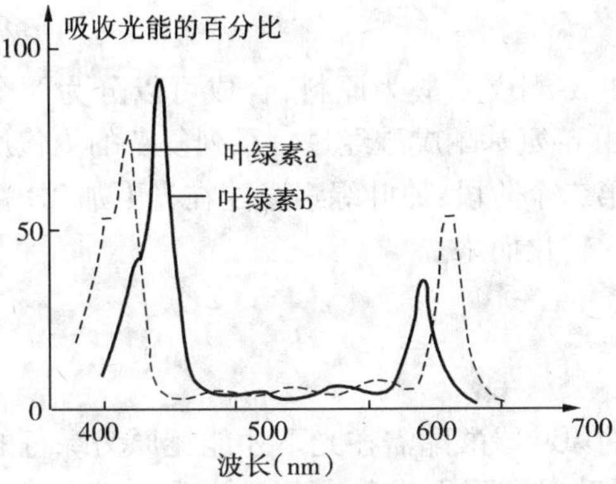

图4.6　叶绿素a、b在乙醚溶液中的吸收光谱

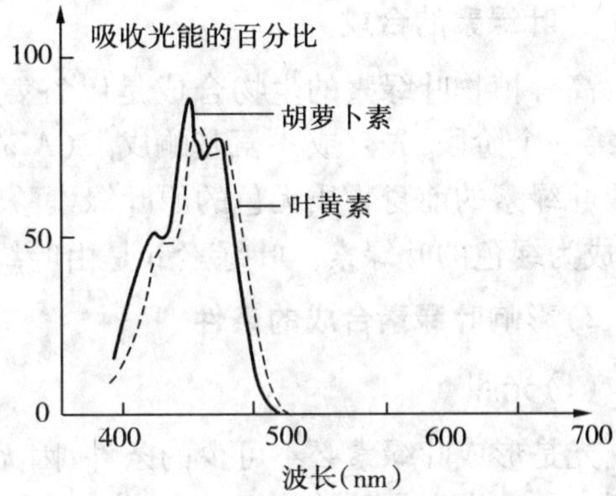

图4.7　β-胡萝卜素和叶黄素在乙烷溶液中的吸收光谱

从叶绿体色素的吸收光谱可以看出：色素对光的吸收具有选择性，叶绿素主要吸收波长为640~660 nm的红光和波长为430~450 nm的蓝紫光。叶绿素a和叶绿素b相比，叶绿素a的红光部分的吸收带宽些，偏向长光波方面；在蓝紫光部分窄些，偏向短光波方面。叶绿素基本不吸收绿光，所以其溶液呈绿色。

胡萝卜素和叶黄素主要吸收400~500 nm的蓝紫光，且在蓝紫光部分吸收范围比叶绿素宽。它们基本不吸收黄光，故其溶液呈黄色。

植物在长期的进化过程中，为获取光能进行光合作用，尽量调节本身所含色素的种类和数量来适应各种光照条件，如阳生植物叶片中叶绿素含量较高，可充分吸收太阳直射光中较多的红光，阴生植物叶片中含类胡萝卜素较多，可吸收散射光中较多的蓝紫光，而深海中的蓝藻和红藻吸收的则是上层绿色植物几乎不吸收的橙光和绿光。

(2)光合色素的荧光现象与磷光现象

叶绿素溶液在透射光下呈绿色，而在反射光下呈红色，这种现象称荧光现象。反射光是吸收后又释放的光，这之间存在着能量的消耗，故放出的光一般是波长较长的红光。去掉光源后，叶绿体仍呈微弱红光，称磷光现象。磷光比荧光存在时间长，故消耗能量愈多，波长愈长，而强度只有荧光的1%，用仪器才能测到。荧光现象与磷光现象说明叶绿素分子能吸收光能成为激发态，并能以光的形式放出能量，这是叶绿体色素吸收、传递光能并能引起光化学反应须具备的基本光学特性。在活的植物绿色细胞中，由于色素吸收的光能用于光化学反应，所以看不到大田作物有荧光现象的发生。

4.2.3　叶绿素合成及影响合成的条件

德国化学家韦尔斯泰特在20世纪初成功地提取了叶绿素，1915年，他荣获了诺贝尔化学奖,1960 年,美国伍德沃德领导的实验室合成了叶绿素 a,至此,叶绿素的分子结构得到定论。叶绿素可不断进行更新,据测定,燕麦幼苗中的叶绿素 72 h 后几乎全部更新,菠菜 72 h 更新 95.8%,烟草 19 天更新 50%。叶绿素合成、分解既受植物遗传控制(如金边吊兰叶的白边),也与环境关系密切。

1)叶绿素的合成

高等植物叶绿素的生物合成是以谷氨酸和 α-酮戊二酸为原料,合成可以分为两个阶段,第一个阶段:先合成 δ-氨基酮戊酸(ALA),由 δ-氨基酮戊酸经过一系列复杂的生化反应合成叶绿素的前身物质无色的原叶绿素酸酯;第二个阶段:原叶绿素酸酯在光下加2H 被还原,成为绿色的叶绿素。叶绿素 b 是由叶绿素 a 转化而来。

2)影响叶绿素合成的条件

(1)光照

光是形成叶绿素必不可少的条件,因无色的原叶绿酸酯需在光下才能还原为绿色的叶绿素。黑暗中生长的植物因其中只含无色的原叶绿酸酯而成黄白色。缺乏光照或其他某些条件而影响叶绿素形成,使叶子发黄的现象,称黄化现象。生产上常用于遮光培育韭黄、蒜黄、葱白等,黄化部位机械组织不发达,肉质鲜嫩;若光太强形成有害的自由基,叶绿素会被氧化、降解、去镁等,对叶绿素形成也不利。松、柏、莲子胚芽等无光照条件也能形成叶绿素,其合成机理尚不清楚,推测这些植物中含有可代替可见光促进叶绿素合成的物质。

(2)温度

叶绿素合成需经过一系列酶所催化的生化反应,因此有温度三基点。其形成的最适温度为 20 ~ 30 ℃,最低为 2 ~ 4 ℃,最高为 40 ℃左右。温度过高、过低均抑制其合成,且会引起已有叶绿素的降解。早春叶片嫩黄、寒潮过后秧苗变白、秋叶失绿等现象,都与低温抑制叶绿素形成,引起叶绿素分解有关。

(3)矿质元素

氮和镁是叶绿素的组成成分,铁、铜、锰、锌是叶绿素合成过程中酶的活化剂。缺乏这些元素,叶绿素都难以形成,导致植物发生缺绿症。

(4)水分

植物缺水会抑制叶绿素的合成。严重缺水时,叶绿素便会分解,所以干旱、失水时叶片呈黄色。

(5)氧气

缺氧会抑制叶绿素的合成,促进叶绿素的分解。故涝害缺氧气时,叶子常表现黄色褪绿现象。

知识链接)))

果树缺铁黄化病

北方果园,特别是山东、河北等地的山区果园常出现大面积叶片发黄现象(尤以桃园为重)，降低光合速率，造成产量、品质大幅度下降，甚至发生果树成片死亡现象。究其原因，主要为缺铁引起的失绿症。缺铁引起的失绿症又称黄化病、白叶病，是偏碱性土壤的常见病。其常见症状表现为嫩叶变黄绿或黄白色，一般叶脉仍是绿色，但发病严重时全叶黄白色，叶缘有枯斑，顶梢叶片枯焦。以春梢、秋梢迅速生长期症状明显，停止生长期叶色渐恢复。病树易感其他病害，易受冻害及早衰。

土壤偏碱或含有过多碳酸钙，会使土壤中的铁素呈不溶状态，果树根系难以吸收，铁素不足，降低叶绿素的合成，叶片便呈现黄化现象。又由于铁元素在植物体内难以转移，因此枝梢上部的叶片叶肉首先出现黄化、变白斑点。

有机肥施用少、仅追施氮素化肥的果园，以及用吸收铁能力弱的山荆子作砧木的苹果树，黄化病发病较普遍和严重。

4.3 光合作用机理

光合作用反应式只表示出光合作用中参加和生成物质情况，从化学反应类型看，只是一个简单的氧化还原反应。实际上光合作用是一系列能量和物质转化过程，包含着非常复杂的生化反应。

4.3.1 光合作用的主要历程

光合作用主要在叶绿体的类囊体和基质中进行，在类囊体上进行的反应需要光的直接参与，而在基质中进行的反应不需要光的直接参与。据此，可以把光合作用整个过程划分成光反应和暗反应二个阶段。

1)光反应阶段

光反应阶段根据能量的转换过程又可分为两步。第一步：光能的吸收、传递与转换，又称原初反应；第二步：电子的传递和光合磷酸化。在高等植物中，光反应阶段主要是由两个串联的光系统、质子与电子的供体、传递体及受体共同组成的光合链来完成。据霍尔等人的观点，存在于类囊体膜上能完整完成光反应的最小单位，称光合单位。

(1)光能的吸收、传递与转换——原初反应

这一过程主要由中心色素(P)和聚光色素组成的光系统完成。光能的吸收、传递由聚光色素完成，每个光系统大约有 300 个的聚光色素围绕一个中心色素组成，阳生植物的聚光色素一般由 3/4 的叶绿素和 1/4 的类胡萝卜素组成，300 个左右的聚光色素分子把吸收到的光能以诱导共振的方式传递给中心色素，使中心色素分子处于激发态(P^*)，最终引起中心色素电子与电荷分离，这样光子的能量便转化为电子的能量，即光能转化为电能。电子离开中心色素要传递给其他电子受体，进行一系列的氧化还原反应，又称光化学反应。失去电子的中心色素又从周围的物质中获取电子，中心色素与其最初的电子供体(D)和最

初的电子受体(A)组成了光系统的反应中心,这一过程为光合作用的初始,故又称原初反应。原初反应不受温度影响(见图4.8)。光电转换过程可用下式概括表示:

$$D \cdot P \cdot A \xrightarrow{hr} D \cdot P^* \cdot A \longrightarrow D \cdot P^* \cdot A \longrightarrow D^+ \cdot P \cdot A^-$$

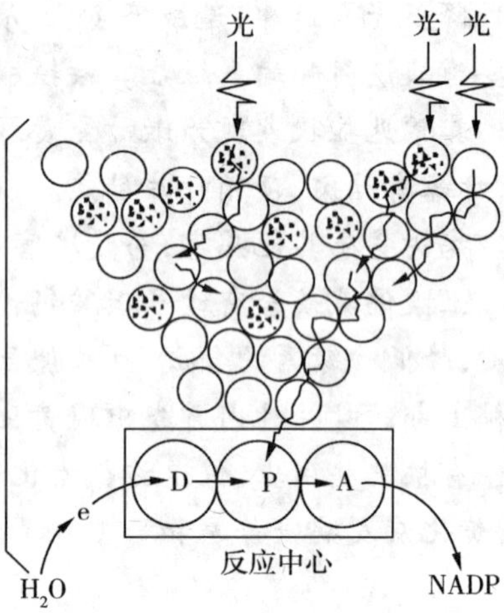

图4.8 光系统图解

D为中心色素最初电子供体,
A为中心色素最初电子受体

(2)电子的传递与光合磷酸化

据至今科学研究的内容归纳,植物进行电子传递和光合磷酸化的类型主要有三种:

①非循环式电子传递和非循环式光合磷酸化

这种类型是高等绿色植物光能吸收转化的主要方式(图4.9)。方框代表3组色素蛋白复合体:光系统Ⅰ(PSⅠ)蛋白复合体、光系统Ⅱ(PSⅡ)蛋白复合体及细胞色素b6/f蛋白复合体,它们是串联在一起的。光系统Ⅰ(PSⅠ)与光系统Ⅱ(PSⅡ)各自有它们的反应中心和辅助色素。P_{680}和P_{700}分别是PSⅡ和PSⅠ的中心色素,它们对光的吸收高峰分别为680 nm和700 nm。图4.9中,Z为PSⅡ的最初电子供体,成分不清;Pheo为一种去镁叶绿素,是PSⅡ的最初电子受体;Q_A、Q_B为两种质体醌,分别为单电子和双电子传递体;PQ为氢传递体;Fe-S(铁-硫蛋白)、Cytf、Cytb(细胞色素f和b)、PC(质体蓝素)均为电子传递体。其中,PC含铜元素,为PSⅠ的最初电子供体;A_0为一种叶绿素,是PSⅠ的最初电子受体,A_1(叶绿醌)、Fx、FB、FA(铁-硫中心)、Fdx(铁氧蛋白)均为电子传递体。定位在光合膜上,由多个电子传递体组成的电子传递总轨道,称光合电子传递链,简称光合链。这条开放的电子传递系统组成的光合链的形状像一个横写的英文字母"Z",故也称Z链。

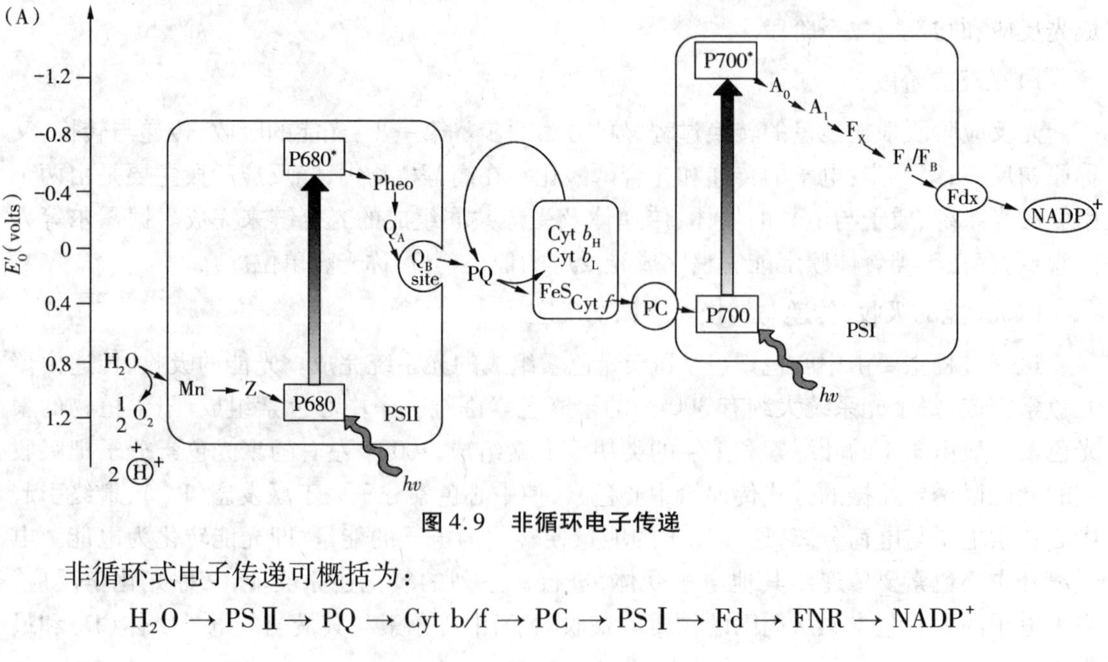

图4.9 非循环电子传递

非循环式电子传递可概括为:

$$H_2O \rightarrow PS\,Ⅱ \rightarrow PQ \rightarrow Cyt\ b/f \rightarrow PC \rightarrow PS\,Ⅰ \rightarrow Fd \rightarrow FNR \rightarrow NADP^+$$

水是最终的电子供体，PSⅡ的中心色素 P_{680} 失去电子后，成为具有夺取电子能力的氧化剂，其氧化还原电位达 1.12 V，水的氧化还原电位为 0.82 V，足以将水裂解，反应见下式：

$$H_2O \xrightarrow[\text{叶绿体}]{\text{光}} 2H^+ + 2e^- + \frac{1}{2}O_2$$

这一反应也称水的光解。这里生成的氧气，即是光合作用中放出的氧气，说明光合放出的氧来自水。在电子沿光合链传递的过程中，PSⅠ、PSⅡ使电子能量升高，而在经其他电子传递体传递时，会逐步放出能量。利用光所激发的高能电子在传递过程中释放的能量，把腺苷二磷酸（ADP）磷酸化为腺苷三磷酸（ATP）的反应，称光合磷酸化。反应可用下式表示：

$$\underset{\text{腺苷二磷酸}}{ADP} + \underset{\text{磷酸}}{Pi} \xrightarrow[\text{叶绿素}]{\text{光}} \underset{\text{腺苷三磷酸}}{ATP} + H_2O$$

由于电子传递是非循环式的，耦联着这种传递进行的磷酸化称为非循环式光合磷酸化。形成的腺苷三磷酸（ATP）是一种不稳定的高能化合物（在 pH7、25 ℃、1 mol/L 的生化标准条件下水解时，可释放出大于 20.92 kJ 自由能的化合物），由一分子腺嘌呤、一分子核糖和三分子磷酸组成，其结构式如图 4.10 所示。腺苷三磷酸第二、三个磷酸键在水解时能放出较多的能量（每摩尔放出 30.5 kJ，而一般磷酸键为 4～15 kJ），故称高能磷酸键。高键能键一般用"～"表示，ATP 既是生物体内的贮能物质，也是供能物质，是植物和其他生物生命活动可直接利用的最主要的能量载体。目前医药上，可用离体叶绿体在照光条件下合成 ATP，用于体弱的病患者。

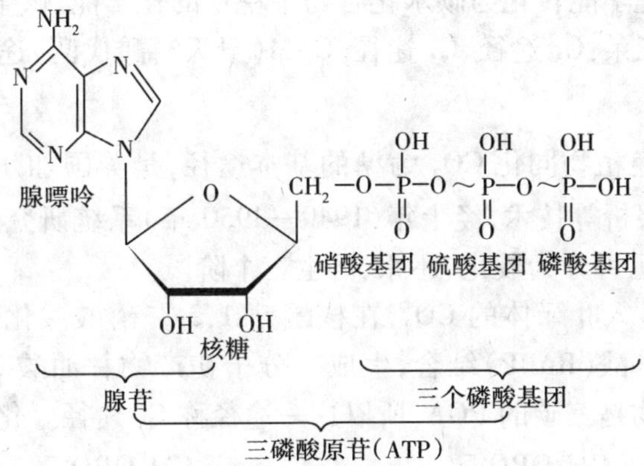

图 4.10　ATP 结构式

电子和质子最终的受体是 $NADP^+$（氧化态辅酶Ⅱ，全称为烟酰胺腺嘌呤二核苷酸磷酸），$NADP^+$接受电子和质子（$2H^+$）后，形成 $NADPH+H^+$（还原态辅酶Ⅱ），既是较强的还原剂，也是一种不稳定的高能化合物（每氧化 1 mol $NADPH+H^+$可放能 220 kJ）：

$$\underset{\text{氧化态辅酶Ⅱ}}{NADP^+} + 2e^- + 2H^+ \longrightarrow \underset{\text{还原态辅酶Ⅱ}}{NADPH} + H^+$$

非循环式电子传递和非循环式光合磷酸化可用下式概括：

$$2NADP^+ + 2H_2O + 3ADP + 3Pi \xrightarrow[\text{叶绿体}]{\text{光}} 2(NADPH+H^+) + 3ATP + 3H_2O + O_2$$

②循环式电子传递和循环式光合磷酸化　通常指 PSⅠ中电子由 Fd 经 PQ，Cyt b6/f，

PC 等传递体返回到 PSI 而构成的循环式电子传递途径，即：

$$PS\,I \rightarrow Fd \rightarrow PQ \rightarrow Cyt\ b/f \rightarrow PC \rightarrow PS\,I$$

循环式电子传递只有 PS Ⅰ参加，不发生 H_2O 的氧化，无 O_2 产生，也不形成 NADPH+H^+，只进行循环式光合磷酸化，形成 ATP。这条途径起补充 ATP 的作用。

③假非循环式电子传递和假非循环式光合磷酸化　这条途径类似于非循环式电子传递和非循环式光合磷酸化，伴有 H_2O 的光解，放出 O_2，也产生 ATP。但电子最终不是传递给 $NADP^+$，而是传递给 O_2，形成活性氧，即：

$$H_2O \rightarrow PS\,II \rightarrow PQ \rightarrow Cyt\ b/f \rightarrow PC \rightarrow PS\,I \rightarrow Fd \rightarrow FNR \rightarrow O_2$$

当光过强时，因 $NADP^+$ 不足，会促进这一途径的发生，电子只能传递给 O_2。伴随着这条途径所进行的磷酸化，称假非循环式光合磷酸化，形成的带电子的氧气称活性氧，又称超氧化物阴离子自由基，能破坏细胞结构，加速植物的衰老。植物体内通常会产生一些消除超阴离子的物质，如超氧化物歧化酶 SOD 等。

综上所述可以看出，光合作用的光反应阶段是光能转变为电能，电能又转化为活跃化学能的过程，在这一过程中产生的 ATP 和 NADPH+H^+ 是暗反应中同化 CO_2 时能量和氢的来源，故又把这两种物质合称为“同化力”。

2）暗反应阶段——CO_2 的同化

利用光反应产生的 ATP 和 NADPH+H^+，在叶绿体基质中继续进行下一个过程：CO_2 的同化。这一过程在光下和暗中都能进行，相对于光反应称为暗反应阶段（国际上统称碳反应）。在暗反应阶段，植物利用同化力把 CO_2 同化为稳定的碳水化合物，进一步把 ATP 和 NADPH+H^+ 中活跃的化学能转化为碳水化合物中稳定的化学能，供生命较长时间利用。植物碳同化途径主要有三条：C_3 途径、C_4 途径、CAM（景天科酸代谢）途径，现分别加以概述。

（1）C_3 途径

C_3 途径是所有绿色植物同化 CO_2 为糖的基本途径，是美国加州大学的卡尔文等人利用放射性同位素和纸层析等技术，经十年（1940—1950 年）系统研究发现的，因此又称卡尔文循环。C_3 途径全过程可分为羧化、还原、再生三个阶段。

①羧化阶段　指进入叶绿体的 CO_2，在核酮糖-1，5-二磷酸羧化酶（Rubisco）的催化下与受体核酮糖-1，5-二磷酸（RuBP）结合，生成 2 分子初产物甘油酸-3-磷酸（PGA）的过程。因为同化 CO_2 的初产物是三碳的 PGA，所以这一途径称 C_3 途径。化学反应式为：

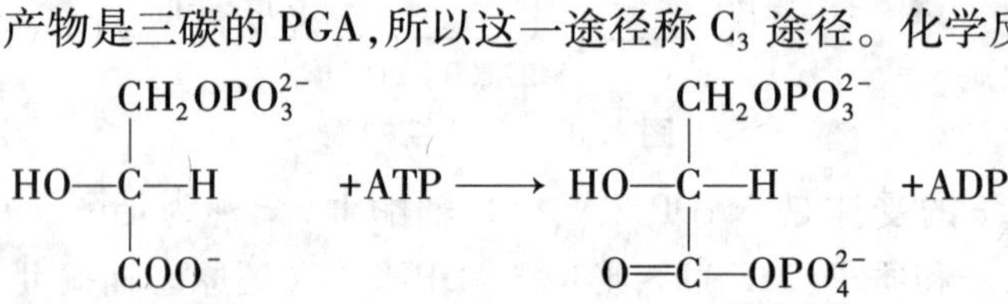

PGA　　BPGA

还原反应由 NADP-甘油醛-3-磷酸脱氢酶催化：

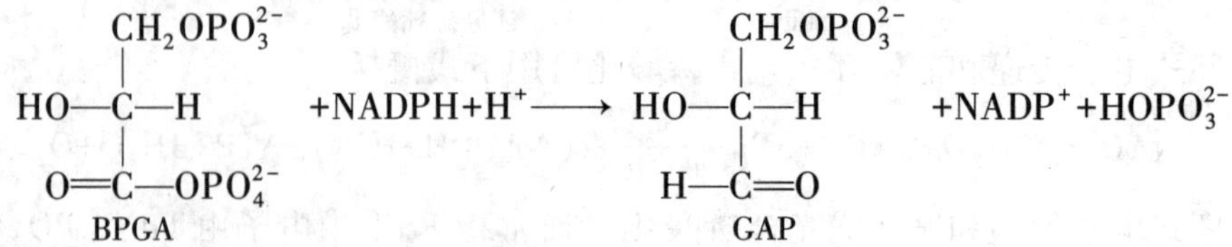

BPGA　　GAP

②还原阶段　指利用同化力将甘油酸-3-磷酸(PGA)还原为甘油醛-3-磷酸(GAP)的过程。分两步进行:磷酸化和还原。磷酸化反应由甘油酸-3-磷酸激酶催化;羧化反应产生的PGA是一种有机酸,要达到糖的能级,须用光反应中生成的同化力ATP与NADPH对其进行还原,使PGA的羧基转变成GAP的醛基。当CO_2被还原为GAP时,光合作用的贮能过程便基本完成。生成的GAP可以转化为其同分异构体二羟丙酮磷酸(DHAP),GAP和DHAP是植物体内重要的三碳糖,统称为磷酸丙糖(TP)。随后在叶绿体的基质中,由磷酸甘油醛和磷酸二羟丙酮缩合成磷酸己糖(六碳糖),再进一步脱磷酸(Pi)合成淀粉;如果光合速率高,则一部分磷酸丙糖可与细胞质中的磷酸交换(通过叶绿体膜上的Pi交换器),从叶绿体中运出到细胞质中合成蔗糖。生产上磷肥充足时,可促进丙糖输出,提高光合速率。还原阶段的两步反应如下:

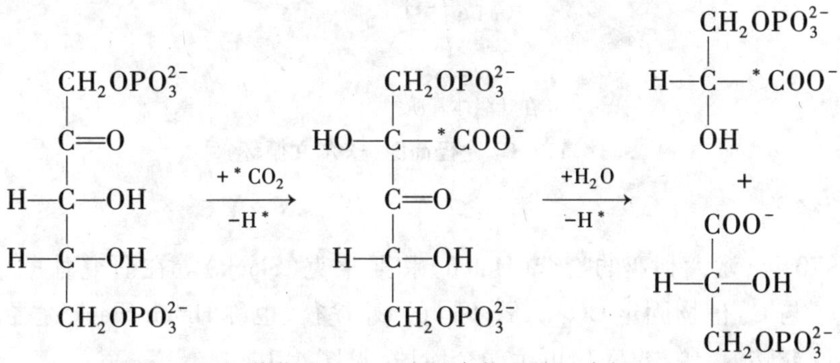

RuBP　羧化　中间产物　水解　PGA

以上两步可归纳为一总反应式:

$$PGA + ATP + NADPH + H^+ \longrightarrow GAP + ADP + NADP^+ + Pi$$

③再生阶段　指由甘油醛-3-磷酸重新形成核酮糖-1,5-二磷酸的过程。1/6的磷酸丙糖形成光合产物的同时,大约有5/6的磷酸丙糖又可经过一系列复杂的化学反应,包括形成磷酸化的3,4,5,6和7碳糖的一系列反应,形成核酮糖-5-磷酸(Ru5P),最后由核酮糖-5-磷酸激酶(Ru5PK)催化,消耗1分子ATP,重新形成RuBP:

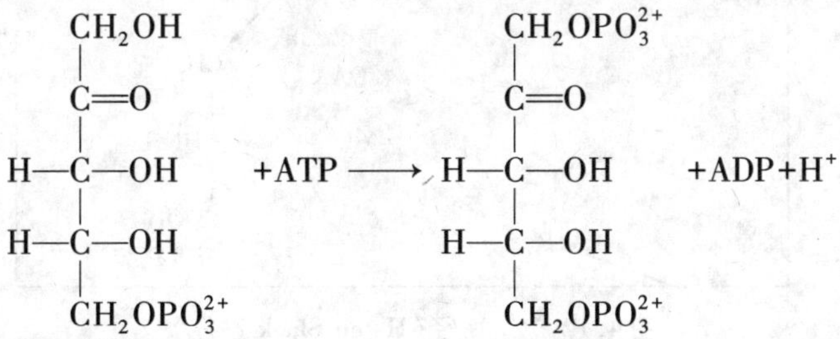

Ru5P　RuBP

整个反应不断循环进行,光合产物淀粉和蔗糖便不断合成。整个C_3途径概况见图4-11。只通过C_3一条途径同化CO_2为碳水化合物的植物,称C_3植物。树木、大部分农作物如小麦、水稻、棉花、大豆、烟草等多为C_3植物。

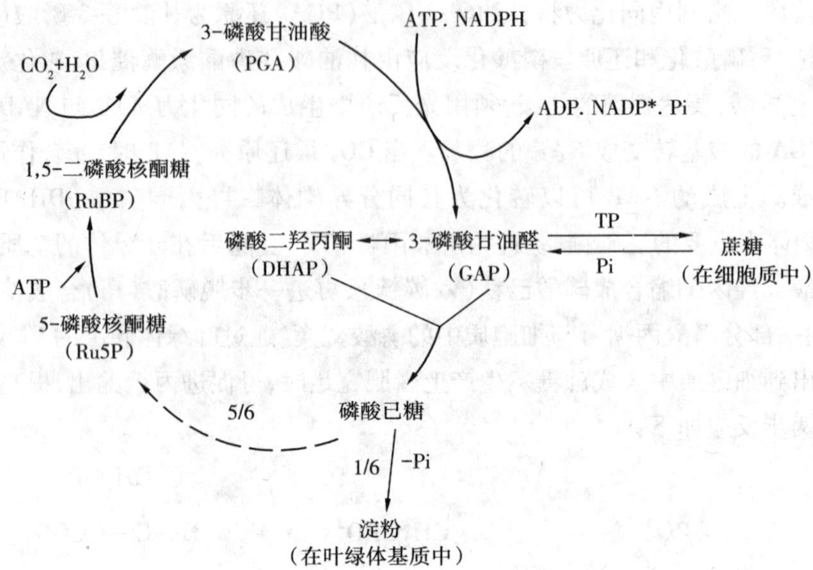

图 4.11　C_3 途径简图(卡尔文循环)

(2) C_4 途径

1954—1970 年,澳大利亚的哈奇(Hatch)和斯莱克(Slack)等在研究甘蔗、玉米的光合作用时,发现了与 C_3 植物固定 CO_2 方式不同的 C_4 途径,也称 Hatch-Slack 途径。C_4 途径可分为羧化、还原或转氨、脱羧、底物再生四个阶段,见图 4.12。

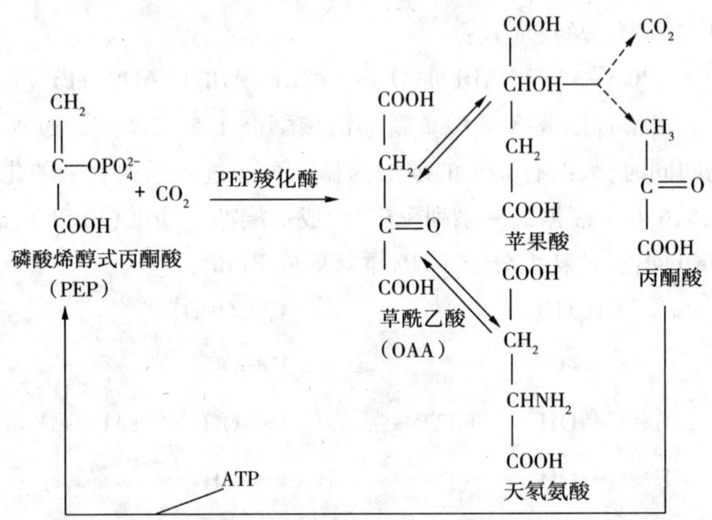

图 4.12　C_4 途径(Hatch-Slack 途径)

①羧化反应　在叶肉细胞的叶绿体基质中,磷酸烯醇式丙酮酸(PEP)与 CO_2 水解产生的 HCO_3^- 反应,在磷酸烯醇式丙酮酸羧化酶(PEPC)催化下形成初产物草酰乙酸(OAA)。因草酰乙酸(OAA)为 4 碳化合物,所以称这一途径为 C_4 途径。

②还原或转氨作用　草酰乙酸加 2H 可被还原为苹果酸(Mal),或经转氨作用形成天冬氨酸(Asp),一般为前者。

③脱羧反应　C_4 酸通过胞间连丝从叶肉细胞移动到维管束鞘细胞(BSC),在维管束鞘细中释放 CO_2,被维管束鞘细胞中进行的 C_3 途径所同化。

④底物再生　脱羧形成的 C_3 酸(通常为丙酮酸)从 BSC 运回叶肉细胞,在一分子 ATP 中高能磷酸键的作用下,再生出 CO_2 受体 PEP。

C_4 途径中并无糖的形成,从整个反应过程不难看出:C_4 途径的重要作用是为维管束鞘细胞中的 C_3 途径输送 CO_2,使 CO_2 浓度提高,因为大气中 CO_2 稀薄,不能充分满足强光、高温条件下,植物光合对 CO_2 浓度的需求,因此某些起源于热带地区的植物便进化出了这样一条辅助途径。由于高浓度的 CO_2 促进了维管束鞘细胞中 C_3 途径的进行,所以这类植物的光合速率较高。

在植物叶肉细胞中,通过 C_4 途径固定 CO_2,又把 CO_2 输送到维管束鞘细胞中,通过 C_3 途径,同化 CO_2 为糖的植物,称 C_4 植物。至今已知,被子植物中有 20 多个科约近 2 000 种植物通过 C_4 途径固定 CO_2,如起源于热带的植物玉米、甘蔗、高粱、千日红、半支莲、狗牙根、马唐、蟋蟀草等。C_4 植物同化 CO_2 为碳水化合物的整个过程概况见图 4.13。

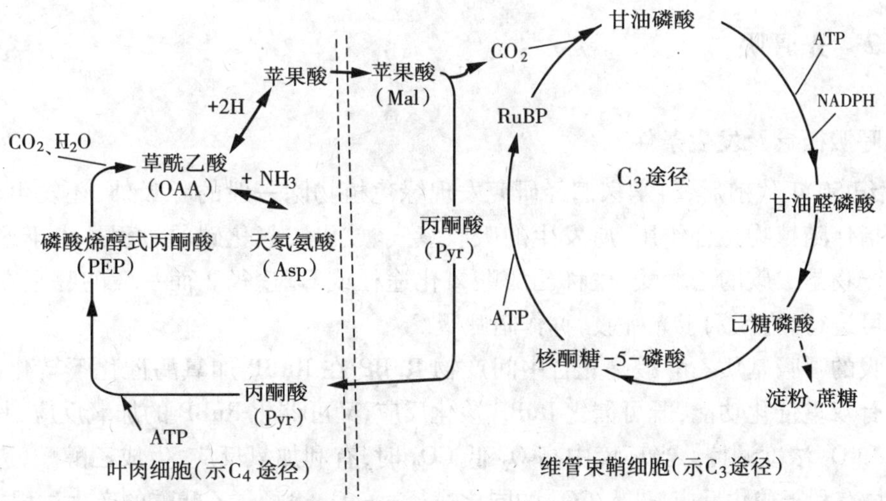

图 4.13　C_4 植物碳同化途径(包括 C_4 和 C_3 两条途径)

(3)CAM 途径(景天科酸代谢途径)

景天科植物大多属肉质植物,CAM 途径首先是在这类植物中发现的。科学家们在景天科植物中发现一种很特别的 CO_2 同化方式:夜间固定 CO_2 为羧酸,贮存于液泡中,白天脱羧释放 CO_2 用于光合作用,这一碳同化途径称 CAM 途径。以这种方式同化 CO_2 为糖的植物称 CAM 植物。目前在仙人掌科、景天科、大戟科、番杏科、百合科等约 30 个科,1 万多种植物中发现有这条途径。CAM 途径主要分 3 个重要阶段:

①羧化阶段　夜间气孔开启吸收 CO_2,CO_2 遇水生成的 HCO_3^- 与叶绿体基质中的磷酸烯醇式丙酮酸(PEP)在 PEP 羧化酶的催化下生成草酰乙酸,后者被 NADPH 还原成苹果酸贮存于液泡,所以 CAM 植物夜间 PH 值比白天低得多。

②同化 CO_2 阶段　白天气孔关闭,苹果酸从液泡转移至细胞质,氧化脱羧释放的 CO_2 进入叶绿体被 C_3 途径同化为糖。

③PEP 的再生　苹果酸脱羧后形成的丙酮酸与一分子 ATP 反应生成 PEP,也可由光合产物磷酸己糖经糖酵解(EMP)生成。

CAM 植物与 C_4 植物同化 CO_2 方式相似,它们均通过 PEP 对 CO_2 进行固定,有 2 次固定 CO_2 的过程,也同 C_3 植物一样需通过 C_3 途径同化 CO_2 为糖,所以 C_3 途径是所有植物共有的一条基本途径。但 C_4 植物 CO_2 的 2 次固定是在同一时间、不同细胞中进行;而 CAM 植物却是在同一细胞、不同时间中进行。进行 CAM 途径的植物有以下特征:起源于热带或亚热带,其中许多种生长于干旱地区;大部分植物的茎或叶是肉质的;夜间气孔开放,白天气孔关闭。这些特征是在高温、干旱环境中生长的植物经过长期演化而形成的。受所能积累的 C_4 双羧酸量的限制,CAM 植物光合速率较低,因此生长缓慢。

经科学不断研究发现,植物同化 CO_2 的方式比较复杂,有些植物可随环境的改变,不断变换自己的光合途径,如烟草为 C_3 植物,但生长初期的幼叶中却存在 C_4 途径;C_4 植物高粱的初生叶具有 C_3 植物的生理、生化和解剖学特性。无论何种方式,光合作用的最终目的是通过有机物的合成把光能贮存下来,又通过逐步降解释放能量供生命之需。

4.3.2　光呼吸

1)光呼吸概念及发生条件

20 世纪 50 年代前后,科学家们经研究发现绿色植物除一般的呼吸外,还发生光呼吸。光呼吸是指伴随植物光合作用,所发生的吸收氧气、放出二氧化碳的过程。由于这条途径生成的初产物是二碳的乙醇酸,也称乙醇酸氧化途径或 C_2 途径。而一般的呼吸在光照和黑暗中均可进行,为区别于光呼吸,称作暗呼吸。

光呼吸的呼吸基质乙醇酸是光合中间产物 RuBP 在 RuBP 加氧酶催化下转化而来的。这种酶具有双重催化功能,既可催化 RuBP 羧化反应,又可催化 RuBP 的加氧反应,其反应趋向受 CO_2 和 O_2 浓度调控。当环境中高 O_2 低 CO_2 时,有利加氧反应,生成乙醇酸,进入光呼吸;相反时,有利于羧化反应,进入 CO_2 的同化途径——C_3 途径。乙醇酸的产生过程如下:

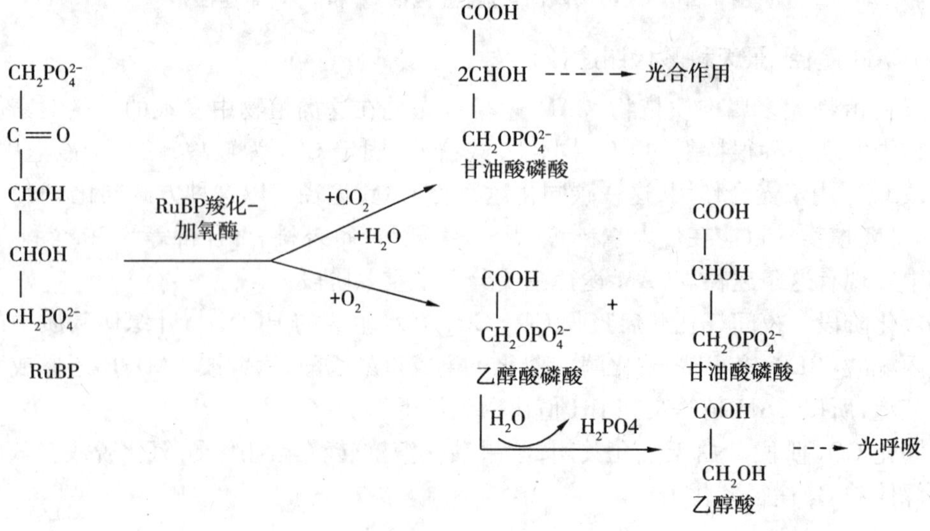

2)光呼吸过程

光呼吸在叶绿体、过氧化体、线粒体三种细胞器中完成,在光合细胞中三种细胞器相邻存在(图4.14)。

图4.14　电镜下三种相邻存在的细胞器

其基本过程如下:乙醇酸在叶绿体中形成后,从叶绿体转入过氧化体,由乙醇酸氧化酶催化吸收氧气被氧化成乙醛酸,这是第二次吸收O_2,第一次在叶绿体中;乙醛酸经转氨作用转变为甘氨酸,甘氨酸进入线粒体后,2分子甘氨酸发生反应脱羧脱氨,放出一分子CO_2、一分子NH_3转变为一分子丝氨酸,这是光呼吸唯一放出CO_2的地方;丝氨酸再转回到过氧化体中,发生转氨基作用,生成羟基丙酮酸,后被2H还原为甘油酸,甘油酸转入叶绿体后,在甘油酸激酶催化下生成3-磷酸甘油酸,3-磷酸甘油酸又回到叶绿体中参与C_3途径,整个过程构成一个循环(图4.15)。

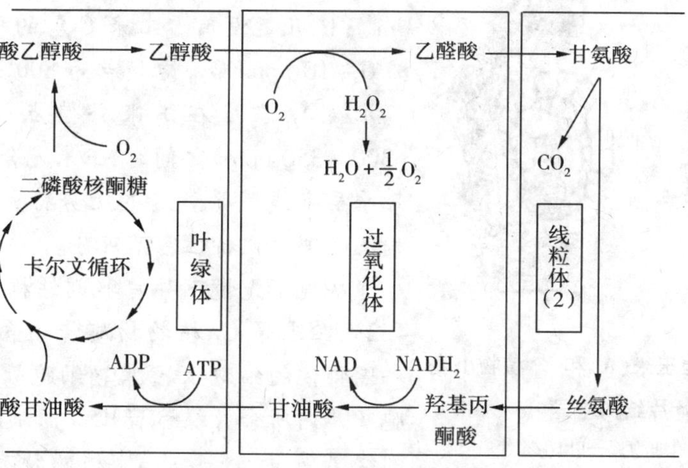

图4.15　乙醇酸循环简图

3)光呼吸意义

光呼吸消耗光合产物,植物在长期进化过程中却保留了这一过程,必有其存在的意义。

植物不同,光呼吸强度有很大差别。据测定,C_3植物光呼吸很高,是一般呼吸的3~5倍,大豆、小麦、水稻等光呼吸能把光合产物的1/3以上消耗掉。C_4植物光呼吸却很低,很难测得出。因此也把C_3植物称高光呼吸植物,C_4植物称低光呼吸植物,C_4植物的净光合速率一般比C_3植物高许多。近年来,对于转基因植物和插入光呼吸缺陷突变体植株的研究表明,无光呼吸途径,植物在正常环境中便不能生存。因此,光呼吸是植物在有氧环境下不可缺少的一个生化过程。

目前认为光呼吸的意义主要表现在:在光过强时,光反应转化的能量超过暗反应所需,光呼吸可以帮助植物消耗掉过多有机物和同化力,保护植物不受能量过多及生成的超阴离子伤害;其次,光呼吸在消除乙醇酸毒害、回收碳素、维持 CO_2 的浓度、合成氨基酸等方面也有其重要的生理意义。

尽管光呼吸有许多积极的意义,但生产上还应在植物维持必需的光呼吸基础上,尽量采取一定的措施,抑制光呼吸,为作物产量的提高提供一条新途径。目前已有很多探索,如培育和筛选光呼吸低的种与品种、适当应用光呼吸抑制剂、增加环境中 CO_2 的浓度、降低 O_2 的浓度等。

知识链接)))

玉米等 C_4 植物光合能力高、光呼吸低的原因剖析

玉米属 C_4 植物,光合速率高达 36.63 $mgCO_2/dm^2 \cdot h$,远高于小麦的 17.31 $mg CO_2/dm^2 \cdot h$。玉米能充分利用强光照,具有较高的光饱和点或测不出光饱和点,一般在 10 万 lx 以上,这也是夏季最强光照。玉米在自然光照条件下随光照升高,光合速率会一直上升,几乎无光饱和点;光呼吸只有 0.06 $mgCO_2/dm^2 \cdot h$,几近没有。玉米 CO_2 的补偿点较低,一般为 0 ~ 10 $ppmCO_2$,饱和点为 800 ~ 1 800 ppm;当空气中 CO_2 浓度在玉米补偿点以上至正常浓度(300 ~ 350 ppm)之间时,玉米光合速率与 CO_2 浓度几乎呈直线关系。这些优势特点与玉米的叶片结构及生理生化特性密不可分。

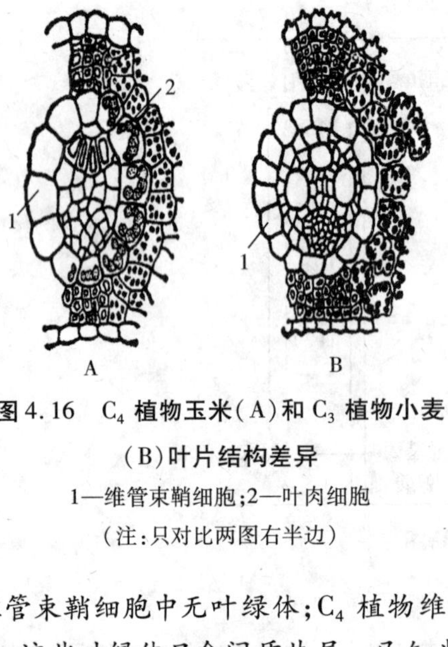

图 4.16 C_4 植物玉米(A)和 C_3 植物小麦(B)叶片结构差异

1—维管束鞘细胞;2—叶肉细胞

(注:只对比两图右半边)

从观察光镜下叶片解剖结构发现(图 4.16,表 4.2),玉米等 C_4 植物物质传导管道,即维管束,被一圈特化的细胞-维管束鞘细胞所包绕,维管束鞘细胞及其内所含叶绿体皆比叶肉细胞大,像一个花环围绕着维管束,形成 C_4 植物特有的"花环解剖结构"(由德语:Kranzanatomie 转释而来),而 C_3 植物维管束鞘细胞中无叶绿体;C_4 植物维管束鞘细胞的叶绿体基粒退化,被称为无基粒叶绿体,这些叶绿体只含间质片层。已知光反应中的光系统Ⅱ(Photosystem Ⅱ)主要是分布在基粒上,基粒的缺失意味着光反应不能正常进行,因此,无基粒叶绿体变成了专事暗反应的场所。植物的维管束鞘细胞周围是叶肉细胞,C_4 植物的叶肉细胞与 C_3 类植物不一样,叶肉细胞中叶绿体小,基粒类囊体多,积累淀粉很少,说明其主要进行光反应阶段。此外,C_4 植物叶肉细胞也没有海绵和栅栏组织之分,所有叶肉细胞部位均可进行气体交换,且维管束鞘细胞与叶肉细胞排列紧密,两者之间有发达的胞间连丝贯穿,这使得两者之间苹果酸和同化力等新陈代谢产物的进出得到保证。也使 C_4 植物将二氧化碳的固定与同化在空间上隔开,在不同部位分工完成碳同化过程成为可能。

表 4.2　C_4 植物与 C_3 植物比较

项　目	C_3 植物	C_4 植物
叶片解剖结构	维管束鞘细胞与叶肉细胞排列疏松	维管束鞘细胞与叶肉细胞排列紧密,有叶绿体,富含胞间连丝,维管束发达
叶绿体	只有叶肉细胞中含有叶绿体	维管束鞘细胞中含叶绿体,但基粒片层不发达,叶绿体体积较叶肉中大
CO_2 同化途径	只有 C_3 途径	有 C_3 途径和 C_4 途径
CO_2 受体	RuBP	RuBP 和 PEP
最初产物	3-磷酸甘油酸	草酰乙酸
光呼吸	高,易测出	低,不易测出

从生理生化上分析,C_4 植物同化 CO_2 有 C_3 和 C_4 两条途径,C_4 途径存在于叶肉细胞,C_3 途径存在于维管束鞘细胞,C_4 途径专一用来固定 CO_2,且固定 CO_2 的磷酸烯醇式丙酮酸羧化酶(PEPC)对二氧化碳的亲和力比 C_3 植物 C_3 途径中核酮糖-1,5 二磷酸羧化酶(Rubisco)高60 多倍。C_4 途径固定 CO_2 形成的苹果酸通过发达的胞间连丝源源不断地进入维管束鞘细胞中,再脱羧放出的 CO_2。C_4 植物有了叶肉细胞这个强二氧化碳供应源,反应自然更高效。据测定,虽然这一过程耗能,但却使 C_4 植物维管束鞘细胞中 Rubisco 周围的二氧化碳浓度从 5 μmol 提高到 70 μmol,高浓度二氧化碳能抑制光呼吸途径而促进 C_3 途径。同时由于 C_4 植物叶肉和维管束细胞排列紧密,CO_2 很难从维管束鞘漏逸,即使漏逸也会被叶肉细胞中的 C_3 途径重新固定。

从以上结构和生理生化两方面分析不难得出 C_4 植物光合速率高、光呼吸低的原因所在,在强光、高温环境下这种优势最为明显。在弱光下,由于光反产生的同化力不足,而 C_4 途径本身消耗能量,则 C_4 植物的光合速率不一定高于 C_3 植物。

4.4　植物体内有机物质的运输与分配

4.4.1　植物体内的有机物质

有机物质是指光合作用的直接产物以及由直接产物经过转化、衍生出的初级代谢产物和次生物质,又称同化产物。

光合作用的直接产物主要是碳水化合物,即糖类,包括单糖(葡萄糖、果糖等)、双糖(蔗糖等)和多糖(淀粉、纤维素等),其中以蔗糖和淀粉最为普遍。糖类在呼吸代谢中产生的中间物质是合成脂肪、蛋白质、核酸等重要有机物的原料和碳架。如呼吸途径糖酵解-三羧酸循环中产生的二羟丙酮磷酸可还原成甘油，乙酰 CoA 经多次聚合后可形成脂肪酸，甘油和脂肪酸便可合成脂肪；产生的 α-酮戊二酸等有机酸与 NH_3 可合成各种氨基酸，氨基酸可合成蛋白质；在磷酸戊糖呼吸途径中产生的核酮糖，可合成核酸，核酸是重要的遗传物质。这些都属于初级代谢产物。

初级代谢产物及产生初级代谢产物的物质，通过体内代谢再度合成，便衍生出次生代谢物质。次生代谢物质主要有三类：酚类、萜类和含氮次生物，除少数分子较小的物质外，一般不再参入代谢活动，是代谢的终产物，对植物繁育后代、防御天敌起到重要的作用。有些次生物质是植物生长发育所必需的，如萜类中的类胡萝卜素、赤霉素，酚类中的木质素、花色素苷、单宁，含氮次生物中的生物碱等。

4.4.2 植物体内有机物质的运输

1）有机物运输的途径

植物体内的有机物，经常要进行细胞内和细胞间的短距离运输，以及器官之间的长距离运输。例如，叶片制造的有机物要运输到果实、种子中去，开始和最后都要进行几微米到几毫米的短距离运输，中间须通过输导组织进行数厘米至上百米之外的长距离运输。

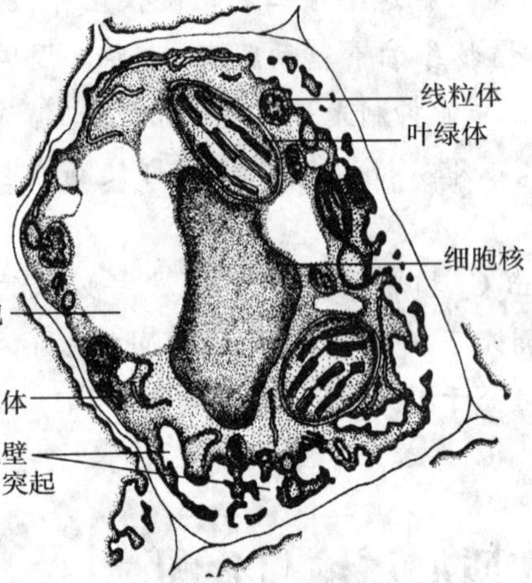

图 4.17 传递细胞

（1）短距离运输

短距离运输一般开始发生在有机物质进入专门输导组织之前，在细胞内及细胞间的运输。

胞内运输主要通过扩散和原生质流动等形式在细胞内进行的物质交换。胞间运输是指通过质外体、共质体或交替途径等进行的细胞间物质运输。有机物在质外体中运输速度很快；细胞与细胞间的共质体运输主要通过胞间连丝实现，在紧密相邻的细胞之间同化物运输速率共质体大于质外体，因为它不需要跨双层膜运输，阻力小。大多数情况下，两条途径是通过传递细胞交替进行的。传递细胞又称运输细胞（图 4.17），存在于维管束附近，在源、输导组织、库三者之间起快速装卸同化产物的作用。传递细胞的细胞核大、细胞质浓厚、线粒体多、细胞壁向内突起，与周围细胞间有发达的胞间连丝相连结，这些特点都说明其有充足的能量和较大的接触面积协助有机物的运转。

（2）长距离运输

除根部合成的少许含氮有机物、激素、可溶性糖类等沿木质部向上运输外，高等植物有机物的长距离运输几乎全部是由韧皮部的筛管和筛胞完成的，这已通过环剥和同位素示踪试验得到证明。

环剥试验是研究物质运输的经典方法。环剥是将木本植物的茎干剥去一圈树皮(其中包括韧皮部)的一种处理方法(图4.18)。

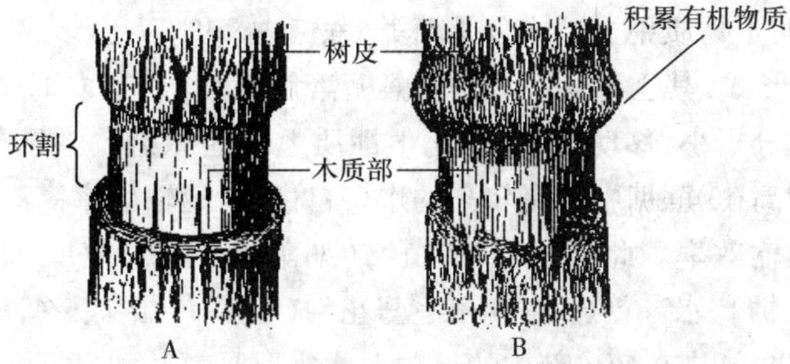

图4.18　环剥

A—开始环剥的树干;B—环剥后一段时间的树干

环剥后经过一段时间,环剥部位以上枝叶照常生长,而环剥的上端切口处由于同化产物经过韧皮部向下运输时受阻,在环割切口上端处积累,皮部膨大,有时形成瘤状物。如果环剥不宽(如0.3~0.5 cm),过一段时间,愈伤组织可以使上下树皮再连接起来,恢复有机物向下运输能力;如果环剥主干过宽,环割口的下端又无一定的枝叶,时间一久根系就会饥饿而死,“树怕剥皮”就是这个道理。

环剥处理在果树生产中经常应用。例如,对旺长的苹果、枣等树体的主干和旺长枝基部在开花和花芽分化期进行适度环剥,可提高地上部糖分含量,升高C/N,有利于提高坐果率,促进花芽分化,控制陡长。在进行扦插和压条繁殖时,可在剪离母株前,对枝条的欲生根部位环剥,过一段时间后再进行扦插和压条,由于此处理能使养分和生长素集中在切口上端,故利于发根、壮苗。

此外,有机物从膜内到膜外的跨膜运输、有机物运输的动力、从源到库的装卸机理等更深层面的内容,近年来有许多研究,可查阅相关文献资料。

2)有机物运输的方向和速率

有机物在韧皮部中可进行上、下双向运输(但同一筛管中未发现双向运输现象)。冠部产生的内源生长素,主要沿韧皮部从形态学的上端向下端运输,即所谓极性运输;而无机营养及根部合成的细胞分裂素等则在木质部向上运输,而在韧皮部中向下运输。韧皮部和木质部中的有机和无机营养,也可在筛管和导管间进行横向运输,但量较少。

有机物的运输速率,是指被运输的物质在单位时间内所移动的距离,通常以cm/h表示,一般为20~200 cm/h。不同种类植物或植物生长的不同阶段运输速率不同,例如,同位素示踪法测得,大豆为84~100 cm/h;柳树约100 cm/h;南瓜幼龄时较快,约72 cm/h,老龄时则慢,为30~50 cm/h;蜡熟小麦为107~200 cm/h;甘蔗速率高达270 cm/h;稻、麦同化产物向籽粒中运输最快的时期为开花后10天左右。

同化物运输具有选择性,并可逆浓度梯度进行,需消耗能量,为一主动过程。关于同化物的运输动力有三种学说:压力流动学说、胞质泵动学说、收缩蛋白学说,要进一步了解这方面的知识,可查阅相关资料。

3)有机物运输的形式

一般来说,典型的韧皮部汁液样品其干物质含量占10%～25%,用蚜虫吻刺法和同位素示踪法等实验证明干物质中主要成分是糖类,蔗糖占90%以上(见表4.3)。蔗糖成为糖和脂肪运输的主要形式,其主要原因为:①蔗糖溶解度较高(0 ℃时,179 g/100 mL 水);②蔗糖是非还原糖,分子小、移动性大,在化学性质上较还原糖(主要是单糖)具有较好的稳定性,运输速率较高;③蔗糖中含有较高的水解自由能,运输效率高。这些特性都有利于长距离运输,提高运输效率。此外,在某些植物(如苹果、樱桃、南瓜、榆树等)的韧皮部中也发现有棉籽糖(三糖)、水苏糖(四糖)和毛蕊花糖(五糖)、山梨醇糖等,这些糖也是非还原糖;蛋白质等有机含氮物在韧皮部中的运输形式主要是氨基酸、酰胺和肽类,氨基酸主要是谷氨酸、谷氨酰胺、天冬氨酸、天冬酰胺等,不同物质间含量差别较大,一般为0.03%～15%。其余还含有矿质元素离子、少量维生素、核苷酸、内源激素、酶类等,矿质离子中K、Mg含量较高。

表4.3 韧皮部中汁液成分 (单位:mmol/L)

	烟草	羽扇豆
蔗糖	460.0	490.0
氨基酸	83.0	115.0
钾	94.0	47.0
钠	5.0	4.4
磷	14.0	
镁	4.3	5.8
钙	2.1	0.16
铁	0.17	0.13
锌	0.24	0.08
pH	7.9	8.0

4.4.3 植物体内有机物的分配

1)植物体内的“代谢源”与“代谢库”

“代谢源”简称“源”,是指能合成并能输出同化产物的组织和器官,主要是指合成大于自身消耗、有同化产物输出的叶片,这样的叶片又称功能叶;“代谢库”简称“库”,是指消耗和贮藏同化产物的组织与器官,主要是植物的果实、种子、块根、块茎等。源、库可相互转化,如叶片在幼小时要从其他部位吸取营养物质长大,此时为库;成叶后有了有机物输出,便转化为源。种子的子叶、胚乳在种子成熟过程中贮存有机物为库,但在种子萌发的过程中,为胚提供营养而成为源。源、库可相互促进,源的同化和输出能力强,库的生长和发育快、质量好、产量高；库的数量和容量大，也促进源的同化和输出，如小麦受精后，半个月左右旗叶(穗下第一叶)中约有45%同化产物运到幼穗，若去掉幼穗，旗叶15 h内光合速率降低一半。

2)有机物的分配规律

源合成的有机物在向其他器官运输分配时，是不断变化的，但都遵循一定的规律和原则，主要有以下几方面：

(1)优先运向生长中心

生长中心也是营养分配中心，是指植物细胞分裂、伸长、发育最旺盛的部位。在植物一生中生长中心不断变更，前期中心为营养器官：根、茎、叶，特别是根、茎先端具有顶端优势。茎、叶争夺营养的能力又大于根，所以生产上，在植株长到一定的大小时，要控制水分，抑制茎叶的生长，促进根系生长，这一措施称"蹲苗"；后期为生殖器官：花、果实、种子，果实、种子争夺养分的能力又比花强，因此，当植物体内养分不足时，首先会引起落花落蕾现象，严重缺乏养分时，才会引起落果。

在作物生产中，要实现高产优产，就要在必要的时候，采取措施让收获的器官处于生长中心。果树栽培中的拉枝、摘心、扭梢、利用植物生长延缓剂等都是为抑制营养器官的顶端优势，使生殖器官成为生长中心。棉花、葡萄、西红柿等花果共存时间较长的植物，要注意加强肥水供应，以免由于营养竞争，出现落花现象，影响后期产量。如棉花生产要重施花铃期肥，保证不同生殖器官对肥料的需要，延长收获时间。

(2)就近供应

源的同化产物首先运输给自己附近的库。一般上部叶片供应给植株上部的库器官；中部叶片供给上、下邻近自己的中部库器官；下部叶片供给下部器官和根系。

生产上要注意保护好花果附近的功能叶，如果花果附近叶片少，果实小、质量差，严重的会造成花果的脱落，因此要注意疏花疏果，保证一定的叶果比。禾本科植物穗下的旗叶摘掉，会严重影响穗重；苹果要生产一级果，叶果比要达到25∶1以上，而葡萄要生产500 g重的优质果穗，其附近需有40片以上质量好的功能叶。花果附近的库源充足，果实发育有足够的营养供应，花芽和营养器官质量好，便能稳产优质，克服大、小年现象的出现。

(3)纵向同侧运输

用$^{14}CO_2$饲喂植物实验证明，一般情况下，叶制造的有机物(无机物也是如此)主要供给同侧的叶、花、果和根系，很少横向运输。只有当另一侧叶片严重缺乏同化物时，才会发生横向运输，这是由输导组织的纵向分布引起的。如向日葵等在花盘刚出现时，去掉一侧的叶片，则同侧的籽粒就不能很好地发育；果树一侧缺乏叶片，同侧的根系发育便不良。因此，生产上要注意通过加强栽培和整形修剪等措施，维持作物和树体结构的平衡。

此外，一旦叶片长成，成为功能叶，有光合产物向外运输，便具有相对的独立性，不会再接受外来同化物，直到最后衰老死亡。如给功能叶遮黑处理，也不会有同化物输入功能叶。一般来说，运到库中的光合产物，可以再重新分配利用。例如豆类、稻麦等作物在生殖器官快速生长前，大量光合产物首先贮藏在豆荚、叶鞘和茎中，待果实、种子快速生长时，便再转移到其中去；果树叶片衰老时，叶中部分营养物质和矿质元素会回流到根茎等部位进行贮藏。所以生产上，作物要达到一定的成熟度再收获，果树大枝最好在落叶后修剪。

总之，植物的库器官要获得更多的同化产物，一是植物本身的源要强，二是库的竞争能力要强；其次，源、库间要有发达的输导组织。生产上可根据这几个方面，采取相应的措施进行调控，以获得更好的经济效益。

4.4.4 影响有机物运输与分配的因素

1）温度

在适当的温度范围内，随温度的升高同化产物的合成和运输速度加快，有一个最适温度范围，温带 C_3 作物有机物运输的最适温度在 25 ℃左右。低温时，呼吸低产生能量少，有机物质黏度又加大，增加运输阻力。如供给西红柿功能叶 $^{14}CO_2$，温度保持 30 ℃左右，叶片内 $^{14}CO_2$ 同化产物输出率最大；若温度降至 20 ℃以下，$^{14}CO_2$ 同化产物输出率明显下降。夏季日照长，35 ℃以上持续高温会抑制运输，主要原因如下：植物呼吸过高，消耗增加；植物体内缺水，地上部萎蔫，输导组织不畅通；细胞结构受损等。

有时局部气温差异也会影响有机物运输，如气温与土温的差异，对同化产物分配方向便有一定的影响。当土温高于气温时，有利于同化产物向地下部分运输，反之则有利于向地上部运输。对甘薯、花生、马铃薯等收获地下器官的作物，可采取起垄栽培，有利于提高地温，促进有机物向下运输，可提高产量。

总之，生产上须尽量采取措施，使作物生育期间温度适宜，为高产优质创造条件。

2）水分

生命离不开水，水是各种代谢的反应介质，有机物必须溶解在水中才能进行运输和分配。干旱缺水时，叶片中的光合产物难以运出，反馈抑制光合速率；同时植物细胞为避免失水，通过升高水解酶的活性，提高可溶性糖类浓度，降低水势，这导致反馈抑制的加强和呼吸速率的升高，加大了光合产物的消耗，有时已形成的产量也会分解掉。所以干旱地区作物果实小，籽粒不饱满。生产上，保证作物对水分的需要是获得丰收的必备条件，特别是叶片中光合物质大量向果实、种子等库器官运输时，如禾谷类作物在灌浆和乳熟期，苹果、梨等果树在果实迅速膨大期，土壤水分充足可以加速灌浆，穗粒重和产量显著提高。但籽粒成熟期前一段时间，要适当控水才可促进有机物运输和籽粒成熟，因为水分会占有籽粒内部空间。

3）矿质元素

影响同化物质运输与分配的元素主要有磷、钾、硼。磷是细胞膜和遗传物质核酸的重要组成成分，也是高能物质 ATP 的成分。ATP 能活化单糖、氨基酸等参与重要有机物的合成，磷酸能与叶绿体中的磷酸丙糖交换运出到细胞质中合成蔗糖。故磷含量高时有利于同化产物运输，特别在作物后期追施磷肥有利于作物籽粒饱满；钾主要是促进淀粉的合成，禾谷类作物在籽粒灌浆期，薯类植物在块根膨大期施用钾肥有利于籽粒、块根的形成，同时钾有助于库、源间膨压差的形成，促进蔗糖、氨基酸等向库运输；硼能促进蔗糖的合成，并能和糖结合形成络合物，络合物容易透过质膜，促进运输。棉花花铃期喷施硼，能促使同化物质向幼蕾、幼铃中运输，显著减少蕾、铃的脱落。此外，Mg 参与形成叶绿素，又是 RuBP 及 PEP 羧化酶的激活剂，故 Mg 能促进光合作用。Mg 也是磷酸激酶的活化剂，能激活葡萄糖、氨基酸等合成有机物，因此，Mg 也是促进有机物合成和运输的重要元素。

4）植物激素

生长素、赤霉素和细胞分裂素具有吸引光合产物向其所在部位运输的能力，使其所在部位成为有机物合成和聚集中心。在棉花苗期茎端涂 1% 的吲哚乙酸，再用 $^{14}CO_2$ 饲喂功能叶，24 h 后测定棉花茎端 ^{14}C 光合产物，结果发现，处理的棉花茎端 ^{14}C 光合产物显著高于未处理植株（表 4.4），同时发现蕾期、盛花期有类似的结果。在棉花老叶的一边涂以细胞分裂素，相对的另一边涂以氨基酸，则氨基酸会转移到有细胞分裂素的一边去。幼嫩器官和受精后的子房中，生长素、赤霉素含量较高，所以这些器官争夺养分的能力强，成为生长中心。

表 4.4　吲哚乙酸处理棉茎端对光合产物运输的影响（脉冲/min·mg）

试验期		对照（$^{14}CO_2$ 喂叶）	吲哚乙酸处理（$^{14}CO_2$ 喂叶）
		茎端同化物浓度	茎端同化物浓度
苗期	试验阶段Ⅰ	9.93	39.55
	试验阶段Ⅱ	4.89	23.22

4.5　光合作用的生理指标及影响因素

4.5.1　植物光合作用的生理指标

衡量植物光合能力强弱的生理指标主要有：光合速率、光合生产率和光合势。

1）光合速率

光合速率是指单位时间、单位材料（单位叶面积或单位绿色部位重量），植物通过光合作用所吸收 CO_2 的量或释放的 O_2 的量，常用单位有：$\mu mol\ CO_2/m^2 \cdot s$、$CO_2 mg/d\ m^2 \cdot h$ 和 $\mu mol\ O_2/d\ m^2 \cdot h$。也可用单位时间、单位材料所积累的干物质量表示，单位为 $DW mg/d\ m^2 \cdot h$（DW 表示干重）。一般方法所测的光合速率实际上是光合与呼吸之差，称净光合速率（*Pn*）或表观光合速率，真正光合速率应是净光合速率与呼吸速率（包括光呼吸）之和，即：

$$真正光合速率=净光合速率+呼吸速率$$

通常所称的光合速率,一般指净光合速率。CO_2 吸收量可用便携式光合测定仪测定,干物质积累量可用改良半叶法测定。高产水稻可达 $CO_2$25 μmol/m^2 · s,小麦为 $CO_2$7 ~ 23 μmol/m^2 · s,棉花可达 $CO_2$28 ~ 34 μmol/m^2 · s。以干物质积累衡量:大多 C_3 植物平均为 DW20 ~ 40 mg/d m^2 · h;C_4 植物平均为 DW50 ~ 80 mg/d m^2 · h,最高可达 DW150 ~ 180 mg/d m^2 · h。如玉米平均为 DW 60 mg/d m^2 · h 左右,稻麦平均为 DW20 mg/d m^2 · h。随栽培技术的提高,光合速率会不断提高。

2)光合生产率

光合生产率又称净同化率,指植物在较长时间(数日、数周、数月或整个生育期)内,单位叶面积生产的干物质量。常用 DW g/m^2 · d 表示。一般植物的光合生产率平均为 DW 4 ~ 6 g/m^2 · d,有的可达 15 ~ 20 g/m^2 · d 或更高。它通常比光合速率稍低,因为还要减去夜间呼吸的消耗。

3)光合势

很多学者提出光合势的概念,指在单位土地面积上,作物生长期内进行光合生产的叶面积与日数的乘积。常用单位有:平方米/日 · 公顷(m^2/d · ha)或平方米/日 · 亩(m^2/d · 666.7 m^2)。作物、品种不同,叶面积系数不同,光合势差别较大。如茶园覆盖度大、生长旺盛的成龄茶树,其群体一年中的光合势可达 110 万 m^2/d · 667 m^2。小麦高产群体在适宜密度、氮磷钾肥适量配施下,全生育期总光合势可达到 21×10^4 ~ 22×10^4m^2/d · 667 m^2。光合势与产量呈显著正相关关系。

4.5.2 影响植物光合作用的因素

在自然条件下,光合作用是植物整个生命活动的重要生理过程,受多种内、外因子的影响。

1)影响光合作用的内部因素

(1)植物种、品种和砧木

在同样条件下,不同植物光合速率不一样,这是由其遗传特性决定的。一般情况下,树木光合速率低于农作物,针叶树低于阔叶树,常绿树低于落叶树,C_3 植物低于 C_4 植物。

同种植物不同品种间光合速率也不同。如苹果短枝品种高于普通品种 10% ~20%,农作物杂交种,光合速率明显较高。

用不同砧木嫁接的植物光合速率也不同,短化砧木可提高光合速率。

生产上应培育、选用良种、良砧。

(2)叶片

新长出的嫩叶,光合速率很低。其主要原因有:①叶组织发育未健全,气孔尚未完全形成或开度小,细胞间隙小,叶肉细胞与外界气体交换速率低;②叶绿体小,片层结构不发达,光合色素含量低,捕光能力弱;③光合酶,尤其是 Rubisco 的含量与活性低;④幼叶的呼吸作用旺盛,因而使表观光合速率降低。一般情况下,光合速率随叶龄增长出现“低—高—低”

的规律，呈单峰曲线变化。

叶片质量是决定叶片光合能力的重要因素。它包括叶绿素含量、叶片的厚度、栅栏组织与海绵组织的比例、比叶重(SLW)等，如果这几项数值相对较高，光合速率较高。比叶重是指单位面积叶片的重量，在适当的范围内，一般与光合速率呈正相关关系。

(3)光合产物的输出

光合速率也受供需关系调节，需求量大时，则促进叶片光合速率。实验证明当去掉一部分花果时，其附近功能叶中由于光合产物的积累，对光合速率进行反馈抑制，叶片光合速率下降；反之，去掉部分叶片，剩余叶片光合产物输出增多，会提高叶片的光合速率。

2)影响光合作用的外部因素

(1)光照

光合作用过程是贮存光能过程，所以光照是影响光合作用的关键因素。

光照强度为单位时间内辐射到单位面积上的光量子数，即光量子通量密度，单位为：μmol/m^2 · s。生产上常用单位为勒克斯(lx)，可用照度计直接测出。勒克斯与光量子通量密度之间能量换算比较复杂，如太阳光为 100 lx≈1.9 μmol/m^2 · s，而 400 瓦的高压汞灯为 158 lx≈1.37 μmol/m^2 · s。夏季太阳光最强时可达 10 万 lx，阴天时可达 1 万～2 万 lx。

①光的补偿点和饱和点　光的补偿点是指光合作用吸收二氧化碳量与呼吸作用释放的二氧化碳量相等时的光照强度。此时净光合速率为零。光强超过光补偿点后，随光照增强，光合速率逐渐升高，植物体内积累干物质。但达到一定值后，再增加光照强度，光合速率不再增加，此即光饱和现象。达到光饱和现象时的光照强度，称光饱和点(图 4.19)。

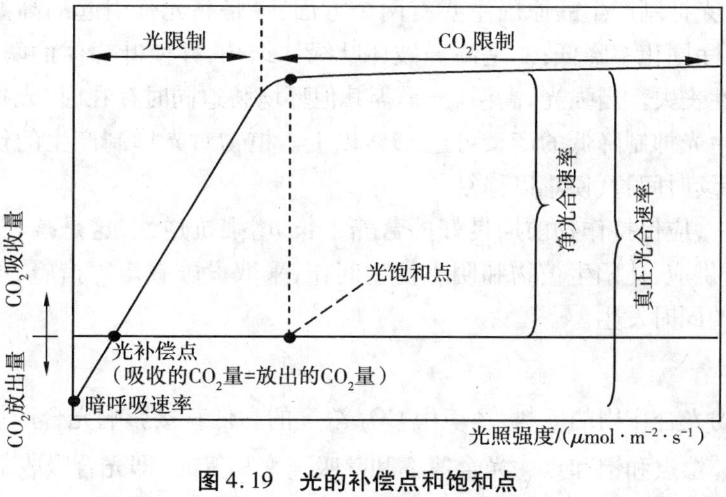

图 4.19　光的补偿点和饱和点

各类植物光饱和点不尽相同。水稻、小麦等 C_3 植物，光饱和点为 3 万～8 万 lx。C_4 植物的光饱和点一般比 C_3 植物高，有的 C_4 植物在自然光强下甚至测不到光饱和点(如玉米)。作物群体的光饱和点较单叶为高，因为光照度增加时，群体的上层叶片虽已饱和，但下层叶片的光合速率仍随光照度的增加而提高，所以群体的总光合速率还在上升。

光饱和点在 2 万～5 万 lx 及以上的植物，属于阳生植物；光饱和点在 1 万～2 万 lx 及以下的植物，属于阴生植物。几种植物光的补偿点和饱和点见表 4.5。

表4.5　部分植物的光补偿点和光饱和点

植物	光补偿点/klx	光饱和点/klx
苹果	800～1 500	4.2万～4.8万
稻、麦	600～700	3万～5万
大豆	500	2.5万
玉米、高粱;	1 400～8 000	10万
棉花	1 000～4 000	5万～8万

低光补偿点和高光饱和点有利于光合产物的积累，对植物生长有利。植物生长所需的光照强度，必须高于光补偿点。光照强度等于光补偿点时，由于非光合部位及夜晚呼吸消耗，植物体内有机物会亏损，时间一久，将会由于饥饿而腐败死亡，如连续阴雨天，造成大棚黄瓜的"化瓜"现象。生产上可通过降低棚内温度，或人工补充光照来减轻损失。

大田生产上，作物应合理密植，通过合理的群体结构来提高光饱和点；高秆作物如玉米、高粱等，下部的老叶常处于光补偿点以下，应及时褪除。果树、蔬菜等应及时整形、修剪，提高叶片见光率。

②光饱和现象产生的原因　出现光饱和现象，主要有三方面的原因：一是环境中 CO_2 浓度低，原料不足；二是环境温度低，酶活性低，影响暗反应的速率；三是光抑制引起。当光合机构接受的光能超过它所能利用的量时，光的加强不但不能升高光合速率，反而会引起光合速率的降低，这个现象称光合作用的光抑制。炎热中午很多 C_3 植物、阴生植物会出现较强的光抑制，光抑制产生的原因主要有两个方面：一是高光强引起的高温，使植物萎蔫，呼吸速率升高，净同化率降低；二是高温破坏叶绿体结构，并使叶绿体的酶钝化，甚至使酶活性即光合活性丧失。当强光、高温、干旱等其他环境胁迫同时存在时，光抑制现象尤为严重。大田作物由光抑制降低的产量可达15%以上。植物对光抑制产生的伤害具有一定的修复能力，但持续时间长，便难以修复。

大田生产中，应保持作物前期良好的营养生长，增强抗逆性，这是减轻光抑制的前提；此外，加强水分供应，让阳生植物和阴生植物间作，采取设施栽培等措施，可避免或减轻强光下多种胁迫的同时发生。

(2) CO_2

CO_2 是植物光合作用的原料，环境中 CO_2 浓度的高低直接影响光合产量。

①CO_2 的补偿点和饱和点　光合速率和呼吸速率相等时，即光合吸收的 CO_2 量和呼吸放出的 CO_2 相等时的 CO_2 浓度，称 CO_2 补偿点。当环境中 CO_2 浓度高于 CO_2 补偿点时，光合速率随 CO_2 浓度增加而上升，达一定浓度后，光合速率不再增加，这时环境中的 CO_2 浓度称 CO_2 饱和点。

植物不同，CO_2 补偿点不同。CO_2 补偿点低的植物利用 CO_2 的能力强，C_4 植物玉米、高粱、甘蔗等 CO_2 补偿点为 0～10 μl/L，称低补偿点植物；C_3 植物小麦、大豆等为 30～70 μl/L，为高补偿点植物；多数植物 CO_2 的饱和点在 5 万～10 万 lx 的光照条件下，在

800～1 800 μl/L 范围内，而大气中只有 350 μl/L。所以在较强的光照条件下提高环境中 CO_2 含量是增产的一条重要途径。

②植物利用 CO_2 的特点　CO_2 饱和现象主要由于 CO_2 超过饱和点后，导致原生质中毒所致。C_4 植物因其本身有浓缩 CO_2 的 C_4 途径，在环境 CO_2 浓度不很高的情况下，可以把维管束中的 CO_2 浓缩到一个较高的水平，达到较高的光合速率。C_3 植物光合速率的提高需要环境中较高的 CO_2 含量，所以提高 CO_2 浓度，C_3 植物比 C_4 植物增产明显。

植物光合作用时吸收 CO_2 量很大，一般作物每天每平方米叶面积要吸收 20～30 g 的 CO_2，即每天每亩 40～60 kgCO_2。作物要高产，只靠空气中 CO_2 浓度或浓度差造成的扩散远远不够，应加大空气流动速率或增施 CO_2，生产上要求田间通风良好，主要原因之一就是为加大空气流速，充分利用空气中的 CO_2。

(3)温度

CO_2 同化过程中，一系列复杂的生化反应是有酶催化进行的，必然受到温度的影响，有最低、最适和最高温度，称光合作用的温度三基点。在最高、最低温度时，植物不能进行光合作用，在最适温度时植物光合速率最高(表 4.6)。大多数温带 C_3 植物进行光合作用的温度范围为 10～35 ℃，最低温度为 0～2 ℃(热带植物为 5～7 ℃)，在 35 ℃左右光合开始下降，40～50 ℃即停止；C_4 植物温度三基点相应比 C_3 植物都高。

表 4.6　在自然 CO_2 浓度和光饱和条件下，不同植物光合作用的温度三基点(W. Larcher, 1980)

植物类型		最低温度/℃	最适温度/℃	最高温度/℃
草本植物	热带 C_4 植物	5～7	35～45	50～60
	C_3 植物	-2～0	20～30	40～50
	阳生植物(温带)	-2～0	20～30	40～50
	阴生植物	-2～0	10～20	约为 40
	CAM 植物(夜间固定 CO_2)	-2～0	5～15	25～30
	春季开花植物和高山植物	-7～-2	10～20	30～40
木本植物	热带和亚热带常绿阔叶乔木	0～5	25～30	45～55
	干旱地区硬叶乔木和灌木	-5～-1	15～35	42～55
	温带冬季落叶乔木	-3～-1	15～25	40～45
	常绿针叶乔木	-5～-3	10～25	35～42

光强、温度、CO_2 浓度不同，对光合作用的影响是不同的。只有在光强、CO_2 浓度较高时，提高温度才能促进光合速率，否则提高温度只增强了呼吸作用，对植物生长不利。因此，温室栽培植物，晴天光强时应保持最适温度，而阴天应适当降温。

(4)水分

水也是光合作用的原料。但光合作用所需的水只占植物吸水量的 1% 左右，水大部分用于植物的蒸腾作用。因此，水对植物光合作用的影响是间接的。缺水对植物光合作用的影响主要表现为：植物出现萎蔫现象，萎蔫使气孔变小甚至关闭，影响 CO_2 进入叶内，也减少光合面积；使光合产物输出减慢，因产物要溶于水中才能运输，并且缺水促进细胞中淀粉水解为可溶性糖，这些物质的积累，对光合作用产生反馈抑制。小麦在萎蔫状态下，光合作用只有正常植株的35%～40%。

因此，生产上要注意合理灌溉，保证作用对水分的合理需求。

（5）矿质元素

矿质元素直接或间接地影响光合作用。N、Mg是叶绿素的组成成分，N、P、S是蛋白质和叶绿体膜的成分；Fe、Cu、Mn、Zn是叶绿素分子形成过程中酶的辅基或活化剂；Fe、S、Mn、Cl、Cu、P、N参与水的光解及构成光合链中电子传递体的核心成分；P参入形成的ATP和NADPH，是CO_2同化的能量；K、Cl可调节细胞的水势，对气孔开闭具有调节作用；B、K、P等能促进叶片光合产物的合成、转化和运输，缺乏这些矿质营养，都会对光合作用产生直接和间接的影响。因此在农业生产中要合理施肥，才能保证光合作用的顺利进行。

（6）光合作用的日变化

植物在一天中，随着光照、温度等有规律的变化，光合强度也会发生有规律地变化。

在春、秋季节无云的晴天，光合速率从清晨开始随光照强度的增强而逐渐升高，中午前后达到高峰，下午以后逐渐降低，到日落停止，光合速率是一条单峰曲线；而在炎夏，光合速率是一条双峰曲线，一个高峰在上午，一个高峰在下午。光合速率在中午前后反而出现下降的现象，称“午休”现象（图4.20）。在天气阴晴多变时，由于光照强度不规则的变化，光合作用则相应地出现时高时低的现象。

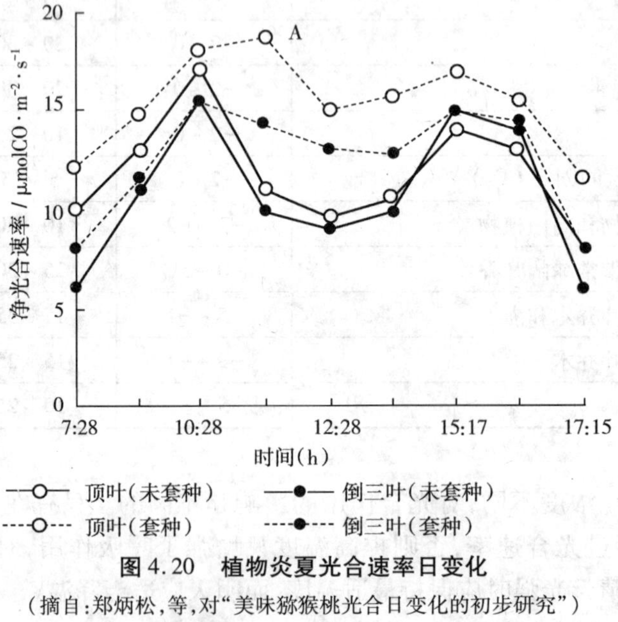

图4.20　植物炎夏光合速率日变化

（摘自：郑炳松，等，对“美味猕猴桃光合日变化的初步研究”）

总之，生产上要注意科学分析，找出影响光合作用的限制因素，及时采取有效措施加以调控，保证光合作用顺利、高效地进行。

4.6 作物产量与光合作用

作物产量的95%左右来源于光合作用,产量形成的过程即是光合作用的过程。因此,了解作物产量的构成因子及植物对光能的利用状况,对提高光能利用率、促进植物的光合速率都具有重要意义。

4.6.1 作物产量的构成

作物产量又称经济产量,是指作物一生中经济价值较高的收获物部分的重量,如小麦的麦粒、棉花的子棉或皮棉、大豆的种子、果树的果实、马铃薯的块茎等。

作物一生中由光合作用合成的有机物质的数量,称光合产量:

$$光合产量=光合速率\times光合面积\times光合时间$$

光合产量减去呼吸消耗和组织、器官的脱落称生物产量。如小麦,播种一粒种子,从萌芽、展叶、开花到结果,最后收获时的全株干重,称小麦的生物产量。期间有呼吸消耗,叶、花、果的脱落,统称为有机物消耗,因此:

$$生物产量=光合产量-有机物消耗$$

经济产量与生物产量的比值,称经济系数,即:

$$经济系数=\frac{经济产量}{生物产量}$$

作物不同经济系数不同,麦、谷类粮食作物一般为0.5左右,薯类为0.8左右,棉花子棉为0.40左右。蔬菜中的叶菜类较高,接近于1。

综上所述,经济产量(作物产量)可用下式表示:

$$经济产量=[(光合速率\times光合面积\times光合时间)-有机物消耗]\times经济系数$$

从上式可看出,作物产量的构成因素有5个:光合速率、光合面积、光合时间、有机物消耗、经济系数,这5个方面统称为作物的光合性能,人们从事农业生产,采取的一切技术、措施,都是为了改善作物的光合性能,以达到优质、丰产的目的。

4.6.2 作物对光能的利用

1)作物的光能利用率

通常把单位土地面积上植物光合作用所累积的生物产量中所含的能量,与同面积上照射的日光能的比率(百分率),称光能利用率(E_u):

$$光能利用率=\frac{单位面积上作物生物产量折合热能}{单位土地面积在生育期所接受的日光能}\times100\%$$

如果把到达叶面的日光辐射能定为100%，通过计算，被转变为贮存在碳水化合物中的光能只有5%，见表4.7。以现在作物的产量计算，光能利用率是多少呢？我们可以以长江中下游地区为例来计算一下，这一地区年总辐射能为5.0×10^6 kJ/m²，按稻谷一年内667 m²的土地上生产1 000 kg粮食（即年亩产量为2 000斤）计算，稻谷类经济系数约为0.5，每克干物质（稻谷按碳水化合物计算）含能量平均值为17.2 kJ，则光能利用率为（忽略含水量）：

$$E_u(\%)=\frac{(1\,000\times1\,000\times2)\text{ g}\times17.2\text{ kJ/g}}{5.0\times10^6\text{ kJ/m}^2\times667\text{ m}^2}\times100\%\approx1.03\%$$

表4.7　叶表面获得的日光全辐射能在光合过程中的能量损耗

（D. O. Hall, Photosynthesis, 1987）

能量来源及损耗项目	损耗占总能量（100%）	留下光能（100%）
到达叶表面日光能		100
光合无效辐射（不可见光）	47	53
反射、透射、非绿色部位损失	16	37
辅助色素传到中心色素损失	9	28
中心色素到葡萄糖形成过程中损失	19	9
光、暗呼吸损失	4	5
被光合作用固定的能量	5	0

可以看出：光能利用率远远没有达到5%，现在的高产田光能利用率也只有2%（按年二季产量亩产共2 000 kg粮食计算）多一点，可见，作物产量的提高还有很大的空间。

2）限制光能利用率的原因

目前农业生产上，产量不断提高，如高产小麦可达700 kg/667 m²左右，水稻可达900 kg/667 m²左右，但要接近5%的光能利用率还有很大的提高潜力，当前限制作物光能利用率的原因主要有以下三个方面：

（1）漏光损失

作物生长初期，植株小，叶面积系数小，日光大部分直射地面而损失掉。加上土地空闲期光能的损失，总共漏光损失可达50%。

（2）光饱和浪费

夏季太阳有效辐射可达1 800～2 000 μmol/m²·s，多数植物的光饱和点为540～900 mol/m²·s，有50%～70%的太阳辐射能被浪费掉。

（3）环境条件不适及栽培管理不当

如干旱、水涝、高温、低温、强光、遮光、盐渍、缺肥、病虫、草害等，这些都会导致作物光能利用率的下降。

4.6.3　提高光能利用率，增加作物产量的措施

1）培育和选用良种

良种光合性能好，光能利用率高。小麦、玉米等农作物，光能利用率较高品种的特征

为:早熟;茎秆较矮;叶片紧凑、分布合理,且叶片较短、与茎秆夹角小,即较直立;青秆黄熟;耐荫性强。果树一般为短枝型品种、矮化砧嫁接后的果树品种。

农作物生育期短,可提高复种指数。复种指数是指一年中,在同一土地上收获作物的次数。茎秆较矮,可使全株充分见光,减少营养生长量,促进生殖生长,同时重心低不易倒伏,有机物消耗少;叶片较短、紧凑上冲,可使叶片合理受光,早晚光照较弱,叶两面对光,光合面积大。中午光强,光线从上面斜射叶面,受光面小,可减弱强光引起的光抑制,植株全天都保持较高的光合速率,同时由于株型紧凑,适合密植。例如玉米叶片平展型中熟杂交种(掖单12号,掖单13号,掖单2号)密度在3 500 ~4 000株/667 m^2,而叶片紧凑型中早熟杂交种(掖单4号,鲁10号,鲁14号,登海1号)可高达5 000 ~6 000株/667 m^2。同时由于叶片对光反射的角度好,光可被反复吸收,提高了光利用率。青秆黄熟,指果实、种子成熟了,而茎、叶大多还是绿的,说明该品种光合作用时间长。据研究发现禾谷类作物2/3以上的产量来源于抽穗以后,因此生育后期保持光合面积是很重要的。耐荫性强的品种,光补偿点低,即使阴天和遮光的环境下,也有有机物积累。果树短枝型品种、矮化砧嫁接的果树,树型紧凑,叶片质量好,幼令期短,果树既适合密植又早产高产。

2)合理密植,间套复种

合理密植、间套复种,可减少漏光的损失,延长光合时间,提高作物群体对光的利用能力。密植是否合理关键要看作物后期通风透光情况,当叶面积升高时,产量会升高,但当达到一定数值时,再增加叶面积,产量反而下降。因此,密度有一个最适值。一般用叶面积系数表示密度情况,叶面积系数是指单位土地面积上总叶面积数,植物都有一个最适叶面积系数。如小麦、水稻等农作物的最适叶面积系数为5 ~7,林木果树差别较大,如苹果为2.5 ~3,桃为7 ~9等。密植程度还可用播种量、基本苗数等表示,我国玉米优良杂交种基本苗数为3 300 ~5 500株/667 m^2,产量可达800 ~1 200 kg/667 m^2左右;稻、麦优良品种基本苗数大多在10万~25万株/667 m^2左右,产量可达500 ~850 kg/667 m^2左右。

间作套种是指在同一地块上合理搭配不同的农作物进行种植,是我国传统农业的种植方式,仍值得保留和发展。间作套种可充分利用空间、光照资源和不同层次土壤中的营养。田间通风状况也好,有利于光合产物的积累。一般间作原则是高秆和矮秆作物、喜阳和喜阴作物、深根与浅根作物搭配进行,如北方常见的玉米、高粱与大豆间作。作物接近成熟时,为延长下季作物的生育期,也可提前进行间作套种,如小麦垄上套种玉米、棉花等。此时,后季作物苗小,需光面小,而此时小麦已基本不再吸收土壤中的养分,当后季作物稍大时,前季作物已经收获,基本互不妨碍。

3)提高环境中CO_2的浓度,降低"午休"消耗

在光强5万~10万lx的条件下,作物CO_2饱和点为800 ~1 800 μl/L,最适CO_2浓度为1 000 μl/L(即0.1%)左右,空气中CO_2浓度约350 μl/L(0.035%)。因此CO_2浓度低,成为当前制约光合作用的重要因子。要尽量增加环境中CO_2浓度。大田生产中,注意合理密植、通风见光,通过空气的流动及时补充CO_2的消耗;增施有机肥,经土壤微生物分解可释放CO_2;施用能生成CO_2的NH_4HCO_3、干冰等。设施栽培中利用有机物分解、CO_2发生器等提高环境中CO_2的浓度。

光合“午休”造成的损失可达光合同化物的30%,甚至更多,特别是C_3作物。生产上应尽量选择抗旱品种;及时灌溉,保证土壤水分含量足,也可在中午采取细雾状喷灌、遮阴等措施改善环境小气候,缓和“午休”的程度。

4)减少有机物的消耗,提高经济系数

有机物的消耗主要包括呼吸消耗和器官的脱落。生产上可适当施用光呼吸抑制剂,降低光呼吸消耗;加大昼夜温差,增加有机物的积累;通过加强土、肥、水、病虫害综合管理,控制倒伏、花果脱落和坏死现象,减少有机物的消耗。经济系数是生物产量中经济器官所占比例大小的指标,生产上要通过必要措施,使所需要的收获器官处于生长中心,调节养分向生长中心运输,可提高经济系数,提高产量。

5)加强栽培管理

加强田间管理,为作物生长创造一个适宜的环境。合理施肥、合理灌溉、科学预防病虫害、合理整形修剪等,均可有效地改善植物生长的环境及生理状况,从而改善作物的光合性能。此外,应积极采用新技术,进行科学现代化管理。

本章小结

高等植物的光合作用是指绿色细胞利用光能同化CO_2和水为有机物,同时释放氧气的过程,在合成有机物、贮存太阳能、净化空气等方面都有重要的意义,光合作用是地球上生命活动所需能量的最终来源,也是地球碳氧循环的重要媒介。

光合作用的部位是细胞质中的细胞器——叶绿体。叶绿体由叶绿体膜、类囊体和基质组成。类囊体含有两大类4种光合色素:①叶绿素,主要为叶绿素a和叶绿素b;②类胡萝卜素,又分胡萝卜素和叶黄素。色素的主要功能是吸收光能、传递光能,并把光能转化为电能。色素对光的吸收具有选择性,用于光合作用的光主要是红光和蓝紫光,叶绿素合成受光照、温度、水、矿质元素等的影响。

光合作用过程分光反应和暗反应两个阶段,光反应阶段在类囊体膜上进行,需要在光下进行,包括两步:①光能的吸收、传递和转换,由原初反应完成;②电能转变为活跃的化学能,由电子传递和光合磷酸化完成。通过光反应,光能转化为活跃化学能ATP和NADPH的形式;暗反应阶段在叶绿体基质中进行,不需光,在光下和暗中都可进行。这一阶段是把活跃的化学能转变为稳定的化学能(合成碳水化合物),由碳同化完成。碳同化的生化途径有C_3途径、C_4途径与CAM途径,只有C_3途径才能合成糖,是C_3、C_4、CAM植物都有的途径,因此C_3途径是碳同化的基本途径。

光呼吸是绿色细胞随伴光合作用发生的吸收O_2、释放CO_2的过程,光呼吸消耗光合产物,降低作物产量。但在O_2和CO_2并存的环境中,光呼吸是不可避免的,生产上可通过提高环境中CO_2浓度、降低O_2含量或施用光呼吸抑制剂来适当降低光呼吸消耗。C_4植物比C_3植物的光呼吸低、光合速率高。

植物体内有机物的长距离运输途径主要是韧皮部,可通过环剥或环刻等对措施对有机物进行控制,使其运输到生产上所期望的部位。有机物运输的形式主要为蔗糖,其次有氨基酸和酰胺等。有机物的分配也有一定的规律:首先运向生长中心、就近供应、纵向同侧运输。植物的库器官要获得更多的同化产物，一是植物本身的源要强，二是库的竞争能力要强；其次源、库间要有发达的输导组织。

光合作用的进行受内外因素的综合影响。在适度范围内提高光强、CO_2 浓度、温度和叶片矿质元素量能促进光合作用。光能利用率是指同面积上光合同化产物中贮存的能量与光辐射能的百分比。按理论计算可达5%，而目前高产田也仅为2%～3%范围，增产潜力很大。

作物栽培的本质是栽培优质的植株，使其最大限度地将日光能转变为化学能。作物产量95%以上来源于光合作用，其构成因子有5个：光合速率、光合面积、光合时间、有机物消耗、经济系数，统称为作物的光合性能，只要找出作物产量的限制因子，进行相应的改进，就一定能提高作物光能利用率和产量。

案 例

夏玉米高产栽培技术

河南省地处中原，光热资源丰富，是玉米的适生区。为发挥玉米的增产潜力，现将玉米高产栽培技术介绍如下。

1）选用优良杂交种

试验证明，在同样条件下，与平展叶玉米品种相比，竖叶型玉米品种对土壤养分的吸收力强，同化率高，增产潜力较大，一般比平展叶玉米品种增产25%以上。

2）合理密植

实践证明，亩产玉米超过500 kg的地块，竖叶型玉米品种的种植密度应掌握在每亩4 500～6 000株，平展叶玉米品种的种植密度应掌握在每亩3 500～4 000株。不同玉米品种的种植密度要根据其品种特性和土壤肥力而定。

3）提早播种期

玉米对温度的反应很敏感，灌浆期最适宜的日平均温度应在23 ℃左右，而河南省9月中旬的日平均温度已降到20 ℃左右，对灌浆不利。为满足玉米各生育阶段对温度的要求，必须使其提前进入灌浆期，可在麦收前7～10 d将玉米套种在麦垄中，提早播种期，以减轻后期低温危害。

4）浇好增产水

每生产1 kg玉米籽粒需消耗1 kg左右的水，玉米一生中每亩所需的水量为500 m^3 左右，而各生育阶段对水分的需要又不同，特别是抽雄开花期是玉米需水的临界期，土壤含水量低于田间最大持水量的80%时，要及时浇水。

5）科学施肥

夏玉米大面积追肥一般提倡两次拖肥，第一次是在苗期，将1/3的氮肥和全部的磷肥、钾肥、微肥、有机肥施入，越早效果越好；第二次是在大喇叭口期，重施剩余的氮肥。对高产攻关田来说，大喇叭口期的这次追肥还不能满足玉米高产需肥要求，应提倡三次追肥法，即在开花期补施氮肥，提高玉米千粒重。

6)防治病虫害

对地老虎可用90%的晶体敌百虫制成毒饵,于傍晚时分撒到玉米田间,连撒两个晚上;玉米螟的防治应掌握在心叶末期,用辛硫磷制成颗粒剂丢心;防治红蜘蛛可喷施三氯杀螨醇药液。

(2003 年 5 月 31 日《农民日报》)

案例分析与讨论题

①根据作物产量构成因子,分析一下,为何采取案例中6项措施可使夏玉米高产?

②夏玉米为何不在麦收后播种,而要提前套种在小麦田垄上?

③分析一下竖叶型玉米品种高产的原因。

④除案例中栽培技术外,谈谈还可应用哪些技术措施提高玉米的产量?

复习思考题

1. 概念:光合作用、作用中心色素、聚光色素、原初反应、光合链、同化力、光合磷酸化、C_3 途径和 C_3 植物、C_4 途径和 C_4 植物、光呼吸、荧光现象、光合速率、光饱和现象、光补偿点、CO_2 饱和点、CO_2 补偿点、光合"午休"现象、代谢源、代谢库、光能利用率、光合性能、经济产量、叶面积系数。

2. 光合作用具有什么重要意义?

3. 植物的叶片为什么是绿色的?秋天树叶为什么会呈现黄色或红色?分析植物叶片失绿(变黄)的可能原因。

4. 什么是叶绿体色素的吸收光谱?叶绿体色素的吸收光谱说明了什么?

5. 光合作用分为哪几个阶段进行?说明各阶段间的物质和能量转换?

6. C_4 植物叶片在结构上有哪些特点?为何 C_4 植物光合速率高,光呼吸低?

把大豆和高粱放在同一密闭照光的室内,一段时间后会出现什么现象?为什么?

7. 产生光合作用"午休"现象的可能原因有哪些?如何减弱"午休"程度?

8. 蔗糖作为同化物运输的主要形式具有哪些优点?

9. 简述同化物分配的一般规律。

10. 作物的光合速率高,产量就一定高,这种说法是否正确?为什么?

11. 目前作物光能利用率仍较低的原因有哪些?提高作物产量的措施有哪些?

12. 分析一下,温室中栽培作物,采取哪些措施可有效地提高产量?

13. 解释下列现象或说明下列措施的生理依据:

(1)过密栽植或大冠乔化树基部叶片易早衰;

(2)田间要通风透光;

(3)温室增施 CO_2 或有机肥可增产;

(4)气温过低时温室 CO_2 施肥易使植物受毒害;

(5)阴天温室应适当降温;

(6)果树环剥。

实验实训1

叶绿体色素的提取、分离及理化性质鉴定

1）目的意义

叶绿体色素是参与光合作用的内在因素，其理化性质与光合能力密切相关。

通过实验，进一步了解光合色素种类及某些理化性质，掌握提取及测定的方法与技术。

2）原理

高等植物所含有的叶绿素（叶绿素 a、叶绿素 b）和类胡萝卜素（胡萝卜素与叶黄素）均不溶于水而溶于有机溶剂，因此可用有机溶剂提取。4 种色素颜色不同，在有机溶剂中的分配系数及在吸附剂上被吸附力度不同，因此可将色素分开。叶绿素为双羧酸酯，可与碱发生皂化反应生成溶于水的皂化叶绿素和醇，从而与类胡萝卜素分开；分层后的色素吸收光谱不同，类胡萝卜素吸收蓝、紫光，叶绿素吸收蓝、紫、红、橙光，可用分光棱镜观察；叶绿素的化学性质很不稳定，容易受强光的破坏，特别是当叶绿素与蛋白质分离以后，破坏更快，而类胡萝卜素比较稳定；叶绿素卟啉环中的镁可被 H^+ 取代，生成褐色去镁叶绿素，在有 Cu^{2+} 存在时，H^+ 易被 Cu^{2+} 取代，生成铜代叶绿素；在离体条件下，叶绿素吸光以后，在没有电子受体的情况下，将以长于吸收光波长的形式将光能释放出来，因此在反射光下，色素提取液可观察荧光现象。

3）实验材料、仪器与试剂

①实验材料：干叶粉。

②仪器：天平、分光镜、研钵、剪刀、漏斗、试管、毛细管、层析纸、滤纸等。

③试剂。

a. 50% 醋酸—醋酸铜溶液：称取 6 g 醋酸铜溶于 100 mL 50% 醋酸中，再用蒸馏水稀释 4 倍。

b. 20% 氢氧化钾—甲醇溶液：称取 20 g KOH 溶于 100 mL 甲醇中，过滤备用。

c. 展层剂：按石油醚：丙酮 = 9 : 1 的比例配制。

d. 95% 乙醇。

e. 5% 稀盐酸。

4）操作步骤

①色素提取：称取 0.5 g 干叶粉，于研钵中研磨成粉末后加 10 mL 95% 乙醇，过滤于小试管中，滤液备用。

②色素分离：用毛细管吸取滤液，向圆形层析滤纸圆心点样 20 次（每点一次待乙醇挥发后再点）至浓绿，将长 2 cm、宽 1 cm 的滤纸搓成纸捻，从圆心穿过，放在有蒸发皿的培养皿中，向蒸发皿中加入约 3 mL 展层剂，立即将直径相同的另一培养皿盖上，待展层剂前沿接近培养皿边缘时打开培养皿，待展层剂挥发后观察。滤纸上出现 4 个同心圆，从外向内，依次为胡萝卜素、叶黄素、叶绿素 a、叶绿素 b。

③理化性质的观察。

a. 荧光现象观察：取 15 mL 具塞试管一支，加入滤液 1.5 mL，再加入 95% 乙醇 3.5 mL 稀释，摇匀，观察其在透射光和反射光下的颜色并记录。

b. 皂化反应：向上述试管的稀释液中依次加入 1.5 mL 20% 氢氧化钾—甲醇溶液，摇匀，再加入石油醚 5 mL，摇匀，再沿试管壁缓慢加入 1.5 mL 蒸馏水，充分摇匀后静置分层，上层是黄色的石油醚的类胡萝卜素溶液，下层是绿色的皂化叶绿素的乙醇溶液。

c. 吸收光谱的观察：将分层后的色素在手持分光镜下观察并记录色素提取液、类胡萝卜素和叶绿素的吸收光谱。

d. 取代反应：取 1 支试管，加滤液 0.5 mL，加 1.5 mL 95% 乙醇稀释，倾出一半于另一试管中并向其中滴加 5% 盐酸溶液，边加边摇至溶液变褐；将变褐的溶液再倾一半于另一试管，滴加醋酸铜溶液至其变绿，比较 3 支试管的颜色并加以解释。

e. 光对叶绿体色素的破坏：将层析滤纸对折裁开，一半放于直射光下，另一半夹于书中，观察四种色素在光下的氧化速度及结果。

5）作业

记录实验现象和结果，并用学习过的理论加以加以解释。

实验实训 2

光合色素含量的测定

1）目的意义

光合色素是叶绿体的重要组分，其功能是吸收、传递与转换光能，其含量与产量密切相关。因此，光合色素含量已成为植物生理（尤其是植物光合生理生态）研究中的一项重要指标，可通过测定叶绿素含量来考察植物光合生产的潜在能力。

本实验的目的是掌握用分光光度计测定光合色素含量的方法。

2）原理

根据比耳定律，在某一特定波长下，一束单色光通过有色溶液时，因溶液的吸收而使光强下降；溶液的浓度（C）与光密度（OD）成正比。由于各种色素吸收光谱不同，可测出各特定于最大吸收波长下的光密度值，再根据色素分子在该波长下的消光系数，建立公式，计算浓度。

Arnon（1949）用 80% 丙酮提取叶绿素，选定叶绿素 a 的吸收峰为 663 nm，叶绿素 b 的吸收峰为 645 nm，并提出计算这两种色素浓度（以 C 表示）的公式：

$$C_a(\text{mg/L}) = 12.7\ \text{OD}663 - 2.59\ \text{OD}645$$

$$C_b(\text{mg/L}) = 22.9\ \text{OD}645 - 4.67\ \text{OD}663$$

$$C_t(\text{mg/L}) = C_a + C_b = 20.3\ \text{OD}645 + 8.04\ \text{OD}663$$

而 Wetsttein（1957）用 95% 乙醇提取色素，则选定叶绿素 a 的吸收峰为 662 nm，叶绿素 b 的吸收峰为 644 nm，类胡萝卜素（其浓度以 Cc 表示）的吸收峰为 440 nm，并建立计算色素浓度的公式：

$$C_a(\mathrm{mg/L}) = 9.78\ \mathrm{OD}662 - 0.99\ \mathrm{OD}644$$

$$C_b(\mathrm{mg/L}) = 21.43\ \mathrm{OD}644 - 4.65\ \mathrm{OD}662$$

$$C_t(\mathrm{mg/L}) = C_a + C_b = 5.13\ \mathrm{OD}662 + 20.44\ \mathrm{OD}644$$

$$C_c(\mathrm{mg/L}) = 4.70\ \mathrm{OD}440 - 0.27(C_a + C_b)$$

根据比色液中某种色素的浓度,即可计算出含量。

3)实验材料、仪器与试剂

①实验材料:有代表性的待测植物的绿色叶片。

②仪器:分光光度计、离心机、天平、容量瓶、离心管、研钵、试管、剪刀、移液管等。

③试剂:95%乙醇或80%丙酮。

4)操作步骤

①色素提取:将叶片洗净并吸干外附水分,准确称重0.2 g剪碎放入研钵中,加入适量80%丙酮(或95%乙醇)研磨成匀浆,定量地转移至10 mL容量瓶中定容,充分摇匀倒入小离心管,加盖,3 000 rpm离心5 min。上清液即为光合色素提取液。

②比色测定:取小试管,取提取液2 mL加80%丙酮4 mL稀释摇匀,倒入光径为1 cm的比色杯中,分别于663、645 nm下比色,记录OD值,通过OD值计算出色素浓度C。

5)作业

结果计算:

$$A = \frac{C \times V}{W \times 1\,000} \quad 或 \quad A = \frac{C \times V}{S \times 1\,000}$$

式中 A——色素含量,mg/g或mg/dm^2;

C——色素浓度,mg/L;

V——色素溶液总体积,mL;

W——叶片质量,g;

S——叶片面积,dm^2。

【附注】

①因乙醇或丙酮都极易挥发,定容后至比色前的一切操作步骤都应加盖。

②离心前必须将离心管中的浊液摇匀。

附:光合色素简便提取方法

上述提取方法需要研磨,样品多时费时费力。因此,可采用乙醇、丙酮浸泡法,即用95%乙醇与80%丙酮(1∶1)混合液或单独使用其中之一,将叶片完全浸泡到液体中,加盖,置于暗处或30~40 ℃温箱中(中间可摇动几次),当叶色完全变白即可比色(可晚上浸泡,第二天比色)。浸泡过程中液体如有损失,浸泡后应重新定容。如离心后沉淀仍为绿色,应重新离心。

实验实训 3)))

植物光合速率的测定(改良半叶法)

1)目的意义

叶片是植物进行光合作用的主要场所,其光合速率的大小直接影响着光合产物的积累及植物合成代谢的能力,与植物生长发育密切相关。

2)原理

改良半叶法是在半叶法基础上改进而成,误差较小。根据叶中脉两侧结构及生理功能的相似性,可以先剪下半叶保湿保存于暗中,使剩下的半叶在阻断光合产物外运的情况下(既杀死韧皮部又不损伤木质部,使水分等供应正常进行)进行光合作用,一定时间后,有了干物质积累,再分别测定两半叶的干重,二者干重之差即为被测叶片在该时间内光合作用产物的积累量。

3)实验材料、仪器与试剂

①实验材料:棉花、大豆、苹果、小麦等叶片。

②仪器:干燥箱、千分之一天平、剪刀、刀片、打孔器、烧杯、脱脂棉(毛笔)、标签牌、玻棒、称量瓶(铝盒)、锡纸或塑料管。

③试剂:5% 三氯乙酸。

4)操作步骤

①选材:在田间选取生长状况一致的植株,在每株上选取对称性良好、厚薄均匀的无病虫害的功能叶片 5 ~6 片,依次编号挂牌。

②处理:在选定的叶片基部进行处理,破坏韧皮部而保留木质部,使叶片既得到足够的水分,同时光合产物又运不出去。

a. 环割法:用刀片将叶柄的外皮环剥宽半厘米左右(适于韧皮部较厚且易剥离的植物)。

b. 抑制法:用棉球(毛笔)蘸上 5% 三氯乙酸在叶柄基部涂一圈。

c. 烫伤法:用棉花球在 90 ℃以上的开水中浸一浸,然后在叶柄基部烫 1 min,如果有明显的水浸状表示烫伤完全。对于韧皮部较薄,木质部不坚硬的植物用烫伤法好。但烫伤程度不易掌握,因此以蛋白沉淀剂三氯乙酸处理为宜。为了不改变叶片角度还可以用锡纸或塑料管包围之。

③剪取样品:叶片基部处理完毕后,即可按顺序依次剪下半叶(主脉不剪)并记录时间,按编号顺序夹于湿润的纱布中,贮于暗处。过 4 ~5 h 后(准确记录时间),再依次剪下另半叶,同样按编号夹于湿润纱布中,两次剪叶的顺序一致,使各叶片经历相等的照光时数。

④称重比较:用打孔器(根据叶面积大小选取适当直径的打孔器)从光合前后的叶片上分别打取 20 ~40 片圆片(尽量少带叶脉),分别置于两个称量盒中,在 105 ℃下烘 10 min,以杀死细胞,然后降到 70 ~80 ℃烘 3 ~4 h,至恒重为止。取出铝盒,在干燥器中冷却

后称重(准确到 1 mg)。

5)作业

结果计算:

$$Pn=\frac{b-a}{A\times t\times 100}$$

式中　Pn——总光合速率,(mg/(dm^2 · h));

b——经过光合作用后的叶片总干重,mg;

a——先取回置于暗中的叶片总干重,mg;

A——取样面积,cm^2;

t——照光时间,h。

第5章 植物的呼吸作用

学习目标

- 深入了解：呼吸作用的基本概念、基本过程，影响呼吸作用的因素，呼吸作用与植物生产、产品贮藏保鲜之间的关系。
- 了解：磷酸戊糖途径、呼吸链、生物氧化、植物呼吸多途径、末端氧化酶等概念；呼吸作用过程中参入和生成的主要物质及调节因子；物质降解和能量转化形式。

技能目标

- 能用小篮子法测定植物的呼吸速率；能调控环境条件抑制作物或作物器官的呼吸速率并延长它们的贮存时间；能调节土壤环境使根系呼吸正常。

知识点

呼吸作用的基本概念；呼吸作用的基本过程及影响因素；呼吸作用在生产上的应用。

案例导入)))

生命的基本特征

呼吸作用是生物体细胞内有机物逐步氧化降解并释放能量的过程，是所有动物和植物都具有的一项生命活动。有机物主要是指生物体内的糖类、脂类和蛋白质等。

呼吸作用的过程，可以比拟体外有机物中氢与氧的燃烧，但两者间最大分别是：呼吸作用是通过生物体内一连串的酶促反应，在体温条件下使有机物中的能量逐步放出，而燃烧是一次性释放。在呼吸作用中，碳水化合物、蛋白质和脂质的基本组成单位——葡萄糖、氨基酸和脂肪酸，经过若干步骤的降解（主要是脱氢反应），被分解成更小的分子，将能量转移到还原性氢中，最后经过呼吸链，氢被氧化生成水，其中的能量则转移到 ATP 分子中，供生命活动利用。

生命的基本特征是新陈代谢。新陈代谢包括同化作用和异化作用两个方面。同化是指物质的合成、能量的贮存,而异化是指物质的分解、能量的释放,所有生物一生在永不停息地进行着这两个过程,一旦停止,生命便随之消失。光合和呼吸作用是植物体内相反而又密切联系的两个过程,也是植物新陈代谢过程中同化与异化辩证统一的过程。光合作用主要发生在植物见光时间段的绿色细胞中,而呼吸作用存在于生物所有生活细胞全部的时间中。一般情况下,作物光合作用合成的有机物远远超过呼吸消耗,所剩余的正是作物产量的来源。因此,了解呼吸作用的基础知识、基本过程,对调控作物的呼吸,科学从事作物生产具有非常重要的意义。

5.1 呼吸作用概述

5.1.1 呼吸作用的概念和类型

所谓呼吸作用,是指生物体生活细胞内的有机物质,在一系列酶的催化下,逐步氧化降解,同时释放能量的过程。在呼吸过程中,被分解的物质称呼吸基质,如糖、脂肪、蛋白质等,最直接、最重要的呼吸基质是葡萄糖。呼吸过程中产生的中间产物又称呼吸底物,如柠檬酸、α-酮戊二酸等。

根据呼吸过程中是否有氧气参加,可把呼吸作用分为两种类型:有氧呼吸和无氧呼吸。这其中的氧,是指分子氧。植物进行呼吸作用的主要形式是有氧呼吸。但在无氧条件下也能够短时间进行另一类型的呼吸作用——无氧呼吸。

1)**有氧呼吸**

有氧呼吸是指生活细胞内的有机质,在氧气的参与下,通过一系列酶催化的反应,被彻底氧化降解成 CO_2 和水,并放出能量的过程。有氧呼吸是高等动、植物进行呼吸作用的主要形式,因此,通常所说的呼吸作用就是指有氧呼吸。其反应式表示如下:

$$\underset{\text{葡萄糖}}{C_6H_{12}O_6}+6O_2 \xrightarrow{\text{酶}} 6CO_2+6H_2O+2\ 870\ \text{kJ}$$

上式表示:1 mol 葡萄糖经过呼吸作用,被分解为二氧化碳和水,同时放出 2 870 kJ 能量。植物呼吸放出的能量,一部分用于体内各种代谢活动,另一部分以热的形式放出使环境温度升高。所以浸种后种子发芽时,呼吸强烈,耗氧放热多,若堆集过厚,如不及时翻动,内部温度高、缺氧,易造成种子的损坏腐烂。

2)**无氧呼吸**

无氧呼吸,是指生活细胞在无氧条件下,把有机质分解成为不彻底的氧化产物,同时释放出少量能量的过程。如果微生物(如乳酸菌、酵母菌等)进行无氧呼吸,称之为发酵,长时间的无氧呼吸主要发生在微生物中。根据发酵产物不同,主要分为两种类型:酒精发酵和乳酸发酵。其反应式如下:

$$\underset{\text{葡萄糖}}{C_6H_{12}O_6} \xrightarrow{\text{酶}} 2CH_3CH_2OH+2CO_2+226\ \text{kJ} \qquad \text{酒精发酵}$$

$$\underset{\text{葡萄糖}}{C_6H_{12}O_6} \xrightarrow{\text{酶}} 2CH_3CHOHCOOH+2CO_2+197\ \text{kJ} \qquad \text{乳酸发酵}$$

从上式可以看出,无氧呼吸放出的能量不到有氧呼吸的十分之一,同样多的有机物,进行无氧呼吸时,产生的能量比进行有氧呼吸少得多。

在远古时期,地球的大气中没有氧气,那时的微生物适应在无氧的条件下生活,这些微生物(专性厌氧微生物)体内缺乏氧化酶类,至今仍只能在无氧的条件下生活。随着地球上绿色植物的出现,大气中出现了氧气,于是也出现了体内具有有氧呼吸酶系统的好氧生命。可见,有氧呼吸是在无氧呼吸的基础上发展而成的。尽管现今生物体的呼吸形式主要是有氧呼吸,但仍保留有无氧呼吸的能力。如在水淹的情况下,植物也可以进行短时间的无氧呼吸。苹果储藏久了会有酒味,马铃薯块茎、甜菜块根等器官组织内部进行无氧呼吸时,产生乳酸。人们利用酵母菌发酵制造酒类,利用乳酸菌发酵制造酸菜、奶酪和酸牛奶等生物技术,都是无氧呼吸在生活中的具体应用。

5.1.2 植物呼吸作用的生理意义

呼吸作用和生命是紧密联系在一起的,呼吸作用在植物生活中的生理意义主要归纳为以下三个方面:

1)为植物的生命活动提供能量

生物体生命活动所需要的能量,最终来源于光合作用合成的有机物中所贮存的太阳能,有机物中贮存的能量要转变为被生命所利用的形式,必须经过呼吸作用来实现。在呼吸作用过程中,有机物被分解,释放出的能量一部分转变为热能散失,另一部分转化为高能化合物分子中活跃的化学能。活跃的化学能是生命可利用的能量形式。其中,ATP(三磷酸腺苷)是最重要的高能化合物,也是最重要的能量载体。当ATP在酶的作用下分解时,便释放出能量,用于植物体的各项生命活动,如细胞分裂、有机物合成和运输、矿质元素的吸收等。

2)为植物体内重要有机物质的合成提供原料

光合作用产生的有机物质主要是糖类,而构成生命的物质除糖类外,还需要蛋白质、脂类、核酸等有机质。呼吸过程中产生的许多中间产物,可以合成这些物质。例如,有氧呼吸的中间产物磷酸丙糖可以形成甘油,乙酰CoA可合成脂肪酸,二者可合成脂肪;呼吸中间产物丙酮酸、α-酮戊二酸、草酰乙酸等和NH_3可合成各种氨基酸,进而合成蛋白质;磷酸戊糖途径中产生的核酮糖可以合成核酸,核酸是重要的遗传物质。可以说呼吸作用是植物体内物质代谢和能量代谢的中心枢纽。

3)提高植物的抗逆与抗病能力

植物在生长发育过程中,经常受到恶劣环境及细菌、真菌、病毒等病原微生物的伤害,如果生长健壮,呼吸旺盛就会分解病原微生物及其产生的毒素,同时产生较多的能量,使抗逆与抗病能力大大加强。植物呼吸作用产生的中间产物还可合成抗逆和杀菌物质，加强不良情况下的保护作用，如在严寒、高温等恶劣环境中，产生脱落酸(ABA)、抗性蛋白；在组织器官受到伤害时，合成木质素、木栓质等使伤口愈合；在受到病原微生物侵害时，合成绿原酸、咖啡酸、生物碱、醌类等杀灭和抑制病原微生物。在作物育种中，呼吸作用旺盛的品种，抗逆与抗病能力强。

5.1.3 呼吸作用的主要部位——线粒体

呼吸作用的部位是细胞质和线粒体。糖酵解和磷酸戊糖途径主要在细胞质中进行，但有氧呼吸中主要的脱氢反应、CO_2 放出和能量的释放是在线粒体中进行的，所以线粒体成为呼吸作用的主要场所。线粒体存在于所有真核生物的生活细胞中，是存在于细胞质中的一种重要细胞器，人们形象地称其为生命活动的“发电机”。

1)植物细胞内的线粒体

线粒体一般呈短棒状或圆球状，在光学显微镜下可见，但要在电子显微镜下才能看到其更细微的结构。线粒体直径一般为 0.5 ~ 1.0 μm，长 1.5 ~ 3.0 μm。细胞中线粒体数量取决于该细胞的代谢水平，代谢活动越旺盛的细胞线粒体越多，一般为 500 ~ 2 000 个左右，休眠和衰老植物的细胞中线粒体含量少(图 5.1)。

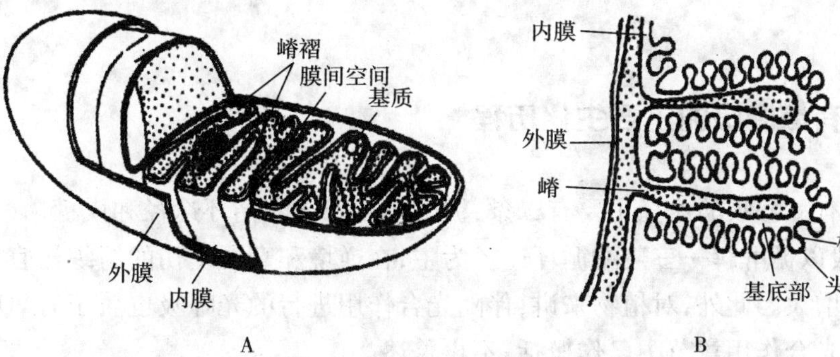

图 5.1 线粒体超微结构示意图

A. 线粒体形态构造；B. 线粒体嵴上的有柄小球(内含 ATP 合酶)

2)线粒体结构

线粒体的结构由外至内可划分为线粒体外膜、线粒体膜间隙、线粒体内膜和线粒体基质四个功能区。其中，线粒体外膜较光滑，起细胞器界膜的作用；线粒体内膜则向内皱褶形成线粒体嵴，从而增加内膜面积。嵴的多少与呼吸强弱有关，呼吸强时数目会相应增加。线粒体嵴上存在着由一系列氢和电子传递体组成的呼吸链，是生物氧化(即电子传递和氧化磷酸化)的场所；嵴上还附有许多有柄小球体，其中含有 ATP 合酶，能利用呼吸链上产生的能量合成三磷酸腺苷，如果线粒体嵴中没有 ATP 合酶，便不能合成 ATP。

由线粒体内膜包裹的内部空间充满着线粒体基质，较细胞质黏稠，呼吸作用的重要步骤三羧酸循环在这里进行，基质中含有参与三羧酸循环等生化反应相关的许多酶类。

3)线粒体的化学组成

线粒体的化学组分主要包括水、蛋白质和脂质,此外还含核酸及少量的辅酶等。蛋白质占线粒体干重的65% ~70%,主要包括位于线粒体基质中的酶和膜的外周蛋白与镶嵌蛋白。线粒体中脂类主要分布在两层膜中,占干重的20% ~30%,磷脂占总脂质的3/4以上。基质中一般还含有线粒体自身的DNA、RNA和核糖体,与叶绿体一样线粒体是一个半自主性的细胞器。

5.2 呼吸作用的主要生化历程

呼吸作用的生化历程,是指生物体内从呼吸基质到最终产物之间,所经历的逐步氧化降解的化学历程。对有氧呼吸来讲,是指从葡萄糖的活化状态到逐步脱氢、脱羧基放出CO_2,最后在呼吸链上吸收氧气,进行氧化磷酸化形成ATP的化学历程。在这一过程中,相关的代谢物质可能在中途参与进来,中间产物也可能没有被彻底分解就被输出参与到其他的代谢反应中去。呼吸过程属于生物氧化过程,两者概念相同,生物氧化进行的方式有加氧、脱氢等,但主要方式以脱氢为主,现把呼吸作用历程根据呼吸类型和反应过程进行分述。

5.2.1 有氧呼吸的主要生化历程

植物进行有氧呼吸的途径主要有二条:糖酵解—三羧酸循环途径和戊糖磷酸途径。在植物体内,一般以糖酵解—三羧酸循环途径为主,在逆境和衰弱受伤的组织器官中,戊糖磷酸途径占比例增大。此外,对植物来讲,伴随光合作用进行的光呼吸也属于有氧呼吸范畴,其简要历程在光合作用章节中已作概括,不再赘述。

1)糖酵解—三羧酸循环途径(EMP-TCA 循环途径)

这一途径从呼吸基质到最终产物的生成,主要经过三个阶段:糖酵解、三羧酸循环及电子传递和氧化磷酸化(生物氧化)。

(1)糖酵解(EMP)

糖酵解途径是1940年前后由三位生物化学家发现的,根据他们姓氏第一位字母,又简称EMP途径(Embden-Meyerhof-Parnas Pathway),是有氧和无氧呼吸都要经历的过程。糖酵解是指生活细胞在不需要氧气参与的情况下,在细胞质中把葡萄糖分解成丙酮酸并释放能量的过程。整个过程有10步反应,主要分为糖的活化、活化糖的裂解、丙糖脱氢氧化3个步骤(图5.2),氧气对这一过程有抑制作用。

首先葡萄糖在2分子ATP的参与下,经过①②③三步反应,在己糖激酶的催化下,磷酸化为含较高分子能量水平的果糖-1,6-二磷酸,称活化糖;接着经过④⑤步活化糖裂解成

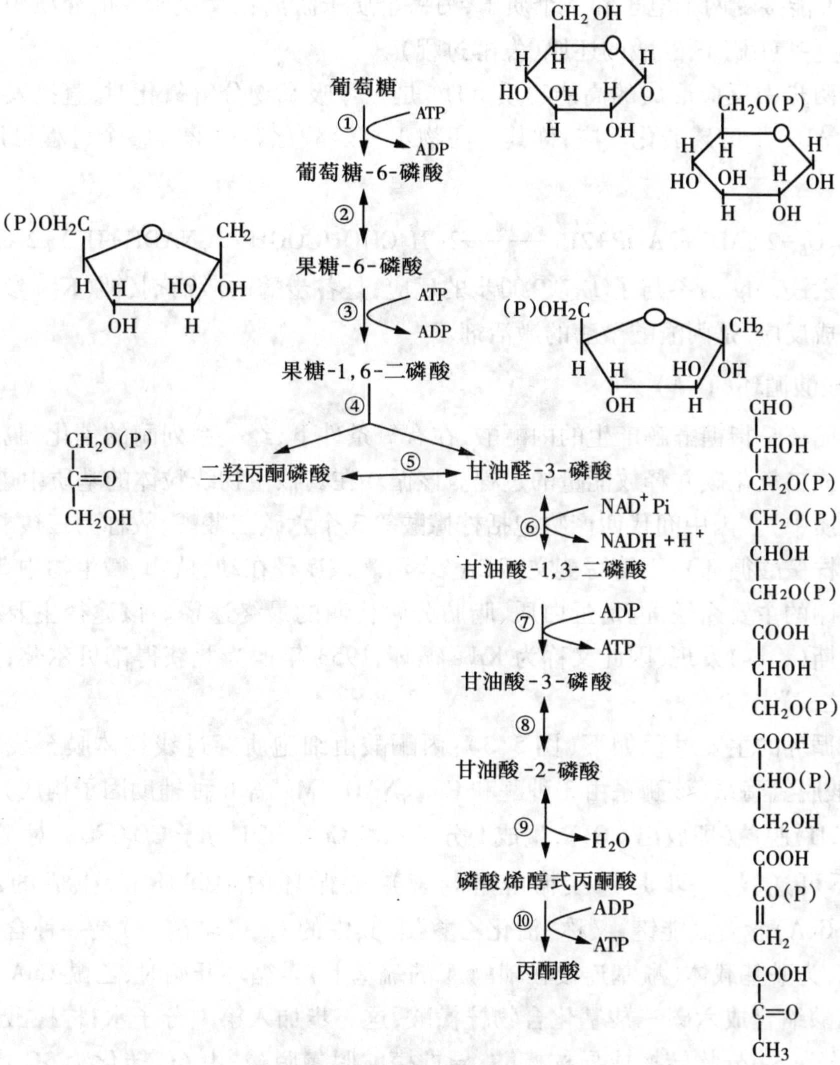

图 5.2 糖酵解途径(EMP)

①己糖激酶;②异构酶;③果糖磷酸;④醛缩酶;⑤异构酶;⑥脱氢酶;
⑦甘油酸磷酸激酶;⑧变位酶;⑨烯醇化酶;⑩丙酮酸激酶
(单箭头表示不可逆、双箭头表示可逆反应)

两分子磷酸丙糖(TP),即二羟丙酮磷酸和甘油酸-3-磷酸,两者为同分异构体,最后都转化为2分子甘油酸-3-磷酸;甘油酸-3-磷酸在以后几步反应中进行脱氢、释放能量合成ATP,经过其余步骤,最后在细胞质中生成丙酮酸。

在糖酵解第⑥步反应中脱下的2个氢,被脱氢酶的辅酶烟酰胺腺嘌呤二核甘酸(NAD^+)所接受,NAD^+又称氧化态辅酶Ⅰ,接受2H后被还原为还原态辅酶Ⅰ($NADH+H^+$),和光合作用中产生的还原态辅酶Ⅱ($NADPH+H^+$)一样,都是生物体内重要的还原物质和高能有机物,在物质合成中起提供高能氢原子的重要作用。反应可用下式表示:

$$\underset{\text{氧化态辅酶Ⅰ}}{NAD^+} + 2H \xrightarrow{\text{酶}} \underset{\text{还原态辅酶Ⅰ}}{NADH} + H^+$$

上式中，NAD^+能接受两个电子和一个质子，另一个质子游离在反应所在的介质中。在无氧的条件下，这些氢用于丙酮酸的还原（发酵过程）。

在⑦⑩两步中反应形成的高能物质 ATP，是在呼吸底物分解氧化时，直接发生的磷酸基团转移到 ADP 上的磷酸化反应，称其为底物水平磷酸化。糖酵解整个过程可用式（Ⅰ）概括：

$$C_6H_{12}O_6+2NAD^++2ADP+2Pi \xrightarrow{\text{酶}} 2CH_3CHOHCOOH+2(NADH+H^+)+2ATP \quad (\text{Ⅰ})$$

矿质元素镁（Mg^{2+}）参与了①⑦⑨⑩步的反应，是各步酶的激活剂，钾（K^+）参与了第⑩步丙酮酸生成反应，是丙酮酸激酶的激活剂。

（2）三羧酸循环（TCA）

三羧酸循环是指糖酵解产生的丙酮酸，在有氧条件下，经一系列酶的催化，脱羧脱氢彻底氧化分解成二氧化碳并释放能量的过程。该循环在真核生物线粒体的基质中进行（原核生物在细胞质中）。因中间代谢产物包括柠檬酸等 3 个六碳三羧酸，故称为三羧酸循环（有的文献也称柠檬酸循环），用简写英文“TCA”表示。该途径在动、植物、微生物中普遍存在，是糖分解代谢的主要途径，也是蛋白质、脂肪分解代谢的最终途径。该途径主要由著名科学家克雷布斯（Krbs）发现，因此又称为 Krbs 循环，1953 年他为此获得诺贝尔奖，并被誉为“ATP 循环之父”。

三羧酸循环的主要过程如下（图 5.3）：丙酮酸由细胞质穿过线粒体膜至线粒体基质中，在丙酮酸脱氢酶系（该酶系由 3 种酶和 CoA、NAD^+、Mg^+等 6 种辅助因子构成）催化下脱氢（即产生 2H）脱羧（即放出 CO_2），生成 1 分子乙酰 CoA、第 1 分子 CO_2、第 1 对氢（$NADH+H^+$），反应不可逆，这一步是连接糖酵解与三羧酸循环的中间环节，生成的乙酰 CoA（$CH_3CO \sim SCoA$）含有高能键，又称“活化乙酸”。其中的 CoA（辅酶 A）是一种含有维生素泛酸的辅酶，为酰基载体（酰基连接在辅酶 A 的巯基上）。循环开始时，乙酰 CoA 与四碳化合物草酰乙酸缩合成六碳三羧基化合物柠檬酸，这一步加入第 1 分子水；柠檬酸经加水又脱水（净加水为零）异构转换成异柠檬酸；异柠檬酸脱氢脱羧，由 6C 转化为 5C 物质，即生成 α-酮戊二酸（五碳二羧酸）、第 2 分子 CO_2、第 2 对氢（$NADH+H^+$）；α-酮戊二酸继续脱氢脱羧并和 CoA 结合（这一步参加催化的酶系与反应步骤①中丙酮酸脱氢酶系相同）生成含高能硫酯键的 4C 二羧酸物质琥珀酰-CoA 以及第 3 分子 CO_2、第 3 对氢（$NADH+H^+$)），此反应不可逆；琥珀酰-CoA 脱去 CoA 生成琥珀酸，并利用放出的能量，经底物水平磷酸化生成 1 分子 ATP，此反应需加入第 2 分子水；琥珀酸继续脱氢，脱下的氢被 FAD（黄素腺嘌呤二核苷酸，为琥珀酸脱氢酶的辅基）接受，生成延胡索酸、第 4 对氢（$FADH_2$）；延胡索酸加第 3 分子水生成苹果酸；苹果酸脱氢，生成草酰乙酸、第 5 对氢（$NADH+H^+$）。此后草酰乙酸又可和乙酰 CoA 结合，开始第二次循环。

通过三羧酸循环可以看出：每循环一次，丙酮酸中的 3 个 C 原子被彻底氧化分解成 3 分子 CO_2，这就是呼吸作用中放出的 CO_2，它发生在吸收氧气步骤之前；脱下 5 对氢，其中有 2 对来自丙酮酸中的氢，其他 3 对氢来源于循环中加入的 3 分子 H_2O。因 1 分子葡萄糖可形成 2 分子丙酮酸，完全分解需经 2 次 TCA 循环，整个过程可用式（Ⅱ）概括：

$$2CH_3CHOHCOOH + 6H_2O + 8NAD^+ + 2FAD^+ + 2ADP + 2Pi \xrightarrow{\text{酶}} 6CO_2 + 8(NADH + H^+) + 2FADH_2 + 2ATP \qquad (\text{Ⅱ})$$

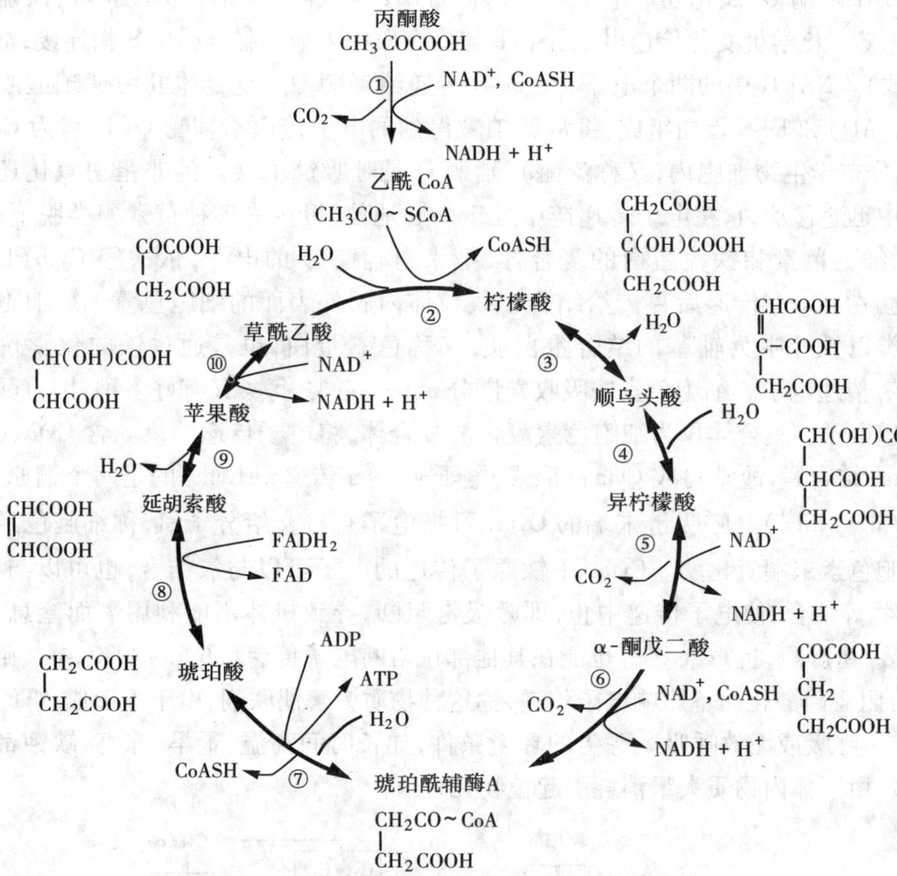

图 5.3 三羧酸循环(TCA)

①②⑥步反应为单向箭头不可逆反应;其他各步反应为双向箭头可逆反应

1 分子葡萄糖经过糖酵解和 2 次三羧酸循环,就可彻底分解成为 CO_2,并以活跃化学能的形式释放能量,把糖酵解的(Ⅰ)式和三羧酸循环的(Ⅱ)相加,可以得出以下总式(Ⅲ):

$$C_6H_{12}O_6 + 6H_2O + 10NAD^+ + 2FAD^+ + 4ADP + 4Pi \xrightarrow{\text{酶}} 6CO_2 + 10(NADH + H^+) + 2FADH_2 + 4ATP \qquad (\text{Ⅲ})$$

(3)电子传递和氧化磷酸化

糖酵解、三羧酸循环中产生的 $NADH+H^+$ 和 $FADH_2$,它们中的 2H(或 $2H^++2e$)要经过一系列氢传递体和电子传递体的传递(主要是电子的传递),最后才能和游离的 O_2 结合生成 H_2O。这些传递体在线粒体内膜上(原核生物在细胞质膜上)按一定顺序排列成链状,称呼吸链。和光合链性质相似,呼吸链的主要功能是传递氢中的高能电子给氧气,并转化其能量为 ATP 形式。ATP 的形成与电子传递相伴进行,这种关系称为“耦联”。电子在传递体间传递,是一系列电子得失过程,即呼吸链上发生的是一系列的氧化还原反应,又称生物氧化。因此,耦联着呼吸链上的电子传递,进行的 ADP 磷酸化为 ATP 的过程,称为氧化磷酸化，是需氧生物获取 ATP 的主要途径。

组成呼吸链的成分已发现 20 余种，它们主要可构成 4 种蛋白复合体（图 5.4）。复合体Ⅰ为“NADH-辅酶 Q”氧化还原酶复合体，含 NADH 脱氢酶（其辅基为 FMN）、铁硫蛋白（通过 $Fe^{2+} \leftrightarrow Fe^{3+}$ 化学价变化传递电子，因 Fe 与蛋白质中 4 个半胱氨酸中 S 相连接，常简写为 Fe-S 形式）。NADH 中的两个电子，经 Fe-S 传递给辅酶 Q。复合体Ⅱ由琥珀酸脱氢酶（其辅基为 FAD）和 Fe-S 蛋白组成，将从琥珀酸得到的电子传递给辅酶 Q（可写为 CoQ 或 UQ，因广泛分布于生物细胞内，又称泛醌），辅酶 Q 是呼吸链中唯一的非蛋白氧化还原载体，可在膜中迅速移动，它在电子传递链中处于中心地位，可接受各种黄素酶类脱下的氢。复合体Ⅲ为细胞色素和铁硫蛋白的复合体，把来自辅酶 Q 的电子，依次经 Cytb（b_{560} 和 b_{565}）、Fe-S 蛋白、$Cytc_1$ 传递后再传给结合在线粒体内膜外表面的细胞色素 C。细胞色素（Cyt）是一类以铁卟啉为辅基的结合蛋白质，又称色素蛋白，也是通过铁的化学价变化（$Fe^{2+} \leftrightarrow Fe^{3+}$）传递电子。细胞色素按吸收光谱分 a、b、c 三类，每类又有好多种，因有颜色而得名，只传递电子。复合体Ⅳ为细胞色素氧化酶复合体，将电子传递给氧。含 Cyta、$Cyta_3$，因 Cyta、$Cyta_3$ 结合紧，故常写成 $Cytaa_3$ 形式，电子从 Cyta 传递到 $Cyta_3$ 的是两个铜原子，有价态变化（$Cu^{+} \leftrightarrow Cu^{2+}$）。呼吸链末端的 $Cyta_3$ 可把电子直接交给分子氧，称细胞色素氧化酶，又称细胞色素末端氧化酶。$Cyta_3$ 中铁原子传递的电子可以与氧结合，也可以与 CN^-、CO、叠氮化物等结合，使电子传递中止，即呼吸链阻断，导致机体不能利用氧而窒息死亡。此外，安密妥，鱼藤酮，抗霉素 A 等也能在其他部位阻断电子传递（图 5.4）。2,4-二硝基苯酚（DNP）可阻碍磷酸化而不影响电子传递，称这种物质为解偶联剂，由于不形成 ATP，这样的呼吸称徒劳呼吸或无效呼吸。恶劣的环境条件，如长时间高温、干旱、冻害、缺钾都可导致徒劳呼吸，由于体内物质大量消耗引起植物死亡。

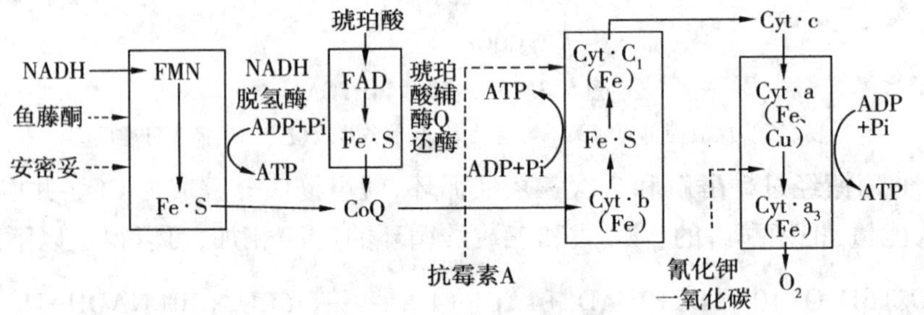

图 5.4　呼吸链组成

虚线箭头连接打断呼吸链物质及部位；方框从左至右依次为Ⅰ、Ⅱ、Ⅲ、Ⅳ 4 个蛋白复合体

生物体内的呼吸链有多种形式，最重要的有两条，即 NADH 氧化呼吸链和 $FADH_2$ 氧化呼吸链（琥珀酸氧化呼吸链）。糖、脂、蛋白质三大物质分解代谢中的脱氢氧化反应，绝大多数是通过该呼吸链来完成的。琥珀酸氧化呼吸链在 CoQ 处与上述 NADH 氧化呼吸链途径交汇。见略去蛋白质部分的呼吸链简图（图 5.5），前半部分主要传递氢原子，后半部分只传递电子。

代谢物氧化时，每吸收 1 mol 氧原子所消耗的无机磷原子的摩尔数，称磷氧比（P/O）。磷氧比的值与合成 ATP 的摩尔数相等。根据实验测定表明，NADH 在呼吸链被氧化为水时

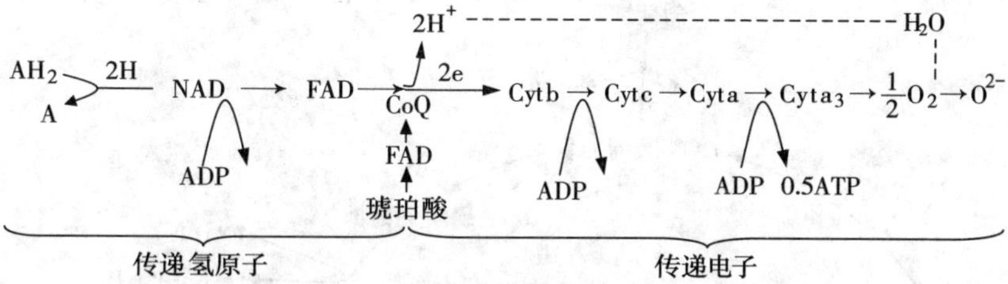

图5.5　高等植物重要呼吸链简图

A:表示脱氢给 NAD^+ 的呼吸底物

的值约等于2.5,即生成2.5分子ATP;$FADH_2$ 氧化的P/O值约等于1.5,即生成1.5分子ATP。又根据氧化还原反应电势沿呼吸链的变化,可以量度每一步自由能的变化。据测定,从NADH到CoQ段电位差约0.36 V,从CoQ到Cytc为0.21 V,从 $Cyta_3$ 到分子氧为0.53 V,根据 $\Delta GO'=-nF\Delta EO'$($\Delta GO'$为生化标准自由能变化,n为传递电子数,F是法拉第常数,为96.485 kJ/(V·mol),$\Delta EO'$为生化标准氧化还原电位差),计算出相应的 $\Delta GO'$分别为69.5 kJ/mol、40.5 kJ/mol、102.3 kJ/mol,而每摩尔ATP水解产生的 $\Delta GO'$为30.5 kJ/mol,于是普遍认为,电子传递链中产生ATP的部位有3个(图5.5)。

根据以上数据可以计算1 mol葡萄糖经糖酵解-三羧酸循环后所产生的ATP数。糖酵解中:2($NADH+H^+$)=2.5×2=5ATP(进入线粒体途径不同产生的ATP不同,有的是1.5×2=3ATP);三羧酸循环中:8($NADH+H^+$)=2.5×8=20ATP;2$FADH_2$=1.5×2=3ATP;底物水平磷酸化:糖酵解净产生2ATP+三羧酸循环2ATP=4ATP。所以,1 mol葡萄糖经糖酵解-三羧酸循环后共获得ATP:5(或3)+20+3+4=32(或30)ATP。能量转化率为:30.5×32/2 870×100%=34%,其他66%的能量以热的形式放出。需要氧和生成水的数也可以计算出:糖酵解-三羧酸循环共脱下12对H,需要12个O接受:

$$12(2H)+12(O)=12H_2O,12(O)=6O_2$$

于是,前边所得的1摩尔葡萄糖经糖酵解-三羧酸循环后,得到的总反应式(Ⅲ)可改写为:

$$C_6H_{12}O_6+6H_2O+6O_2 \xrightarrow{\text{酶}} 6CO_2+12H_2O+(32\text{-}30)ATP$$

两边对消去6分子水,便得到前边有氧呼吸中除能量不同之外的化学反应式。

2)**磷酸戊糖途径**(PPP)

磷酸戊糖途径(PPP)是葡萄糖氧化分解的另一条重要途径,由于葡萄糖在这一途径中产生戊糖而得名。又由于此途径的循环由6-磷酸葡萄糖(G-6-P)开始,亦称为己糖磷酸途径(HMP)。此途径不经过糖酵解和三羧酸循环,存在于细胞质中,需在有氧气存在的条件下方可进行。整个过程可分为氧化和非氧化两个阶段。若从一分子葡萄糖开始,葡萄糖需先消耗一分子ATP进行磷酸化,生成6-磷酸葡萄糖(图5.6)。

①氧化阶段　此阶段有3步反应,皆不可逆。第一步:6-磷酸葡萄糖脱氢生成6-磷酸葡糖酸内酯和 $NADPH+H^+$;第二步:6-磷酸葡糖酸内酯水解生成6-磷酸葡萄糖酸;第三步:6-磷酸葡糖酸内酯再脱氢脱羧生成5-磷酸核酮糖、CO_2 和 $NADPH+H^+$。$NADP^+$是上述所有脱氢反应中脱氢酶的辅酶、氢受体。

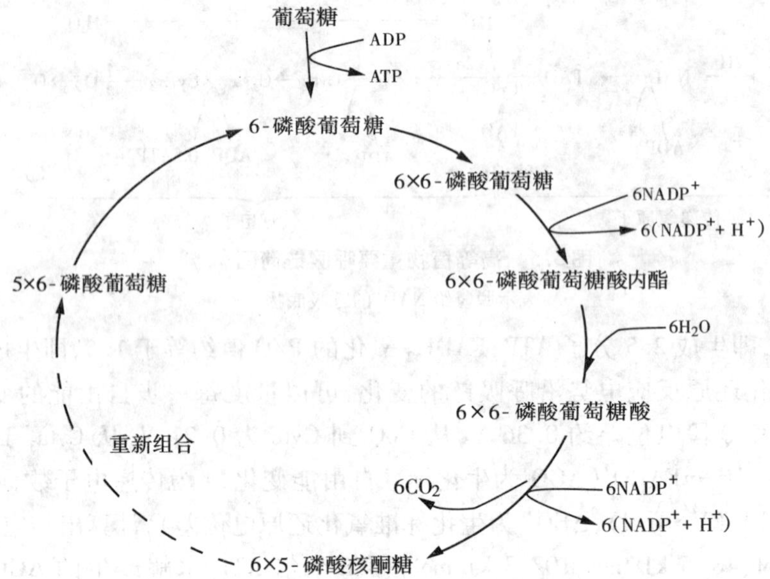

图5.6　磷酸戊糖途径(PPP)简图

②非氧化阶段　此阶段反应皆可逆。5-磷酸核酮糖异构为5-磷酸核糖和5-磷酸核酮糖,从戊糖开始进行分子间的结合和重组,经过3、4、5、6、7碳糖等一系列中间产物的转化,重新形成6-磷酸葡萄糖(G-6-P),又可开始磷酸戊糖途径的下一轮循环。

每循环只放出一分子CO_2,需6次循环才能分解一分子葡萄糖。整个途径可以理解为6个6-磷酸葡萄糖一组进行循环反应,经第一阶段生成6分子5-磷酸核酮糖,经第二阶段转化为5分子6-磷酸葡萄糖,二个阶段相当于彻底分解了1分子6-磷酸葡萄糖。5分子6-磷酸葡萄糖再与1分子6-磷酸葡萄糖又组成6个6-磷酸葡萄糖,反应便不断循环进行,6-磷酸葡萄糖便不断被分解。整个反应可用下式概括:

$$C_6H_{12}O_6+6H_2O+ATP+12NADP^+ \xrightarrow{\text{酶}} 6CO_2+12(NADPH+H^+)+ADP$$

磷酸戊糖途径的重要作用表现在:

①生成的$NADPH+H^+$,是植物合成代谢的重要供氢体,如脂肪酸的合成、硝态氮的还原等需要大量供氢体,主要来源于此途径;$NADPH+H^+$也可以在转氢酶的催化下,转化成$NADH+H^+$进入呼吸链生成ATP。因此磷酸戊糖途径也是植物体供能的重要途径。

②磷酸戊糖途径中,葡萄糖无需经糖酵解可直接进行氧化,独自完成对葡萄糖的彻底分解。因此,当EMP-TCA途径受阻时(衰老、病损、逆境时),此途径占的比例升高,可达50%,与EMP-TCA同时进行、相互补充、相互配合,增加机体的抵抗能力,同时重组过程中产生的4碳赤鲜糖可合成一些重要的次生物质,如木质素、生长素、绿原酸、咖啡酸等,这些物质对植物的生长、提高抗病能力都具有重要意义。

③许多中间产物是沟通各种代谢的原料。如戊糖的降解和合成都可通过此途径进行,产生的磷酸核糖是合成遗传物质核酸的必需原料,重组过程中产生的3、4、5、6、7碳糖也是光合作用中C_3途径的中间产物,故可沟通光合与呼吸之间的代谢。

5.2.2　无氧呼吸的主要生化历程

无氧呼吸的初始阶段和有氧呼吸一样，呼吸基质先要进行糖酵解，然后根据产物的不同进入不同的途径。图5.7为酒精发酵和乳酸发酵的简短历程及各呼吸途径之间的关系。

1）酒精发酵

葡萄糖在细胞质中经糖酵解转化成2分子丙酮酸，在环境无氧的条件下，丙酮酸脱羧放出CO_2，生成乙醛，乙醛被糖酵解产生的$NADH+H^+$还原为乙醇，即酒精。利用酵母菌制酒就是根据酒精发酵的原理。中间产物只有丙酮酸和乙醛，整个过程净剩2ATP。产生的酒精可在醋酸细菌的作用下氧化为醋酸，这是一个需氧过程，称为有氧发酵，反应式如下：

$$\underset{\text{酒精}}{CH_3CH_2OH}+O_2 \xrightarrow{\text{酶}} \underset{\text{醋酸}}{CH_3COOH}+H_2O+474\ kJ$$

2）乳酸发酵

同样，葡萄糖经糖酵解生成2分子丙酮酸后，也是在环境无氧的条件下，丙酮酸直接被糖酵解产生的$NADH+H^+$还原为乳酸。中间产物只有丙酮酸，整个过程净剩2ATP。腌泡菜、青贮饲料时产生酸味，就是乳酸细菌使糖转化为乳酸的结果。

无氧呼吸历程及各呼吸途径之间的关系见图5.7。

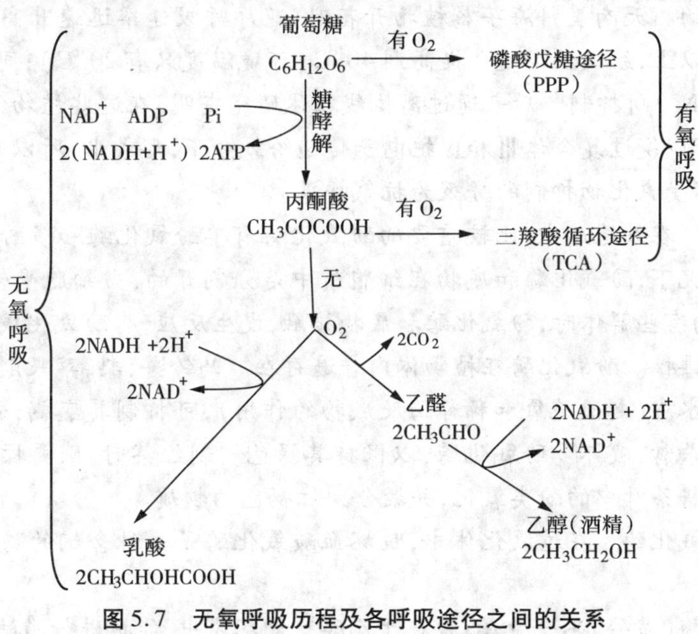

图5.7　无氧呼吸历程及各呼吸途径之间的关系

自然界中还有些其他无氧呼吸类型，产物有柠檬酸、苹果酸、酒石酸、草酸等，占比例较少。无氧呼吸对许多厌氧微生物来讲是一种正常的呼吸方式，如酵母菌和乳酸细菌。通常说的无氧呼吸，一般是指这些微生物的发酵过程。对除这类微生物之外的植物来说，只能短时间停留在无氧环境中，而不能忍受长时间无氧呼吸。主要原因有以下几个：

①产生能量低。1分子葡萄糖只净生成2个ATP，要维持正常的生命活动（需

32ATP),须大量分解自身有机物,时间一长会死亡。

②生成物乳酸和酒精积累量多时对植物细胞有毒害作用。如发生涝害后,不及时排水,作物会死亡。黏重或板结的土壤缺氧,会造成根系和萌发种子的死亡。

③中间产物少,不能合成其他生命物质。所以,植物正常栽培一定要满足其对氧气的需要,如浸种堆放催芽时要常翻动,土壤要疏松透气,积水要排除等。

知识链接)))

(一)呼吸代谢中电子传递的多样性

为适应不同的底物和不断变幻的外界环境,保证植物正常的生命活动,高等植物电子传递途径有多条路线。这些途径与细胞内氧化酶的种类有关,细胞内氧化酶的主要类型有:细胞色素氧化酶、交替氧化酶(抗氰氧化酶)、酚氧化酶、抗坏血酸氧化酶、黄素氧化酶。线粒体内的氧化酶:细胞色素氧化酶、抗氰氧化酶;线粒体外的氧化酶:酚氧化酶、抗坏血酸氧化酶、黄素氧化酶。与植物呼吸有关的氧化酶类介绍如下:

①细胞色素氧化酶　它的作用是把细胞色素 a_3 的电子传给氧分子,激活分子氧,与质子(H^+)结合成水。对氧气亲和力最强在植物组织中普遍存在。氧的消耗近4/5是由这种酶承担的。

②交替氧化酶　天南星科海芋属植物开花时,花序呼吸速率迅速升高,比一般植物呼吸速率快100倍以上,组织温度随之提高到40 ℃(环境温度只有20 ℃);同时,这类酶的活性不受氰化物(CN^-)所抑制。后来通过离体线粒体研究查明,在这些植物组织中含有另外一种氧化酶,它可以绕过复合体Ⅲ和Ⅳ把电子传递给氧分子,形成水,所以它对氰化物不敏感,故又称这种不受氰化物抑制的呼吸为抗氰呼吸。

③酚氧化酶　在细胞质中,比较重要的酚氧化酶有单酚氧化酶和多酚氧化酶,是含铜的酶。在正常情况下,酚氧化酶和底物在细胞质中是分割开的,当细胞受轻微破坏时或组织衰老、细胞结构有些解体时,酚氧化酶和底物接触,发生反应,将酚氧化成棕褐色的醌,对微生物有一定的毒性。酚氧化酶在植物体内普遍存在。马铃薯,梨,苹果削皮后变为褐色;将土豆丝浸泡在水中(起隔绝氧和稀释酶及底物的作用),可抑制其变褐;制绿茶时把采下的茶叶立即焙炒杀青,破坏多酚氧化酶,以保持其绿色。制红茶时,则要揉破细胞,通过多酚氧化酶的作用将茶叶中的酚类氧化,并聚合为红褐色的物质。

④抗坏血酸氧化酶　在过氧化体中,抗坏血酸氧化酶是一种含铜的酶,它可以催化抗坏血酸的氧化。

⑤黄素氧化酶(黄酶)不含金属,存在于乙醛酸循环体中,能把进行脂肪酸氧化分解。

呼吸代谢多途径电子传递和ATP形成可用图片加以归纳(图5.8)。

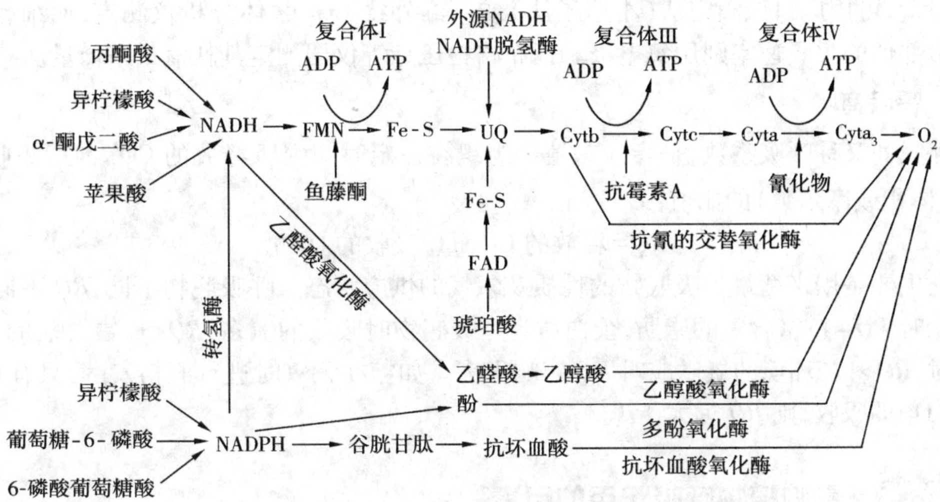

图 5.8 呼吸多途径电子传递示意图

(二)氧化磷酸化耦联机制-化学渗透假说

为了解释氧化磷酸化耦联机制,1961 年,英国学者米切尔(Peter Mitchell)提出化学渗透假说(1978 年获诺贝尔化学奖),说明了电子传递释放出的能量用于形成一种跨线粒体内膜的质子梯度(H^+梯度),这种梯度驱动 ATP 的合成。这一过程概括如下:

①NADH 的氧化,其电子沿呼吸链的传递,造成 H^+ 被 3 个 H^+ 泵,即 NADH 脱氢酶、细胞色素 bc_1 复合体和细胞色素氧化酶从线粒体基质跨过内膜泵入膜间隙。

②H^+泵出,在膜间隙产生一高的 H^+ 浓度,这不仅使膜外侧的 pH 较内侧低(形成 pH 梯度),而且使原有的外正内负的跨膜电位增高,由此形成的电化学质子梯度成为质子动力,是 H^+的化学梯度和膜电势的总和。

③H^+通过 ATP 合酶流回到线粒体基质,质子动力驱动 ATP 合酶合成 ATP。

5.3 呼吸作用的指标及其影响因素

5.3.1 呼吸作用的指标

1)呼吸速率

呼吸速率是衡量呼吸强弱的主要指标,是指一定温度下,单位重量(干重或鲜重)材料,在单位时间内通过呼吸作用呼出二氧化碳的量或吸收氧气的量[单位:μmol/(g·h),μL/(g·h)]。

通常,叶片、发芽种子、块根、块茎、果实等植物器官测定其呼吸速率时,用放出 CO_2 多少来衡量,可用广口瓶滴定法(小篮子法)或用红外线 CO_2 气体分析仪测定;而细胞、线粒体等微部位的呼吸速率则用氧电极和瓦布格检压计等仪器测定其耗氧量来衡量。

2)呼吸商

呼吸商又称呼吸系数,是指同一植物组织在一定时间内所释放的 CO_2 与所吸收的 O_2 的量(体积或摩尔数)的比值:

$$RQ = \text{释放的 } CO_2 \text{ 量}/\text{吸收的 } O_2 \text{ 量}$$

它主要是用来衡量呼吸底物的性质及氧气的供应状态。呼吸底物不同,RQ 不同:糖彻底氧化时 $RQ=1$;富含氢的脂肪、蛋白质为呼吸底物时吸收的氧多,$RQ<1$;富含氧的有机酸氧化时,$RQ>1$。环境的氧供应对 RQ 影响很大。如糖在无氧时进行酒精发酵,只有 CO_2 产生,无 O_2 的吸收,则 RQ 远大于 1。

5.3.2 影响植物呼吸作用的因素

1)内部因素

影响呼吸作用的内部因素主要有以下几个方面:

(1)植物种类不同,呼吸速率不同

一般与其原产地生态环境及生长速率有关。生长快的植物呼吸速率高于生长慢的植物,热带植物高于寒带植物,阳生植物高于阴生植物,草本植物高于木本植物。如:果品中较耐贮藏的仁果类(苹果、梨等)和葡萄等的呼吸较低,不耐藏的核果类(桃、李、杏等)呼吸较高。早熟品种比晚熟种呼吸高,柑橘比苹果高很多,浸种发芽时玉米种子比小麦种子呼吸速率高出近 10 倍。

(2)同一植株不同器官和组织,呼吸速率有所不同

一般细嫩组织和器官因原生质含量高,处在分裂、生长旺盛时期,呼吸速率高,如根尖、茎尖、形成层、浸种后的种胚等;生殖器官比营养器官呼吸速率高,如花比叶高 3 ~4 倍。而生殖器官中雌、雄蕊的呼吸速率又比花瓣、萼片高,特别是雌蕊呼吸速率最高,可比花瓣高 18 ~20 倍;受伤组织高于正常组织(表 5.1)。

表 5.1 不同植物或器官呼吸速率比较

植物种类或器官	呼吸速率(氧气,鲜重)$\mu L \cdot /(g \cdot h)^{-1}$
仙人掌	3
小麦	251
细菌	10 000
胡萝卜根	25
胡萝卜叶	440
大麦种子(浸泡 15 h)	
胚	715
胚乳	76

(3)同一器官在不同的生长发育时期呼吸速率也表现不同

在一年里，植物各器官开始生长的前期，呼吸速率升高较快。当生长达到高峰时，呼吸速率最高，然后随生长节奏变缓，呼吸速率也会逐渐放缓，到器官成熟衰老时，一般呼吸速率会降至最低进入休眠或停止死亡。但有些果实在生长结束，成熟开始时，会出现呼吸速率突然升高然后又迅速下降的现象，称呼吸高峰或呼吸跃变期，跃变型和非跃变型果实见表5.2。呼吸高峰出现时，果实食用品质最好，过此高峰，品质下降，且不耐贮藏，因此，这些果实要延长贮藏时间，应采取措施抑制呼吸高峰的产生。据研究，呼吸高峰的出现与果实贮藏期间产生的内源激素乙烯的量有关(图5.9)。当乙烯量达到0.1 mg/L(0.1 ppm)以上时，就可刺激果实呼吸作用，使跃变型果实的呼吸高峰提前到来，促进衰老。而乙烯的产生与环境中 O_2、温度有很大的关系，当环境温度降低到2～5 ℃，O_2 含量降到3%～6%时，乙烯产生少，呼吸高峰便不会出现。也可用脱氧剂和乙烯吸收剂，降低环境中乙烯的浓度。

表5.2　跃变型和非跃变型果实

跃变型果实		非跃变型果实	
苹果	罗马甜瓜	伞房花越橘	甜橙
杏	蜜露甜瓜	可可	菠萝
鳄梨	番木瓜	腰果	蒲桃
香蕉	鸡蛋果	欧洲甜樱桃	草莓
面包果	桃	葡萄	毕当茄
南美番荔枝	梨	葡萄柚	树西红柿
中华猕猴桃	柿	南海蒲桃	nor-西红柿
费约果	李	柠檬	rin-西红柿
无花果	加锡猕罗果	荔枝	黄瓜
番石榴	刺果番荔枝	山苹果	橄榄
蔓密苹果	西红柿		
芒果			

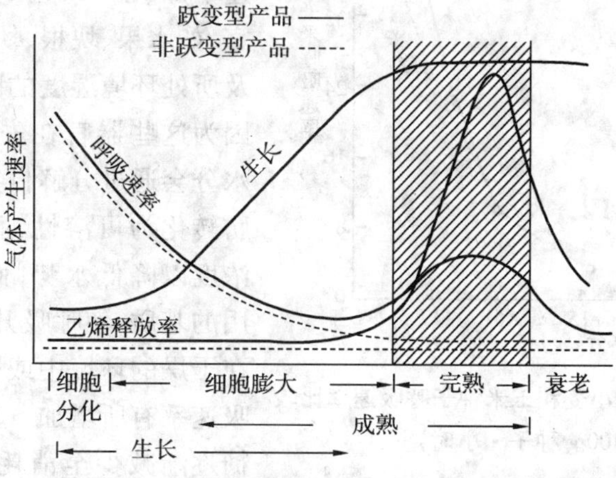

图5.9　跃变型和非跃变型果实生长、呼吸高峰与乙烯产生曲线

(Will 等,1998)

总之，原生质含量高、生长快的植物、器官和组织呼吸速率较高。

2）**外部因素**

影响呼吸作用的外在原因比较复杂，主要有以下几个因素：

（1）温度

呼吸作用是由一系列酶促反应完成的，酶的活性必然受到温度的影响。因此，温度对呼吸的影响存在三基点，即：最低点、最适点和最高点。温度低于和高于最低、最高点时，植物会停止形态上的生长；而呼吸的最适温度是指达到呼吸最高速率并保持稳态时的温度。植物不同、植物所处的生理状态不同，三基点不同。

接近0 ℃时，大多数植物呼吸只维持内部基本的代谢，而形态不再生长。实际上，大多数温带植物，最低温度可维持在比0 ℃低得多的范围内，其下限约为-10 ℃；耐寒植物的越冬器官，如树木的冬芽和松柏的针叶，在-25～-20 ℃时，仍有呼吸，但在夏天旺盛生长季节，温度低于-5～-4 ℃时，松柏的针叶就不能忍受低温而停止呼吸，可见植物所处的生理状况不同，其最低温度有很大的差异。

植物呼吸作用的最适温度为30～40 ℃，随所处高温环境时间的延长，其最适温度会逐渐下降。植物呼吸作用的最适温度比光合作用的最适温度（20～30 ℃）高，因此当处于呼吸最适温度时，促进呼吸、抑制光合作用，对植物健壮生长和有机物的积累极为不利。

呼吸作用最高温度一般为40～55 ℃。最高温度时，植物细胞膜、原生质、细胞器及酶的活性等都会受到损坏，呼吸作用会急剧下降。

（2）水分

整体植物的呼吸速率一般随植物组织含水量的增加而升高。

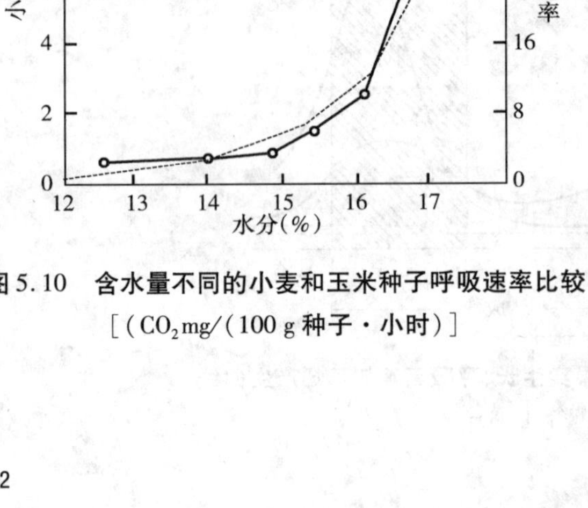

图5.10　含水量不同的小麦和玉米种子呼吸速率比较
［（CO_2mg/（100 g种子·小时）］

对于植物器官来说，情况比较复杂。干燥的植物器官，如植物干燥的种子、干果等，呼吸很低，但当其吸水后呼吸会迅速增加（图5.10）；而含水量高的肉质器官，如水果、块根、块茎等，随本身含水量及所处环境湿度的降低，呼吸反而升高。因为这些器官在失水时，为保持自身的水分会通过分解自身的物质，如淀粉、脂肪转化为可溶性糖，增加自身细胞液的浓度以降低水势，而可溶性糖是呼吸作用的基质，使呼吸升高，故肉质器官贮藏在干燥的环境中或受干旱接近萎蔫时呼吸速率有所增加，过一段时间后，可溶性糖逐渐减少至消耗殆尽，则呼吸速率会下降乃至停止。

（3）氧气和二氧化碳浓度

呼吸作用离不开氧气，大气中氧气含量在21%左右，在此环境下植物为正常呼吸；低于21%后，植物呼吸开始下降，为缺氧呼吸。但在10% ~21%范围内，植物的呼吸属有氧呼吸范畴，当低于10%时无氧呼吸出现并逐步增强，有氧呼吸迅速下降。一般把无氧呼吸停止进行的最低氧含量（10%左右）称为无氧呼吸的消失点。氧浓度过高，抑制光合作用，光呼吸升高，对植物有害。设施栽培光源充足时，要注意放风；氧浓度过低，无氧呼吸增强，时间一长，植物会受害而死亡。植物、器官不同，缺氧呼吸的本领不同，如水稻、根系缺氧呼吸能力就较强，水稻种子萌发时所需氧气仅为小麦种子的1/5左右，根系由于在土壤中，比其他的器官能适应较低的氧浓度环境。但大多数农作物的根系要求土壤含氧量不低于5%，透气不良的土壤含氧量仅为2%，根系不能正常呼吸和生长，导致植物的过早衰败和产量的严重降低。因此，生产上要注意改良土壤结构，保证良好的通气状况。

环境中 CO_2 浓度增高脱羧反应减慢，抑制呼吸作用，当 CO_2 浓度达到5%时，抑制作用很明显，达10%时便可使植物细胞由于蛋白质变性而中毒死亡。

5.4　呼吸作用知识在实际中的应用

5.4.1　呼吸作用与农产品贮藏

农产品贮藏期要延长，就必须降低其呼吸速率，减少产品内有机物的消耗。

1）呼吸作用与粮油种子贮藏

种子内部发生的呼吸作用强弱和所发生的物质变化，将直接影响种子的生活力和贮藏寿命。呼吸快时，消耗有机物多，且释放出水分和热量，反过来促进呼吸作用和微生物活动，导致种子有机物的分解和霉变。种子呼吸作用强弱主要与种子的含水量有关，油料种子含水量在7% ~9%，淀粉种子在12% ~14%，称风干状态。此时种子中的水为束缚水，又称安全含水量，不参入代谢活动，呼吸酶的活性降低到最低，呼吸微弱，种子贮藏时间较长。

粮油种子的贮藏主要应注意以下几方面：一是要干燥。充分把种子晒到风干状态，同时贮藏环境也要干燥、通风。二是要尽量保持低温环境。国家种质库在-18 ℃的低温环境下，种子可保存50年不坏，但种子中含水量高时处在低温条件下，则易受冻。三是进行适当气调。可适当增加环境中 CO_2 量和降低 O_2 的含量，如脱氧贮藏法，充氮贮藏法。在农村，种子大多放在密封的容器中贮藏，因为种子的呼吸会减少容器中 O_2 的含量，而升高 CO_2 的含量，自身便达到了气调的目的，称“自体保藏法”。四是要防病虫。我国自古至今都有种子“热进仓”的习俗，即在种子处于风干状态的条件下，在最后一个中午种子晒得很热时进入仓库或容器密封贮藏，利用种子的热量杀死病菌、虫卵。若种子贮藏时间较长，还应注意定期检查，定期复晒、通风、去湿。

2）呼吸作用与肉质器官贮藏

肉质器官，如果实、蔬菜各器官，块根、块茎等含水量高，采收后仍然是呼吸较高的活体，且富含营养物质，器官表面保护组织保护能力较差，因此，延长贮藏时间比较困难。实际贮藏时，一般采取避免病虫及机械伤害、控制器官水分散失、适当降低温度、控制空气成分四个方面措施来降低呼吸消耗，并尽量保持器官的新鲜状态和原有的食用风味。

（1）避免病虫及机械伤害

肉质器官采收前后易被病原微生物和虫卵侵染，特别是病原微生物的侵染难易观察到，导致在贮藏期间大量腐烂变质，如桃褐腐病、苹果轮纹病等，所以生长季节要加强栽培管理，防止器官染病。有病害的地块，采收前后要对器官进行杀菌处理，如苹果可在采前半个月对树冠喷洒 0.20% 氯化钙加 1 000 倍甲基托布津液，或倍量式波尔多液等，但要注意不能喷布绿色食品禁止施用的化学药剂。

肉质器官采收时，要尽量避免创伤和机械刺激，因植物组织受伤时，打破了酶与底物间隔，使某些细胞变为分生组织，也加强了和外界氧气接触，这些都会提高呼吸速率，消耗有机物，大大降低贮藏时间。同时由于产生伤口，易滋生病菌，引起腐烂变质。所以，采收时要尽量保持采收器官的完整，轻拿轻放，戴手套避免指甲划痕，有虫口和病斑的器官要捡出。

（2）提高环境湿度，控制器官水分散失

肉质器官细胞中含水量高，水势高，一旦环境干燥水势低，器官中的水分就会大量散失到环境中，引起细胞内水解反应加剧，可溶性糖升高，从而呼吸升高，降低贮藏时间。因此，肉质器官贮藏时要尽量控制自身水分的散失，如提高环境湿度到 85% ~95% 、对器官进行适当密封等。甘薯、马铃薯、大白菜一般在湿度较高的地窖贮藏，萝卜、胡萝卜等肉质直根类器官要埋在湿土中贮藏，板栗、银杏种子需埋湿沙贮藏。苹果、梨等水果套薄膜袋、装缸瓮等较封闭容器中或地窖、冷库中贮藏，主要原因之一就是为有一个较高湿度环境，控制器官水分散失。

（3）适当降低温度

降低温度能降低呼吸酶的活性，推迟和减弱呼吸跃变的发生，降低呼吸消耗延长贮藏时间。但肉质器官与粮油种子不同，其细胞活性高，温度过低会引起冻害，所以应适度降温，以不引起冻害为限。我国北方的大部分水果蔬菜，如苹果、梨、芹菜、菠菜等储藏低温多为 0 ~5 ℃；南方大部分水果为 3 ~15 ℃，如香蕉贮藏适温为 11 ~14 ℃。有些休眠器官对温度要求较严格，如在相对湿度 90% 左右条件下，甘薯安全贮藏温度为 10 ~14 ℃，而马铃薯为 2 ~3 ℃。如果比温度范围低会产生冻害，比温度范围高又会使呼吸升高导致发芽。

（4）控制空气成分

增加空气中 CO_2 的含量，降低 O_2 含量可抑制呼吸作用。一般氧浓度低于 7% 时对呼吸有抑制作用，当低于 5% 时可较大程度降低呼吸速率，但低于 2% 时常会造成果蔬的缺氧呼吸。因此，贮藏中一般将氧浓度保持在 3% ~5%。环境中二氧化碳增加会减弱呼吸作用，推迟呼吸高峰出现，但浓度过高可造成果蔬细胞原生质变性，发生 CO_2 中毒现象，缩短贮藏期。不同产品对二氧化碳的忍受力差异很大，但大部分产品在二氧化碳1% ~5%的条件下较安全。可用充入惰性气体 N_2 的方法降低 O_2 浓度达到保鲜目的。如苹果在含有93%的 N_2 环境中，在4 ~5 ℃下，可贮藏8 ~10 个月，而在自然空气中，0 ℃条件下，只能贮藏5 ~6 个月。通常冷库贮藏温带果实，在0 ~1 ℃条件下，气体成分为：氧气3% ~5%，二氧化碳3% ~5%，相对湿度90% ~95%。

肉质器官也可用"自体保藏法"进行环境气体调控。果实、蔬菜、块根、块茎呼吸较高，若环境比较密封，则进行呼吸作用时可消耗贮藏环境内的 O_2、增加 CO_2，从而抑制呼吸作用。如哈尔滨等地利用大窖套小窖的办法，使黄瓜贮存期可达到3 个多月。因这种方法，既保证了肉质器官对环境温度、湿度的要求，又通过自身呼吸作用降低了环境内的 O_2 浓度、增加 CO_2 浓度。像白菜、甘薯、马铃薯等休眠器官，入窖前，可进行1 ~2 天适当的晾晒，使表面组织失水萎缩，大白菜还要用绳捆绑一下，这样在器官内部，一是水分不易散失，二是形成高 CO_2、低氧环境，也属"自体保藏法"的方式，贮藏时间大大延长。应注意肉质器官入窖前期，由于呼吸较高，温度又较高，氧消耗量大，容易引起贮存环境缺氧，进行无氧呼吸导致器官腐败变质。因此，前期窖口应开启，当气温降低，器官呼吸变缓时再逐渐封窖，其间也应定时放风。特别是人在入窖取拿时，先进行放风换气，以防发生人员窒息等不测事故。近年来入窖或入冷库前，为适应环境及降低呼吸，器官一般还进行预冷处理并用果品保鲜剂处理（蜡膜、脱氧剂、脱乙烯剂等）。

5.4.2 呼吸作用与作物栽培

在作物栽培过程中，应通过调控管理措施使呼吸有利于作物、器官健壮生长发育。增施有机肥、深翻、排涝，可改善土壤通气条件，使根系生长、种子萌发时呼吸通畅；夏季炎热季节，土壤应及时灌溉，保持60% ~80%的含水量，可降低环境温度，从而降低大田作物的呼吸消耗。各器官在最适呼吸温度时，生长（如种子萌发、幼苗生长）偏弱，应控制环境温度适当低于最适值。设施栽培时，放风降温，加大昼夜温差，可降低呼吸消耗，提高产量。

此外，地下水位较高时需挖深沟（埋暗管）以降低地下水位；水稻移栽后要定期露田和晒田；寒潮来临时及时灌水保温；早稻灌浆成熟期正处高温季节，可以灌"跑马水"降温，以减少呼吸消耗，有利于种子成熟。

本章小结

生物体内的有机物在细胞内经过一系列的氧化分解，最终生成二氧化碳或其他产物，并且释放出能量的总过程，叫做呼吸作用。呼吸作用，是生物体在细胞内将有机物氧化分解并产生能量的化学过程，是所有的动物和植物都具有一项生命活动。生物的生命活动都需要消耗能量，这些能量来自生物体内糖类、脂类和蛋白质等有机物的氧化分解。生物体内有机物的氧化分解为生物提供了生命所需要的能量，具有十分重要的意义。

呼吸作用，是生物体细胞把有机物氧化分解并产生能量的化学过程，又称为细胞呼吸

(cellular respiration)。无论是否自养,细胞内完成生命活动所需的能量,都是来自呼吸作用。真核细胞中,线粒体是与呼吸作用最有关联的胞器,呼吸作用的几个关键性步骤都在其中进行呼吸作用是一种酶促氧化反应。虽名为氧化反应,不论有无氧气参与,都可称作呼吸作用(这是因为在化学上,有电子转移的反应过程,皆可称为氧化)。有氧气参与时的呼吸作用,称之为有氧呼吸;没氧气参与的反应,则称为无氧呼吸。同样多的有机化合物,进行无氧呼吸时,其产生的能量比进行有氧呼吸时要少。有氧呼吸与无氧呼吸是细胞内不同的反应,与生物体没直接关系。即使是呼吸氧气的生物,其细胞内也可以进行无氧呼吸。

生物进行呼吸作用的主要形式是有氧呼吸。有氧呼吸是指细胞在氧的参与下,通过酶的催化作用,把糖类等有机物彻底氧化分解,产生出二氧化碳和水,同时释放出大量能量的过程。糖酵解-三羧酸循环途径是高等动物和植物进行呼吸作用的主要形式,因此,通常所说的呼吸作用就是指有氧呼吸的这一途径。细胞进行有氧呼吸的主要场所是线粒体。一般说来,葡萄糖是细胞进行有氧呼吸时最常利用的物质。有氧呼吸的全过程可以分为三个阶段:第一个阶段,一个分子的葡萄糖分解成两个分子的丙酮酸,在分解的过程中产生少量的还原氢(用[H]表示),同时释放出少量的能量。这个阶段是在细胞质基质中进行的。第二个阶段,丙酮酸经过一系列的反应,分解成二氧化碳和氢,同时释放出少量的能量。这个阶段是在线粒体中进行的。第三个阶段,前两个阶段产生的氢,通过呼吸链上一系列氢和电子的传递,与氧结合而形成水,同时释放出大量的能量。这个阶段是在线粒体内膜上进行的。以上三个阶段中的各个化学反应是由不同的酶来催化的。在生物体内,1 mol 的葡萄糖在彻底氧化分解以后,共释放出 2 870 kJ 的能量,其中有 976 kJ 左右的能量储存在 ATP 中,其余的能量都以热能的形式散失了。

无氧呼吸一般是指细胞在无氧条件下,通过酶的催化作用,把葡萄糖等有机物质分解成为不彻底的氧化产物,同时释放出少量能量的过程。这个过程对于高等植物、高等动物和人来说,称为无氧呼吸。如果用于微生物(如乳酸菌、酵母菌),则习惯上称为发酵。细胞进行无氧呼吸的场所是细胞质基质。苹果储藏久了会有酒味;高等植物在水淹的情况下,可以进行短时间的无氧呼吸,将葡萄糖分解为酒精和二氧化碳,并且释放出少量的能量,以适应缺氧的环境条件;高等动物和人体在剧烈运动时,尽管呼吸运动和血液循环都大大加强了,但是仍然不能满足骨骼肌对氧的需要,这时骨骼肌内就会出现无氧呼吸。高等动物和人体的无氧呼吸产生乳酸。此外,还有一些高等植物的某些器官在进行无氧呼吸时也可以产生乳酸,如马铃薯块茎、甜菜块根等。

通过调节器官及环境中温度、湿度、O_2 和 CO_2 的高低及含量,可调控植物及植物器官呼吸速率大小,从而延长农产品的贮藏时间,保证作物健壮生长。

案 例)))

苹果简易贮藏法

采用简易的方法贮藏苹果,设施简单,易于管理,适于户贮,保鲜效果良好,可缓和供求矛盾,增加经济收入。

1)贮前对果实的选择和处理

选择晚熟、耐贮的苹果品种,如富士、秀水、青香蕉、国光、新世界等,适期采收;采收后选择成熟度一致、无损伤、无病虫害的果实,进行分级。分级后将果品进行预冷,即在阴凉通风处做土畦、畦深15 cm左右,畦宽1.2 m左右,把果实排放在畦内,排放厚度以4至5层果为宜,白天遮阴,夜间揭去覆盖物通风降温,降雨时或有大雾、露水时,应覆盖塑料布等防止雨水或雾水、露水接触果实,经1~2夜预冷后,于清晨气温尚低时将果实封装入贮或直接入贮。若清晨露(雾)水较重,应于该天傍晚将覆盖物撑起至离果面20~30 cm处,可达到既预冷又防露(雾)的目的,次日清晨即可入贮。

2)地沟贮藏法

①地沟的准备　地沟应选在安全、运输方便、地势平坦高燥和土质坚实的地方。贮前先挖好地沟,沟深1 m左右,宽1.2 m左右,沟长视地形和贮果量而定,可挖一条或多条沟,两条沟间应有2 m以上的间隔,沟向以东西为好,沟边用土培成20~40 cm的土埂,南边土埂应高于北边土埂,以防雨水流入沟内,并使沟上的覆盖物有一定的斜度,以利雨水流下。沟上每隔1.5 m左右放置一根木棍,以便白天用草苫等覆盖物挡住阳光或雨天防雨。地沟建成后应在贮果前一周进行预冷,即白天覆盖地沟,夜晚去除覆盖物,以降低沟内温度,若夜晚有雨,应盖严地沟以防雨水进入。

②果实入贮　将已处理好的果实封装入贮或直接入贮。封装入贮是指用塑料袋装盛适量苹果放入箱(筐)中,或在箱(筐)中铺塑料薄膜,再放入适量苹果,然后封箱(筐)入贮。箱底应垫以木板或砖头,以防箱底受湿软化。果筐一般摆放一层,果箱可摆放两层,上下层箱间呈品字形放置。直接入贮是指不经包装直接将苹果贮入沟内,方法是先在沟底铺一层5~10cm的洁净细河沙,将果实分层排放在沟内,厚为60~80 cm。排放时果实与沟壁之间用稻草、麦秸等隔开,沟中间每隔3~4 m立一个用玉米秸秆扎成的通气把(直径15~20 cm,秸秆把顶部露出果堆)。入贮后在果实(果箱、果筐)上面覆盖草苫、蒲席等,以遮阴防雨、保温防寒。

③贮期管理　果实入沟初期,即封冻前,覆盖物要昼盖夜除(雨夜除外),以降低沟内温度;封冻后,随着气温的降低,可整日不除覆盖物,当沟内最低温度达到-3 ℃时,将沟盖严并加盖覆盖物,风大处要设防风障,保持沟内温度为-3~1 ℃,第2年随气温的回升,逐渐去除覆盖物,适当通风,防止沟内温度回升过快。入贮初期和第2年春,要每隔5天检查1次,气温变化大时要每隔2天检查1次,看果皮是否变暗,沟内(箱内、筐内)是否有酒味,如出现上述情况,应及时通风,果箱(筐)要启开,使果实与空气充分接触,情况严重的果实要及时取出销售。封冻期一般不需查果,但应根据气温变化和天气预报及时保温。

3)室内贮藏法

此法是利用闲置的住房、仓库等房屋或有一定空闲的冷凉房间来贮藏苹果。

①室内缸(瓮)贮藏　选用大缸(瓮),洗净晾干,放于贮果室内,将缸(瓮)底部铺上10 cm左右的湿沙,湿沙上放一木架,木架上摆放已处理好的苹果,多层摆放,接近缸(瓮)满为止,然后用塑料膜封好缸(瓮)口,每隔10~15天检查一次,及时取出失去贮藏能力的苹果。贮藏期内应保持缸(瓮)内相对湿度90%左右,如湿度不足,则使果皮皱缩,应沿缸(瓮)内

壁注入适量凉水。

②室内塑料袋贮藏　将袋上刺些小孔，孔径为 1～2 mm，装入适量已处理好的苹果，然后扎口放于室内适宜的位置，每隔 10～15 天检查一次，取出失去贮藏能力的苹果。塑料袋装果后亦可放在箱(筐)内。袋(箱、筐)应分散放置。

③室内箱(筐)贮藏　将处理好的苹果用具有保湿能力的纸包好，装入箱(筐)内，分散或打架放置，定期检查筛选即可。

室内贮藏应避免阳光照射入室内。封冻前和春季室温往往较高，应注意门窗要昼闭夜开；封冻期室温较低，应封闭好门窗或采取增温措施，如电器加热等，使室温不低于-3 ℃。室内贮果也不宜一次大量入贮，入贮前也应昼闭夜开门窗以降低室温。

(主要参考 http://www.tech-food.com 2010-11-12 中国食品科技网)

案例分析与讨论题

①苹果在入贮前，为何要先进行预冷？

②用呼吸知识分析一下，地沟贮藏法和室内塑料袋贮藏法为何能延长苹果的贮藏时间？

③苹果室内塑料袋贮藏法，为何要将袋上刺些小孔？

④不论哪一种贮存法，为何最好不要一次大量贮入，应分期分批入贮？

⑤假若你有果品需要贮藏，根据所学呼吸作用知识，设计一下你的贮藏方案。

复习思考题

1. 解释概念：呼吸作用、有氧呼吸、无氧呼吸、糖酵解、三羧酸循环、呼吸链、底物水平磷酸化、氧化磷酸化、呼吸速率、P/O 比、呼吸高峰。

2. 试述呼吸作用的生理意义。

3. 呼吸作用历程有几条途径？简要说明其基本步骤，并说明各步骤参加和生成的物质及发生的部位。

4. 影响呼吸作用的因素有哪些？

5. 用呼吸作用原理简述粮油种子和肉质器官贮藏的异同。

6. 陆生高等植物为何不能长期进行无氧呼吸？

7. 呼吸作用与光合作用有何区别与联系？试从原料、产物、需要条件、能量转换、电子传递途径等方面，列表比较。

8. 植物细胞内 1 mol 蔗糖经 EMP-TCA 途径，彻底氧化成 CO_2 和 H_2O 时，净得多少 mol 的 ATP？

实验实训

呼吸速率的测定(小篮子法)

1) 目的意义

呼吸速率是植物生理生化方面的一项主要指标，通过测定植物的呼吸速率值的大小，可判断该时期植物组织和器官代谢状况及抗逆性强弱。

2)原理

呼吸速率可用单位重量植物材料在单位时间内所释放 CO_2 的 mg 数来表示。呼吸放出的 CO_2 被 $Ba(OH)_2$ 吸收生成 $BaCO_3$ 沉淀,用草酸滴定剩余的 $Ba(OH)_2$,并与空白滴定相比,根据草酸实际用量之差,即可求出被测植物的呼吸强度。反应如下:

$$Ba(OH)_2+CO_2 \longrightarrow BaCO_3\downarrow +H_2O$$

$$Ba(OH)_2(\text{剩余})+H_2C_2O_4 \longrightarrow BaC_2O_4\downarrow +H_2O$$

3)实验材料、仪器与试剂

①实验材料:萌发的小麦种子或其他植物组织。

②仪器:托盘天平、恒温水浴、酸碱滴定管及管架、广口瓶测呼吸装置两套。

③试剂

a. 0.045 $mol\cdot L^{-1}$ 草酸溶液。准确称取 $H_2C_2O_4\cdot 2H_2O$ 2.864 5 g 溶于蒸馏水中,定容至 1 000 mL(每 mL 相当于 1 mg CO_2)。

b. 1% 酚酞指示剂。称取 1 g 酚酞溶于 100 mL 95% 酒精中。

c. 0.1 $mol\cdot L^{-1}$ $Ba(OH)_2$ 溶液。称取 $Ba(OH)_2$ 8.6 g,溶于 1 000 mL 蒸馏水中。

4)操作步骤

①样品测定 取 250 mL 广口瓶一个,加一个下端有钩的具孔橡皮塞,该孔具有可活动的小橡皮塞。通过该孔用滴定管准确加入 20 mL $Ba(OH)_2$ 溶液;称取发芽小麦(或其他材料)5 g 装于小篮子内,悬挂于胶塞下的铁钩上。塞紧小孔塞,准确计时 20 ~ 30 min,其间不时晃动广口瓶,以破坏随时形成的 $BaCO_3$ 薄膜,使反应充分进行。到时间后,迅速取出小篮子,盖好橡皮塞,晃动数 min 后,通过小孔向内滴加 1 滴酚酞指示剂,用草酸滴定至终点,记录草酸用量。

②空白滴定 按同样方法在另一广口瓶中准确加入 $Ba(OH)_2$ 溶液 20 mL,立即塞紧橡皮塞(不带小篮子),充分摇动广口瓶 4 ~ 5 min。待瓶内 CO_2 全部被吸收后,打开小橡皮塞,加入酚酞 1 滴,把滴定管插入孔中,用草酸溶液滴定至终点,记录草酸用量。

5)作业

结果计算:

某一温度下,发芽小麦的呼吸速率:

$$R=\frac{C\times(V_1-V_2)}{W\times t}$$

式中 R——呼吸速率,(mg CO_2/g · h);

C——1 mL 草酸相当于 CO_2 的 mg 数;

V_1——空白滴定草酸用量,mL;

V_2——样品滴定草酸用量,mL;

W——材料重,g;

t——测定时间,h。

【附注】

①操作过程中，注意防止口鼻呼出气体侵入瓶内。

②测定时间可因具体温度而定，温度高时可短些，低时可长些。

如欲比较不同温度下的呼吸强度，可按需要人为设置呼吸温度。

第6章 植物的生长物质

学习目标

- 深入了解：植物生长物质、植物激素、植物生长调节剂的基本概念；植物生长调节剂目前生产上主要应用种类、作用、实际应用方法及注意问题。
- 了解：植物激素种类、特点、作用机理；植物生长调节剂种类、特点、作用。

技能目标

- 能明确生产上常用植物生长调节剂的作用和基本用法；能根据生产需要对作物适当应用植物生长物质进行化学调控。

知识点

植物激素及植物生长调节剂的基本概念；常见五大类植物激素的生理效应；植物调节剂常用种类的应用。

案例导入

植物生长物质及植物激素的发现

植物生长物质（plant growth substances）是指在极低浓度即可调节植物生长发育的一类活性有机物质，包括植物激素和植物生长调节剂。植物激素（plant hormone）是由植物自身产生的一类植物生长物质；而植物生长调节剂（plant growth regulator）是人工模拟植物激素结构和功能，人工合成的一类植物生长物质。

目前，大家公认的植物激素有5大类，即：生长素、赤霉素、细胞分裂素、乙烯、脱落酸。下面介绍各激素的发现概史：

①生长素　1880年英国科学家达尔文父子（C. Darwin和F. Darwin，非进化论发现者之达尔文）在进行胚芽鞘向光性实验时，发现植物幼嫩的尖端受单侧光照射后产生一种物质，传到茎的伸长区能引起茎向光弯曲。1928年，荷兰F. W. 温特从燕麦胚芽鞘尖端分离出一种具生理活性的物质，称为生长素，它正是引起胚芽鞘向光伸长生长的物质。1934年，荷兰F. 克格尔等从人尿中得到生长素的结晶，经鉴定为吲哚乙酸。

②赤霉素　水稻感染了一种病菌后，稻苗疯长难以抽穗，称恶苗病。1926 年，日本病理学家黑泽研究恶苗病发现是感染水稻这种菌的赤色分泌物使稻苗疯长，并称这种菌为赤霉菌。1935 年，日本的薮田和住木在黑泽研究的基础上，从赤霉菌的分泌物中分离出了这种有生理活性的物质，定名为赤霉素（GA）。从 20 世纪 50 年代开始，英、美的科学工作者对赤霉素进行了深入研究，现已从赤霉菌及其分泌物和高等植物中分离出 60 多种赤霉素，根据发现早晚分别被命名为 GA_1、GA_2、GA_3……赤霉素广泛存在于菌类、藻类、蕨类、裸子植物及被子植物中。商品生产的赤霉素是 GA_3、GA_4 和 GA_7。GA_3 又称赤霉酸，是最早分离、鉴定出来的赤霉素，分子式为 $C_{19}H_{22}O_6$，即 6-呋喃氨基嘌呤。

③细胞分裂素　这种物质最早是在动物体内发现的。1955 年，美国人 F. 斯库格等在烟草髓部组织培养中，偶然发现培养基中加入变质的从鲱鱼精子中提取的 DNA，可促进烟草愈伤组织强烈生长。后证明其中含有一种能诱导细胞分裂的成分，称为激动素（KT）。植物体内第一种天然细胞分裂素，是 1964 年 D. S. 莱瑟姆等从未成熟的玉米种子中分离出来的玉米素（ZT），其生理活性远强于激动素。至今从植物中发现有三十多种有类似功能的细胞分裂素，都是腺嘌呤的衍生物。

④脱落酸　20 世纪 60 年代初，美国人 F. T. 阿迪科特和英国人 P. F. 瓦瑞恩分别从脱落的棉花幼果和休眠的桦树叶中分离出脱落素和休眠素，后经鉴定是同一种物质，在 1967 年的国际植物生长物质会议上将其命名为脱落酸（ABA）。其分子式为 $C_{15}H_{20}O_4$。

⑤乙烯（ethylene，ETH）　乙烯是最简单的气态烯烃（$CH_2=CH_2$），早在 19 世纪中叶（1864）就有关于燃气街灯漏气会促进附近的树落叶的报道，但直到 1901 年，俄国的植物学家奈刘波夫（Neljubow）才首先证实是照明气中的乙烯在起作用，他还发现乙烯能引起黄化豌豆苗的三重反应。后来发现成熟橘子产生的乙烯能催熟同船混装的香蕉。1934 年，甘恩（Gane）获得了植物组织确实能产生乙烯的化学证据。1959 年，伯格（S. P. Burg）等应用气相色谱测出随着果实的成熟，产生的乙烯量不断增加。此后几年，发现乙烯对许多生理过程起重要的调节作用。1965 年在柏格的提议下，乙烯才被公认为是植物的天然激素。

因为植物的生长物质可以调节植物的代谢速度和代谢方向，所以了解和掌握植物生长物质的有关知识，可以在生产中灵活运用这些物质，调节栽培作物的生长发育进程。

6.1　植物激素

植物激素又称植物天然激素或植物内源激素。根据国际植物学会规定，它是指在植物体内某一部分合成，并可转移到其他作用部分，以很低的浓度引起生理反应的有机物。目前，大家公认的植物激素有五大类，即：生长素、赤霉素、细胞分裂素、乙烯、脱落酸。

植物激素有如下特点：

①内生性　是植物细胞正常代谢产物；

②移动性　能由产生的部位转移到作用部位；

③调节性 内源激素不是营养物质,对生长发育只起调节作用,且极低的浓度(一般< 1 μmol/L)即能发挥极显著的作用。

近年来,人们在植物体内又陆续发现了与这些激素有相似作用的其他一些物质,如油菜素内酯、三十烷醇、茉莉酸、茉莉酸甲酯、水杨酸等。这些物质虽然还没被公认为植物激素,但在调节植物生长发育的过程中起着不可或缺的作用。

6.1.1 生长素(IAA)

生长素化学名称为吲哚乙酸,是含氮有机酸,在植物体内普遍存在,简称 IAA。除 IAA 外,还在大麦、番茄、烟草及玉米等植物中先后发现苯乙酸(PAA)、4-氯吲哚乙酸(4-Cl-IAA)、吲哚丁酸(IBA)等天然化合物,它们具有类似于生长素的生理活性。其结构式如下:

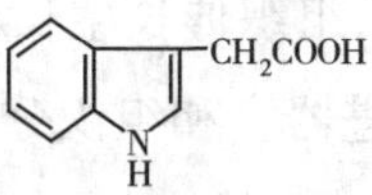

吲哚乙酸(IAA)

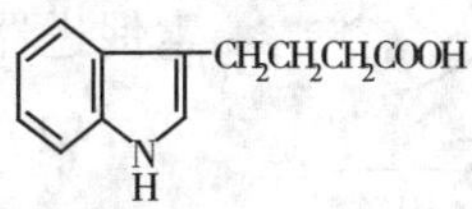

吲哚丁酸(IBA)

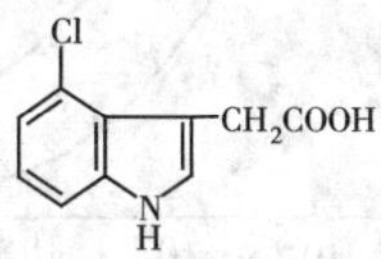

4-氯吲哚乙酸(IAA)

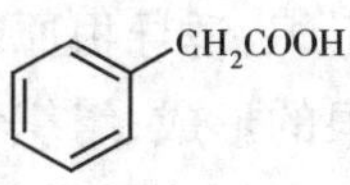

苯乙酸(PAA)

1)生长素的性质及特点

生长素难溶于水,但易溶于酒精等有机溶剂,使用时可先溶于少量酒精中,再配成所需浓度的水溶液。生长素在植物体内易被吲哚乙酸氧化酶氧化破坏,生产上一般不用吲哚乙酸,而用人工合成的类似生长素的植物生长调节剂,如吲哚丁酸、萘乙酸等,或其能溶于水而性质不变的盐,如生产上经常使用的萘乙酸钠盐等。

植物体内生长素的主要合成部位是顶芽和幼叶,其次,幼胚和胚乳细胞等分裂、生长旺盛的部位也能合成生长素。植物细嫩器官都分布有较多的生长素。在植物体内,生长素是由 20 种氨基酸之一的色氨酸,经一系列酶促反应生成的。生长素对植物体有着至关重要的作用,从种子的萌发、芽的伸长到植物形态的建立,都离不开生长素的参与。色氨酸由吲哚和丝氨酸合成,锌参入色氨酸的合成,故缺锌易缺生长素。

生长素在植物体内的运输移动速度很慢,在根和茎中约 1 cm/h。茎顶端产生的生长素主要从形态学上端向下运输,直到根端,而不能倒转过来,称极性运输,其他激素无此特点。生长素的极性运输需要消耗代谢能量,可以逆浓度梯度进行,是主动运输,主要运输途径与有机物一样为韧皮部。有些部位产生的生长素不表现极性运输,如根尖、叶片、种子中产生的生长素可向顶运输,一般是通过被动的扩散作用,占比例很少,非极性运输可通过韧皮部也可通过木质部运输。

生长素在植物体内有两种存在状态,即自由型生长素和束缚型生长素。自由型生长素呈游离状态,有生理活性;束缚型生长素通过与某些物质,如糖、氨基酸、蛋白质等结合形成络合物,便失去生理活性。在植物休眠时,或植物体内生长素量过多时,常以束缚型生长素形式贮存或存在。当生长需要时，束缚型生长素通过酶水解释放出有活性的 IAA 发挥作用。

2）生长素的主要生理作用

（1）促进细胞的伸长和分裂

生长素的主要生理作用是能够促进细胞的伸长生长。因生长素能促进细胞壁纤维素松弛，并能促进细胞吸水及核酸和蛋白质的合成，是细胞伸长期不可或缺的物质。

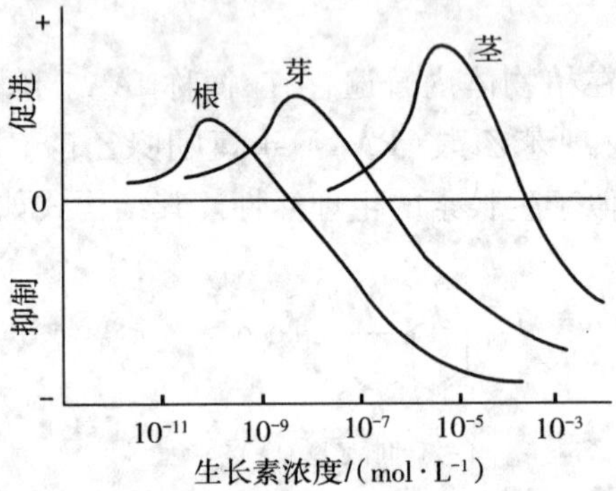

图 6.1 不同营养器官对 IAA 不同浓度的反应

生长素促进伸长生长有一明显特点，即低浓度促进生长，高浓度抑制生长。不同植物、器官对生长素敏感程度不同，双子叶植物比单子叶植物敏感，根比茎、叶敏感（图 6.1）。植物的顶端优势、向性生长运动等都与生长素促进器官、组织伸长生长有关。

（2）促进器官和组织分化

生长素可刺激插条基部切口处细胞脱分化形成愈伤组织，诱导根原基的形成，促进插条基部不定根的形成；组织培养时，生长素与细胞分裂素比值高时，有利于诱导根的分化；低浓度 IAA 促进韧皮部分化，高浓度 IAA 促进木质部分化。

此外，用生长素处理子房，可诱导形成单性结实。生长素也可影响植物的性别分化，促进植物多开雌花，主要是因为生长素能诱导乙烯的产生。生长素在促进菠萝开花方面，效果明显，定植二年的菠萝植株开花率为 25%，开花参差不齐长达 5 年，不利于管理，而当菠萝植株营养生长到 14 个月以上时，用 5 ~ 10 mg/L 奈乙酸或 2,4-D 处理后，2 个月后就能 100% 开花。

生产上，生长素类物质主要用于促进扦插、移栽生根，组培诱导根分化，花期、果期提高坐果率，抑制花果脱落等方面。

6.1.2 赤霉素（GA）

目前，从植物、真菌和细菌中已经发现赤霉素类物质超过 140 种。赤霉素是一种萜类化合物，由异戊二烯为基本单位构成，其基本结构是赤霉烷环。目前主要的商品化和农用形式的赤霉素是 GA_3（图 6.2），是从赤霉菌发酵液中提取的。

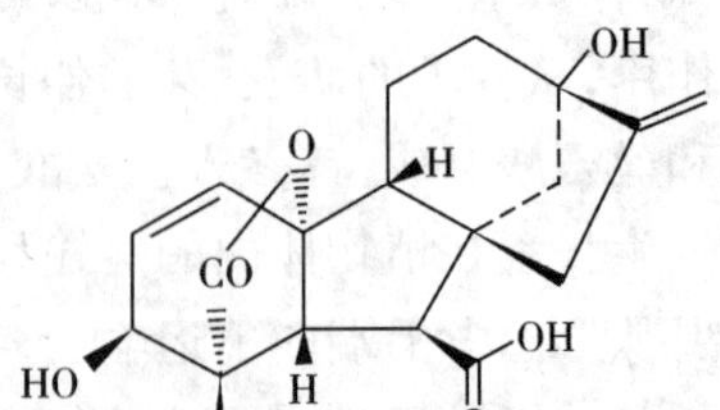

图 6.2 赤霉素（GA_3）的结构式

1）赤霉素的性质和特点

纯的赤霉素为白色结晶粉末，在酸性及中性溶液中稳定，对碱不稳定。它在碱性及高温下能分解成无生理活性的物质，在低温干燥条件下能长期保存，但配成溶液后容易变质失效。赤霉素能溶于醇类(如酒精)、丙酮、醋酸乙酯等有机溶剂中,难溶于水。

赤霉素较多地存在于细嫩而生长旺盛的器官和组织中,茎尖、根尖、幼胚是合成赤霉素的主要部位。高等植物的赤霉素含量一般为 1 ~ 1 000 ng/g 鲜重,未成熟的种子中的赤霉素含量比营养器官多两个数量级。

赤霉素在植物体内的运输没有极性,可以双向运输。根尖合成的赤霉素通过木质部向上运输,而叶原基产生的 GA 则是通过韧皮部向下运输。其运输速度在不同植物间的差异很大,一般每小时从不到 1 毫米到数厘米,如矮生豌豆为 5 cm/h,而马铃薯是 0.42 mm/h。赤霉素也不存在较高浓度抑制生长问题。

赤霉素在植物体内也有两种存在状态,即自由型赤霉素和束缚型赤霉素。自由型赤霉素有生理活性。

2)赤霉素的主要生理作用

(1)促进茎、叶伸长生长,打破矮化性状

赤霉素最明显的生理效应是显著促进整株茎、叶的伸长生长,但对根及离体茎切段、叶的伸长没有明显促进作用,促进茎伸长时不改变节间的数目。同时赤霉素能打破植株的矮化性状,如矮化品种四季豆和玉米,喷赤霉素后在形态上可达到正常植株的高度,因为这些植物缺乏合成赤霉素的基因。生产上,常用赤霉素促进芹菜、韭菜、莴苣等叶蔬菜,大麻、苎麻等纤维类,牧草、茶等植物的营养生长。

(2)打破休眠、促进萌发

赤霉素可破除各种形式的休眠,促进种子、芽的萌发。如采收后的马铃薯块茎自然休眠期为 50 多天,这段时间内即使给予适当的温度也不会萌发,但用 5 mg/L 的赤霉素溶液浸泡马铃薯种薯半小时,晾干后播种即可萌发。设施栽种葡萄时,可用一定浓度的赤霉素溶液涂抹芽眼,便可促芽萌发,进行促成栽培;休眠的大麦种子用 100 mg/L 赤霉素处理,播种即可萌发。因赤霉素能抵消这些器官中脱落酸的含量,并诱导种子糊粉层细胞中 α-淀粉酶的合成,催化贮藏物质的降解。在啤酒制造业中,可用赤霉素处理大麦种子,诱导产生 α-淀粉酶,可加速糖的生成,改变传统方法中通过萌芽产生淀粉酶的方式,降低了原料的消耗,同时也节省时间。此外,对于需光和需低温才能萌发的种子,如莴苣、烟草、紫苏、李和苹果等的种子,赤霉素也可代替光照和低温打破休眠。

(3)促进开花、坐果,控制性别分化,诱导无粒果实

某些植物开花需要适宜光周期和低温春化诱导,否则不能正常开花,而赤霉素可代替光照和低温诱导这些植物开花,且效果明显。

赤霉素能控制性别分化,主要是促进雄花的比例。如对于雌雄异花同株的植物,用赤霉素处理后,雄花的比例增加。对雌雄异株植物的雌株,如用赤霉素处理,也会开出雄花来,赤霉素在这方面的效应与生长素和乙烯相反。赤霉素对不定根的形成起抑制作用,这与生长素也不同。

赤霉素能诱导葡萄、草莓、番茄等单性结实,即形成无籽果实。如用 200 ~ 500 mg/L 的赤霉素喷洒花后一周的玫瑰香葡萄,无核率可达 60% ~ 90%,巨峰葡萄花前 5 ~ 7 天及花后

10 天分别用 12.5 mg/L 和 25 mg/L 的 GA_3 处理,无核率可达 96% ~100%。

此外,赤霉素由于可提高植物体内 IAA 含量,花、果期间喷施可提高坐果率。在延缓叶片衰老、防止器官脱落等方面赤霉素亦有明显作用。

6.1.3 细胞分裂素(CTK)

细胞分裂素属于腺嘌呤的衍生物。1965 年,斯库格(F. Skoog)等提议将来源于植物,生理活性类似于激动素的化合物,统称为细胞分裂素(CTK),目前在高等植物中已至少鉴定出了 30 多种细胞分裂素(图 6.3)。

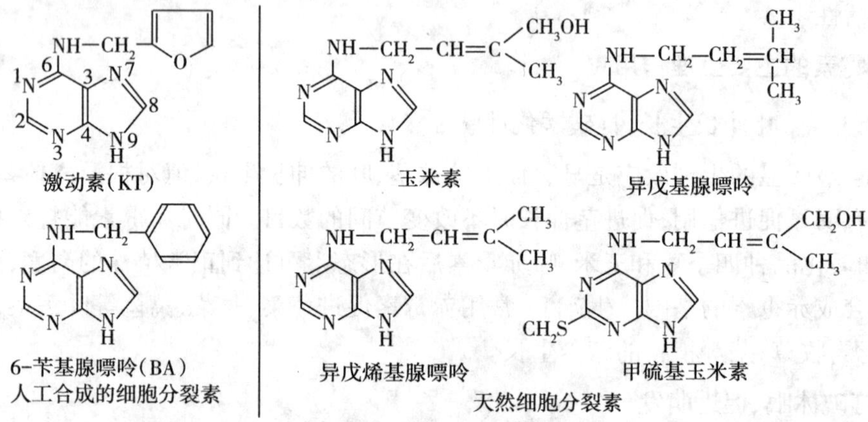

图 6.3 几种人工合成和天然细胞分裂素的分子结构式

1)细胞分裂素的性质和特点

激动素是一种只存在于动物中的细胞分裂素,化学名称为 N^6-呋喃甲基腺嘌呤。人工合成的纯品为白色固体,不溶于水,溶于强酸、碱及冰醋酸中。人工合成的细胞分裂素 6-苄氨基腺嘌呤,纯品为白色结晶,工业品为白色或浅黄色,无臭,在酸、碱中稳定,光、热不易分解,在水中溶解度小,在乙醇、酸中溶解度较大。生产上主要使用这两种制品。

根尖及生长中的种子和果实细胞内的微体,是合成细胞分裂素的主要场所。植物中的细胞分裂素主要在根尖合成,通过木质部运转到地上部,因而伤流液中细胞分裂素较多。细胞分裂素经过木质部可向上运输到进行细胞分裂的部位,如茎尖、根尖、幼叶和幼果等处促进细胞分裂。细胞分裂素的含量约为每克植物干重含 10^{-6} ~ 10^{-3} g。从高等植物中发现的细胞分裂素,多数是玉米素或玉米素核苷。

细胞分裂素可与葡萄糖、氨基酸、核糖或木糖等形成结合物,可作为其贮存形式,也可消除体内过量的活性细胞分裂素。

细胞分裂素在植物体内的运输无极性。根部处合成的可通过木质部运到地上部,地上部合成的也可通过韧皮部向下运输。

2)细胞分裂素的主要生理作用

(1)促进细胞的分裂和横向扩大

将胡萝卜根的韧皮部薄壁细胞放在其他物质皆备而没有细胞分裂素的培养基中,细胞很少分裂，加入细胞分裂素后，细胞分裂立即加快，愈伤组织表现增大。细胞分裂包括细胞核分裂和细胞质分裂。生长素主要促进核分裂，而细胞分裂素促进细胞质分裂。细胞分裂素能减弱由生长素引起的伸长生长而使细胞横向扩大，故可在叶用蔬菜、茶叶等作物上施用，与肥料配合，增加产量。

(2)调控组织和器官分化

在组织培养中，细胞分裂素和生长素的比例影响着植物的器官分化。特别是促进芽的分化是细胞分裂素最重要的生理效应之一。1957 年，斯库格和米勒在进行烟草的组织培养时发现，细胞分裂素(激动素)和生长素的相互作用控制着愈伤组织根、芽的形成。当培养基中[CTK]/[IAA]的比值高时，愈伤组织形成芽；当[CTK]/[IAA]的比值低时，愈伤组织形成根；如二者的浓度相等，则愈伤组织保持生长而不分化；所以，通过调整二者的比值，可诱导愈伤组织形成完整的植株。

(3)延缓组织和器官衰老

细胞分裂素能抑制核酸酶、蛋白酶、脂肪酶等水解酶的产生，阻遏核酸、蛋白质、膜脂、叶绿素等的降解，从而延缓衰老。如在离体叶片上局部涂以激动素，则在叶片其余部位变黄衰老时，涂抹激动素的部位仍保持鲜绿(图 6.4a、b)。细胞分裂素还可调运多种养分向其所在部位移动(图 6.4c)，促进核酸和蛋白质合成。这不仅说明了激动素有延缓叶片衰老的作用，同时也说明了激动素在组织中不易移动。

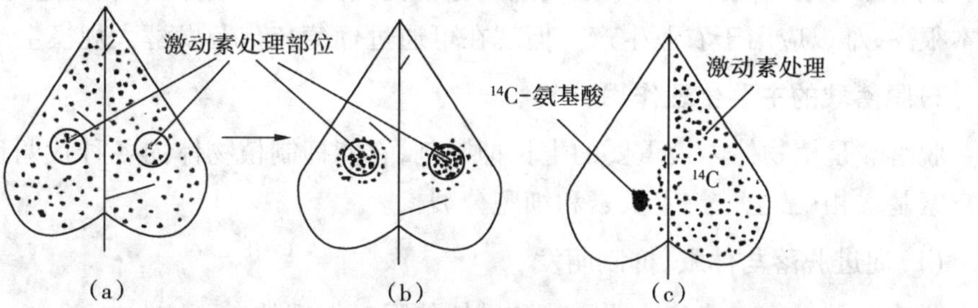

图 6.4　激动素的保绿作用及其对物质运输的影响

由于细胞分裂素有延缓衰老的作用，生产上可用来处理水果和鲜花等以保鲜，防止衰败。如用 400 mg/L 的 6-BA 水溶液喷施于柑橘幼果，可显著防止第一次生理脱落，对照的坐果率为 21%，而处理的可高达 91%，且处理后果梗加粗，果实浓绿、个大。

此外，细胞分裂素还具有消除由生长素引起的顶端优势，促进腋芽萌发，延长果蔬的贮藏时间，促进雌花分化，刺激块茎的形成，促进气孔的开放等作用。

6.1.4　脱落酸(ABA)

脱落酸又名休眠素，是由 15 个碳原子组成的倍半萜类植物激素。脱落酸有两种旋光异构体，天然脱落酸是右旋的，用(S)-ABA 表示，左旋 ABA 用(R)-ABA 表示，无生物活性。人工合成的脱落酸中(S)-ABA 和(R)-ABA 几乎各占一半(图 6.5)。

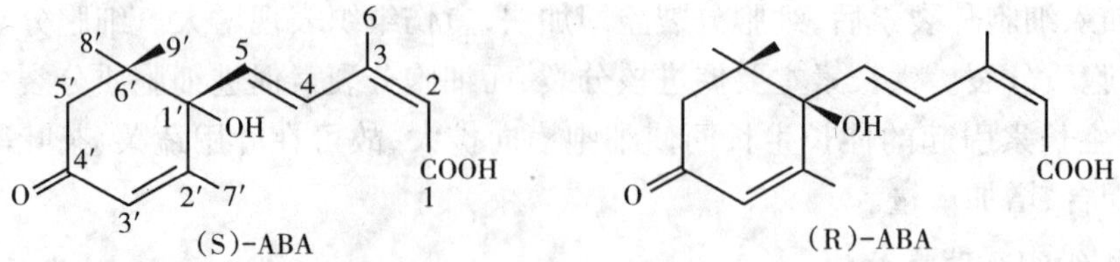

图 6.5　脱落酸的化学结构

1)脱落酸的性质和特点

天然脱落酸为白色结晶粉末,易溶于甲醇、乙醇、丙酮、氯仿、乙酸乙酯与三氯甲烷等,难溶于醚、苯等。水溶解度低,仅为 3 ~ 5 g/L(20 ℃)。脱落酸的稳定性较好,常温下放置两年,有效成分含量基本不变,但应在干燥、阴凉、避光处密封保存。脱落酸水溶液对光敏感,属强光分解化合物。

植物接近成熟和休眠的器官、组织中,脱落酸含量较多。逆境会诱导细胞内脱落酸的合成,以增强植物对环境的抵抗能力。细胞内合成 ABA 的主要部位是质体。

脱落酸运输不具极性。在菜豆叶柄切段中,用标记的^{14}C-脱落酸追踪发现,脱落酸向基运输的速度是向顶运输速度的 2 ~ 3 倍。脱落酸主要以游离型的形式运输,也有部分以脱落酸糖苷的形式运输。脱落酸在植物体的运输速度较快,在茎或叶柄中的运输速率约为 20 mm/h。

脱落酸可通过前体物质甲羟戊酸又称甲瓦龙酸(MVA)合成,或通过叶黄素降解获得,成本很高,难以应用于农业生产。但现在可通过葡萄灰孢菌发酵大规模生产。

2)脱落酸的主要生理作用

脱落酸是植物体内最重要的生长抑制剂,它能抑制植物体内各种代谢反应。其作用与赤霉素基本相反,也拮抗生长素和细胞分裂素。

(1)促进脱落与休眠,抑制萌发

脱落酸是在研究棉花幼铃脱落和槭树休眠时发现的。

内源脱落酸能促进枝条叶柄、花柄、果柄基部离层的形成,使器官脱落,赤霉素、生长素、细胞分裂素可抵消这种作用,所以生产上一般用赤霉素抑制脱落。外源脱落酸对离体枝条上叶、果脱落效果更加明显。如剪取一棉花枝条,留叶柄剪去叶片,将含脱落酸的棉花果实提取液涂抹于枝条一至数个叶柄剪口上,另选枝条上一至数个剪口只涂抹水作对照,4 天后提取液涂抹的叶柄一用力就落,而涂水的不落(图 6.6),此效应十分明显,已被用于脱落酸的生物检定。

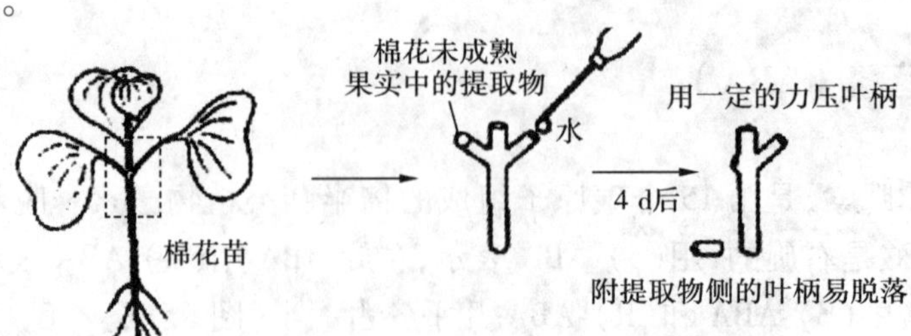

图 6.6　促进落叶物质的检定法

秋季成熟的种子和落叶后树木上芽的休眠都与它们中脱落酸含量升高有关,秋季的短日照作为植物即将进入恶劣环境的信号能诱导这些器官形成脱落酸抑制其萌发,促进休眠。从进入休眠到来年春季一段时间里,休眠芽和种子中的脱落酸由于转化而减少,生长素和赤霉素含量逐渐升高,芽才具备萌发能力。马铃薯块茎需经过50天左右自然休眠才能萌发,也与脱落酸含量从高到低逐渐转化消失有关。赤霉素可打破脱落酸导致的休眠。外源ABA对莴苣种子、马铃薯块茎等萌发具有抑制效应(图6.7)。

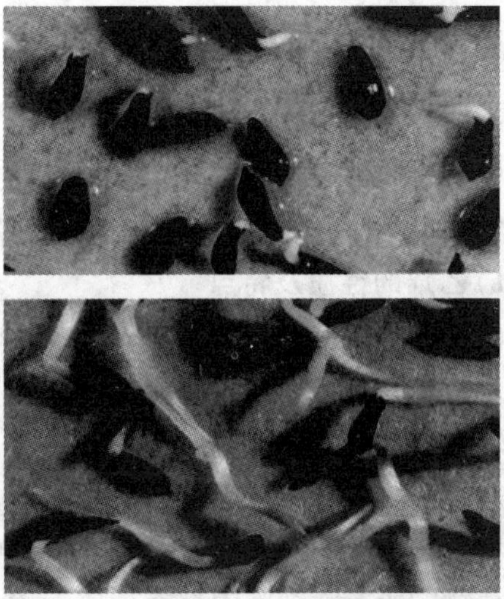

图6.7 外源ABA对莴苣种子萌发的抑制效应

(上)用脱落酸处理;(下)用清水处理

(2)增强植物抗逆性

脱落酸也称"抗逆激素""应激激素"。植物进入任何一种不适应生长发育的恶劣逆境,都会产生脱落酸,通过抑制自身代谢进入休眠来度过逆境。如极度干旱或干热风环境下,植物体内脱落酸含量会升高,科尼什(K. Cornish,1986)测得干旱时叶片保卫细胞中的脱落酸含量可达到正常水分条件下含量的18倍。脱落酸可引起气孔关闭,降低蒸腾,这是脱落酸重要的生理效应之一。生产上,脱落酸可作为植物抗蒸腾剂使用。

此外,脱落酸对植物的开花和切花的保鲜也有一定作用,可以拮抗赤霉素对长日照植物开花的效果,使少数短日照植物在不适宜开花的长日照条件下开花,抑制月季等切花的呼吸作用,延长切花寿命。

知识链接)))

甲瓦龙酸与植物激素

甲瓦龙酸又叫甲羟戊酸(mevalonic acid—MVA),学名:3-甲基-3,5-二羟基戊酸。此物呈油状,易溶于水和极性有机溶剂。在植物体内甲瓦龙酸由乙酰CoA合成,由乙酰CoA缩合成β-羟基-β-甲戊二酰辅酶A(HMGCoA)后,经还原并脱去辅酶A而产生,是生物体内合成胆固醇等类固醇的重要中间产物。

植物体内三种重要的内源激素来源于甲瓦龙酸。甲瓦龙酸在长日照条件下可转化形成赤霉素。在短日照条件下先形成异戊烯基焦磷酸,然后在光敏色素的作用下形成脱落酸。因此,夏季日照长,产生赤霉素促进植物生长;而冬季来临,日照短,产生脱落酸使芽进入休眠。

细胞分裂素来源于嘌呤衍生物,是嘌呤与其N_6位置上取代物的结合,N_6上的取代物是异戊间二烯,而合成异戊间二烯的前体物质仍是甲瓦龙酸。

6.1.5 乙烯(ETH)

乙烯是一种不饱和烃,其化学结构为 $CH_2=CH_2$,是各种植物激素中分子结构最简单的一种。根据乙烯的生理作用,人们又称乙烯为“成熟激素”或“性别激素”。

1)乙烯的性质及特点

乙烯在常温下是一种无色稍有气味的气体,分子量为28,密度为1.25 g/L,比空气的密度略小,难溶于水,易溶于四氯化碳等有机溶剂。乙烯在极低浓度(0.01~0.1 μL/L)时就对植物产生生理效应。

乙烯的生物合成是由蛋氨酸在供氧充足的条件下转化而成的。蛋氨酸经过蛋氨酸循环产物之一为1-氨基环丙烷-1-羧酸(ACC),ACC 则在 ACC 氧化酶催化下氧化生成乙烯。

植物的所有活细胞中都能合成乙烯,如种子萌发、果实后熟、叶的脱落和花的衰老等阶段都会诱导乙烯的产生。成熟组织释放乙烯量一般为每克鲜重 0.01~10nL/h(纳升/小时)。对于具有呼吸跃变的果实,后熟过程一开始,乙烯会大量产生,这是由于 ACC 合成酶和 ACC 氧化酶的活性急剧增加的结果。植物在干旱、大气污染、机械刺激、化学胁迫、病害等逆境下,体内乙烯会成几倍或几十倍地增加,这种在逆境下产生的乙烯称为应激乙烯或逆境乙烯。乙烯具有“自促作用”,即乙烯的积累可以刺激更多的乙烯产生。IAA 可促进乙烯的产生。因 IAA 可诱导 ACC 合成酶的合成。

乙烯在植物体内易于移动。乙烯可穿过被电击死了的茎段,证明乙烯的运输是被动的扩散过程,但其生物合成过程要在具有完整膜结构的活细胞中才能进行。一般情况下,乙烯就在合成部位起作用。乙烯的前体 ACC 可溶于水溶液,因而推测 ACC 可能是乙烯在植物体内远距离运输的形式。

一种能释放乙烯的液体化合物2-氯乙基膦酸(商品名乙烯利)已广泛应用于果实催熟、棉花采收前脱叶和促进棉铃开裂吐絮、刺激橡胶乳汁分泌、水稻矮化、增加瓜类雌花及促进菠萝开花等生产领域。

2)乙烯的主要生理作用

(1)促进成熟

乙烯可使细胞膜的透性增加,呼吸升高,这也是果实成熟前的一些生理变化,因此,乙烯能促进果实成熟。将不熟的果实中放进几个熟透的果实,再放进密闭容器中,不熟的果实很快就会成熟,就是因为成熟果实放出的乙烯具催熟作用。

乙烯由蛋氨酸合成的过程中需要充足的氧气,试验证明只要环境中氧气含量控制在2%~3%,就能抑制乙烯的产生,使环境中乙烯的含量不超过0.1 ppm,会大大延长果实的贮藏时间,有呼吸跃变的果实也不会出现呼吸高峰。

(2)促进器官脱落

乙烯是控制叶片脱落的主要激素。因乙烯能促进纤维素酶的合成,并且控制纤维素酶由原生质体释放到细胞壁中加速细胞壁的分解与离层的形成,从而促进叶、花、果实的脱落。生产上,人工促使植株器官脱落,如山楂采收、核桃去青皮、棉花脱叶等,一般用能释放乙烯的乙烯利,而不用脱落酸,因植株整株脱落效果乙烯比脱落酸效果好。

(3)促进开花和雌花分化

乙烯可促进菠萝和其他一些植物开花。弱树和受伤的植株因为容易产生乙烯,所以这些树容易成花;乙烯还可诱导雌花的分化,促进黄瓜等单性花植物多开雌花,并使雌、雄异花同株的雌花着生节位下降,因此乙烯又称性别激素。乙烯在这方面的效应与 IAA 相似,而与 GA 相反,IAA 能增加雌花分化就是由于 IAA 能诱导产生乙烯的结果。

(4)改变生长习性

乙烯对植物生长的典型效应是:抑制茎的伸长生长、促进茎或根的横向增粗及茎的横向生长(即使茎失去负向重力性),这就是乙烯所特有的"三重反应"(图 6.8)。乙烯促使茎横向生长是由于它引起偏上生长所造成的。所谓偏上生长,是指器官的上部生长速度快于下部的现象。乙烯对茎与叶柄都有偏上生长的作用,从而造成了茎横生和叶下垂(图 6.9)。

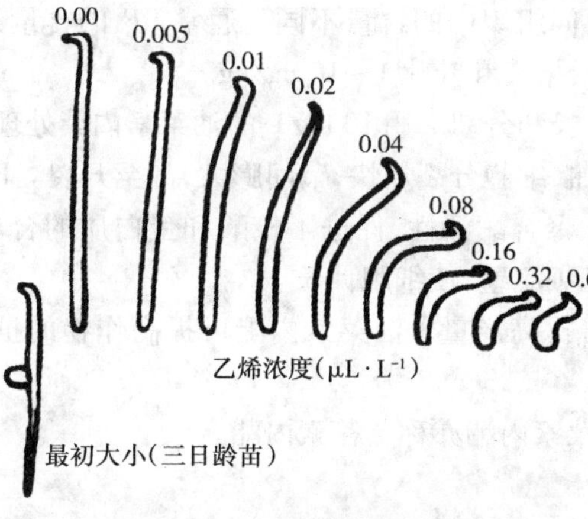

图 6.8 乙烯的三重反应

(不同深度乙烯处理对黄化豌豆幼苗的影响)

图 6.9 乙烯引起叶的偏上生长

(用 10 μmol/L 乙烯处理 4 小时后番茄苗的形状)

此外,乙烯因能增加细胞膜的透性,故能促进植物体内内次生物质的排出。在橡胶树生产中,利用乙烯利涂抹切口部位,可大大提高橡胶产量。

6.1.6 其他天然的植物生长物质

除了上述 5 大类植物激素外,随着研究的深入,近年发现植物体内还存在其他天然生长物质,如油菜素内酯、三十烷醇、多胺、茉莉酸、水杨酸等,对植物的生长发育有促进或抑制作用。

1)油菜素内酯

1970 年,美国的米切尔(Mitchell)等在油菜的花粉中发现了一种新的生长物质,它能引起菜豆幼苗节间伸长、弯曲、裂开等异常生长反应,并将其命名为油菜素。1979 年,格罗夫

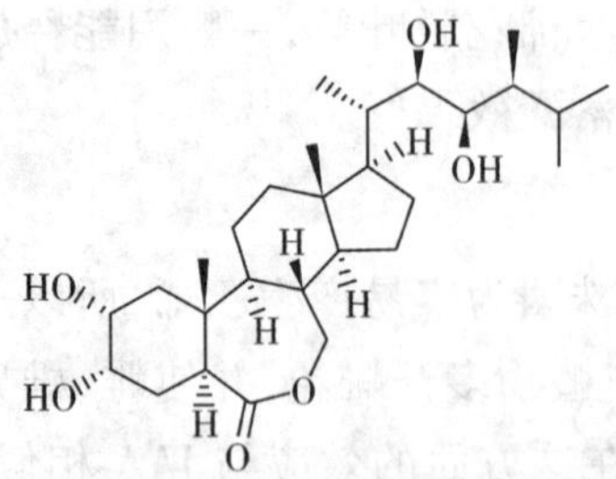

图 6.10　油菜素内酯分子结构式

(Grove)等用 227 kg 油菜花粉提取得到 10 mg 的高活性结晶物，化学分子式为 $C_{28}H_{46}O_6$，纯品为白色晶体粉末，因是甾醇内酯化合物(图 6.10)，而将其命名为油菜素内酯，简称 BR。此后，油菜素内酯及多种结构相似的化合物纷纷从多种植物中被分离鉴定，这些以甾醇为基本结构的具有生物活性的天然产物统称为油菜素甾体类化合物。BR 在植物体内含量极少，但生理活性很强。目前，已经从各种植物中分离得到 40 多种油菜素甾体类化合物，分别表示为 BR_1、BR_2、…、BR_n。现在，科学家们已逐步认可它是继生长素、赤霉素、细胞分裂素、脱落酸、乙烯之后的第六大类植物激素。

目前，BR 以及多种类似化合物已被人工合成，用于生理生化及田间试验，这一类化合物的生物活性可用水稻叶片倾斜以及菜豆幼苗第二节间生长等生物测定法来鉴定。

油菜素内酯在植物界中普遍存在。油菜花粉是 BR_1 的丰富来源，但其含量极低，只有 100～200 μg/kg，BR_1 也存在于其他植物中。BR_2 在已分析的植物中分布最广。

BR 虽然在植物体内各部分都有分布，但不同组织中的含量不同。通常 BR 的含量是：花粉和种子 1～1 000 ng/kg，枝条 1～100 ng/kg，果实和叶片 1～10 ng/kg。

油菜素内酯的生理作用主要是促进细胞伸长和分裂。用 10 ng/L 的油菜素内酯处理菜豆幼苗第二节间，便可引起该节间显著伸长弯曲，细胞分裂加快，节间膨大，甚至开裂。BR_1 促进细胞的分裂和伸长，其原因是增强了 RNA 聚合酶活性，促进了核酸和蛋白质的合成；BR_1 还可增强 ATP 酶活性，促进质膜分泌 H^+ 到细胞壁，使细胞伸长。

油菜素内酯在玉米、小麦等的花期施用，可提高产量。油菜素内酯可提高作物的抗冷性、抗旱性和抗盐性。

因在芸苔植物中也发现油菜素内酯，故油菜素内酯亦称芸苔素内酯。

2)三十烷醇

三十烷醇是一种天然的长碳链植物生长物质，化学名称正三十烷醇，分子式为 $CH_3(CH_2)_{28}CH_2OH$，又称蜂花醇，是从蜜蜂蜡中纯化提取的天然生物产品。它对人畜无毒副作用，对环境无污染。发达国家，早在 20 世纪七八十年代已经全面喷施三十烷醇。

三十烷醇外观为白色鳞片状结晶体，熔点范围为 85.5～86.5 ℃，不溶于水，难溶于冷甲醇、乙醇、丙酮，易溶于乙醚、氯仿、四氯化碳。产品性能稳定，在常温可以长期安全保存。常用剂型为：0.1%、0.05%悬浮剂，2%TA 乳粉。

0.5～1 ppm 浓度的三十烷醇主要有以下用途：可经由植物的茎、叶吸收，然后促进植物的生长，增加干物质的积累、改善细胞膜的透性、增加叶绿素的含量、提高光合强度、增强淀粉酶、多氧化酶、过氧化物酶活性；三十烷醇能促进发芽、生根、茎叶生长及开花，使农作物早熟，提高结实率，增强抗寒、抗旱能力、增加产量、改善产品品质。

3)多胺

多胺是一类具有生物活性的低分子量脂肪族含氮碱基化合物，包括二胺、三胺、四胺和其他胺。在高等植物中，二胺主要是腐胺、尸胺，三胺主要有亚精胺，四胺有精胺等。多胺作为一类小分子脂肪族化合物，它们可以通过离子键和氢键形式与核酸、蛋白质及带负电荷基团的磷脂等生物大分子相结合，并通过调节它们的生物活性，在植物生长发育中发挥广泛的生物学功能。

多胺广泛分布于原核生物和真核生物中，甚至在植物的 RNA 病毒和植物肿瘤中也有发现。在高等植物中，多胺主要以游离形式存在，其分布具有组织和器官特异性。植物细胞分裂最旺盛的地方多胺生物合成也最为活跃，不同类型多胺分布具有差异。对玉米的研究发现，精胺主要分布于玉米根部的分生组织区，腐胺主要分布在玉米芽鞘基部（以细胞伸长生长为主），越向上含量越少，亚精胺则均匀分布。植物细胞发育阶段不同，多胺在细胞器中的分布也有差异。年幼细胞中，大部分多胺位于原生质体内，而较老细胞中多胺则主要结合在细胞壁上。多胺的生理功能是多方面的：

（1）促进生长

多胺能够促进植物生长。例如，休眠的菊芋块茎是不进行细胞分裂的，它的外植体中内源多胺、IAA、CTK 的含量都很低，如在培养基中只加入 10 ~ 100 μmol/L 的多胺而不加其他生长物质，则块茎细胞能进行分裂和生长。多胺在刺激块茎外植体生长的同时，也能诱导形成层的分化与维管组织的分化。

（2）延缓衰老

置于暗中的菜豆、油菜、烟草、萝卜等叶片，在被多胺处理后均能延缓衰老进程。

（3）提高抗性

高等植物体内的多胺对不良环境是十分敏感的，在各种胁迫条件（水分胁迫、盐分胁迫、渗透胁迫、pH 变化等）下，多胺含量水平均明显提高，这有助于植物抗性的提高。

另外，多胺还可调节与光敏色素有关的生长和形态建成，调节植物的开花过程，参与光敏核不育水稻花粉的育性转换，并能提高种子活力和发芽力，促进根系对无机离子的吸收。

4）茉莉酸

茉莉酸类是广泛存在于植物体内的一类化物，现已发现了 30 多种。茉莉酸和茉莉酸甲酯是其中最重要的代表。

茉莉酸在茎端、嫩叶、未成熟果实、根尖等处含量较高，生殖器官特别是果实比营养器官（如叶、茎、芽）的含量丰富。如大豆种子中茉莉酸含量为 1 260 ng/gFW，而其营养器官茉莉酸含量为 10 ~ 100 ng/gFW。茉莉酸类通常在植物韧皮部系统中运输，也可在木质部及细胞间隙运输。

茉莉酸类可引起多种形态或生理效应，这些效应大多与 ABA 的效应相似，但也有独特之处。茉莉酸类的生理效应及应用主要如下：

（1）抑制生长和萌发

茉莉酸能显著抑制水稻幼苗第二叶鞘长度、莴苣幼苗下胚轴和根的生长以及 GA3 对它们伸长的诱导作用。茉莉酸甲酯可抑制珍珠稗幼苗生长、离体黄瓜子叶鲜重和叶绿素的形成以及细胞分裂素诱导的大豆愈伤组织的生长。用 10 mg/L 和 100 mg/L 的 JA 处理莴苣种子,45 小时后萌发率分别只有对照的 86% 和 63%。茶花粉培养基中外加茉莉酸,则能强烈抑制花粉萌发。

(2)促进生根

茉莉酸甲酯能显著促进绿豆下胚轴插条生根,$10^{-8}\sim10^{-5}$ mol/L 处理对不定根数目无明显影响,但可增加不定根干重(10^{-5} mol/L 处理的根重比对照增加一倍);$10^{-4}\sim10^{-3}$ mol/L 处理则显著增加不定根数(10^{-3} mol/L 处理的根数比对照增加 2.75 倍),但根干重未见增加。

(3)促进衰老

从苦蒿中提取的茉莉酸甲酯能加快燕麦叶片切段叶绿素的降解。用高浓度乙烯利处理后,茉莉酸甲酯能促进豇豆叶片离层的产生。茉莉酸甲酯还可使郁金香叶的叶绿素迅速降解,叶黄化,叶形改变,加快衰老进程。

(4)抑制花芽分化

烟草培养基中加入茉莉酸或茉莉酸甲酯则抑制外植体花芽形成。

(5)提高抗性

经茉莉酸甲酯预处理的花生幼苗,在渗透逆境下,植物电导率减少,干旱对其质膜的伤害程度变小。茉莉酸甲酯预处理也能提高水稻幼苗对低温(5 ~ 7 ℃,3 天)和高温(46 ℃,24 小时)的抵抗能力。

此外,茉莉酸还能抑制生长、抑制种子和花粉萌发、促进器官衰老和脱落、诱导气孔关闭、促进乙烯产生、抑制含羞草叶片运动、提高抗逆性等。

5)水杨酸

1763 年,英国的斯通首先发现柳树皮有很强的收敛作用,可以治疗疟疾和发烧。后来发现这是柳树皮中所含的大量水杨酸糖苷在起作用,于是经过许多药物学家和化学家的努力,医学上便有了阿斯匹林药物的问世。阿斯匹林即乙酰水杨酸,在生物体内可很快转化为水杨酸(SA)(图 6.11)。20 世纪 60 年代后,人们开始发现了 SA 在植物中的重要生理作用。

图 6.11 水杨酸及乙酰水杨酸的结构

水杨酸能溶于水,易溶于极性的有机溶剂。在植物组织中,非结合态水杨酸能在韧皮部中运输。水杨酸在植物体中的分布一般以产热植物的花序较多,如天南星科的一种植物花序,含量达 3μg/g 鲜重,西番莲花为 1.24 μg/g 鲜重。在不产热植物的叶片等器官中也含有水杨酸,在水稻、大麦、大豆中均检测到水杨酸的存在。水杨酸的生理效应和应用:

(1)生热效应

天南星科植物佛焰花序生热现象很早就引起了人们的注意。生热现象实质上是与抗氰呼吸途径的电子传递系统有关。水杨酸诱导生热效应是植物对低温环境的一种适应。

(2)诱导开花

用5.6 μmol/L 的水杨酸处理可使长日植物浮萍在非诱导光周期下开花。后来发现这一诱导是依赖于光周期的,即是在光诱导以后的某个时期与开花促进或抑制因子相互作用而促进开花的。

水杨酸还可显著影响黄瓜的性别表达,抑制雌花分化,促进较低节位上分化雄花,并且显著抑制根系发育。由于良好的根系可合成更多的有助于雌花分化的细胞分裂素,所以,水杨酸抑制根系发育可能是其抑制雌花分化的部分原因。

(3)增强抗性

某些植物在受病毒、真菌或细菌侵染后,侵染部位的水杨酸水平显著增加,同时出现坏死病斑,并引起非感染部位水杨酸含量的升高,从而使其对同一病原或其他病原的再侵染产生抗性。

6.2 植物生长调节剂

植物内源激素对植物的调节作用很大,人们希望获取这些激素根据自己的栽培目的调控植物的生长发育。但内源激素在植物体内含量甚微,提取很烦琐又浪费大量原料。例如,1kg 向日葵鲜叶中玉米素仅为 5 ~ 9 μg,而 7 000 ~ 10 000 株玉米幼苗顶端只有 1 μg 生长素,而且提取出来的内源激素极易被氧化、失去效用。因此,在生产上用的一般是一些人工合成的具有植物激素活性的有机化合物,称植物生长调节剂。目前,植物生长调节剂已经在作物栽培中得到广泛应用,在提高作物产量、增强抗逆性、减轻工作量等方面发挥着不可替代的作用,生产上统称其为化学调控。

植物生长调节剂根据其功效可分为植物生长促进剂、生长抑制剂、生长延缓剂及乙烯利类。

6.2.1 植物生长促进剂

植物生长促进剂可以促进细胞分裂、分化和伸长生长,也可促进植物营养器官的生长和生殖器官的发育。

1)生长素类

人工合成的生长素类物质包括三类:一是与生长素结构相似的吲哚衍生物,例如吲哚丙酸(IPA)、吲哚丁酸(IBA);二是萘的衍生物,如α-萘乙酸(NAA)、萘乙酸钠、萘乙酰胺、萘氧乙酸(2,4,5-T);三是氯代苯的衍生物,如2,4-二氯苯氧乙酸(2,4-D)、2,4-D丁酯、2,4,5-三氯苯氧乙酸(2,4,5-T)、4-碘苯氧乙酸(又名增产灵)等。

人工合成的生长素类物质,如萘乙酸、2,4-D等,由于原料丰富,合成工艺简单,可以大量生产。此外,它们不像IAA那样在体内会受吲哚乙酸氧化酶的破坏,效果稳定。因此,生长素类在农业上得到了广泛的推广使用。

下面介绍一些生长素类调节剂的用途:

(1)促进插枝生根

促进插枝生根常用的人工合成生长素是IBA、NAA、2,4-D等。IBA作用强烈,作用时间长,诱发根多而长,NAA诱发根少而粗,最好两者混合使用。

(2)防止器官脱落

在生产上施用10~50 mg/L的NAA或2,4-D能使棉花保蕾保铃。2,4-D也可防止花椰菜贮藏期间的落叶。

(3)促进结实

雌蕊受精后能产生大量生长素,从而吸引营养器官的养分运到子房,形成果实,所以生长素有促进果实生长的作用。用10 mg/L的2,4-D溶液喷晒番茄花簇,即可提高坐果率,促进结实,且可产生无子果实。

(4)促进菠萝开花

研究证明,凡是达到14个月营养生长期的菠萝植株,在一年内任何月份,用5~10 mg/L的NAA或2,4-D处理,2个月后就能开花。

(5)促进黄瓜雌花发育

用10 mg/L的NAA或500 mg/L吲哚乙酸喷洒黄瓜幼苗,能提高黄瓜雌花的数量,增加黄瓜产量。

另外,用较高浓度的生长素可抑制窖藏马铃薯的发芽,也可疏花疏果,代替人工和节省劳力,并能纠正果树大小年现象,平衡产量;高浓度的生长素类植物调节剂还可杀除杂草,如2,4-D丁酯,但要注意使用量。

2)赤霉素类

科研和生产上使用最多的赤霉素是从赤霉菌分泌物中提取的GA_3,其作用与内源激素一致。

3)细胞分裂素类

常用的人工合成的CTK类物质主要有两种:一是激动素类(KT),化学名称为N_6-呋喃甲基腺嘌呤,分子式为$C_{10}H_9N_5O$,纯品为白色粉末;二是6-苄基腺嘌呤(6-BA),化学名称为N_6-苄基腺嘌呤,分子式为$C_{12}H_{11}N_5$,白色粉末。这两种物质均不溶于水,易溶于强酸、强碱,主要用于组织培养、花卉及果蔬保鲜。

4)复硝酚钠

复硝酚钠是20世纪60年代日本最先发现的高效植物生长调节剂,日本商品名为Atonik(爱多收),产品剂型为1.8%的复硝酚钠水剂,可稀释2 000～6 000倍使用,实际常用浓度为3～10 ppm,相当于每亩用量0.2～0.4 g,即有明显的增产效果。

复硝酚钠是混合体,由5-硝基愈创酚钠、邻硝基苯酚钠、对硝基苯钠按照3∶6∶9构成。1997年,经美国国家环保局批准,复硝酚钠进入美国绿色食品工程。复硝酚钠及其制剂被国际粮农组织(FAO)指定为绿色食品工程推荐植物生长调节剂。由于复硝酚钠具有高效、低毒、无残留、适用范围广、无副作用、使用浓度范围宽等优点,在植物生长调节剂领域占据着举足轻重的地位。

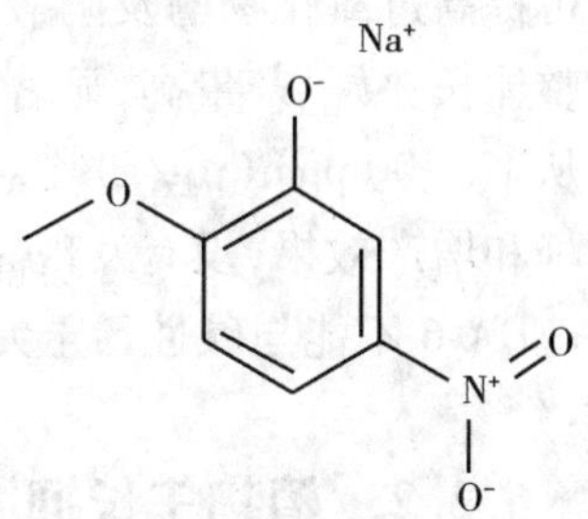

图6.12　5-硝基愈创酚钠的分子结构式

复硝酚钠理化性质:橘红色片状结晶、深红色针状结晶及黄色片状晶体的混合晶体。它易溶于水,可溶于乙醇、甲醇、丙酮等有机溶剂,常规条件下储存稳定,具有酚类芳香味。

复硝酚钠用作广谱型植物生长调节剂,具有调节植物体内内源激素的功效。复硝酚钠经植物吸收后,可以调节和平衡植物体内赤霉素、细胞分裂素、乙烯、脱落酸、生长素等的体内分配,使植物生长旺盛、健壮、高产、不易衰老。它还具有促进细胞原生质流动、提高细胞活力、加速植株生长发育、促根壮苗、保花坐果保果、提高产量、增强抗逆能力等作用,既可单独使用,又可作农药添加剂、肥料添加剂,与肥料、农药、饲料等复配使用。

复硝酚钠只有在温度15 ℃以上时,才能迅速发挥作用。所以,尽量不要在温度低于15 ℃时喷施复硝酚钠,否则很难发挥出应有的效果。在较高温度下,复硝酚钠能很好地保持其活性。温度在25 ℃以上,48小时见效,在30 ℃以上,24小时可以见效。所以,在气温较高时,喷施复硝酚钠,有利于药效的发挥。

5)胺鲜酯(DA-6)

胺鲜酯化学名称:已酸二乙氨基乙醇酯,分子式为$C_{12}H_{25}NO_2$。它是植物生长调节剂赤霉素类、生长素类、萘环类、腺嘌呤类等的替代产品。经国内外试验证明,DA-6是新发现的一种高效植物生长调节物质,对多种农作物具有显著的增产、抗逆、抗病,改善品质、早熟等功效,为具有很高生物活性的化合物。它能与多种元素复配,还可以和杀菌剂复配使用,增强植物的抗病能力,提高杀菌效果;DA-6以它独特的多功能作用,在农业上得到广泛应用。

(1)DA-6理化性质

DA-6是一种羧酯,无毒、无害、无残留对人畜无任何毒副作用,不会在自然界中残留。DA-6原药为白色或淡黄色片粉状结晶体,具有浅淡的油脂味和油腻感,易溶于水、醇和其他有机溶剂,可配成水剂、乳油剂、片剂等多种剂型,也可与多种农药、肥料复配使用,在弱酸性和中性介质中稳定。

(2)DA-6用途

DA-6被植物吸收以后,可以调节植物体内的生长素、细胞分裂素、赤霉素、脱落酸、乙烯等的活性和合理的配比平衡，一般前期用 DA-6，植物会加快营养生长，中期和后期用 DA-6 会增加开花、坐果和加快植物果实的成熟。这是芳香环类化合物和其他植物生长调节剂所不具有的性质。本品用量少（10～20 ppm），可以明显提高药效和肥效，减少农药和肥料的使用量。DA-6 可以增加叶绿素含量，增加植物对 CO_2 的吸收，促进光合作用；DA-6 还可提高过氧化物酶及硝酸还原酶的活性，调节植物的 C/N 比，增强植株抗病能力，使植株整体长势好、产量高，显著优于其他植物生长调节剂。DA-6 具有较宽的使用浓度范围，即从 1～100 ppm（μg/g）均对植物具有很好的调节作用，不同的浓度具有不同时间的作用高峰和增产效果，没有发现副作用和药害现象。

DA-6 不能与碱性稀土元素、化肥（如碳铵）及碱性农药复配，以免影响功效。

6.2.2 植物生长抑制剂

植物生长抑制剂是抗生长素的，主要抑制顶端分生组织生长。这类物质使茎顶端分生组织细胞的核酸和蛋白质合成受阻，细胞分裂慢，植株生长矮小。生长抑制剂通常使植物丧失顶端优势，侧枝增多，叶片变小，生殖器官也受影响。外施赤霉素不能逆转这种抑制效应，但外施生长素类可以逆转其抑制效应。

1）三碘苯甲酸

三碘苯甲酸（TIBA）分子式为 $C_7H_3O_2I_3$，微溶于水，溶于乙醇、丙酮等有机溶剂。它可以阻止生长素运输，抑制顶端分生组织细胞分裂，使植物矮化，消除顶端优势，增加分枝。生产上多用于大豆，开花期喷施 125 μL/L 的 TIBA，能使大豆植株矮化，分枝和花芽分化增加，结荚率提高，增产显著。

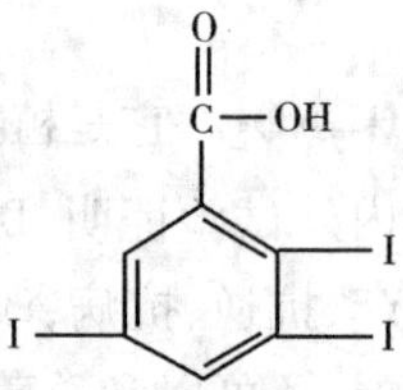

图 6.13 三碘苯甲酸结构式

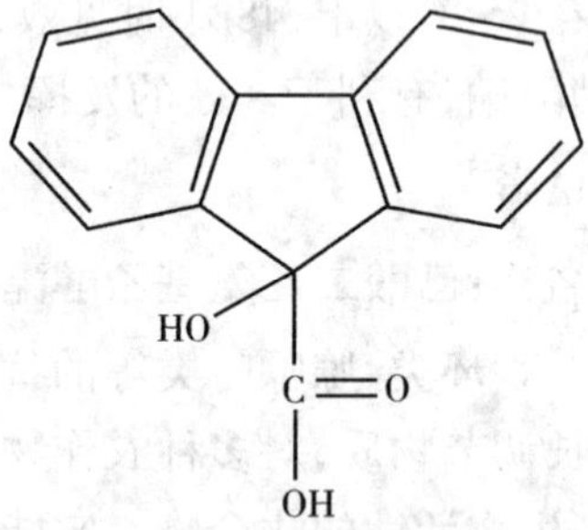

图 6.14 整形素结构式

2）整形素

整形素化学名称是 9-羟基芴-9-羧酸，分子式为 $C_{15}H_{11}ClO_3$，溶于乙醇。它能抑制顶端分生组织细胞分裂和伸长、茎伸长和腋芽滋生，使植株矮化成灌木状，常用来塑造木本盆景。整形素还能消除植物的向地性和向光性。

3）青鲜素

青鲜素也叫马来酰肼（MH），生产上又称抑芽丹，分子式为 $C_4H_4O_2N_2$，化学名称为顺丁烯二酸酰肼，作用与生长素相反，抑制茎的伸长。它可用于控制烟草侧芽生长，抑制鳞茎和块茎在贮藏中发芽。有报道称，较大剂量的 MH 可以引起实验动物的染色体畸变，建议使用时注意适宜的剂量范围和安全间隔期，且不宜施用于食用作物。

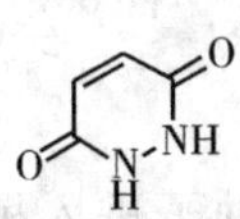

图6.15　青鲜素结构式

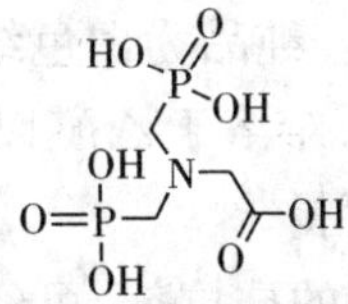

图6.16　增甘磷分子结构式

4）增甘磷

增甘磷的化学名称为 N,N-双（膦酸基甲基）甘氨酸，分子式为 $C_4H_{11}NO_8P_2$，溶于水，难溶于苯等非极性溶剂。增甘磷可抑制植物生长，也能抑制酸性转化酶的活性，增加糖分的积累和贮藏，主要用于甘蔗和甜菜的催熟增糖作用。

6.2.3　植物生长延缓剂

植物生长抑制剂是抗赤霉素的，主要抑制顶端伸长区细胞的伸长生长，而不抑制分生区细胞分裂，外施赤霉素可逆转这种抑制效应。

1）多效唑（PP_{333}）

多效唑又称氯丁唑，分子式为 $C_{30}H_{40}Cl_2N_6O_2$。纯品为白色固体，在水中溶解度为 100 mg/L，溶于甲醇、丙酮等有机溶剂；不可燃，不爆炸；50 ℃以下贮存稳定期为 6 个月。

多效唑的农业应用价值在于它对作物生长的控制效应，具有延缓植物生长、抑制茎秆伸长、缩短节间、促进植物分蘖、促进花芽分化、增加植物抗逆性能，提高产量等效果。本品适用于水稻、麦类、花生、果树、烟草、油菜、大豆、花卉、草坪等作（植）物，使用效果显著。

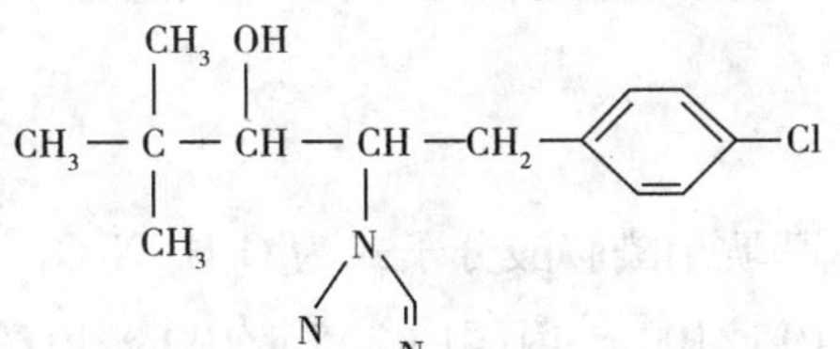

图6.17　多效唑分子结构式

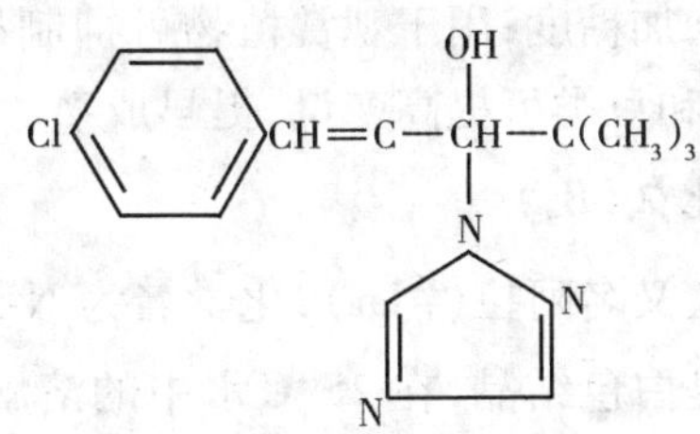

图6.18　烯效唑分子结构式

2）烯效唑

烯效唑又名高效唑、优康唑，分子式为 $C_{15}H_{18}ClN_3O$，为淡白色粉末。烯效唑属广谱性、高效植物生长调节剂，兼有杀菌和除草作用，是赤霉素合成抑制剂。它具有控制营养生长，抑制细胞伸长、缩短节间、矮化植株，促进侧芽生长和花芽形成，增进抗逆性作用。它适用于水稻、小麦，可增加分蘖，控制株高，提高抗倒伏能力，用于果树，可抑制制营养生长，促进花芽分化。

3)矮壮素(CCC)

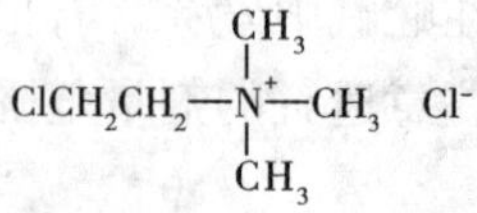

图 6.19　矮壮素分子结构式

矮壮素化学名称为2-氯乙基三甲基氯化铵,又名稻麦立,分子式为 $C_5H_{13}Cl_2N$。纯品为白色结晶,易吸潮,20 ℃水中溶解74%,溶于低级醇,难溶于乙醚以及烃类有机溶剂,遇碱分解,对金属有腐蚀作用。

矮壮素是赤霉素的拮抗剂,可经叶片、幼枝、芽、根系和种子进入植物体内。它的生理功能是:控制植株的徒长,促进生殖生长;使植株节间缩短而矮壮,根系发达,抗倒伏;使叶色加深,叶片增厚,叶绿素含量增多,光合作用增强;提高植物的抗逆性。

矮壮素可用于小麦、水稻、玉米及西红柿、棉花、烟草等作物,可防止作物徒长倒伏,促进生殖生长,并提高叶片质量、重量。

4)缩节安(Pix)

缩节安又称助壮素、皮克斯,分子式为 $C_7H_{16}ClN$,化学名字为1,1-二甲基氮杂环己基氯化物。纯品为白色结晶,无气味。原药为白色或浅黄色粉状物。常温下放置两年,有效成分基本不变;极易吸潮结块,但不影响药效。

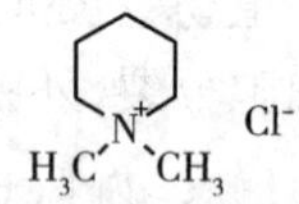

图 6.20　缩节胺分子结构式

缩节胺对植物营养生长有延缓作用,可通过植株叶片和根部吸收,传导至全株,可降低植株体内赤霉素的活性,从而抑制细胞伸长,使顶芽长势减弱,控制植株纵横生长,使植株节间缩短、株型紧凑、叶色深厚,叶面积减少,并增强叶绿素的合成,可防止植株旺长,推迟封行等;提高细胞膜的稳定性,增加植株抗逆性。

缩节胺在棉花上使用较广,可有效地防止棉花疯长,控制株型紧凑,减少落铃,促进成熟,使棉花增产。它能促进根系发育,使叶色发绿,变厚防止徒长;抗倒伏;提高成铃率;增加霜前花,并使棉花品级提高。同时,使株型紧凑;赘芽大大减少,节省整枝用工。

此外,缩节胺用于冬小麦可防止倒伏;用于苹果可增加钙离子吸收,减少苦痘病;用于柑橘可增加糖度;用于观赏植物可抑制植株徒长,使植株坚实,抗倒伏和改进色泽;用于番茄、瓜类和豆类可提高产量,提早成熟。

5)比久(B_9)

比久又名阿拉(Alar),化学名为N-二甲氨基琥珀酰胺酸分子式为 $C_6H_{11}N_2O_3$。纯品为带有微臭白色结晶,在25 ℃水中的溶解度为10 g/100 g,丙酮中2.5 g/100 g,甲醇中5 g/100 g,不溶于一般碳氢化合物,贮存稳定性好。

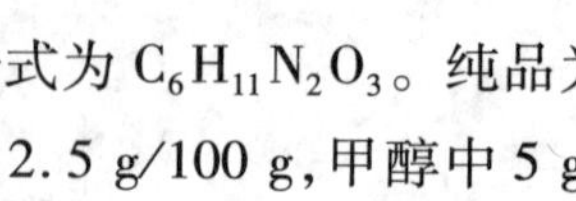

图 6.21　比久分子结构式

比久系植物生长延缓剂,可以被植物根、茎、叶吸收,进入体内后主要集中于顶端或者亚顶端分生组织,影响细胞分裂素和生长素的活性。从而抑制细胞分裂和纵向生长,使植物矮化粗壮,但是不影响开花和结果,使植物的抗寒、抗旱能力增强。另外还有促进次年花芽的形成、防止落花、落果、促进果实着色以及延长贮藏期等作用。

比久用于花生、土豆、油菜等作物,能显著提高产量;用于果树、草莓等,能明显改善果实品质;用于菊花等多种花卉,可使植株矮化、花盘增大,明显延长花期,使花色艳丽,利于观赏。

6.2.4 乙烯类植物生长调节剂——乙烯利

乙烯利化学名称为2-氯乙基膦酸,为有机化合物,分子式为 $C_2H_6ClO_3P$。乙烯利纯品为白色针状结晶,工业品为淡棕色液体,易溶于水,甲醇、丙酮、乙二醇、丙二醇,微溶于甲苯,不溶于石油醚。乙烯利为强酸制剂,具有很强的腐蚀性,使用时注意原药不能直接与皮肤接触,不能与碱性农药混施,使用器皿注意清洗。常温下,当 pH 为 3 时稳定,当 pH 值大于 4.1 时,乙烯利水解释出乙烯,一分子乙烯利可以释放出一分子的乙烯。其作用与内源乙烯相同。

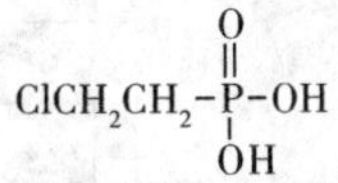

图 6.22 乙烯利分子结构式

植物生长物质对植物只起调节作用,不能代替水肥等营养物质。生产上具体应用时,为保证作物生长和产品质量安全,应严格按产品说明书要求的用药时期、剂量、次数、部位使用,最好先做定点试验再扩大使用范围。表 6.1 为植物生长调节剂在生产中的主要应用,可做参考。

表 6.1 植物生长调节剂在农业上的应用

药剂	作物	使用方法	目的
NAA 甲酯	马铃薯块茎	0.4% ~1% 粉	延长休眠
GA	马铃薯块茎	0.5 ~1 mg/L,浸泡 10 ~15 min	破除休眠
	桃种子	100 ~200 mg/L,浸 24 h	
PP_{333}	花生	250 ~300 mg/L,始花后 25 ~30 d 喷施	抑制营养生长
	水稻	250 ~300 mg/L,一叶一针期喷施	
	油菜	100 ~300 mg/L,二叶一心期喷施	
	甘薯	30 ~50 mg/L,薯块膨大初期喷施	
Pix	棉花	100 ~200 mg/L,始花至初花期喷施	
TIBA	大豆	200 ~400 mg/L,开花期喷施	
CCC	小麦	0.3% ~1%,浸种 12 h	
B_9	花生	500 ~1 000 mg/L,始花后 30 d 喷施	
烯效唑	水稻	20 ~50 mg/L,浸种 36 ~48 h	
	小麦	16 mg/L,浸种 12 h	
	大豆	50 ~70 mg/L,始花期喷施	
	水仙	100 mg/L,浸球茎 1 ~3 h	
IBA	芒果	0.5 ~1 mg/L,沾 3 s	插条生根
	葡萄	50 mg/L,浸 8 h	
	番茄	1 000 mg/L,浸 10 min	
	瓜叶菊	1 000 mg/L,浸 24 h	
NAA	熟锦黄杨	1 000 mg/L,粉剂	插条生根
	甘薯	500 mg/L,粉剂,定植前沾根	
	甘薯	50 mg/L,水剂,浸苗基部 12 h	

续表

药剂	作物	使用方法	目的
乙烯利	橡胶树	8%溶液涂于树，于割线处	促进分泌乳胶
	菠萝	400～1 000 mg/L，营养生长成熟后，从株心灌入，50 mL/株	促进开花
	黄瓜、南瓜	100～200 mg/L，1～4 叶期喷施	促进雌花发育
	苹果	300 mg/L，花蕾膨大期喷施	疏花疏果
	香蕉	1 000 mg/L，浸果 1～2 min	果实催熟
	柿子	500 mg/L，浸果 0.5～1 min	
GA	郁金香	400 mg/L，筒状叶长 10～20 cm，灌入 1 mL/株	促进开花
	黄瓜	50～1 000 mg/L，2～4 叶期喷施	促进雄花发育
	水稻	30 mg/L，稻穗破口期喷施	促进抽穗
6-BA	柑橘	15～30 mg/L，处理幼果，2 次	保花保果
	苹果	300 mg/L，果实膨大期喷施	促进结实
	水稻	10～100 mg/L，始穗后 10 d 喷施	延缓衰老
2,4—D 钠盐	大白菜	25～50 mg/L，采收前 3～5 d 喷施	防止落叶
	甘蓝	100～500 mg/L，采收前喷施	
2,4-D	番茄、茄子	30～50 mg/L，浸花或喷花	保花保果

知识链接)))

除草剂的种类及除草作用机理

虽然除草剂千差万别，但究其杀草原理，它们可以分为三类：影响光合作用的除草剂；影响以氨基酸、脂肪酸为主的有机化合物合成及代谢的除草剂；影响细胞分裂和植物生长的除草剂。此外，还有部分杀草原理仍未搞清楚的除草剂。

1）除草剂影响光合作用及与光系统有关的生理生化过程

植物的光合作用是通过第一和第二光系统完成的，叶绿素必不可少，类胡萝卜素对叶绿素具有保护作用。一些除草剂可以直接影响光合作用的第一或第二光系统，阻止电子传递，进而干扰二氧化碳的固定、ATP 的合成，从而抑制植物的光合作用并同时产生对植物有害的活性分子，导致植物死亡。另一些除草剂能够影响叶绿素生物合成中的原卟啉氧化酶，使该酶的催化产物大增，同时产生大量有害的活性分子。这些活性分子攻击蛋白质和脂肪分子，使叶绿素、类胡萝卜素、细胞膜受到破坏，导致植物死亡。具有漂白作用的除草剂能够抑制类胡萝卜素生物合成过程中的酶，植物失去了合成类胡萝卜素的能力也就失去了保护叶绿素的能力，叶绿素被分解，植物变成白色而死亡。此类除草剂有：西玛津、敌草隆、百草枯、敌稗。

2）除草剂影响氨基酸、脂肪酸等有机化合物的合成及代谢

植物依靠自身来合成氨基酸和许多其他的有机化合物，而这些化合物是植物必不可少

的。它们的生物合成都是通过酶催化完成的，比如乙酰辅酶A羧化酶是脂肪酸合成的重要酶，乙酰乳酸合成酶是分支氨基酸合成的一个重要的酶，5-烯醇丙酮莽草酸-3-磷酸合成酶是芳族氨基酸合成的一个重要的酶，一些除草剂就是利用这些酶对植物的重要性，而把这些酶当作目标进行攻击，抑制酶的功能，使植物不能合成其必需的化合物而死亡。如草甘膦、莠草枯。另一些除草剂干扰植物的正常代谢，比如草氨膦抑制谷氨酰胺合成酶而使植物氨代谢紊乱直至氨中毒死亡，二硝基酚类除草剂能够干扰植物氧化磷酸化而起到杀死杂草的作用。

3）除草剂影响细胞分裂和植物生长

植物细胞壁的形成、细胞的有丝分裂、生长的调节是植物正常生长与繁殖的重要部分，如果这些生理过程受到干扰，植物就不能生存。许多除草剂正是通过影响这些生理过程以达到除草的目的。有些除草剂通过干扰纤维素的合成来阻止细胞壁的形成。另一些除草剂通过影响微管来阻止细胞的有丝分裂和细胞结构的形成。还有许多除草剂类似于植物的天然生长素，它们会打破植物体内的激素平衡，改变细胞壁的可塑性和核酸代谢，干扰植物的正常生长，造成植物最终死亡。最后一类除草剂能够阻止植物天然吲哚乙酸或人造生长素的运输与转导，干扰植物的激素平衡和正常生长，如抑草磷、2,4-滴（2,4-D）、2甲4氯丁酸。

此外，生产上根据不同的作用类型可将除草剂分为以下类型：

1）根据作用方式分类

①选择性除草剂　除草剂对不同种类的苗木，抗性程度也不同，此药剂可以杀死杂草，而对苗木无害，包括盖草能、苯达松、敌稗等。例如2-甲-4-氯苯氧乙酸，这是生长素类除草剂，在低浓度下，具有促进植物生长的作用，在高浓度下能杀死双子叶植物。因高浓度下，这类药剂可促使侧生形成层细胞过度分裂和伸长，组织因过度生长呈畸形，从而阻碍物质运输，导致植物死亡，而单子叶植物无侧生分生组织，故其影响很小。

②灭生性除草剂　除草剂对所有植物都有毒性，只要接触绿色部分，不分苗木和杂草，都会受害或被杀死。主要在播种前、播种后出苗前使用，包括草甘膦、百草枯等。

2）根据除草剂输导性分类

①触杀型除草剂　药剂与杂草接触时，只杀死与药剂接触的部分，起到局部的杀伤作用，在植物体内不能传导。应用这类除草剂时应注意喷施均匀，如百草枯等。

②内吸传导型除草剂　药剂被根系或茎叶吸收后，能够在植物体内输导，将药剂输送到其他部位，甚至遍及整个植株，如2,4-D丁酯、草甘膦等。

本章小结)))

植物生长物质是指调节植物生长发育的微量活性有机物质。它分为植物激素和植物生长调节剂，前者是植物体内天然产生的，后者是人工合成的。

植物激素目前公认的主要有5大类：生长素类、赤霉素类、细胞分裂素类、乙烯和脱落酸。

生长素类中的吲哚乙酸在高等植物中分布很广。它能促进细胞伸长和分裂。属于生长素类的植物生长调节剂有吲哚丁酸、苯乙酸、2,4-D 等。生长素有促进插枝生根、抑制器官脱落、性别控制、延长休眠、顶端优势、单性结实等作用。

赤霉素现已发现一百多种,最常见的是 GA_3。赤霉素具有促进营养生长、防止器官脱落和打破休眠等作用。

细胞分裂素是促进细胞分裂的物质。天然存在的细胞分裂素有玉米素、玉米素核苷和异戊烯基腺苷等;人工合成的有 N^6-苄基腺嘌呤和激动素等。细胞分裂素有促进细胞分裂和扩大、诱导芽的分化、延缓叶片衰老等作用。

脱落酸是一种促进休眠、脱落、抑制植物生长发育的物质。植物衰老、成熟和处于逆境时,脱落酸含量会显著升高。脱落酸通过促进休眠、抑制生长等,提高植物的抗逆性,使植物度过恶劣环境,故又称应激激素。

乙烯又称成熟激素、性别激素,它能促进细胞膜透性加大,促进呼吸和代谢,故能促进果实成熟、促进器官脱落和次生物质(橡胶等)的排出,乙烯还具有"三重效应"及促进雌花形成等重要作用。

除了上述 5 大类激素以外,植物体内还有其他的天然植物生长物质,如油菜素内酯、多胺、茉莉酸和水杨酸等。

植物生长调节剂分为生长促进剂和生长抑制剂,生长促进物质与上所述的三大类促进生长的植物激素效果相类;生长抑制物质包括生长抑制剂和生长延缓剂,前者包括三碘苯甲酸、整形素等,抑制顶端生长,使株形发生变化,外施赤霉素不能逆转其抑制效应;后者如 CCC、B_9、PP_{333} 等,抑制茎部近顶端分生组织细胞延长,使节间缩短,株形紧凑,外施赤霉素可逆转其抑制效应。

案 例

植物生长调节剂的复配应用实例

植物生长调节剂调节植物的生长发育作为一种迅速发展的科学技术,迄今为止,已在农业、林业、果树、蔬菜生产中得到越来越广泛的应用。近几十年来,在生根、坐果、矮化、休眠、干燥、脱叶、催熟、增甜、着色等许多应用方面都出现了植物生长调节剂的混配,发展势头迅猛,原因就在于复配应用时可出现增效、加合等作用,能减少使用量,提高应用效果,同时也扩大了应用范围,互相取长补短,克服了单用的不足,而且还能实现优质高产。常用的植物生长调节剂的复配可分为:植物生长调节剂之间混复配、植物生长调节剂与杀菌剂复配、植物生长调节剂与肥料复配等。

以前大家认为植物生长调节剂具有专用性,不能复配使用,而现代植物生理学研究证明:不同的植物生长调节剂复配使用后,将产生意想不到的好效果。生长促进剂与生长抑制剂复配使用后发现,对一些植物可抑制营养生长而促进生殖生长,在植物控制旺长、抗倒伏的同时,使果实膨大,提高产量改善品质。

1)植物生长调节剂之间混复配使用

①复硝酚钠+萘乙酸钠　它是一种省工、低成本、高效、优质的新型复合植物生长调节

剂。复硝酚钠作为一种综合调节作物生长平衡的调节剂，可全面促进作物生长，而与萘乙酸钠复配，一方面强化萘乙酸钠的生根作用，另一方面又增强复硝酚钠生根速效性，二者共同促进，使生根效果更快，吸收营养更强劲、更全面，加速促进作物伸张健壮，不倒伏，节间粗壮，分枝、分蘖增多，抗病，抗倒伏。据多家科研单位联合试验研究表明：复硝酚钠与萘乙酸钠按照比例1∶3复配，应用于砧木生根上。结果显示，生根数明显高于单用萘乙酸钠；大豆上试验研究表明，二者明显促进大豆根系粗壮，根瘤固氮菌能力显著增强，2～3天即表现出明显的外观直视效果。试验结果表明，使用复硝酚钠与萘乙酸钠复配剂2 000～3 000倍水溶液在小麦生根期叶面喷施2～3次，可增产15%左右，对小麦品质无不良影响。

②DA-6+乙烯利（或复硝酚钠+乙烯利） 它是一种复合型玉米专用的矮化、健壮、防倒型调节剂。单用乙烯利，表现为有矮化作用，且叶片增宽、叶色深绿、叶片向上、次生根增多，但易出现叶片早衰现象。玉米应用DA-6+乙烯利复配剂控旺，复配使用比单用乙烯利可降低株高达20%，具有明显的增效、防早衰功效。

③复硝酚钠+赤霉素 复硝酚钠与赤霉素同作为速效性调节剂，均能在施用后短时间内发生作用，使作物显示出很好的生长效果，而复硝酚钠与赤霉素复配使用，据中牟县枣树科学研究所应用复硝酚钠研究表明，在加合二者效果的同时，复硝酚钠的持效性特点，能补赤霉素的这一缺陷，同时通过综合调控生长平衡，避免赤霉素使用过量造成对植株体的伤害，从而使枣树显著增产，品质也明显提高。

④萘乙酸钠+吲哚丁酸盐 它是世界上应用最为广泛的复合生根剂，在果树、林木、蔬菜、花卉及一些观赏植物上推广应用广泛。该混剂可经由根、叶、发芽的种子吸收，刺激根部内鞘部位细胞分裂生长，使侧根生长快而多，提高植株吸收养分和水分能力，达到植株整体生长健壮。由于该剂在促进植物扦插生根中往往出现增效或加合作用，从而使一些难以生根的植物也能插枝生根。

2）植物生长调节剂与肥料复配使用

①复硝酚钠+尿素 复硝酚钠+尿素可谓是调节剂与肥料复配中的“黄金搭档”。在作用效果上，复硝酚钠所具有的综合调控作物生长发育的特性可弥补前期养分需求的不足，使作物营养更全面，尿素利用更彻底；在作用时间上，复硝酚钠的速效性和持效性与尿素的速效性结合，使植株外观及内在变化更快，更持久；在作用方法上，复硝酚钠与尿素配合使用，既可作基肥，也可作根部喷施，冲施肥，可谓“一举三得”。复硝酚钠与含尿素的叶面肥试验，植株在施后40 h内，叶片变深发绿，有光泽，后期产量显著提高。

②三十烷醇+磷酸二氢钾 三十烷醇可增加作物光合作用，与磷酸二氢钾混合喷施，可提高作物产量，二者再针对性的配合以其他肥料或调节剂施用在相应作物上，效果更好。如三十烷醇+磷酸二氢钾+复硝酚钠复配应用在大豆上，比仅用前二者可增产20%以上。

③DA-6+微量元素+N、P、K DA-6与大量元素及微量元素的复配应用上百个试验数据及市场反馈信息显示：DA-6+微量元素如硫酸锌；DA-6+大量元素如尿素，硫酸钾等，均使肥料发挥出比单用高几十倍的功效，同时增强植株抗病、抗逆性。

④矮壮素+硼酸 矮壮素+硼酸混剂在葡萄上应用，可克服矮壮素的不足。试验表明，在葡萄开花前15天用一定浓度的矮壮素对整株进行喷洒，可大大提高葡萄的产量，但却降

低了葡萄汁中的含糖量。而该混剂则既能发挥矮壮素控长促坐果增加产量的作用，又能克服矮壮素使用后糖含量降低的副作用。

3）植物生长调节剂与杀菌剂复配使用

①复硝酚钠+乙蒜素　复硝酚钠与乙蒜素复配使用，能显著提高其药效，并延缓抗药性出现，且能够通过调节作物生长来抵御药剂过量或高毒产生的药害，弥补因此造成的损失。复硝酚钠+乙蒜素乳油在防治棉花枯黄萎病试验研究表明：复硝酚钠的加入比单用乙蒜素发病率减轻18.4%，且复配制剂处理比对照棉花生长健壮、叶片深绿、肥厚，后期衰退时间晚，延长叶片功能期。

②复硝酚钠+多菌灵　复硝酚钠与杀菌剂混用改善药剂的表面活性，增加渗透力和附着力等，因而增加了杀菌效果。复硝酚钠与杂环类杀菌剂，如多菌灵复配使用，在花生叶部病害防治上，发病初期连喷2次，提高防效23%，显著增强杀菌效果。

③芸苔素内酯+三唑酮　芸苔素内酯有促进农作物、树木与种子萌发和助苗生长、提高作物抗逆性的作用。根据相关文献报道：芸苔素内酯与三唑酮复配对棉花立枯病防效超过70%，同时促进棉花根和芽的生长。研究同时表明，水杨酸对三唑酮也有明显增效作用。

案例分析与讨论题

①植物生长调节剂可以有哪些复配类型？

②讨论一下植物生长调节剂能否代替营养物质和光照。

③设计3～4个植物生长调节剂复配类型在当地作物类型上的应用方案。

复习思考题

一、名词解释

植物生长物质、植物激素、植物生长调节剂、极性运输、三重反应、植物生长延缓剂。

二、填空题

1. 植物生长物质是植物的一种________物质，不能代替植物营养。

2. 植物生长物质包括______和______。

3. 目前人们公认的植物激素有______、______、______、______和乙烯。

4. 植物体内促进型的植物激素有______、________、________。

5. 植物体内抑制型的植物激素有__________、________。

6. ________是生长素的主要移动方式，并且属于______运输过程。

7. 有些激素之间存在着挠优作用，如IAA促进________芽生长（抑制）________芽生长，而CTK的作用却与此相反。

8. 根据 $CH_2=CH_2$ 的生理作用，人们又把 $CH_2=CH_2$ 称为______激素和______激素。

9. 目前，在番茄生产中，常用的催热剂是________。

10. 生长素的运输主要以________为主。

11. GA含量最高的部位是________。

12. CTK 在植物体内的合成部位是________。

13. 称为“性别激素”的是________。

三、选择题

1. 为了促进扦插的番茄枝条生根,应用的生长调节物质为________。

A. $CH_2=CH_2$　　B. MH　　C. CTK　　D. NAA

2. 为仰制动苗徒长,应适用的植物生长固执为________。

A. IAA　　B. CCC　　C. CTK　　D. GA_3

3. 要被除马铃薯的修面,应适用的植物生长物质为________。

A. GA3　　B. CCC　　C. ABA　　D. B_9

4. 下面不属于乙烯的生理作用的是________。

A. 解除休眠　　B. 促进成熟　　C. 调节性别分化　　D. 刺激伤流

四、判断题

1. 植物激素被称为植物的“外源激素”,植物生长调节剂被称为植物的“内源激素”。(　　)

2. 乙烯是一种正常代谢产物。(　　)

3. 乙烯利是一种气态物质。(　　)

4. 同时促进型的植物激素之间不存在拮抗作用。(　　)

五、思考题

1. 说明各类植物激素的主要作用。农业生产上常用的是天然激素还是植物生长调节剂？为什么？

2. 植物激素具有哪些特点？使用植物生长物质时应注意哪些问题？

3. 常用植物生长调节剂有几类？举例说明目前生产上有哪些应用。

实验实训1

IAA 生物鉴定(小麦芽鞘切段伸长法)

1)目的意义

熟悉生长素含量的生物测定方法。

2)原理

将小麦胚芽鞘的延长部分切成段,漂浮在含有生长素 IAA 的溶液中,这些切段可以继续伸长,在一定浓度范围内,芽鞘切段的伸长与生长素浓度的对数成正比,因而可通过测定切段伸观多少来测定生长素的含量。

3)仪器药品

①实验材料:小麦品种,扬麦 1 号,最好用中农 28 片。

②仪器:25 ℃暗室、旋转器、分析天平、滤纸、小瓷缸、大瓷缸、培养皿、银试管、移液管、青霉素瓶、刀片、小镊子、尼龙网刻度尺、半对数坐标纸、饱和漂白粉溶液。

③试剂。

a. 100 ppmIAA 母液：称 10 mg IAA 溶于少量无水酒精中，再用水稀释至 100 mL。此溶液在冰箱中可保存一个月。

b. 缓冲液：称取 K_2HPO_4，1.794 g，柠檬酸 1.019 g，蔗糖(AR)20 g 溶于 1 000 mL 重蒸馏水中，pH 为 5.0。

4）操作步骤

①挑选大小均匀的小麦种子(必须用前一两年的种子，因当年新收的种子发芽不整齐)，用饱和漂白粉溶液灭菌 30 分钟后，用自来水冲洗半天，放在盛肿湿润滤纸的培养皿中，腹沟朝下，在 25 ℃黑暗条件下萌发 24 小时。

②当第一胚根出现后，移于用尼龙网覆盖的小瓷缸中，胚根插入尼龙网眼。小瓷缸放入盛水的大瓷缸中，以保持湿度或在小瓷缸上罩上烧杯保湿。

③继续在 25 ℃黑暗下培养，约 40 小时后，当胚芽鞘长达 3 cm 左右时，选取 2.8 ~ 3.0 cm 幼苗作为生物鉴定材料，因这样大小的芽鞘对 IAA 最敏感。

④切去芽鞘尖端 3 mm，取下面 5 mm 切段作试验。

⑤将 5 mm 切段漂浮在重蒸馏水中浸洗 2 ~ 3 小时，除去初段中内源激素。

⑥配制 0.001、0.01、0.1、1.0、10 ppm 的 IAA 的系列标准溶液(配在具塞试管中)。

吸取 100 ppm IAA 1 mL+9 mL 缓冲液⟶10 ppm IAA

吸取 10 ppm IAA 1 mL+9 mL 缓冲液⟶1 ppm IAA

吸取 1 ppm IAA 1 mL+9 mL 缓冲液⟶0.1 ppm IAA

吸取 0.1 ppm IAA 1mL+9 mL 缓冲液⟶0.01 ppm IAA

吸取 0.01 ppm IAA 1 mL+9 mL 缓冲液⟶0.001 ppm IAA

⑦在具塞青霉素瓶中分别吸入上述 IAA 系列标准溶液(0.001、0.01、1.0、10 ppm IAA) 2 mL，另外吸取 2 mL 缓冲浪作为对照。

⑧切段浸泡后，用滤纸将切段表面水分吸干，在上述盛有不同浓度生长素的青霉素瓶中，分别放入芽鞘切段 10 段(最好放 11 ~ 12 段，以便挑选)加塞，每一浓度重复 3 次。将青霉素瓶置于旋转器上(旋转速度为 16 r/min)在 25 ℃暗室中旋转培养。

⑨上述操作均需在暗室中绿光下进行。

⑩旋转培养 20 小时后取出芽鞘切段，在滤纸上吸干，测量芽鞘切段的长度。

⑪在半对数坐标纸上，以芽鞘切段增长% 为纵坐标，IAA 浓度为横坐标，作出标准曲线。在生长素浓度为 0.001 ~ 1.0 ppm 范围内，切段的伸长与生长素浓度的对数成正比，如需鉴定某一植物提取液中生长素含量，必须与标准的 IAA 作对照。

$$\text{芽鞘切段增长\%} = \left(\frac{\text{处理长度} - \text{对照长度}}{\text{原来长度}}\right) \times 100\%$$

5）作业

①采取小麦芽鞘切段伸长法测定生长素含量时，为什么要将芽鞘尖端 3 mm 切去而取下面的 5 mm 作实验?

②为什么要用缓冲液配制 IAA 的系列标准溶液?

实验实训 2

激动素对叶片的保绿作用

1）目的意义

激动素是细胞分裂素中的一种。因其能阻止核酸酶、蛋白酶等水解酶类的形成，延缓核酸、蛋白质、叶绿素的降解速度，故常被用于花卉及果蔬的保鲜剂。因此，了解并利用细胞分裂素类物质这一特点，在农产品的贮藏、运输中具有重要意义。

通过本实验，加强对激动素保绿作用的感性认识，同时学会测定其保绿能力的方法。运用这一方法，设置对比实验，可以了解不同药剂的保绿、保鲜性能。

2）原理

由于激动素具有延缓植物衰老的作用，所以能够减缓叶绿素的降解速度，将离体叶片用不同浓度的激动素处理，并设置对照，经一定时间后，再测其叶绿素含量，即可观察其保绿功能，并寻找最佳保绿浓度。

3）实验材料、仪器与试剂

①实验材料：小麦幼叶、萝卜子叶，或选取其他野生植物叶片。

②仪器：培养皿、剪刀、天平、移液管（2 mL、20 mL）及测定叶绿素含量的全套仪器用具（见光合色素定量测定）。

③试剂。

a. 100 μg/L 的 N^6—苄基腺嘌呤母液：称取 N^6—苄基腺嘌呤 10 mg，先用 0.1 mol/L 的 HCl 溶液溶解，再用蒸馏水定容至 100 mL（pH 5.0 左右），即为 100 μg/L 母液。

b. 80% 丙酮（作叶绿素定量测定之用）

4）操作步骤

①材料准备：从田间选取健康小麦（或其他禾本科植物）的功能叶，也可以选适用的野生植物叶片，冲洗干净，并吸干表面水分。

②配制不同浓度的浸泡液：取 4 套培养皿，标志上不同浓度。利用 100 μg/L 激动素母液及蒸馏水按下表配制 4 个浓度的浸泡液，并充分混匀。

溶液浓度/($\mu g \cdot L^{-1}$)	10	5	0.5	0
蒸馏水/mL	18	19	19.9	20
100 μg/L 激动素母液/mL	2	1	0.1	0

注：可取已配好的 5 μg/L 溶液 1 mL，再加 19 mL 蒸馏水，混匀即成 0.5 μg/L。然后再从 10、0.5 μg/L 各弃去 1 mL（0 直接加入 19 mL），使各培养皿均为 19 mL 溶液。

③叶片处理：各浓度放入备好的材料 0.2～0.5 g，并使叶片充分浸入浸泡液，盖好盖，以防蒸发。另取相同质量的材料，用分光光度计测其叶绿素含量，作为叶绿素的初始含量。将各处理置于室内的相同条件下（能见光，但最好避免阳光直射，以免温度过高，也可以将所有处理均放入暗中）。每天定时观察并记录各处理的颜色变化。

④测定:当处理在颜色上出现较明显差异时,取出材料,按前述分光光度计法测定各处理的叶绿素含量。

5)作业

按下式计算各处理的叶绿素相对降解率,选择出最佳浓度。

$$相对降解率(\%)=\frac{初始含量-处理含量}{初始含量}$$

第7章 植物生长发育生理

学习目标

- 深入了解：植物休眠与萌发概念、原理、基本过程；植物营养生长基本规律；植物春化作用和光周期现象概念、条件；种子和果实成熟时生理生化变化。
- 了解：植物成春化作用和光周期现象原理、应用；花诱导及受精生理；植物营养生长和生殖生长调控原理；器官衰老和脱落原因。

技能目标

- 能在生产上正确地进行种子萌发；能调控作物营养生长和生殖生长之间的适当转换；能把春化作用和光周期现象应用到引种、花期调控等生产过程。

知识点

植物的休眠与萌发；植物的营养生长生理；植物的运动；植物的成花诱导；授粉和受精生理；种子和果实的生长发育生理；衰老和脱落生理。掌握植物生长与环境的关系，能够运用所学知识指导农业生产。

案例导入)))

植物生长与发育概述

前边讲述的植物水分、矿养代谢及光合、呼吸作用等为植物的生长发育提供了物质和能量保证，在此基础上，植物的生长发育是按一定的生命活动规律进行的，受许多因素的影响和调控，本章将探讨这些方面的规律、机理。

植物的生长是植物体体积和质量不可逆的增加过程，是建立在细胞分裂、增大的基础上的。植物的发育是植物体内组织和器官不断按顺序产生的过程，是建立在细胞不断分化的基础上。通常，植物的发育是指植株生长到一定阶段，孕育形成花果的阶段。如“桃三、杏四、梨五”，是指桃生长三年可进入开花结果阶段，而杏是四年，梨是五年。

花器官的形成比较复杂，植物除需要首先进行一段时间的营养生长外，有些植物还需要一定适宜环境条件诱导才能成花。如冬小麦需要低温的诱导，长日植物需要长日照的诱导，而短日植物需要短日照的诱导等，才能进入花芽分化过程。

植物的生长发育生理与农业生产关系密切，学习掌握这些原理能更科学地从事作物栽培，灵活地处理生产过程中遇到的问题，进而有所发现，有所创新。

7.1 植物的营养生长生理

植物根、茎、叶的生长称营养生长，其生长规律及与环境之间存在的关系，称植物的营养生长生理。

7.1.1 植物的休眠与萌发

1）植物的休眠

（1）休眠的概念

休眠是指植物整体或某一部分在某一时期内生长和代谢暂时停滞的现象。在休眠阶段，植物形态上不再生长，内部只有维持生命的基本代谢活动，但不是生命已停止。

植物休眠有多种类型，温带地区的植物进行冬季休眠，而有些夏季高温干旱的地区，植物则在夏季叶片脱落休眠。通常把由于环境条件不适宜引起的植物休眠称强迫休眠，如干燥的小麦、玉米种子，给予适当的水分、温度便能萌发。而把由于植物体内部原因造成的休眠称为生理休眠，也称深休眠或熟休眠。生理休眠即使在适宜的水分、温度等环境条件下，植物也不生长或萌发，如秋季刚落叶后树木枝条上的芽，刚收获的马铃薯块茎等。一般所说的休眠主要是指生理休眠。多数植物刚开始一般时间的休眠为生理休眠，生理休眠结束后，如果环境条件不适合仍不萌发、生长，便属于强迫休眠阶段。设施栽培的作物可在生理休眠结束后，通过及时给予适当环境条件，打破强迫休眠，促进植物早开花结果。

植物休眠的器官或部位多样，一年生植物大多以种子为休眠器官；多年生落叶树木看起来冬季整体休眠，其实主要是以休眠芽以及形成层等部位过冬；而多数二年生或多年生草本植物是以种子、鳞茎、球茎、块根、块茎等为休眠器官。

（2）休眠的意义

休眠的器官或部位一般蛋白质、可溶性糖分等贮藏物质含量高，自由水极低而束缚水相对含量高，外层保护组织严密，如种子胚外有果皮、种皮、胚乳包被，冬芽有多层芽鳞片包裹，茎、根皮层内也贮藏有大量糖分，为休眠做好了充足的准备。植物的休眠具有积极而重要的生物学意义，一方面休眠可帮助植物度过不良的生活环境，如冬季的低温，炎夏的高温、干旱。另一方面，对植物本身来说可延续物种，避免灭绝。如辽宁大连普兰店泥炭土层中发现的千年古莲籽，发芽率可达90%以上，通过莲籽长期的休眠，使古莲物种得以延续。

（3）植物休眠的原因及解除休眠的方法

植物休眠主要以芽和种子为休眠器官。

①芽休眠的原因　芽是很多植物的休眠器官,多数温带木本植物,包括松柏科植物和双子叶植物在年生长周期中明显地出现芽休眠现象。芽休眠不仅发生于植株的顶芽、侧芽,也发生于根茎、球茎、鳞茎、块茎中。芽休眠虽是植物度过严寒的方式,但低温本身并不能直接导致休眠发生,相反实验证明只有满足植物一定的低温量,才能打破休眠(图7.1),如设施栽培的桃、樱桃等北方落叶果树,要满足其500~2 000 h 0~7.2 ℃范围的需冷量,才能萌芽开花。

北方冬季植物的芽休眠,主要原因是由短日照诱导叶片产生的脱落酸运输到芽引起。严冬到来之前,秋季愈来愈短的日照诱导叶内产生脱落酸运输于芽内并积累,脱落酸能抑制代谢、抑制萌发、促进叶片脱落,使芽和树木及时进入休眠状态。如刺槐、桦树、落叶松幼苗,在短日照下经10~14天即停止生长,进入休眠。城市路灯下的行道树,由于灯光照射时数长,不能及时进入休眠,落叶也晚,而易被冻死。一定时间的0 ℃以上的低温可降低脱落酸含量打破芽休眠。赤霉素和碱性物质(如石灰氮),也能抵消脱落酸的含量,如用一定浓度的赤霉素和石灰氮处理休眠的马铃薯块茎和葡萄枝芽等,可使马铃薯块茎和葡萄破除生理休眠,进入萌芽、生长状态。

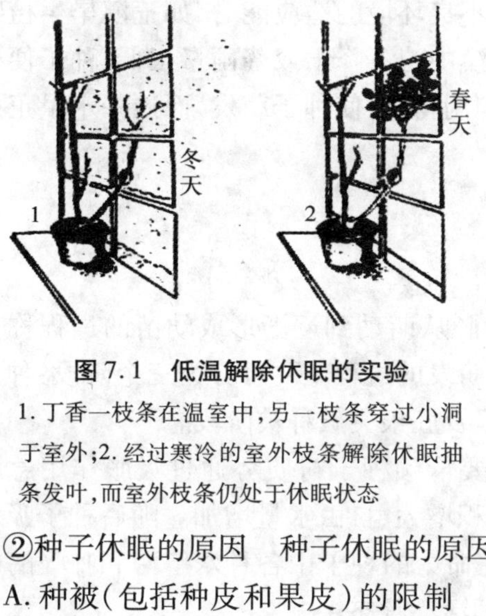

图7.1　低温解除休眠的实验

1.丁香一枝条在温室中,另一枝条穿过小洞于室外;2.经过寒冷的室外枝条解除休眠抽条发叶,而室外枝条仍处于休眠状态

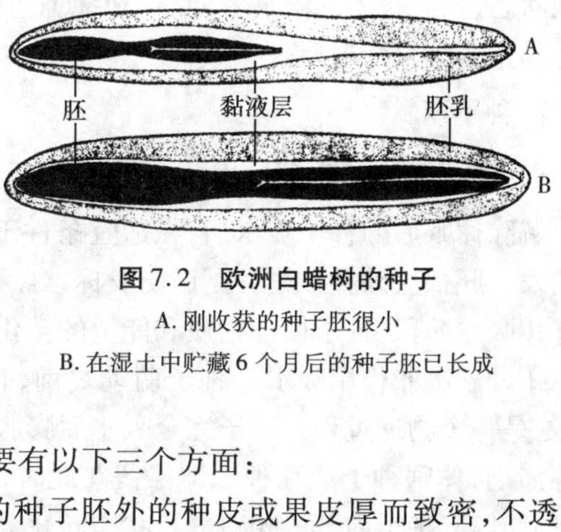

图7.2　欧洲白蜡树的种子

A.刚收获的种子胚很小

B.在湿土中贮藏6个月后的种子胚已长成

②种子休眠的原因　种子休眠的原因主要有以下三个方面:

A.种被(包括种皮和果皮)的限制　有的种子胚外的种皮或果皮厚而致密,不透水、气,内部的二氧化碳难以排出,外界的水分和氧气也难以进入,抵制胚呼吸,也给胚根、胚芽穿出种被造成较大的机械阻力,故种子处于休眠状态。例如豆科、核果类等植物种子,可通过水泡、机械破除的方法解除种子的休眠,也可用酸、碱适当浸泡,对种被进行腐蚀破坏,充分冲洗后播种可促进萌发。

B.胚休眠　胚休眠的原因也有两种情况:一是胚形态尚未长成。例如人参、白蜡树、银杏的种子,胚的发育较周围组织慢,采收时种子体积、重量虽已达成熟标准,但内部胚尚未长成。采收后需给予适当的温度、湿度等环境条件,使胚继续吸取胚乳中养料生长,达到能萌发形态(图7.2);二是胚形态已长成,但生理上尚未发育成熟。这类种子采收后须经过一段时间的内部生理、生化变化,达到生理成熟,才能萌发,这一过程称种子的后熟作用。后熟作用的条件与自然状况下完成后熟的条件应相当,一般为0 ℃以上低温和较高的湿度。北方落叶树木种子秋季采收后，一般通过层积处理完成后熟作用。例如苹果、梨、樱桃等砧木的种子若春季播种，需在播种前进行层积处理，即将用水充分浸泡后的种子分层埋在湿沙中（或与湿沙按1：5左右比例混合），置于2～7 ℃ 低温环境，经2～3个月的时间就能有效地解除休眠。层积处理后的种子膜透性加大，呼吸、吸水等代谢升高，脱落酸含量下降，赤霉素和细胞分裂素增加（图7.3）。

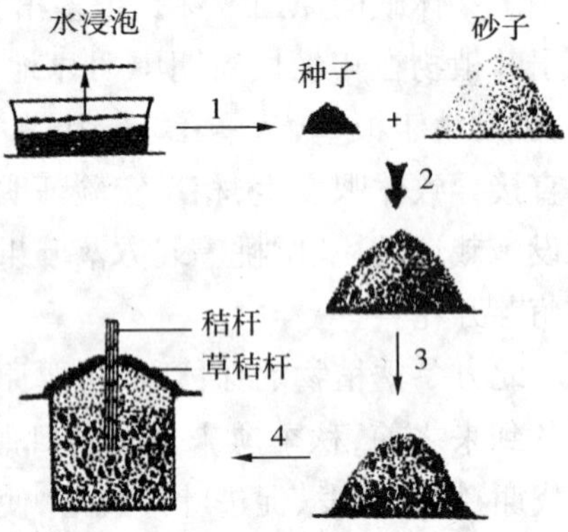

图7.3　种子层积处理过程

1.水浸泡；2、3.按比例混合拌匀；4.入坑

C.抑制萌发物质的存在　有些植物的种子不能萌发是由于果实或种子内有抑制萌发物质的存在。抑制萌发的物质包括植物碱、有机酸、酚、醛等，存在于果汁里或种子的种皮、胚乳、子叶中，如番茄、西瓜、黄瓜等存在于果汁中；羊胡草、结缕草、橡胶草等存在于种子的外种皮中；鸢尾、莴苣等存在于胚乳中；豆类存在于子叶中。可用水浸泡、冲洗的方法去除抑制萌发物质，破除种子休眠。有时植物巧妙利用这些物质的存在加强对不良环境的适应能力，如荒漠旱生植物沙滨藜，整个生育周期只有6～7周，为短命植物，沙漠中若不降雨或降雨量很低，种子便处于休眠状态，只有较大的雨水才能冲洗掉种子中的抑制物质，使种子萌发，而这些水量正好可满足其整个生长期需要。

2）**种子萌发**

（1）种子萌发的生理过程

解除休眠后的种子吸水后，在适宜条件下，种胚从萌动到逐渐形成幼苗的过程称种子的萌发。胚根突破种被是种子已萌发标志。种子萌发的过程主要可分为三个阶段：种子吸胀作用吸水阶段、种子内部物质和能量的转化阶段及胚根突破种被阶段。

①种子吸胀作用吸水　种子萌动之前，首先要依赖种子衬质势通过吸胀作用急剧吸水，这是一个物理过程。种子完全吸水后膨胀，体积增大、自由水量增加。随后种子吸水进入停滞期，休眠种子或死种子即停留在此时，有生命力的种子中各种水解酶和呼吸酶的活性开始升高，种子内部由相对静止状态转化为生理活动状态。

②种子内部物质和能量的转化　在吸胀后一段时间里，种子肉眼观察形态没发生变化，但种被内部却发生着剧烈的物质代谢和能量代谢。首先，胚乳和子叶中的淀粉、脂肪、蛋白质等大分子储藏物质，在各种水解酶催化下被分解为小分子物质，运输到胚中，一部分被胚呼吸消耗，胚呼吸升高，释放能量供种子萌发所需，另一部分供胚不断生长所需，重新参与到胚细胞分裂、增大过程中，新合成组成胚的原生质和细胞壁。这一阶段可归纳为降解、运输和重建三个连续过程（图7.4）。此外，种子萌发时，内源激素也相应发生变化，种子中脱落酸和其他抑制萌发的物质明显下降，游离型生长素、赤霉素和细胞分裂素含量逐渐升高。

③胚根突破种被　胚重建的过程即是胚不断生长过程。胚根生长速度快于胚芽，当胚根长到长于种皮范围，便从种孔突破种皮或种被，称“露白”。生产上把胚根的长度等于种

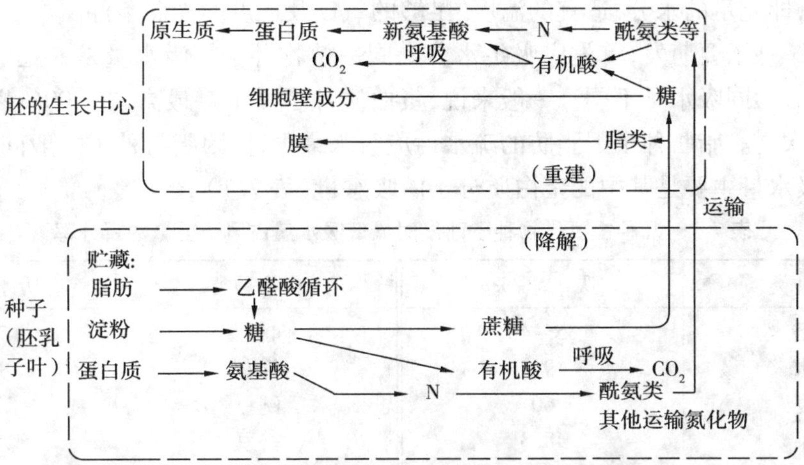

图 7.4 种子萌发时内部物质和能量的转化过程

子的长度，胚芽的长度等于种子长度一半时，定为种子发芽标准。种子萌动后，还要大量吸收水分，促进幼苗生长。

此后胚根扎入土壤，形成根系，胚芽伸出地面，形成茎、叶，一棵新幼苗就这样形成了。由于种子不同，胚中子叶出土与否不同，根据子叶出土情况，种子萌发又分子叶出土、子叶留土和子叶半出土三种情况（图 7.5—图 7.7）。

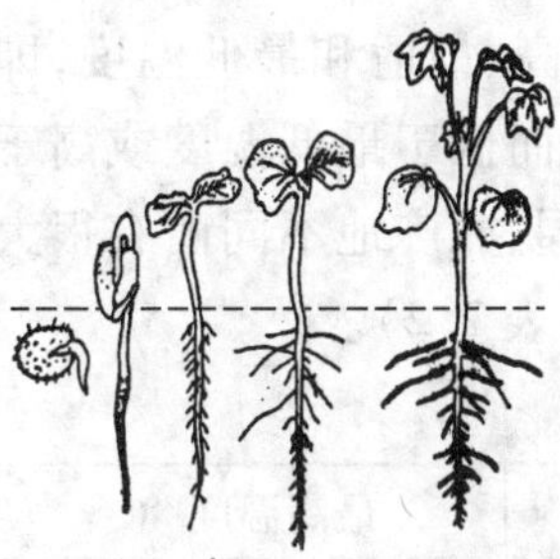

图 7.5 棉花种子萌发
示子叶出土
（子叶与胚根间的下胚轴伸长，把子叶顶出地面。子叶和胚芽之间的上胚轴基本不长）

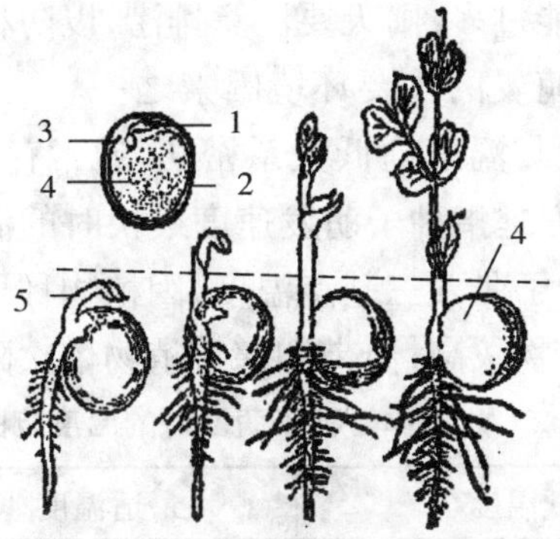

图 7.6 豌豆种子萌发
示子叶留土
1. 胚根；2. 种皮；3. 胚芽；4. 子叶；5. 上胚轴
（子叶和胚芽之间的上胚轴伸长，子叶留在土壤中，下胚轴基本不长）

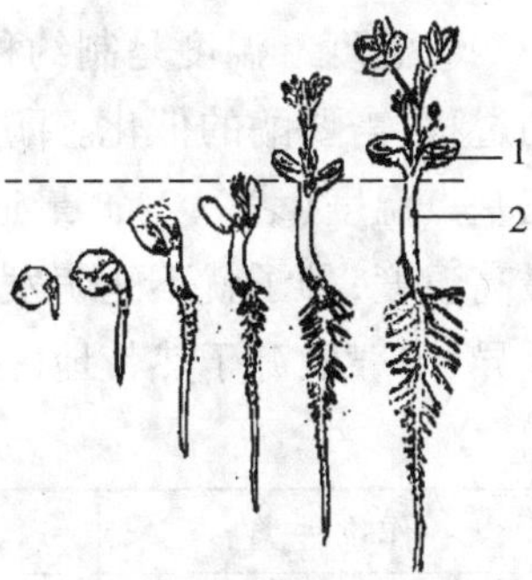

图 7.7 花生种子萌发
示子叶半留土
1. 子叶；2. 下胚轴
（上、下胚轴都伸长，下胚轴伸长有一定限度，子叶靠近地面）

种子从吸水萌动到子叶、胚芽出土前的生长，利用的都是种子中的贮藏物质，属异养阶段。绿色的子叶和胚芽出土后，开始进行光合作用，自己合成有机物，由异养阶段转入自养阶段。在种子自养阶段，种子内的贮藏营养，一部分要用于呼吸消耗，如小麦种子萌发第 12 天，干重减少掉 25%，其余用于胚的生长，进而形成幼苗。因此，要获得健壮幼苗，一是选择贮养多的大粒饱满种子；二是应控制呼吸消耗。

（2）影响种子萌发的环境因素

生命力强、大而籽粒饱满的种子是种子健壮萌发形成壮苗的内在因素，此外还需适宜的环境条件，即充足的水分、适宜的温度、足够的氧气及适度的光照条件。

①水分　种子要萌发，首先应吸足水分。同一植物种子其吸水量是一定的，不同植物种子因含成分不同吸水量不同。一般来说，蛋白质种子需水量最高，在100%以上，淀粉种子的需水量次之。脂肪种子因脂肪的疏水性应吸水最少，但因脂肪种子一般同时含蛋白质较多，故其吸水量主要是其中的蛋白质分子的吸水量(表7.1)。

表7.1　几种主要作物种子萌发时最低吸水量占风干重量的百分率

作物种类	吸水率/%	作物种类	吸水率/%
水稻	35～40	向日葵	56.5
玉米	39.8	棉花	58～80
小麦	60	豌豆	186
油菜	48.3	蚕豆	157
花生	40	大豆	120

种子播种时，如果吸水不足，会延长萌发时间，降低出苗率；严重不足时，虽会进行萌动但达不到出苗程度，便会腐烂在土壤中，即"动而不发"，空气不足、温度低、籽粒瘦瘪也会出现这些情况。因此，播种前一定保证土壤具有一定的含水量，对需水多的蛋白质类种子，播种前可先浸水充分吸胀后晾干再播种，以使种子顺利萌发。

播种时土壤的灌水量也不能过多，雨天要注意排涝，以防种子无氧呼吸烂种。

②温度　温度是制约种子萌发的主要环境因素之一。因种子萌发是一系列生化反应的过程，需要酶的催化。酶活性与温度高低关系密切，通常存在最高、最适和最低温度，即三基点温度(表7.2)。最适温度是指种子萌发速度最快时的温度，而低于最低温度或高于最高温度，种子就不能萌发。种子萌发三基点温度，因植物种子不同、原产地不同而有很大差异，一般发源于热带地区的植物较高，温带和寒带植物依次降低(表7.2)。

表7.2　几种作物种子萌发时的温度范围

作物种类	最低温度/℃	最适温度/℃	最高温度/℃
小麦、大麦	0～5	20～28	30～38
大豆	6～8	25～30	39～40
玉米	8～10	32～35	40～44
水稻	10～12	30～37	40～42
棉花	10～13	25～32	38～40
花生	12～15	25～37	41～46
番茄	15～18	25～30	34～39
黄瓜	15～18	31～37	38～40

在最适温度下，种子萌发虽然最快，但呼吸消耗也多，胚生长所需养料相应减少，幼苗细长柔弱不健壮。因此，种子播种期温度应稍低于最适温度。生产上早春为早出苗，可采用覆地膜、温室、温床、阳畦、风障等设施来提高育苗环境温度，使作物提早收获。

③氧气　种子萌发过程，是胚活跃生长的生命活动过程，需要较强的有氧呼吸供给其

能量，故需足够的氧气。多数作物种子氧浓度低于5%时，便不能萌发，需土壤含氧量在10%以上才能正常萌发。种子含成分不同，需氧量不同，脂肪比淀粉含更多的氢，氧化分解时需更多的氧气，放出的能量也多，所以含脂肪较多的种子比淀粉种子要浅一些播种，但浅播易缺水。为解决气、水之间的矛盾，油料作物的种子，如花生、大豆、棉花、核桃等，可进行起垄播种，干旱时，可于垄沟灌溉。

水稻的缺氧呼吸本领较强，种子能在淹水的情况下萌发，但幼苗只长芽鞘，根很少生长。因胚芽鞘的生长只是细胞的伸长，无氧呼吸产生的能量就可满足，而生根需胚根细胞分裂和伸长，需能量多，需氧就多，故水稻催芽时，要注意经常翻种，以防缺氧。播种后要注意秧田排水，才能透气生根，即“水长芽，旱长根”。

农业生产上，要注意通过多施有机肥，改良土壤结构，为种子萌发和作物生长提供一个土层深厚、疏松、肥沃的土壤环境，有利于苗齐、苗壮和作物的优质、高产。

④光照　多数植物种子萌发，不受有无光照的影响，只要水、温、氧气适宜就能萌发，这类种子称中光种子，如小麦、玉米、水稻、大豆、棉花等。有些植物如莴苣、苜蓿、烟草、紫苏、胡萝卜等的种子，光照条件下萌发良好，黑暗中或不萌发或萌发不良，这类种子为需光种子。而有些植物如茄、番茄、苋菜、瓜类、葱、韭菜、苋菜等的种子则在光照下萌发不好，在黑暗中反而萌发好，称为厌光种子。需光种子和厌光种子这种现象与种子中含有光敏素有关。光敏素将在以后课程内容中讲到。

综上所述，作物播种要获得苗齐苗壮，首先要有生命力强、饱满健全的种子，在此基础上还要具备种子萌发适宜的环境条件，即充足的水分和氧气、适宜的温度和光照条件。生产上要做到适期播种，播种的土壤要符合以上条件，并注意播种深度和播种方法，达到全苗壮苗。

(3)影响幼苗生长的主要环境因素

幼苗生长过程中受温度、光照等主要因素的影响。其中，日温较高、夜温较低的周期性温度变化环境对植物生长有利，因对光合产物的积累有益，这种现象称温周期现象。

光照对幼苗生长的影响表现为两个方面。首先，影响植物的光合作用，光照充足，有机物的制造与积累多，苗木健壮，植物长势好，易获丰收。而光照不足，苗木细弱，叶片变薄，严重缺光时，苗木呈黄白色，即黄化现象。其次，光还作为一种信号影响植物的形态建成，红光促进叶片伸展，抑制茎的过度伸长，使黄化苗恢复生长。蓝紫光中紫外线多，可抑制过度生长，使幼苗健壮、矮化。

7.1.2 植物营养生长特性

1)植物生长的区域性

植物生长区域是指细胞分裂和细胞不断伸长增大的部位。植物的整体生长并不是所有构成植物的细胞都在分裂生长，而是具有一定的区域性。了解植物生长的区域性，生产上可有针对性地促进或抑制生长。

(1)植物的顶端初生生长

顶端生长包括茎尖和根尖的生长。茎尖和根尖分生区、伸长区的细胞不断横向分裂、纵向伸长、分化形成植物的初生构造,使植物茎升高,根深扎入土壤。顶端生长在植物生命周期中具有无限生长的特性,只要顶端处于营养生长期,在环境条件适宜的情况下,可不断分化产生叶片、腋芽、茎节或侧根。

植物的顶端生长具有顶端生长优势,可抑制其下部侧芽、侧根的生长,顶端优势有利于植物的营养生长,不利用植物的生殖生长。生产上可通过摘去茎顶端、断根措施促进茎、根侧部的生长发育,有利于植物生殖生长和根系发达。茎顶端如果分化形成顶花芽,便失去继续生长的能力,称"花封枝",如苹果、梨的短、中果枝易形成顶花芽,让其结果可控制旺长树势。

(2)植物的周侧部次生生长

被子植物中的双子叶植物和裸子植物,其根、茎在顶端生长的基础上,初生木质部以外的薄壁细胞恢复分裂能力,在茎、根的周侧形成维管形成层和木栓形成层,不断纵向分裂、增大、分化,形成植物的次生构造,使茎、根无限加粗生长。被子植物中的单子叶植物无形成层和木栓形成层,所以不能进行无限加粗生长。

(3)其他生长区域

除顶端和侧部生长外,植物其他部位还分布着一些生长区域。如禾本科植物节间基部的居间生长区域,葱、韭等叶基部生长区域,使叶持续伸长;花生开花受精后,果柄部位伸长,连同上端微膨大的果实,称果针,果针扎入土壤生长;植物修剪、受伤部位的愈合生长,茎段、根段等离体器官扦插后重新形成完整植株的再生生长等。

2)植物生长的大周期

植物的整株或器官,在其整个生长周期中,生长速率和生长量(体积、高度、粗度、质量)均表现出"慢—快—慢"的生长节律。即开始时生长缓慢,以后逐渐加快,达到最高点后,生长又减慢以至停止的现象,称植物生长的大周期。用横坐标表示时间,纵坐标表示生长量,则生长大周期呈S形曲线,称植物或器官的生长曲线(图7.8上)。其生长速率曲线为一抛物线(图7.8下)。

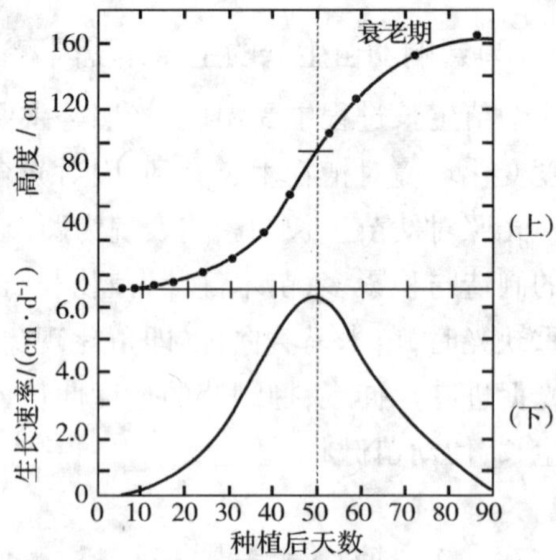

图7.8 玉米S形生长曲线

植物整株或器官出现生长大周期,有微观和宏观两方面的原因。从微观方面看,植物或器官初期以细胞分裂为主,主要是细胞数目的增多,体积、质量增加很小,所以呈现"慢"的状态。分裂结束伸长开始后,细胞进入伸长增大阶段,体积和质量显著增加,生长速率和生长量呈现"快"的节奏。当细胞体积增大到一定程度不再生长,细胞进入分化成熟阶段,所以植物或器官生长又逐渐呈现"慢"的状态,最后停止生长。从宏观方面看,初期植株幼小,光合能力低,合成物质少,植株和器官表现为生长缓慢。随叶面积迅速增大，光合作用增强，合成大量有机物，促进植株和器官干重急剧增加，生长加快。当达到最快以后，随植物衰老，光合速率减慢，植物生长也减慢，最后停止生长。

生产上了解植物或器官的生长大周期，具有重要的意义。因为植物生长是不可逆的，必须在植株或器官快速生长期到来之前，及时采取肥水等调控措施，否则过后才采取措施则收效甚微。如北方苹果树枝叶旺盛生长期在4、5、6月份，应在4月份前多施氮肥促进其营养生长，过了6月份后，应停止使用氮肥控制其生长，而改施磷钾肥促进枝条发育、果实膨大，即“前促后控”。如果在枝条快速生长期后才施氮肥，当年枝条生长晚、长势弱，无充足的时间进行发育，造成以后年份树体衰弱，结果能力降低。此外，掌握同一植物不同器官之间的生长大周期，可灵活调节各器官之间生长和发育的矛盾，如小麦的拔节水浇得太早会使营养生长过旺抑制生殖生长，生产上一般采取晚浇拔节水加以控制，但拔节水浇的太晚又会影响小麦的穗分化，所以应了解小麦进入快速穗分化的时间，在不影响穗分化的前提下，适当晚浇拔节水。

3）植物生长的相关性

植物各部分之间的生长存在着既相互制约又相互协调的关系，称植物生长的相关性。认识植物生长的相关性规律，在生产中可正确利用，采取措施调节各器官的生长发育向优质高产方向转化，如可利用水肥管理、整形修剪、化学调控等技术措施来调控。

$$\text{茎、叶} \underset{\text{水、矿物质等}}{\overset{\text{糖类、维生素等}}{\rightleftharpoons}} \text{根系}$$

（1）地上部分与地下部分的相关性

一方面植物地上部茎、叶和地下部根系之间存在相互依赖的关系。“树大根深”“本固枝荣”等谚言说明根与地上部生长有割不断的联系。茎、叶为根系生长提供所需要的光合产物糖类、维生素、生长素等，而根系为地上部分生长提供水、矿物质、细胞分裂素等物质。二者通过营养物质的交互供应使彼此间相互依存，不可或缺，失去对方都将会失去生命；另一方面，当植物制造的光合产物及从土壤中的吸收的水分、矿养等物质量一定时，根系与地上部之间便存在着对这些物质的相互竞争关系，在生长上表现出相互制约关系。此外，环境中光照、温度等因子也会影响这种制约关系，根与茎叶的制约关系可用根冠比（根干重/茎、叶干重）表示。如水分过多、氮素过多、高温，可促进茎叶生长，降低根冠比，弱光降低光合产物量，根得到的少，会抑制根的生长，也降低根冠比。相反少氮，多磷、钾肥，土壤通气良好、充足的阳光能促进根的生长，升高根冠比，少水、低温抑制地上部生长，因此也能提高根冠比。

$$\text{根冠比}=\frac{\text{根干重}}{\text{茎、叶干重}}\begin{cases}\text{降低根冠比：}\\ \text{高 N，低 P、K，弱光，多水，高温}\\ \text{升高根冠比：}\\ \text{低 N，高 P、K，强光，少水，低温}\end{cases}$$

生产中可根据作物生长情况和栽培目标不同，灵活调节根冠比。如当作物苗期地上部生长过旺、根系生长弱时，可适当少浇水，抑制地上部茎、叶生长，促进根系发育，这一控水促根的措施在生产上称“蹲苗”;甜菜、甘薯、胡萝卜等以地下贮藏根为收获器官,在栽培时前期要注意施氮肥,并浇足水分,促进茎叶生长,以保证有充足的叶面积,后期则应增施磷、钾肥,促进光合产物向地下部分的输送和积累,提高根冠比,从而提高产量。如一般甘薯生长前期,根冠比可控制在0.2左右,接近收获期时应在2.0左右。但根冠比大,不一定是根长得好,有时地上部生长弱小,根冠比只是相对的大。

(2)顶端与侧端生长的相关性——顶端优势

茎、根顶端生长抑制侧芽、侧根生长的现象称顶端优势。植物不同、品种不同,顶端优势强弱不同。松柏等裸子植物、高大的树木,草本植物中的向日葵、烟草、高粱等顶端优势较强,而果树、小麦、水稻等则较弱,易产生分枝或分蘖。对同一植株上的不同枝条来讲,与地面垂线的夹角越小,枝条生长越旺,其顶端优势也越强,角度相近的枝、芽长势相似(图7.9)。

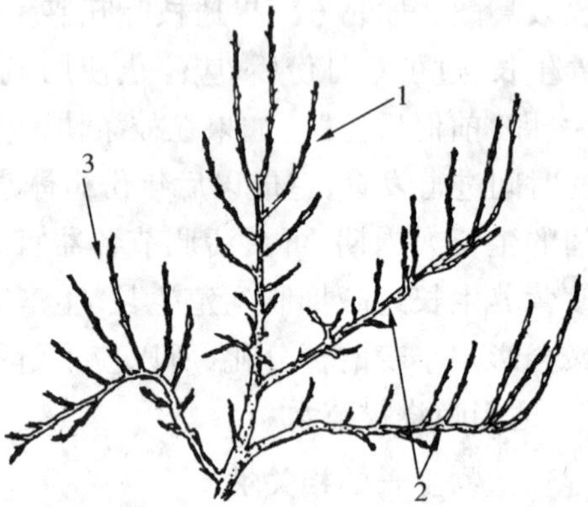

图7.9　果树的顶端优势

1.直立枝顶端易萌发旺枝;2.水平、斜生枝,多萌发中、短枝;3.曲枝弯弓顶端易萌发旺枝

顶端优势产生的原因,与植物对光的争夺有关,顶端的枝叶可更充分地获得光照进行光合作用,合成有机物营养自己,与植物的向光性原理相同。导致顶端优势产生的直接原因,大多数学者认同生长素假说,即:茎尖产生生长素,由顶端往下端运输,使侧芽附近的生长素浓度加大,而侧芽对生长素又比顶端敏感,故侧芽生长被抑制,因此摘去顶芽可促进侧芽萌发。同时生长素能促进细胞的分裂和伸长,促使营养物质向其含量高的部位即生长旺盛的部位集中。顶端生长素含量较多,故产生顶端优势。

在生产实际中,可根据生产目的调控顶端优势。如顶端优势有利于营养生长,木材树可通过刈除侧部分枝,促进顶端优势,使木材高而直立。顶端优势不利于生殖生长,果树、棉花、蔬菜类以生殖器官为收获物的作物,可通过摘心、拉枝、扭梢等措施抑制顶端优势,促进分枝和花果形成。根系生长也存在顶端优势现象,果树、蔬菜等移栽时,切断主根,可促进侧根的生长和数目增多,使根系发达。

(3)营养生长和生殖生长的相关性

“好花需要绿叶配”,花、果实、种子生殖器官的健壮生长是建立在良好的根、茎、叶营养器官生长的基础之上,二者存在着必然的因果关系。根吸收水和矿盐,叶能进行光合作用合成有机物,茎能把根吸收的水和矿盐及叶制造的有机物输送到花、果实、种子,因此,生产上前期应促进营养生长,才能丰产;而果实种子饱满,才能培育出健壮的苗木,促进下一代的营养生长。二者在这些方面是相互促进、相互依赖的关系。

另一方面,在营养物质一定的基础上,营养生长和生殖生长又存在着相互制约的关系。如果营养器官生长过旺,消耗过多的光合产物和水分、矿养,会抑制生殖器官的产生及生长发育,如使果、菜等园艺作物晚果、结果少、花果脱落重,使小麦、水稻等粮食作物穗少、空瘪粒多、贪青晚熟;生殖生长同样抑制营养生长,花果过多消耗营养过量,会抑制根、茎、叶和多年生果树茎上芽的生长发育,使植物生长衰弱,果品、种子等质量下降,果树出现产量一年高、下一年低的大小年现象。

因此,生产上要积极采取相应的栽培技术措施,调整好二者之间的关系,在作物进行健壮营养生长的前提下,适当控制产量,保证作物稳产、优质。如营养生长过旺,可通过拉枝、摘心、扭梢、喷抑制生长的植物生长调节剂,控水和氮肥,施磷、钾肥等方法对营养生长进行控制;若花果过多,可通过疏花、疏果,保证一定的叶、果比。

4)植物生长的独立性

植物的某些部位或离体部分,生长与分化具有其独特的形态和生理特点,称植物生长的独立性。植物的极性和再生作用是植物生长独立性的表现。

(1)极性

极性是指植物或植物的一部分,其形态学两端在形态结构和生理特性方面有差异的现象。形态学的两端指不以位置改变而变化的两端,如一株植物的形态学上端是茎、叶,下端是根系。一段茎扦插时,形态学的上端一定是萌芽、展叶,而下端则是生根,即使把上端插入土壤,下端暴露于地上,形态学上端也会萌出茎、叶从土壤伸出地面,空气中的下端会生出不定根扎入土壤中,而绝不会相反(图10.8)。植物的极性自植物的第一个细胞受精卵就已存在,由它分裂所产生的所有细胞、组织、器官都存在极性问题,极性也是植物组织和器官分化的基础。

极性产生的原因,至今不是很清楚,多数人认为源于细胞、植物部分形态学两端存在的生长素不均匀,上端浓度有利于芽、叶形成,下端浓度有利于根的形成。而且芽端能合成生长素向根端运输,促进根的产生。如绿枝扦插时,顶端留一至二片嫩叶和嫩芽,可促进绿枝基部生根,提高成活率。生产上应注意极性这一现象,如进行扦插时,极性不要颠倒,只有顺插才容易成活,形成合格的苗木。特别是嫁接时,应把茎、芽的形态学下端插接在砧木上,否则不成活。

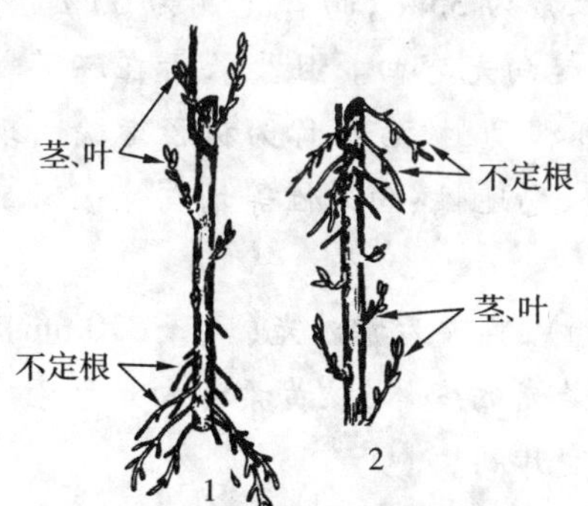

图7.10 枝条的极性

1.正扦插;2.倒扦插

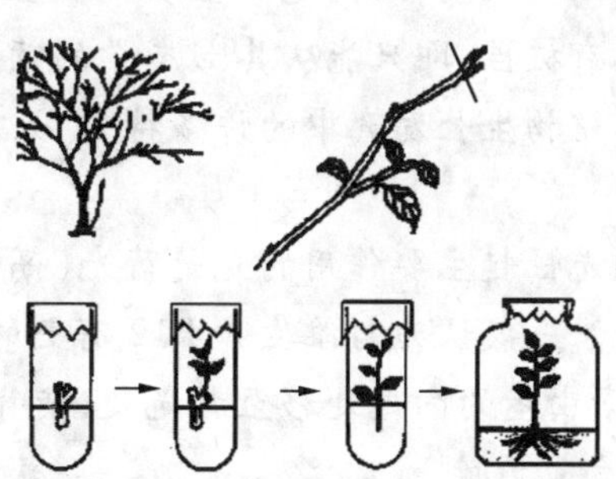

图7.11 茎段培养成苗示意图

(2)再生作用

再生作用是指与植株分离的部分(又称外植体),具有恢复其余部分、重新长成一个完整植株的能力。再生作用的理论基础是细胞的全能性,即一个完整的植物细胞拥有形成一个完整植株所必需的全部遗传信息,在适当条件下,具有发育成完整植株的潜在能力。无论离体部分是器官、组织,还是小到只有一个细胞,只要条件适合,都有长成完整植株的能力(图7.11)。

生产实际中,植物的再生作用广泛应用于植物的无性繁殖中,如植物的扦插、压条、嫁接、组织培养育苗等。

知识链接)))

植物的运动

高等植物在有限的空间内产生的位置移动,叫做植物的运动。植物运动根据其对刺激源的反应不同,分为向性运动和感性运动两大类。

1)向性运动

向性运动是指外界因素对植物器官单方向刺激所引起的定向生长运动,是不可逆的。依外界刺激因素不同,分为向光性、向重力性、向化性、向水性等。向性运动一般都是由于器官不均衡的生长引起。

(1)向光性

植物向着光源方向弯曲生长的现象称植物的向光性,是植物对单方向光刺激的一种反应。根据植物向光弯曲的部位不同,可将向光性运动分为正向光性、负向光性和横向光性,如茎向光性为正向光性,而根背向光生长的现象为负向光性,叶片,特别是双子植物叶片基本处于与光垂直的横向位置,称横向光性。

植物茎、叶的向光性有利于吸收更多的光能,特别是在光照不足的情况下,表现尤为突出,这是植物适应环境的表现。有些植物向光性比较明显,如向日葵。研究表明,植物向光性与茎中生长素的不均匀分布有关。1932年,温特(F. W. Went)用燕麦胚芽鞘切段进行有关生长素运输的经典实验中发现,切段向光侧生长素为35%,而背光侧为65%,背光侧生长素含量高生长快,而向光侧生长素少生长慢,引起向光弯曲。且生长素在胚芽鞘节段内的传导具有极性,即只能从其形态学的顶端向基部移动,被后人称为极性运输。现在人们已认识到植物生长发育中的许多特点,如顶端优势、向地性、向光性等均与生长素的极性运输有关。

对向光性起主要作用的光是蓝光(高峰445 nm),其次为紫外光(高峰370 nm),而红光为无效光。一般认为与维生素B12有关的核黄素是光的受体,核黄素称向光色素。在受光后,生长素由茎的向光处移至背光处,使背光处浓度升高。

(2)向重力性

种子萌发时,胚根总是向下生长,称正向重力性(又称向地性);茎总是向上生长,称负向重力性;芦苇等植物的地下茎呈水平方向生长,称横向重力性。试验表明,向重力性运动只发生在正在生长的植物器官,如生长期的植物发生倒伏后,茎会向上生长再直立起来;水平放置的幼苗,一定时间之后,根会向下弯曲,这些都是向重力性生长的表现。研究表明,在无重力的条件下,向重力性会消失(图7.12)。

产生向重力性的原因有多种说法，通常认为是由于生长素分布不均匀引起，如平放的幼苗，由于重力作用，生长素在根、茎下侧，由于根对生长素比茎敏感，故抑制根下侧生长而促进茎下侧生长，所以根向下生长，茎向上生长。还有人人认为，在植物细胞内存在着一种感受重力反应的受体，研究发现，这种受体是一些特殊的淀粉体，称为平衡石。据观测，在根冠、胚芽鞘尖和茎的内皮层细胞中均存在作为平衡石的淀粉体，依靠平衡石的沉淀过程感受到重力作用，触发以后的生长运动，使植物生长产生向重力性。

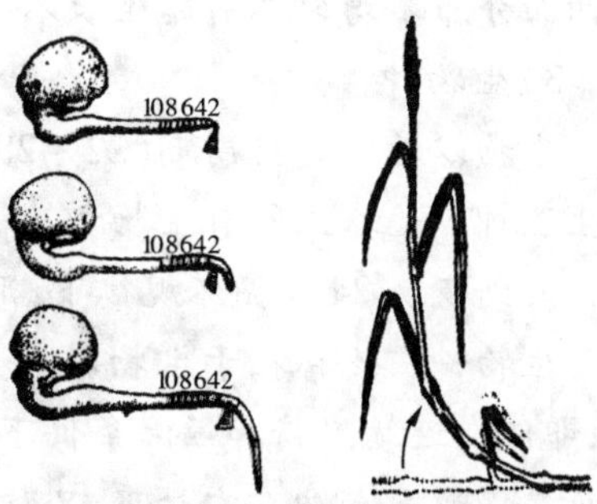

图7.12 蚕豆根的向重力性(左)小麦茎的负向重力性(右)

(3)向水性与向肥性

植物的向水性是指土壤水分分布不均匀时，根总是向着湿润地方生长的特性。苗期土壤适当干旱，可使根系向潮湿的土壤深层生长，促进根系的生长。

植物的向肥性又称向化性，是指当土壤中所施肥料分布不均匀时，根总是向着肥料存在方向生长的特性。生产上应适当深施、分散施肥料，诱使根向深处、四周均匀生长，使根系发达。香蕉种植时，常采用以肥引芽方法，将肥料施在空旷地方，引诱在此处萌发新芽，使植株分布均匀。

2)感性运动

植物的感性运动是指由没有一定方向性的外界刺激所引起的运动。主要是膨压运动，是可逆的；有的是生长运动，是不可逆的，运动方向与刺激方向无关。包括感夜性、感震性、感温性等。

(1)感夜性运动

感夜性运动是指由于昼夜交替而引起的植物运动。如大豆、花生、合欢等植物的叶片昼展夜合，其直接原因是由于叶柄基部的叶褥细胞吸水与失水引起的膨压改变导致的，叶褥是叶柄基部膨大的部分，感夜性运动是可逆性运动，是这些植物生长正常的标志。多数植物的花白天开放，阴天或夜晚关闭，有利于昆虫传粉和保护花内部生殖器官；而花生、烟草、甘薯、月见草、夜来香、仙人掌等植物的花却是晚上开放，以适应于夜间活动的昆虫传粉，并保护这些花不受白昼干热气候的损伤。

(2)感震性运动

植物感震性运动是由于机械刺激而引起的与生长无关的植物运动。如含羞草的部分小叶受到震动或机械刺激时，小叶立刻成对合拢，若刺激加强，感震性会传至其他部位甚至全株，使全部小叶合拢，复叶叶柄下垂。含羞草感震性的机理是由于复叶的叶柄基部叶褥细胞的膨压变化引起的，捕虫草在陷阱处有三根敏感的尖端突起表皮毛，昆虫碰到后即会造成陷阱的关闭，同样也是由于叶内细胞膨压的改变所造成。感震性是可逆性运动。

(3)感温性运动

由于温度变化引起器官两侧不均匀生长产生的运动。如番红花、郁金香从冷处移入温暖室内，花苞经数分钟即可开放。一般认为，这类运动是由于温度变化引起IAA在器官上下两面分布不均匀而引起生长不平衡所致，因此，为不可逆运动。

3）生物钟

生物以近似昼夜周期（22～28 h）的节律自由运行的现象，称近昼夜节奏，又称生物钟或生理钟。地球上所有生物都有一种叫“生物钟”的生理机制，是生物体在地球自转长期从白天到夜晚 24 h 循环规律下，形成的一种内在节律性在外部行为上的表现。

生物钟广泛存在于生物界。菜豆叶片在白天呈水平方向伸展，而晚间呈下垂状态运动，即使在连续黑暗和恒温条件下，这种运动仍然存在，这就是典型的近似昼夜节奏。紫茉莉花在傍晚 5 点钟左右开花，又称“煮饭花”，因看到这种花开就要做晚饭了。有许多花在一天里都有较固定的开花时间，被称为“花钟”（表 7.3）。

表 7.3　几种植物的开花时间

植　物	开花时间	植　物	开花时间
蛇床	03:00	万寿菊	15:00
牵牛	04:00	烟草	18:00
野蔷薇	05:00	丝瓜	19:00
龙葵	06:00	夜来香	20:00
芍药	07:00	昙花	21:00

7.2　植物的生殖生长生理

植物营养生长到一定阶段，发育成熟，大多数植物便会进入生殖生长阶段。花芽分化是植物从营养生长转入生殖生长的标志。在此之前的一段时期，即使外界条件适宜，生殖生长也不能进行，这段时间称植物的“幼年期”。植株到达生殖生长的时间或年龄阶段，并不一定就能开花、结果，有时还需要一些特定环境因子的诱导，才能使内部生理活动达到生殖生长的状态。特别是植物在系统发育过程中，与其生长发育关系密切、长时期周而复始有规律的自然环境，如温度和日照，对植物影响深刻，一旦发生变化，植物很难成花。

植物对环境发生反应，达到成花时的生理状态，称花熟状态。在适宜的环境条件下，植物细胞内部所发生的成花所必需的一系列生理变化过程，称花诱导。影响深刻的是低温和光周期对植物成花的诱导。

7.2.1　植物的成花诱导

1）低温诱导成花——植物的春化作用

（1）春化作用的概念与条件

起源于温带和寒带地区的植物，生长环境温度一般分三段：0 ℃以下，0～10 ℃，10 ℃以上。0 ℃以下阶段，处于严寒冬季，植物形态和生理上的变化几乎都处于停滞状态；10 ℃以上阶段，植物从萌芽到器官脱落，处于形态生长和生理活动都比较活跃状态；0 ~ 10 ℃阶段，处于秋末冬初和冬末春初的二段时间内，植物形态上的生长基本停滞，但内部的生理活动却在不断进行，这些生理活动有利于植物的生殖发育。因此，植物在长期的系统发育过程中，形成了生殖生长需满足低温和对这段低温时间的要求。某些植物生长发育到一定时期，需要一段时间的低温诱导，才能正常开花结果，低温在植物体内所引起的生理变化，称春化作用。1928 年，俄罗斯科学家李森科将吸水萌动的冬小麦种子进行低温处理后春播，在当年夏季抽穗开了花，他将这种处理方法称为春化，意指使冬小麦春麦化了。这种依据春化作用的条件，采取人工方法对植物进行低温处理，诱导植物成花的措施，称春化处理。

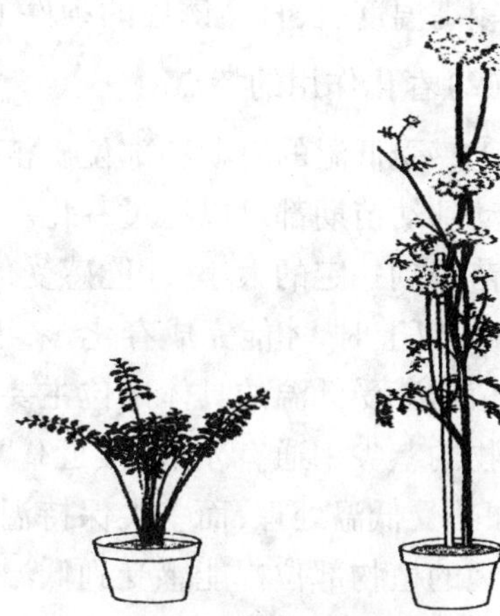

图 7.13 低温诱导胡萝卜开花

A：未经春化的胡萝卜不开花；
B：低温处理 6 周后的胡萝卜开花

春化作用的主要条件是低温，在-3 ~ 10 ℃的低温范围，春化都能产生效应，而最有效的低温为 1 ~ 2 ℃。春化需要的时间从几天到几周不等，低温时间延长，会增加春化效应。不同起源地的植物春化所需要的温度范围和持续时间有所不同，我国北方作物比南方冬性强，要求的春化温度低，所需春化的天数也长。根据春化对低温的要求，可把植物分为冬性、半冬性和春性三种类型，如小麦可分为冬小麦、半冬性小麦和春小麦（表 7.4）。

表 7.4 不同类型小麦通过低温春化需要的温度及天数

类 型	春化温度范围/℃	春化天数/d
冬性	0 ~ 3	40 ~ 45
半冬性	3 ~ 6	10 ~ 15
春性	8 ~ 15	5 ~ 8

需要春化作用的植物一般是一些一年生冬性植物或二到多年生草本植物，它们在越冬前长成一定的营养体，并以这种状态越冬，经过低温的诱导，于第二年春天到夏初开花。如果不经过一定天数的低温，就一直保持营养生长状态不开花或延迟开花，如小麦、油菜、胡萝卜等。温带、寒带多年生木本植物，每年树上的芽或收获的种子也需要一定低温量（需冷量），才能正常萌发、开花，类似于春化现象。

此外，春化阶段还需要糖类、氧气、水分、光照等，例如将春化的种子浸入氮气或不通气的水中，则不能完成春化；对离体胚进行春化，培养基中缺乏糖，不能通过春化；萌动的种子失水干燥春化也不能进行，植物春化时含水量应在40% 以上。可以看出春化作用是一个消耗能量的复杂代谢过程。

春化过程只对开花起诱导作用，低温本身并不能直接导致花原基的出现，许多植物还要在较高温度、长日照诱导的条件下才能进入花芽分化阶段。

(2)春化作用的特点

①感受低温的时期和部位　植物不同,感受低温的时期不完全相同。冬小麦从种子吸胀萌动到幼苗期都可以通过春化。有些植物在种子吸胀萌动及幼苗较小时不能通过,只有当幼苗长到一定的大小,才能感受低温诱导。如甘蓝幼苗只有长到主茎直径达 0.6 cm,叶宽 5 cm 以上时,才能完成春化,来年开花结实。

植物感受低温的具体部位主要是茎尖的生长点,如将栽植于温室中的芹菜、甜菜、菊花等植物的茎尖用通有冰水(接近 0 ℃)的管子缠绕处理,而叶保持温暖,能产生春化效果;反之,如叶受低温处理,而茎尖保持温暖,则不能发生春化作用。许多实验表明,凡是存在细胞分裂的植物部位都能感受到低温的春化诱导。

②春化效应的传递　春化完成后在植物体内形成一种成花刺激物质,称春化素。春化素目前还没有从植物体中分离出来,但嫁接试验证明春化素的存在。植物不同,春化素在植物体内传递方式不同,情况比较复杂。有些是通过细胞分裂来传递,如冬小麦、菊花等;有些则可通过嫁接传导出去,如天仙子、矮牵牛、烟草等。冬小麦主要是通过细胞分裂来传递春化素,农谚有"霜打麦子不用愁,一棵麦子九个头"之说,指冬小麦即使适时播种,由于霜冻或寒流会冻死一部分早期完成春化的分蘖,但转到明年春季,存活并已完成春化作用的小麦分蘖会通过细胞分裂产生一批新的分蘖,这些分蘖不需经低温便可成花。

③脱春化作用和再春化作用　春化进行一段时间后,如将植物放到 25 ~ 40 ℃高温环境中,低温处理的效果会逐步解除。这种现象称脱春化作用或去春化作用。春化时间进行得愈久,脱春化愈难,到后期便不能脱春化。如冬小麦在进行 35 d 的低温诱导后,接着用 35 ℃高温处理 5 d,冬小麦进行脱春化作用,便不能开花;而春化 56 d 之后再高温处理便不能脱春化,冬小麦仍开花结实。

解除春化不久的冬性作物,再进行低温处理又可继续春化,以前的春化效果仍然存在,这种现象称再春化作用。上述现象的发生说明春化作用至少有两个阶段:第Ⅰ阶段前体物在低温下转变成不稳定的中间产物;第Ⅱ阶段不稳定的中间产物再在低温下转变成能诱导开花的最终产物。这种不稳定中间产物如遇高温会被隐藏,则春化效果会被解除,即:

$$\text{前体物}\xrightarrow[\text{I}]{\text{低温}}\text{中间产物}\xrightarrow[\text{II}]{\text{低温}}\text{最终产物(完成春化)}$$

$$\text{中间产物}\xrightarrow{\text{高温}}\text{中间产物分解(解除春化)}$$

(3)植物春化过程中的生理变化

春化过程中,植株在外部形态上并没有明显变化,但其内部生理上却发生一系列深刻变化,包括呼吸代谢、核酸代谢、蛋白质代谢和有关基因的表达等。从对冬小麦的研究中发现,春化作用初期,HMP 呼吸途经上升,产生核糖和 NADPH,促进了核酸的形成;通过低温诱导产生了与没经过低温诱导不同的 mRNA,合成了新的蛋白质。春化作用完成后,质膜透性增强,呼吸作用加强,细胞持水力下降,植物的蒸腾作用增强,水分代谢加快,根系吸收阳离子的能力增强，叶绿素含量增多，光合作用增强。但春化作用后，植株的抗逆性明显下降，冬小麦若播种过早，春化完成时季节还在隆冬，分蘖冻死过多造成减产，因此生产上应注意适时播种。

2）光诱导成花——植物的光周期现象

（1）植物成花的光周期现象

人们知道植物开花具有季节性，在生产实践中，也早已发现南北不同起源的植物，互相移植后，出现难以开花的现象。直到1920年，光周期现象才由美国园艺学家W. W. Garner和H. A. Allard发现。他们在美国观察到烟草的一个变种，在华盛顿夏季生长时，株高3～5 m不开花，但冬季在温室栽培，株高不足1 m可开花。他们采用了相同的温度、光质、营养等各种条件进行试验，最终确认是日照长度影响了烟草的开花，从而发现了光周期现象。光周期现象的发现，使人们认识到光不但作为能量参入植物的光合作用，还作为一种环境信号，影响植物的形态建成。

把一天24 h中昼（light）与夜（dark）的相对长度，称光周期。一年中，由于地球围绕太阳的公转，光周期不断发生变化（图7.14）。一年里太阳光直射点在地球南回归线与北回归线之间移动一个来回，在春分和秋分时，太阳直射赤道，昼与夜相对长度相等，都为12 h（光周期：12 L/12 D）；当太阳直射北回归线时，北半球昼最长、夜最短，这一日称“夏至”。我国《恪遵宪度抄本》书中说：“日北至，日长之至，日影短至，故曰夏至。至者，极也。”夏至这一天，纬度不同的地区，昼长不一样，如我国海口市这天的日长约13 h，杭州市为14 h，北京约15 h，而黑龙江的漠河则可达17 h以上。夏至以后阳光直射地面的位置逐渐南移，北半球的白昼日渐缩短。冬至，北半球夜最长，昼最短，故有农谚“长不过夏至，短不过冬至”之说。

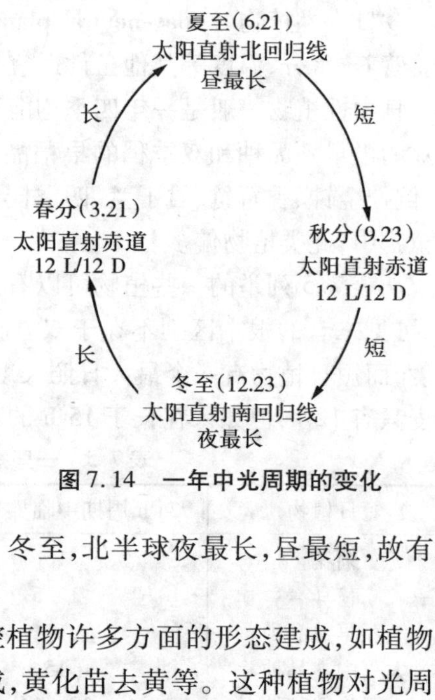

图7.14　一年中光周期的变化

光周期引起植物内部所发生的生理变化，可调控植物许多方面的形态建成，如植物成花，种子萌发，芽的休眠，树木落叶，鳞茎、块根的形成，黄化苗去黄等。这种植物对光周期发生反应的现象，称光周期现象。特别是许多植物成花，要求花前一段时间每天有一定的光照或黑暗的长短才能开花，如果达不到所需要的光周期，很难进行花芽分化，这种植物必须感受一定天数适宜的光周期才能正常成花的现象，称植物成花的光周期现象，是目前研究较深入的一种光周期现象。

（2）植物成花对光周期反应的类型

植物不同对光周期的反应不同。植物成花对光周期反应的类型，主要有三种：长日植物、短日植物、日中性植物。

①长日植物（long-day plant，LDP）这类植物要求开花之前的一段时间，每天日照时间要

大于一定的数值,才能正常开花。这个一定数值,是使长日植物开花的最小日照长度,称长日植物的临界日长。植物不同,临界日长不同,且每天日照时间愈长,开花愈早。

一般春天和夏初日照逐渐变长时开花的植物多为长日植物,如冬小麦、油菜、菠菜、芹菜、胡萝卜、白菜、甘蓝、山茶、杜鹃、桂花、天仙子、莴苣等。起源于高纬度地区的温带、寒带植物多为此类植物。

长日植物临界日长一般是 9 ~ 14 h,如短于这一时间,植物便不能开花或延迟开花。

②短日植物(short-day plant,SDP)和长日植物相反,这类植物要求开花之前的一段时间,每天日照时间要小于一定的数值,才能正常开花。这个数值,是使短日植物开花的最大日照长度,称短日植物的临界日长。在满足了不少于 6 h 光合作用时间的基础上,每天日照时间愈短,开花愈早。

一般秋天日照逐渐变短时开花的植物多为短日植物,如水稻、玉米、高粱、大豆、烟草、甘蔗、棉花、麻类、甘薯、菊花等。起源于低纬度地区的热带、亚热带植物多为此类。

短日植物临界日长一般为 12 ~ 17 h,如长于这一时间,植物不能开花或延迟开花。

③日中性植物 (day-neutral plant,DNP)这类植物成花对日照长短要求不严格,一般只要营养、水分、温度等其他条件适宜,在任何光照长度下均能成花。

日中性植物一般是一年四季均能开花的植物,如黄瓜、茄子、番茄、辣椒、菜豆、花生等,大豆的极早熟品种和双季稻的早稻品种等作物对光照时间要求也不严格。此外,茉莉、月季、倒挂金钟、香石竹、君子兰、四季桂、四季石榴等观赏植物也属此类。起源于中纬度地区的植物中,此类植物偏多。

从表 7.5 列举的一些植物可以看出,有些短日植物的临界日长比长日植物临界日长还长,可见二者的根本区别不在于双方临界日长的大小,而在于长日植物有一个最小的日照长度,而短日植物有一个最大日照长度。如短日植物烟草临界日长是 14 h,而长日植物冬小麦只有 12 h,但如果在长于 15 h 的日照下,冬小麦开花,而烟草却不能开花。

表 7.5　一些短日植物和长日植物的临界日长

短日植物	24 h 周期中临界日长/h	长日植物	24 h 周期中临界日长/h
菊花	16	天仙子(28.5 ℃)	11.5
苍耳	15.5	天仙子(15.5 ℃)	8.5
大豆早熟品种	17	白芥	约 14
大豆中熟品种	15	菠菜	13
大豆晚熟品种	13 ~ 14	冬小麦	12
美洲烟草	14	甜菜(一年生)	13 ~ 14
晚稻	12	拟南芥	13

知识链接)))

(一)植物对光周期反应类型的多样性

除了以上三种典型的光周期反应类型植物外,还有一些其他植物成花的光周期反应类型。如大叶落地生根、芦荟、夜香树等植物，需先经过长日照后再经短日照才能开花，称长-短日植物(long-shortday plant)；像风铃草、鸭茅、瓦松、白三叶草等植物，需先经过短日照后再经长日照才能开花，称短-长日植物(short-longday plant)；只在某一特定日长度条件下才能开花，不是此日长度均不开花的植物，称中日照植物(intermediate-daylength plant)，如甘蔗的成花最适日长度是12.5 h。还有一类植物在中等日照条件下保持营养生长状态，而在较长或较短日照下均能开花，如狗尾草等，称两极光周期植物(amphophotoperiodism plant)。

(二)环境因素对植物光周期反应的影响

在光周期反应中，光照是主导因素，但其他外界条件也有一定的作用，如温度不仅影响光周期通过的迟早，而且可以改变植物对日照的要求。对长日植物来说，降低温度可以使之在较短的日照下开花。相反，对短日植物来说，温度降低可以使其在较长的日照下开花。如在较低的夜温下，豌豆、黑麦、苜蓿失去对日照长度的敏感性而表现出日中性植物的特征。甜菜通常只在长日照下开花，而在10～18 ℃的较低温度下，8 h的日照也能开花。烟草的短日品种在18 ℃夜温下需要短日照才能开花，而当夜温降到13 ℃时，在长日照下(16～18 h)也能开花。

(3)光周期诱导

①光周期诱导概念　植物并不是在整个营养生长期都需处在适宜的光周期下才能开花，而是只需在开花前有一段时间满足即可，一般为一天至二十几天范围。这种只要在植物营养生长期满足少量天数的适宜光周期就能使植物体内发生成花效应的生理变化，称光周期诱导。其他时间即使光周期不适合，仍可开花。植物对适宜光周期的诱导比较敏感，有些植物甚至只需一天(表7.6)。

表7.6　几种植物成花诱导所需适宜光周期天数

短日植物	光周期诱导天数/d	长日植物	光周期诱导天数/d
晚稻	1	甜菜	15～20
裂叶牵牛	1	天仙子	2～3
大麻	4	拟南芥	4
苍耳	1	油菜	1
大豆	2～3	菠菜	1
菊花	12		

②感受光周期诱导部位和开花刺激物的传导　早在1936年，苏联学者柴拉轩(Chailakhyan)在前人研究的基础上，做了一个经典的菊花试验，证明了感受光周期的主导部位是植物的叶片。他将供试菊花植株上部叶去掉一部分，然后分4组处理(图7.15)，结果表明光周期感受部位是叶片，而不是茎尖生长点，但却在生长点产生反应，进行花芽分化，最终开花结果。

不同生育期的叶片感受光周期诱导的效果不同。壮叶感受光诱导的能力最强，幼叶和老叶感受力较弱。植物开始感受光周期的时期也不同，如苍耳在开始的4—5叶完全展开

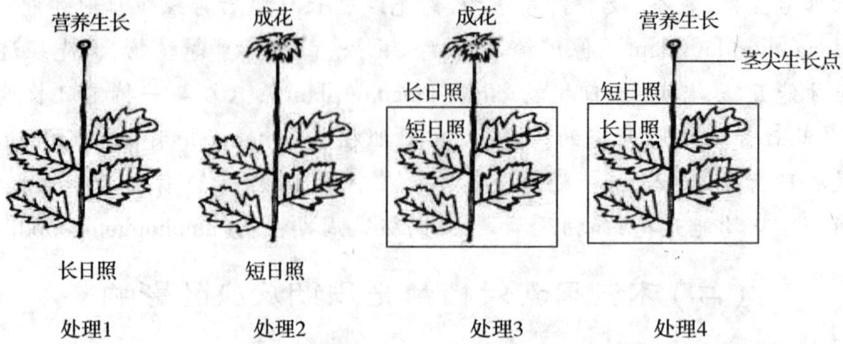

图 7.15　不同光周期处理对短日植物成花反应的影响

处理1、处理2：证明菊花是短日照植物；处理3：证明叶片能感受短日照；

处理4：证明茎尖生长点不能感受短日照

期，红麻在6—7叶期，水稻在5—7叶期，冬性作物经春化后才能接受光周期诱导。植物启动光周期诱导所需的光强是极微弱的，只需50～100 lx，太阳处于地平线下6°时清晨与傍晚的光强便可达到，此时也是植物每天光周期诱导开始与停止时间。

接受光周期诱导的叶和起反应的茎生长点之间隔着一段茎，因此存在一个诱导刺激传导问题。柴拉轩(Chailakhyan)随后用嫁接试验将5株苍耳串联嫁接在一起(图7.16)，只将其中一株苍耳的一片叶子置于合适的光周期中进行诱导，即使其他植株都处于长日照条件下，也都开了花。这证明确有一种开花刺激物从感受光周期的叶片中传递到嫁接后的各植株间诱导植物成花。利用环割或蒸汽处理叶柄或茎，破坏韧皮部运输，可抑制开花，表明开花刺激物的传导途径是韧皮部。柴拉轩把开花刺激物命名为成花素。关于成花素成分虽然至今探索不止，有许多假说，多认为与赤霉素、成花素及糖氮比等有关，但仍没有实验完善证实，对成花素成分仍未得知。

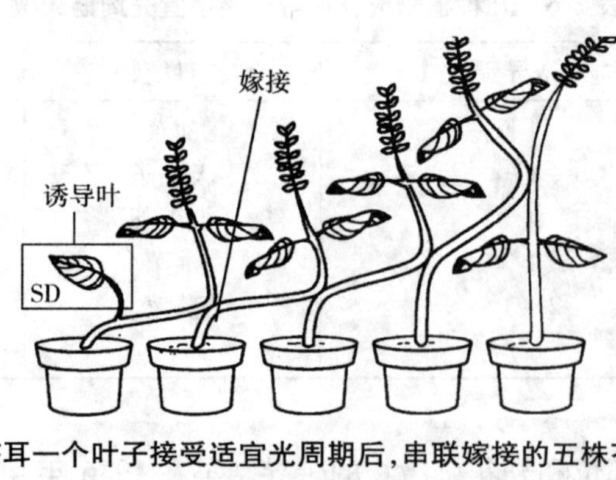

图 7.16　苍耳一个叶子接受适宜光周期后，串联嫁接的五株苍耳都开了花

③光周期诱导中暗期的重要作用　光周期诱导中，暗期与光期是否都要满足才能诱导成花？这个问题可利用间断光期和暗期的试验得到证明(图7.17)。试验证明并不需要二者都满足，只要暗期满足即可，即在光周期诱导中，暗期的作用更为重要。试验中，缩短光期或用短时间的黑暗打断光期，并不影响光周期诱导的结果。但是，如果缩短、延长或用闪光中断暗期，会导致短日植物由开花状态转变为不开花的营养状态，相反却使处于营养状态的长日植物转变为开花状态。因此，把长日植物称为短夜植物，把短日植物称作长夜植

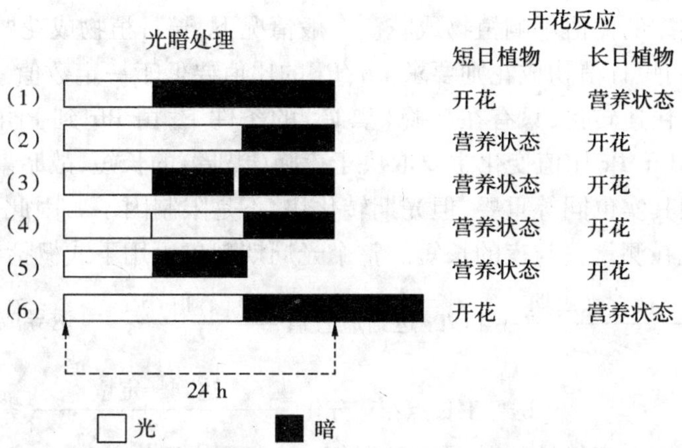

图 7.17 暗期的重要作用（Taiz & Zeiger，1998）

（1）短日植物临界日长；（2）长日植物临界日长；（3）与（1）对比：打断暗期；（4）与（2）对比：打断光期；（5）与（1）对比：缩短暗期。与（2）相比：缩短光期；（6）与（2）对比：延长夜长

物更准确。临界夜长也显得尤为关键，即长日植物有一个最大的临界夜长，而短日植物有一个最小的临界夜长，只要满足它们的临界夜长，即便光期不满足，也能诱导植物成花。

应该注意的是，光期缩短能诱导短日植物开花，但过短，会影响光合产物的量。试验证明，短日植物在日照短于 2 h 的条件下，也不开花。一般要求日照时间不小于 6 h。光照时数少，即使有花数量也少、质量差。因此，暗期决定质变，即花原基的有无；光期决定量变，即花原基的数量、大小。

（4）光敏色素与植物成花

太阳光是由 7 种波长不等的光组成，是所有光都参与成花诱导还是只有某一种或某几种单色光参与？用不同波长的单色光来间断暗期时，发现无论是抑制短日植物开花，还是诱导长日植物开花，最有效的是波长为 660 nm 的红光。但如用红光照射后，又用 730 nm 的远红光照射，则红光的效应会消失，再用红光照射，效用又会恢复。反复照射的结果表明，植物能否成花决定于最后一次是照射红光还是远红光。对短日植物来说，红光抑制开花，而远红光促进开花；对长日植物而言，则相反，红光促进开花，而远红光抑制开花。

根据光化学原理，光需经物质吸收后才能引起某种反应，对植物产生生理效应。1959 年，W. L. 巴特勒等从黄化玉米幼苗体内提取出能对红光和远红光进行可逆吸收的这种物质，因其对光敏感，巴特勒命名其为光敏素。1964 年，H. W. 西格尔曼和 E. M. 费热从燕麦幼苗获得了纯光敏素。光敏素是一种易溶于水的色素蛋白，由一条长链多肽与一个线状四吡咯环的生色团组成。光敏素以两种可以相互转化的形式存在，一种为红光吸收型（Pr），吸收峰为 660 nm 红光区域，呈蓝色，为较稳定的形式；另一种为远红光吸收型（Pfr），吸收峰为 730 nm 的远红光区域，为黄绿色，是生理活化形式。两种形式之间可相互转化，即：

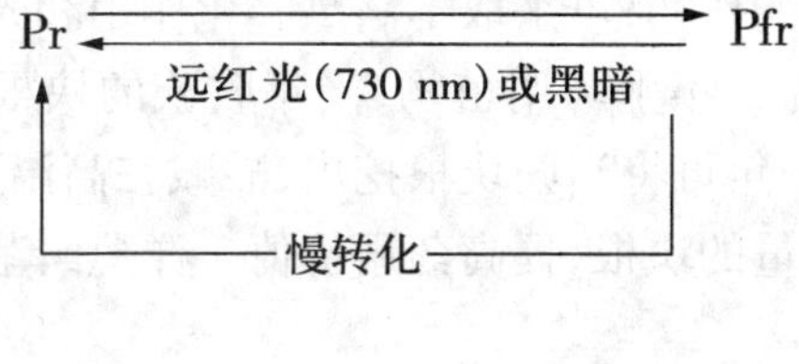

光敏素两种类型的比值影响植物成花。一般情况下，长日植物成花要求 Pfr/Pr 的比值要大于一定数值，而短日植物成花则要求 Pfr/Pr 的比值要低于一定数值。红光、白天、远红光都能实现二者的快速转化，只有在夜晚（黑暗）的条件下，由 Pfr 到 Pr 的二者转变较慢。所以，自然条件下，Pfr/Pr 比值变化主要取决于夜晚（黑暗）的长短，故暗期在光周期诱导中起决定作用。光期其实也同等重要，但光期转化快，不是限制因子。因此，实质是光敏素通过两种类型的转化在测量昼与夜的长短。整个光周期现象可用下式概括说明：

叶中光敏素 —适宜光周期→ Pfr/Pr 达到适宜值 —在叶中→ 诱导成花素形成 —韧皮部→ 茎尖生长点 —达到一定量→ 诱导生长点花芽分化

光敏素广泛分布在高等植物各器官和组织中，主要位于生物膜的表面，除诱导植物的成花反应外，还控制许多生理过程，如需光和厌光种子的萌发与芽的休眠，块根、块茎、鳞茎的形成，花性别的分化等，几乎涉及植物发育的每一方面。植物成花诱导原因，目前还有许多方面是未知数。据近年以拟南芥为材料研究植物成花机制发现，成花诱导存在多条途径，春化作用和光周期诱导途径只是其中之二，此外还有能量诱导（自主）途径、GA 诱导途径。

3）春化作用和光周期诱导在农业生产中的应用

（1）指导引种

从温度方面看，我国南北纬度跨度大，海拔高度差别大，温度会有明显差异，引种时要特别注意。南种北引时，要防止提早完成春化，冬季遭受冻害；北种南引时，要考虑引种地能否满足作物春化对低温的要求。有些地方对一些品种不能引种，如冬小麦若引到我国广东一带，便不能满足对其对低温的要求很难抽穗结实。

从光周期方面看，同纬度地区的日照长度、温度相同或相近，相互引种容易成功。将短日植物从北方引种到南方，会提前开花，应选择晚熟品种；而南种北引，则应选择早熟品种。将长日植物从北方引种到南方，会延迟开花，宜选择早熟品种；而从南方引种到北方时，应选择晚熟品种。具体引种时，还应先进行小面积试引种栽培观察。

（2）指导育种

通过调节温度和光周期可控制作物的花期和生长发育，解决育种时花期不遇问题，加快育种繁育速度。如冬小麦可用人工控制完成春化和光周期作用，缩短育种年限；通过人工调控光周期可提前或延迟作物开花，使品种间花期一致有利于授粉；植物育种时，可利用我国不同地区光周期特点南北加代繁殖。如水稻和玉米可在海南一年育 3 代。长日植物小麦夏季在黑龙江、冬季在云南种植，都可满足作物发育对光温的要求，加速育种进程。

（3）促进作物的营养生长

对以营养器官为收获物的作物，可采取不满足春化作用和光周期的方法抑制其生殖生长，促进营养生长。如当归为二年生药用植物，当年收获的块根质量很差，不宜入药，往往需要第二年栽培。为此，第一年可将当归块根挖出，贮藏在高温下防止其通过春化，可减少第二年的抽苔率获得较高质量的块根，提高药用价值。洋葱鳞茎高温贮藏不能完成春化作用,栽种后不开花或延迟开花,可促进鳞茎的形成。甘蓝幼苗茎粗在 0.5 cm、叶宽在 5 cm 以下时不能感受低温,不能通过春化作用,便生长成结球甘蓝,而当幼苗大于以上标准时,容易通过春化作用,易抽苔开花、不结球。因此,生产上为生产结球甘蓝,可在温室内培育小苗越冬,或当苗茎粗达 0.5 cm 以上时,尽量保持温度在 15 ℃以上,避免通过春化阶段,出现未熟抽苔现象。烟草为短日植物,南种北引,并提前至春季播种,利用夏季的长日照,可抑制开花,促进烟叶营养生长。同样,"南麻北植""甘蔗午夜闪光"都是短日照植物通过延长日照和打断暗期,抑制其成花,提高纤维产量和蔗糖产量的重要措施。打断暗期,在午夜效果最好,接近傍晚或黎明效果差。

(4)确定和调整播种期

以生殖器官为收获物需要春化和光周期诱导才能开花结果的作物,播种时除考虑萌发温度适宜外,还应考虑是否能圆满地完成春化和光周期诱导。如冬小麦在 4—10 月份大田播种均能萌发,但 4—8 月份播种不能完成春化作用或光周期诱导。9 月份播种,萌发后幼苗进入适宜低温后能完成春化作用,但春化完成得早,抗逆性低,易冻死。因此,综合三方面,以 10 月上旬播种为最适宜,当年入冬前形成幼苗营养体,经秋末冬初和第二年冬末春初的适宜低温完成春化作用,4、5 月份紧接而来的渐长的日照长度满足其成花所需的光周期诱导,小麦便顺利由拔节进入穗分化阶段。短日照植物播种同样要考虑这些问题。

通过春化处理,可调整植物的播种期。如春小麦如能在播前进行春化处理,可提早成熟 5 ~ 10 天,避开干热风的不利影响;冬小麦已萌动的种子,过去可装在罐里埋在雪地里越冬春化,现在可放在冰箱 0 ~ 3 ℃条件下春化,第二年春播,照样抽穗结实,这对于冬前没空出地来播种或冬季严寒地区更有意义。

(5)控制花期

采用人工控制春化作用和光周期的办法,可控制植物花期。如用低温预先处理,可使秋播的一、二年生草本花卉改为春播,当年开花;长日照花卉唐菖蒲的块茎可人工调温使其完成春化后,再人工补充照光,完成光周期诱导,使其提早在春节前后开花,也可在其他时候开花。此方法广泛应用于鲜切花生长领域。菊花是短日植物,在自然条件下秋季开花,为使其提早开花,可进行遮光处理,使其在 6—7 月开花,也可进行午夜闪光,延迟在春节开花,或其他时间开花。

4)植物激素与成花诱导

植物激素参与调节植物生长发育的每一个过程,对植物成花诱导也不例外。

激素与植物开花诱导的关系比较复杂。GA 影响成花的效应最大,研究表明,用低温处理许多莲座状植物(如小麦、燕麦、菊花和油菜)时,体内 GA 含量增加,并且用外源赤霉素处理未春化的莲座状植物时,也同样能促使其开花。此外,赤霉素能代替部分植物(如甘蓝、萝卜、天仙子、胡萝卜等长日植物)所要求的低温和长日照,诱导抽苔开花。由此可见,GA 与春化和光周期现象密切相关。现已明确,GA 通过信号转导,诱导与开花有关的基因的表达,从而促进开花过程。但是,此作用只适合长日植物,诱导其花芽分化,而对多数短日植物无效。另外,赤霉素的作用与春化作用完全不同,赤霉素处理莲座状植物时,茎先伸长形成营养枝，随后产生花芽；而春化的植物，花芽的形成与茎的伸长几乎同时出现或花芽先于茎伸长而出现。因此，认为有可能是低温下产生的春化素在长日条件下转化为赤霉素，进而诱导开花。IAA 可抑制短日植物成花，促进一些长日植物成花。乙烯能有效地诱导菠萝的成花。细胞分裂素能促进短日植物的成花，如藜属、紫罗兰属、牵牛属和浮萍等，甚至还能促进长日植物拟南芥的成花。ABA 可代替短日照，促使一些短日植物在长日照条件下开花，如将 ABA 溶液喷于牵牛、草莓和藜属的植物叶片上，可使它们在长日照下开花。

因此，植物的成花过程可能不是受某一种激素的单一调控，而是受几种激素以一定的比例在空间和时间上的多元调控，在不同的阶段，有不同的激素起主导作用。

7.2.2 植物的花芽分化与性别分化生理

植物营养生长到一定阶段，经过适宜条件的成花诱导之后，便具备产生成花反应的条件，可进入到成花过程，但花的诱导和花器官形成是不同阶段的两个过程。植物芽的生长点经过生理和组织状态的变化，停止叶芽原基各部分的分化而转化为花原基各部分分化的过程，称植物的花芽分化。其中，芽生长点内进行的由营养生长状态向生殖生长状态转化的一系列生理过程，称花芽的生理分化；从花原基出现到花萼、花冠、雄蕊、雌蕊、性细胞的依次分化形成过程，称花芽的形态分化。

1）花芽分化生理及形态变化

（1）生理变化

花芽分化时，生长锥分生组织细胞呼吸升高，代谢水平增高，有机物发生剧烈转化，可溶性糖含量增加，蛋白质、核酸合成速率加快。所有这些均是为花芽分化作物质和能量的准备。若用 RNA 合成抑制剂 5-氟尿嘧啶或蛋白质合成抑制剂环己酰亚胺处理植物的芽，均能抑制生长锥分化为花芽。

（2）形态变化

花器官形成的明显标志是茎端分生组织在形态上发生变化，从芽原基（营养生长锥）转变成花原基（生殖生长锥），花器官的分化即从生殖生长锥开始。

苹果、棉花等双子叶植物的花器官分化是从生长锥的伸长开始的，而胡萝卜等的花器分化，生长锥不是伸长而是呈扁平头状。但无论哪种情况，花器开始分化时，生长锥的表面积都变得宽大饱满，然后自基部周围形成若干轮突起并向上部扩展，依次形成花萼、花冠、雄蕊、雌蕊原基（图 7.18）。如果是花序，则由花原基先分化形成若干花蕾原基，再由每个花蕾原基依次形成花芽中的花萼、花冠、雄蕊、雌蕊原基。而雄蕊、雌蕊中精、卵性细胞的形成，多是在植物开花之前不久的一段时间内经减数分裂形成。

（3）影响花芽分化的条件

①营养状况　从矿质营养的作用看，氮素能与光合产物转化为蛋白质，有利于营养生长，故适当控氮，可抑制营养生长，促进花芽分化；施用磷、钾肥，能促进糖的合成和运输，有利于花芽分化，生产上要注意 N、P、K 的合理应用。碳水化合物能促进细胞的发育，从而促

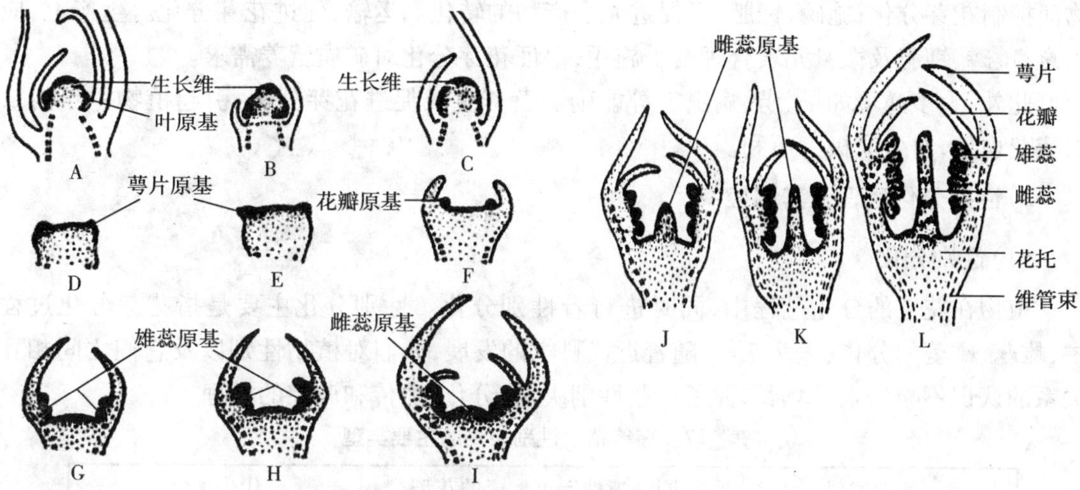

图 7.18　植物单花芽形态分化过程

进花芽分化。美国的 Kraus 在 20 世纪初(1918 年)曾提出开花的碳氮比(C/N)理论。他认为当糖类多于含氮化合物时,植株成花;而成相反的比例时不能成花。许多现象验证了 C/N 比理论的正确性,如利用环剥、环割、弯枝等措施能使处理部位以上的枝条内充满糖类。C/N 大,促进这些部位花芽分化,提高坐果率;而当过多地施用氮肥时,C/N 比减小,枝条会徒长,很难形成花芽。

②内源激素　植物体内 GA、IAA 含量高,抑制花芽分化;若植物体内 GA、IAA 含量低,CTK、ABA 和乙烯水平较高时,植物营养器官一般处于缓慢的生长状态,有利于花芽分化,如大多数果树花芽分化在新梢缓慢生长期进行。在夏季对植物新梢进行摘心,则 GA 和 IAA 减少,CTK 含量增加,调节了内源激素之间的比例关系,促进花芽分化。生产上还可通过外施植物生长延缓剂,如 B_9、CCC、TIBA、PP_{333}、乙烯利、多胺等,达到抑制营养生长,促进花芽分化的目的。

③环境条件　影响花芽分化的外界条件主要有光照、温度、水分和矿质营养等。

充足光照对植物花芽分化很重要,因为花芽分化需要充足的光合产物。农业生产中要注意合理密植,使叶片得到充分的光照,果树生产要注意及时进行修剪,使树冠内膛光源充足,不要出现内膛郁闭、行株间交接现象,保障足够的光照面积,获得高产优质。

温度低花芽分化和开花都会受到抑制,低温抑制生殖器官的形成和发育,主要是因为低温影响植物的光合作用,抑制植物体内一系列物质与能量的合成与转化。花芽分化一般随温度升高而加快,如水稻的减数分裂期,如遇 17 ℃以下的低温,花粉母细胞发育受影响,不能正常分裂,绒毡层细胞肥大,不能向花粉粒供应充足的养分,形成不育花粉。苹果的花芽分化最适温度为 22 ~ 30 ℃,若平均气温低于 10 ℃,花芽分化则处于停滞状态。

花芽分化期是作物需水临界期,必须满足植物对水分的需求,否则影响生殖器官的形成。稻、麦的孕穗期,在小孢子发育时对缺水最敏感,此时水分不足会影响花粉粒的形成;苹果、梨花芽分化期主要在 6—7 月份,此时缺水花芽分化率低,严重影响第二年的产量。但夏季适度干旱可提高果树的 C/N 比,有利于花芽分化,因此要注意涝时排水。

氮肥有利于营养生长,是生殖生长的基础,但氮肥过多,植物徒长会消耗过多的光合产物而抑制花芽分化;施磷、钾肥,可促进光合产物的转化和运输,促进花芽分化。生产上,应注意氮、磷、钾肥及微量元素合理搭配施用,保证花芽分化对矿质营养需求。

此外,大多逆境如旱、涝、病虫害等能削弱营养生长促进花芽分化,引起植物一年内二次成花现象,对生产极为不利。

2)性别分化生理及其调控

(1)性别分化

植物在花芽的分化过程中,同时进行着性别分化。性别分化主要是指花芽分化过程中,雌蕊、雄蕊的分化(表7.7)。随着近代科学的发展,人们对植物性别以及它们之间相互关系的认识不断深入,逐渐掌握了一些性别决定、分化、遗传和调控的机理。

表7.7 高等植物性别表现的主要类型

性别表现	同一植株上可形成的花型	代表植物
雌雄同株同花型	两性花	小麦、番茄、拟南芥
雌雄同株异花型	雄花和雌花	黄瓜、玉米
雌雄异株型	雄花或雌花	菠菜、杨、柳
雌花两性花同株型	雌花和两性花	金盏菊、灰绿藜
雌花两性花异株型	雌花或两性花	小蓟、蓖麻
雄花两性花异株型厚	雄花和两性花	平基槭、硬毛茄
雄花两性花异株型	雄花或两性花	柿树

(2)外界因素对性别分化的调控

植物的性别分化主要有遗传基因决定。性别基因的表达不仅具有多样性特点,还受环境条件的影响,人为对环境条件进行调控,可以达到控制性别的目的。

①光周期　光周期对花内雌、雄器官的分化影响较大。一般情况下,短日照促使短日照植物多开雌花,而长日照植物多开雄花;长日照促使长日照植物多开雌花,而使短日照植物多开雄花。如果增加光周期诱导次数,往往使雌雄同株和雌雄异株的雌花数量增加,而在光周期诱导不足时,雄花数量增加。例如长日照植物蓖麻,在花芽形成前10 d,每天光照延长至22 h,可大大增加雌花的数量;长日照植物菠菜,在光周期诱导后给予短日照,在其雌株上也能形成雄花;短日照植物玉米在光周期诱导后继续处于短日照下,可在雄花序上形成果穗。此外,光质对植物性别的分化也有影响,如红光对葫芦科植物雄花分化有利,蓝光有利于其雌性花分化。

②营养条件　氮肥有利于雌花形成,钾肥有利于雄花形成。如在无氮的培养液中培养大麻,全部为雄株,增加氮肥量雌株比例便增加;钾肥促进黄瓜多形成雄花而雌花较少。在一些雌雄异株的植物中,C/N低时,将提高雌花分化的百分数。土壤条件对性别分化的影响也比较明显,一般说来,氮肥多、水分充足的土壤促进雌花的分化;氮肥少、土壤干燥则促进雄花分化。此外,磷、硼、钾等元素促进糖的合成和运输,提高瓜类的雌花率。

③植物激素　激素对植株性别表达的影响主要表现在两个方面:一是影响花芽的分

化;二是导致性逆转。某些植物激素和人工合成的生长调节物质对植物性别的分化有明显作用,一般赤霉素主要促进雄花分化,乙烯和生长素类物质促进雌花分化。生产中,烟熏黄瓜植株可以增加雌花比例,因烟雾中含有乙烯和一氧化碳,一氧化碳能抑制吲哚乙酸氧化酶的活性降低生长素分解,生长素和乙烯均能诱导雌花分化。此外,伤害也可以使雄株转变为雌株,如番木瓜雄株伤根或折伤地上部分,新产生的全是雌株;黄瓜茎折断后,长出的新枝条全开雌花,因损伤后可引起植株乙烯产生量增加。

④其他因素　夜温较低、昼夜温差大时对许多植物的雌花发育有利,如夜温较低有利于菠菜、大麻、葫芦等植物的雌花发育;但黄瓜在夜温低时雌花减少;对于番木瓜,在低温下雌花占优势,在中温下雌雄同花的比例增加,而在高温下则以雄花为主。

了解植物性别分化的规律及其调控机理,在生产上具有重要的实践意义。以收获果实、种子为栽培目标的作物,除需少量雄株授粉外,需要大量雌花、雌株,如瓜类、猕猴桃、核桃、核用银杏等;而以木材、纤维为收获对象的,则需要雄株,如麻类、杨柳等,生产上可根据需要,对植物进行性别调控,以提高作物的产量和品质。

7.2.3　植物的授粉受精生理

1)授粉生理

(1)花粉粒及柱头生理特性

①花粉粒的寿命和贮藏　成熟的花粉粒(简称花粉)自花药中散出,保持活力的时间称花粉的寿命。植物花粉的寿命与遗传有关,水稻花粉寿命只有10~20 min,小麦花粉在5 h后授粉结实率便降至6.4%,玉米花粉生活力为24~30 h;果树花粉可保持较长的时间,苹果约5周,梨为10周左右。活力是指花粉中的生殖细胞分裂产生的精细胞具有和卵细胞融合发育成胚的能力,花粉粒刚开始从花粉囊中散发出来时活力最强。环境条件对花粉的寿命影响很大,如果遇到高温、高氧等环境,由于呼吸、失水等原因,极易丧失活力;避光、低温低湿、低氧的环境中则能延长花粉寿命,如苹果的花粉在3 ℃、10%~25%相对湿度的环境中保存350 d仍有60%以上的发芽率。在人工辅助授粉和杂交育种中,延长花粉的寿命具有重要意义。利用近代技术,采用超低温、真空和冷冻干燥技术保存花粉,花粉寿命更长。

②花粉的成分及生理作用　成熟的花粉在没有落在柱头上之前,处在暂时的休眠状态。花粉粒有内、外二层壁,外壁较厚,主要由纤维素、角质和孢粉素组成。孢粉素主要含类胡萝卜素、黄酮素、花青素等,花粉一般呈黄色(如苹果)或红色(如梨);内壁较薄,由果胶质和胼胝质(β-多聚葡萄糖)组成。

花粉外壁或内壁都存在"识别蛋白",能识别花粉和雌蕊柱头是否具有亲合性。一般花粉粒pH较高,与其有亲合性的柱头pH较低。风媒传粉植物一般为淀粉型花粉,虫媒传粉植物为脂肪型花粉。花粉生活力与蔗糖有密切的关系,如含蔗糖的小麦花粉为可育花粉,而不含蔗糖的为不育花粉,可见蔗糖缺乏是导致花粉退化的原因之一。花粉中含有较多的游离氨基酸和酰胺,如育性好的花粉脯氨酸的含量高,花粉中还含有多种植物激素、维生素和矿质元素等，花粉中的养分十分丰富，为后代的繁殖做好了准备。

③柱头的活力　胚珠寿命减去授粉受精所需时间（即花粉管伸长到达胚珠所需的时间），其差值为柱头有效授粉期。柱头生活力持续时间的长短因植物种类而异，一般果树和禾本科作物，如苹果、梨、水稻、小麦、玉米柱头的有效期能持续5～7 d，胚囊的寿命可达10 d以上。苹果最适宜授粉期为开花后3～4 d，在花刚开放、柱头新鲜且有晶莹的黏液分泌时最适宜授粉。在杂交育种时，应抓住开花后前几天的关键时间授粉，提高成功率。同一个花序不同花的花柱，其丧失生活力的顺序与花的分化、开放顺序一致。大多柱头不耐1～1.5 ℃以下低温，但比较耐高温，如用45 ℃的温汤能杀雄蕊，但对柱头却无伤害。

④花粉的蒙导效应和群体效应　有些植物亲缘关系较远，自然杂交很难进行，花粉的蒙导效应能克服远缘杂交不亲和性。这种方法是采集与杂交母本亲和性强的花粉，用一些方法（γ射线、反复冷冻、甲醇浸泡、黑暗中饥饿）把亲和花粉中的生殖细胞杀死，但识别蛋白仍有活性，与亲和性差的花粉混合在一起，给母本授粉，借助于亲和花粉的识别蛋白，可使柱头不能识别不亲和的花粉，完成受精，称花粉的蒙导效应。

花粉的萌发与花粉管的生长还表现出群体效应，即落在柱头上的花粉粒越多，越有利于花粉的萌发和花粉管的伸长，因为花粉多则花粉中的营养物质及活性物质总量多。花粉的群体效应能显著提高的坐果率，使作物高产优质，生产上可通过人工辅助授粉，提高柱头上的花粉密度。

(2)授粉后雌蕊的生理变化

授粉后，花粉粒和萌发后的花粉管对雌蕊柱头、花柱、子房和整个植株都产生明显的生理变化。首先，雌蕊呼吸速率升高，一般比未授粉时增加0.5～1倍，花冠和花萼呼吸速率升高大于2倍；其次，授粉后，雌蕊中生长素含量激增，促进营养物质向雌蕊转移，生长素含量升高一方面是由于花粉向雌蕊中分泌生长素；另一方面，花粉本身能分泌使色氨酸转变为生长素的酶到雌蕊中，促进雌蕊特别是子房中合成大量生长素；最后，花粉粒中酶的活性升高，有的高6倍多，有些水解酶可分泌到花柱中分解花柱中的碳水化合物和蛋白质等营养物质，为花粉管伸长提供养料。因此授粉后，雌蕊的代谢、呼吸都升高，对水和无机盐的吸收能力也加强。

2)受精生理

被子植物的花粉管穿入胚囊释放两个精子，分别与卵细胞和二极核融合后，形成合子和初生胚乳核，子房壁形成果皮，完成双受精作用。对绝大多数植物来说，受精是果实和种子形成和发育的必须过程，因为如果不受精，花开放后便会脱落。因此，凡对受精不利的因素，都会引起花果脱落。

从授粉到受精所需时间，一般植物为1～2 d，有的需一个月，如桦属；有的需一年左右，如松属、栎属。胚囊中的卵细胞和二极核在受精前一般处于休眠状态，受精后被激活，幼果呼吸速率随合子和初生胚乳核的快速分裂而出现呼吸高峰。据测定，棉花受精后的幼果呼吸速率比开花当天增加2倍；果皮及胚乳和幼胚中生长素含量迅速增加，促进细胞的分裂与伸长，大量营养物质转化运输到生殖器官，使幼果成为生长中心。生产上，花中雌蕊没有授粉的几乎都会落掉，但如果人工施用萘乙酸、2,4—D等生长素类植物生长调节剂，处理没受精的子房，便可以使子房生长，形成无籽果实。草莓花托上的瘦果去掉，花托不能膨大，但如果去掉瘦果后用生长素处理，便可正常膨大。说明受精后的种子、果实及着生部位的子房、花托生长素含量升高，生长素可促进果实细胞分裂和膨大。此外，受精后幼果中细胞分裂素、赤霉素含量都不同程度升高，生长抑制物质下降，整株植物水分、矿质吸收及有机物转化和运输速率均加快。

3）影响授粉受精的环境条件

授粉受精不良，作物会出现较重的落花、落果现象，禾本科作物会出现空粒、果穗顶部秃顶现象，授粉受精除受内部因素影响外，还受外界环境条件如温度、湿度、营养状况等环境条件的影响。

（1）温度

温度低影响性细胞的形成，也影响开花，早春低温是制约开花的关键。较高的温度能促进花药开裂，促进花粉粒的萌发和花粉管的伸长。一般花粉萌发的最适温度范围为20～30 ℃，过高过低均可造成不良影响。如葡萄为27～30 ℃时，花粉管到达胚珠只需几小时，而在15 ℃左右，需要5～7 d；水稻开花受精的最适温度是25～30 ℃，低于15 ℃时花药不能开裂；大多数植物在40～50 ℃时，花药容易干枯，柱头易失活，无法受精。

（2）湿度

花粉萌发需要环境有一定的湿度。过度干燥（空气相对湿度低于30%）会影响花粉粒的活力，雌蕊的柱头易干枯，影响花粉萌发；但如果相对湿度过高，花期遇雨水天气，花粉粒会过度吸水而胀裂。对大多数植物来说，一般70%～80%的相对湿度较为合适。

（3）营养

作物贮藏的有机营养多，花粉、柱头生命力强、寿命长，授粉受精有效期长。植物体内氮素充沛，B、Mn、Mg、Ca、Fe等矿质元素贮备情况好，有利于授粉受精。特别是B、Ca对花粉的萌发和花粉管的伸长有明显的促进作用。生产上农作物、果树等花期喷硼，可提高坐果率，预防“花而不实”，减少畸形果，但硼过量极易发生毒害，注意使用浓度。

此外，其他因素，如病虫害管理水平，栽植密度是否合理，通风透光状况等因素也会对授粉、受精产生影响。当花期遇到不良环境时，应采取辅助授粉的方法，以尽量降低损失。

7.3　植物成熟与衰落生理

7.3.1　植物的成熟生理

植株受精后，胚珠发育成种子，子房发育成果实。种子和果实的形成过程中，不只是发生形态上的变化，在生理上也发生剧烈的变化。果实、种子的生长发育状况，不仅严重影响下一代的生长发育，同时也决定作物产量的高低和品质的好坏。植株其他器官也要经过成熟、衰老和脱落这一过程，且这些过程是相互影响的。因此，掌握植物器官的成熟、衰老生理，对采取措施预防、调控植物成熟和衰老进程，提高果实、种子的产量品质，具有重要的理论和实践意义。

1）种子成熟生理

种子成熟过程，实质上是营养物质在种子中的转化和积累过程。同化物质以蔗糖、氨基酸、酰胺等可溶性的小分子化合物运输到种子中，合成如淀粉、蛋白质、脂肪等高分子有机物使胚长大，并在胚乳和子叶中贮藏积累。同时，种子的呼吸作用、含水量和内源激素也发生相应的变化。

（1）种子成熟时的生理变化

①含水量降低，呼吸降低　种子中有机物的合成是一个脱水过程，随着同化产物在种子细胞（主要是子叶和胚乳细胞）内的累积，种子的含水量降低，除胚细胞外，大部分细胞被贮藏物质充满。而种子成熟时幼胚细胞具有浓厚的原生质而几乎无液泡，自由水含量极少，原生质处在凝胶状态，所以种子的呼吸速率随成熟度的升高而降低，最后种子成熟，生命活动逐渐转入休眠状态，呼吸达到最低水平。

②种子的干重增加　种子成熟时物质的转化与种子萌发时物质转化基本相反。叶片制造的光合产物主要以小分子可溶性糖的形式，溶于水中运输到籽粒中去（灌浆）合成淀粉和脂肪；氨基酸和酰胺也从其他部位运输到籽粒中形成蛋白质。种子内大分子有机物的积累使种子的干重不断增加。种子不同，所含有机物的种类和来源也有差别。

a. 淀粉种子　小麦、水稻、玉米等禾谷类作物的种子以贮藏淀粉为主，通常称为淀粉种子。种子中的淀粉来源于可溶性糖。禾谷类种子成熟过程中淀粉的积累，以乳熟期和蜡熟期最快。这类种子发育过程中，首先是大量光合产物以非还原糖（主要为蔗糖）和还原糖（果糖、葡萄糖等）等可溶性游离糖形式从叶片输入种子，种子内淀粉合成酶活性升高，可溶性糖向淀粉转化，种子中淀粉含量不断增加（图 7.19），同时也积累少量蛋白质、脂肪。矿质元素 P、Ca、K、Mg、S 及微量元素也向种子中转移，如水稻种子成熟时，植株中 80% 的磷转移到籽粒中。无机磷的贮存形式主要是非丁，即六磷酸肌醇（植酸），其一般与钙、镁等结合形成复合物。禾谷类种子中有机物的 2/3 以上来源于植株开花后的光合产物，1/3 以下来自开花之前茎、叶的积累。故生产上要注重花后管理，采取措施提高花后的光合效率。

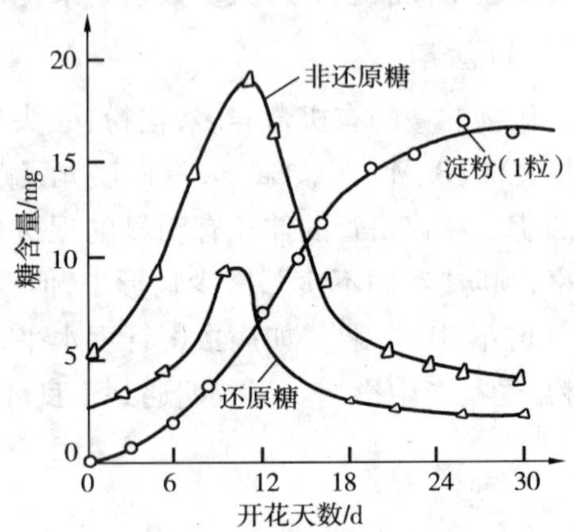

图 7.19　水稻种子成熟过程中糖分的变化

b. 脂肪种子　花生、芝麻、油菜、大豆等种子含油脂较多，称为脂肪种子，其中的脂肪来源于碳水化合物。这类种子初期积累碳水化合物，包括可溶性糖及淀粉。伴随种子质量增加和成熟，可溶性糖及淀粉转化成脂肪，转化时先形成游离脂肪酸再形成不饱和脂肪酸，然后合成不饱和脂肪(油)。因此,脂肪类种子应完全成熟后收获,否则油含量低、质量差。油料种子中常含较多的蛋白质,是由营养器官运来的氨基酸或酰胺合成的(图7.20)。

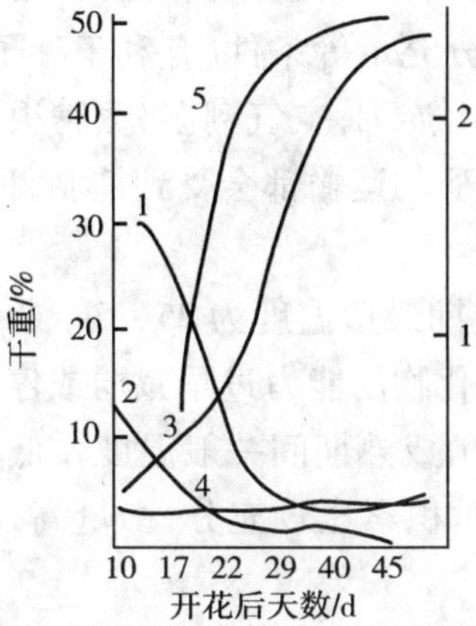

图7.20 油菜种子成熟过程中物质的变化

1.可溶性糖;2.淀粉;3.千粒重;
4.含氮物质;5.粗脂肪

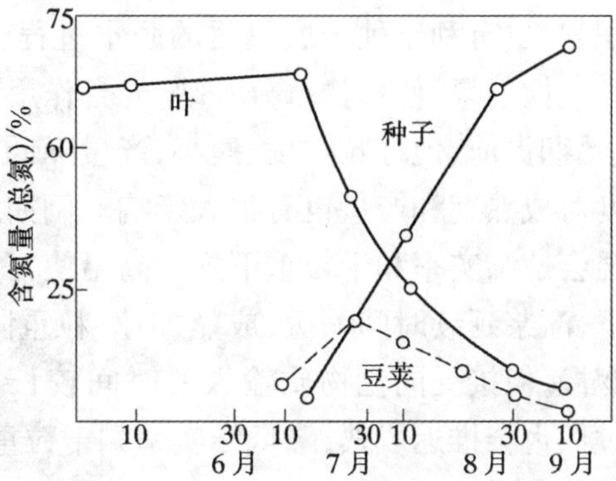

图7.21 蚕豆中含氮物质由叶转移到豆荚再到种子的运输转化过程

c.蛋白质种子 豌豆、大豆等豆科植物的种子贮藏大量蛋白质,可称为蛋白质种子,其中的蛋白质是由运输到种子中的氨基酸或酰胺合成的。种子发育过程中,从叶片运来的氨基酸和酰胺等小分子可溶性含氮有机物先运至荚果的豆荚(果皮),在此合成蛋白质暂时贮存,当种子快速发育时,又分解成酰胺,运入种子中形成氨基酸,最后再形成胚和贮藏在子叶中的蛋白质(图7.21)。贮藏蛋白基本没有生理活性,主要为种子萌发时胚的生长提供氮素营养。

③内源激素的变化 种子成熟过程中,种子中的内源激素发生明显的变化。如小麦在受精前胚珠中CTK含量较低,受精后首先升高到最高,达到最高后又下降,以调节籽粒细胞的分裂;胚开始生长发育后,GA迅速增加,达到高峰后又下降;然后是IAA升高出现类似规律。籽粒中GA和IAA的增加,加强了有机物向籽粒内运输的能力。从图中可以看出,小麦从抽穗到成熟期间,种子内不同内源激素含量和种类发生有规律的变化,调节着种子发育过程中的细胞分裂、生长、扩大等(图7.22)。种子发育成熟后期,ABA和乙烯含量也有所增加,促进种子的成熟与休眠。

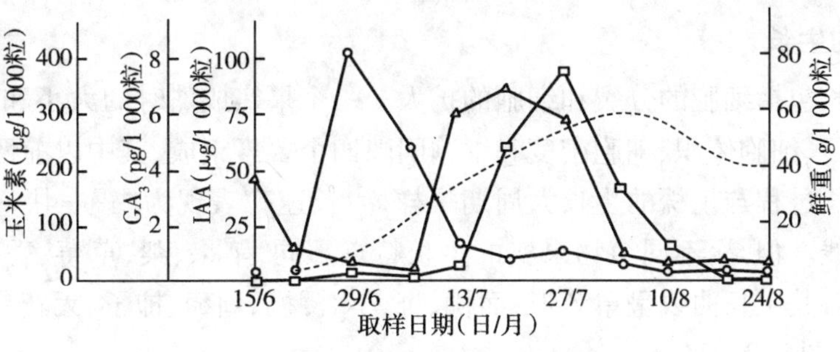

图7.22 小麦籽粒发育时期内源激素的变化

CTK(●);GA(▲);IAA(■)

虚线表示千粒重的变化

(2)外界条件对种子成熟的影响

①外界条件对种子成熟过程的影响　种子成熟期间输入的营养物质主要来自当时的光合产物。在成熟期间,天气晴朗,空气较干燥,土壤水分充足等条件,有利于种子中营养物质的积累,也有利于种子成熟后的脱水过程。如果阴雨连绵,空气潮湿,蒸腾很弱,将推迟成熟。气候干旱,使植物水分亏缺,光合作用和有机物质的运输都会受到抑制,种子提早干缩,成熟期提前,但籽粒空秕、瘦小,产量降低。

温度对成熟期和产量也有很大影响。例如水稻成熟期最适温度为25~30 ℃,35 ℃以上的高温会使结实率和千粒重下降。高温使籽粒积累同化物的能力过早减弱或停止,因此在高温下,灌浆延续时间缩短,成熟加速,粒重降低。晚稻成熟期间一般温度较低,这时成熟速度变慢,但接受同化物质输入的时间较长,营养物质积累比较充分,产量高,品质好。但温度过低也会推迟成熟,降低结实率和千粒重。

矿质营养影响种子成熟过程,氮肥多,尤其是后期多氮,易引起贪青晚熟。

②外界条件对种子成熟时化学成分的影响　从开花到成熟期间雨量多少,对淀粉种子的化学成分有重要影响。干旱地区种子积累淀粉比湿润地区要少,但蛋白质积累相对较多。所以,我国北方小麦蛋白质含量比南方高。

油料种子的含油率和油脂性质易受成熟期间温度的影响。适当的低温有利于油脂在种子中积累而降低蛋白质含量。成熟期间较低的温度和较大的昼夜温差,有利于不饱和脂肪酸的合成,因此纬度较高或海拔较高地区种子出油率较高。

矿质营养对种子化学成分也有一定的影响。例如氮素多,可提高蛋白质含量;油料种子则降低含油率。磷、钾有利于糖和油脂的积累。

2)果实成熟生理

果实的生长从受精到完全长成,是由果实细胞分裂、增大和同化产物积累使果实不断增大和增重的过程。果实生长停止后,会发生一系列生理生化变化,包括色、香、味的形成和硬度变化,达到可食状态,这个过程即果实的成熟过程。果实成熟有利于种子的传播,有利于物种的延续。果实的成熟也决定了作为食品的水果和蔬菜的质量和商品价值。研究果实的成熟规律,对调控果实的成熟过程和提高果实的品质,正确决定采收期、延长其贮藏时间等都具有重要意义。

(1)果实的生长

果实的生长包括细胞的分裂和细胞的扩大。一个果实成熟时的大小和质量,是由组成果实的细胞数目、细胞体积、细胞密度和细胞间隙四个要素组成,其中以前两个要素为主。

果实的生长过程与植株的生长大周期一样,生长速率表现为“慢—快—慢”的节奏,呈明显的S形曲线。但是,不同植物果实的生长特点不同,苹果、梨、草莓、香蕉、茄子、扁桃、栗、核桃等果实,其生长曲线呈单S形;而桃、杏、李、樱桃、葡萄、柿子、无花果等果实的生长曲线呈双S形(图7.23)。

双S形果实的生长表现出“慢—快、慢、快—慢”的节律,即在快速期中出现一个慢生长阶段,一般是果皮和内部较大或较多的种子或果核生长发育不一致导致。开始快速生长期是由于子房、珠心和珠被的迅速生长引起的，中间缓慢生长期是果实内部胚和胚乳生长分化、内果皮木质化、果核变硬等过程，使果实从表面上看体积和质量增加缓慢。等这些过程结束后，子房生长又加快，在果实成熟前一个月左右达高峰，接近果实成熟时逐渐变缓，最后停止生长。所以出现两个速生期。

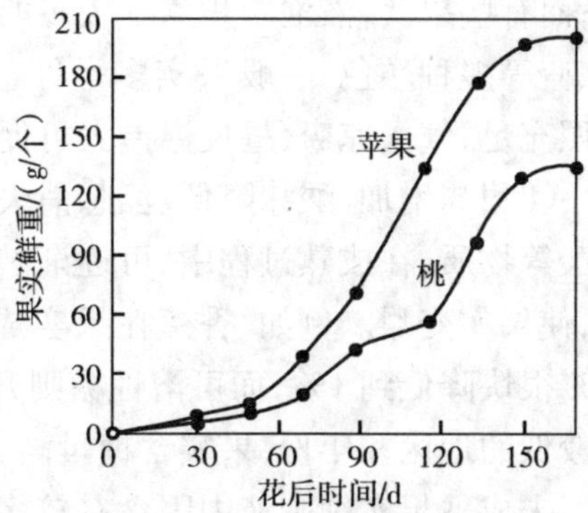

图 7.23　果实生长曲线

（2）果实成熟时的主要生理变化

①产生乙烯，引起呼吸跃变　一般情况下，随着果实的成熟，果实内部各种代谢降低，果实的呼吸速率会应逐渐减弱。但有些果实生长结束成熟开始后，在呼吸降低的过程中，会出现呼吸速率突然升高的现象，称果实的呼吸跃变（图 7.24）。梨、苹果、桃、香蕉、番茄等果实，在成熟过程中会出现明显的呼吸高峰，呼吸速率可增加若干倍，这类果实为称呼吸跃变型果实；而黄瓜、樱桃、草莓、柑橘、葡萄等果实在成熟期间没有明显的呼吸跃变，为呼吸非跃变型果实。研究证明呼吸跃变与果实成熟过程中乙烯的产生和积累有关，跃变型果实中乙烯量较多，当达到一定浓度（约 0.1 ppm）时，便会产生呼吸跃变；而非跃变型果实在成熟期间乙烯含量变化不大。

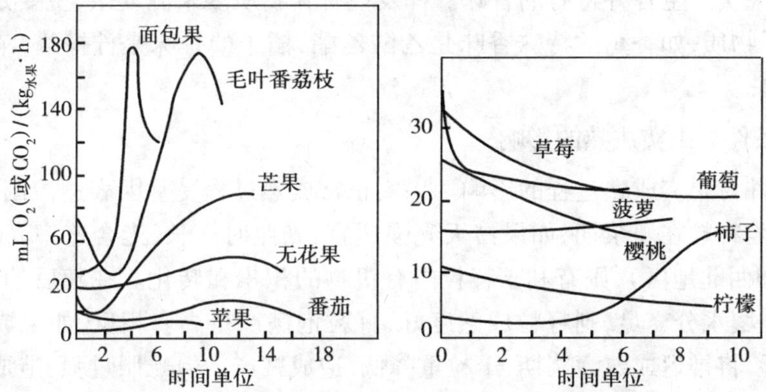

图 7.24　有呼吸高峰的果实（左）和无呼吸高峰果实（右）

纵坐标为 CO_2 释放量：mL（$kg_{水果}$·h）；横坐标为贮藏时间：d

果实在呼吸跃变出现时，食用品质最佳，但随后果实迅速进入衰老期，失去食用价值。所以跃变型果实贮藏时，应尽量抑制呼吸跃变的产生。大多果实贮藏时降低环境中氧气的含量在 3% ~6% 的浓度范围，便不会出现呼吸跃变。

②硬度降低　果实成熟过程中，果肉细胞中先形成的是不溶性的淀粉，后转化为可溶性的糖，硬度变小；同时果肉细胞中果胶甲酯酶、多聚半乳糖醛酸酶、纤维素酶等水解酶含量逐渐升高，可催化分解构成细胞壁的高分子聚合物原果胶、纤维素等为可溶性果胶、果胶酸和半乳糖醛酸等，造成果肉细胞之间彼此连接减少，使果肉细胞相互之间可移动或分离变软，如桃、杏、柿、猕猴桃等变软程度明显。

③色泽变艳　果实发育过程中，果皮初因为含有较多的叶绿素大多呈绿色。在果实成熟的过程中，因类胡萝卜素较叶绿素稳定，叶绿素首先分解，因此果实在秋季大多呈现黄

色；而有些果实，液泡中积累了较多的花青素糖苷，由于 pH 值的不同，花青素可呈现出红、紫、蓝等多种颜色，一般果实多呈红色，而葡萄、李子、蓝莓中的许多品种呈紫红、蓝紫色。光照充足，气候凉爽，昼夜温差大可促进花青素的合成，提高果实着色度。

④甜味增加、酸味降低、涩感消失、香味产生　大部分果实初期积累不溶性的淀粉、有机酸等物质，在成熟过程中，可逐渐转化为可溶性的蔗糖、葡萄糖、果糖等并贮存在细胞液中，使果实变甜。例如，香蕉在果实成熟过程中，在 10 d 左右的时间里，淀粉可由 20% ~ 25% 很快降低到 1%，而可溶性糖则升至 15% ~20%。一般日照时间长、昼夜温差大、降雨量较低的地区和年份，果实含糖量高，品质好。

未成熟果实细胞液中因含有较多的有机酸，呈现酸味。果实不同，所含有机酸的种类不同，便有其独特的风味，如苹果、桃中多为苹果酸，葡萄中多为酒石酸，菠萝、柑橘、番茄中多为柠檬酸。随着果实的成熟，有机酸可转化为糖，或被呼吸消耗掉，还有一部分被细胞中的阳离子中和生成相应的盐，因此果实酸味明显降低。

有些果实，未成熟时细胞中含有单宁等酚类物质，能使口腔表面蛋白质发生凝聚，故呈涩感，如柿子、李子等。在果实成熟过程中，单宁被过氧化物酶氧化成过氧化物或凝结成不溶性的单宁盐等物质，使涩感消失。

果实成熟过程产生一些具香味的挥发性物质，果实不同，挥发性香味物质不同，使不同种或不同品种果实产生各种特有的香味。挥发性香味物质多来源复杂，主要是一些酯、醛、醇、酮类小分子物质，如香蕉的特殊香味是乙酸乙酯，橘子的香味是柠檬醛，苹果是乙酸丁酯、乙酸乙酯等。

(3)外界条件对果实成熟的影响

①外界条件对果实成熟过程的影响　果实正常成熟过程受基因表达控制，也受环境条件的影响。小麦籽粒在灌浆期，如果白天光强适宜，光照时间长、光合速率高，夜温又较低(如我国东北和西北地区)，则有利于籽粒内有机物的积累和转化。在随后的成熟阶段，如果天气晴朗，土壤水分充足，则籽粒成熟度好，籽粒饱满产量高。相反，如果成熟期间阴雨连绵，空气潮湿，将推迟成熟灌浆期，千粒重降低，造成减产。但光照过强，造成土壤和大气干旱，植物体内水分亏缺，会抑制光合作用及有机物质的运输与转化，使干物质积累减少，成熟期提前，籽粒瘦小产量低。农谚“六月天阴麦满仓”之说，即是这个道理。

温度主要影响有机物的运输和转化。温度过高，呼吸消耗大，积累同化物少，籽粒不饱满。例如水稻成熟期最适温度为 25 ~30 ℃，35 ℃以上的高温会使千粒重下降。而且高温下，灌浆持续时间短，提前成熟，也使粒重降低，因此晚稻成熟期间温度适度偏低，成熟速度虽变慢，但接受同化物质输入的时间较长，营养物质积累比较充分，产量高，品质好。但温度也不能过低，不利于物质转化与运输，种子瘦小，成熟推迟，降低结实率和千粒重。

矿质营养也影响种子的成熟。生育期氮肥过多，贪青晚熟，种子成熟晚；磷、钾、硼肥可促进有机物向块根、块茎运输，增加产量，促进成熟。

②环境条件对果实种子化学成分的影响　环境条件不但影响果实、种子的成熟，也对其化学成分产生影响。在雨水多、光照弱的年份，水果中含糖量低、含酸高，果实品质降低。光照充足、日照时间长、昼夜温差大、雨水少的年份，有利于水果中糖分的积累。我国新疆

地区具有这样的气候特点，其地哈密瓜和葡萄等水果以含糖量高、品质好著称。

水分多，运输到种子内的可溶性糖有利于种子内淀粉的形成，籽粒饱满；水分少或干热风天气，严重影响可溶性糖合成淀粉，但对氨基酸合成蛋白质影响不大。如小麦在土壤湿度低的情况下，籽粒中淀粉含量相对较低，而蛋白质含量却相对较高。我国从南到北降雨量渐少，因此小麦籽粒中蛋白质含量逐渐升高（表7.8）。

表7.8 我国从南到北不同地区小麦籽粒中蛋白质含量情况

地 区	杭州	济南	北京	公主岭	克山
蛋白质占干重百分比/%	11.7	12.9	16.1	16.3	19

较低的温度和较大的昼夜温差，有利于不饱和脂肪在果实、种子中的积累而减少蛋白质的含量（表7.9），因为油脂和蛋白质都来源于糖类。质量最好的植物油一般产自纬度较高或海拔较高地区，如我国东北地区的大豆产油率高、油质好。

表7.9 我国不同地区大豆的品质

不同地区品种	蛋白质占干重百分比/%	脂肪占干重百分比/%	品种数
北方春大豆	39.9	20.8	东北三省308个品种
黄淮海流域夏大豆	41.7	18.0	山东省及苏北105个品种
长江流域春夏秋大豆	42.5	16.7	鄂、湘、苏、沪73个品种

矿质元素对种子成分也有影响。小麦花后适当施用氮肥，可提高籽粒中蛋白质的含量，而油料种子氮肥多则降低含油率，钾、磷有利于果实种子中糖和油脂的积累。

种子生长发育包括两个过程：一是受精后的合子经过细胞分裂，形成能够发育成新个体的胚；二是从营养器官输入的可溶性小分子化合物（如葡萄糖、蔗糖、氨基酸等），逐渐转化为不溶性的大分子化合物（如淀粉、脂肪、蛋白质等），并在胚乳或子叶中贮藏起来，伴随着物质的转化与积累，种子逐渐脱水，细胞质由溶胶状态转变为凝胶状态。因此，种子成熟时贮藏物质的变化基本与种子萌发时物质变化相反。

7.3.2 衰老和脱落生理

植物及其组织、器官经过生长、发育，最后都要过渡到衰老阶段，直至脱落死亡。

1）植物的衰老与调控生理

植物衰老通常是指植物的细胞、组织、器官或整个植株生理功能自然衰退，并最终导致死亡的一系列恶化过程。自然衰老受植物遗传基因控制，是植物正常发育的必经过程，环境条件可影响衰老的进程。

（1）植物衰老的类型

植物进化的环境不同，生长习性不同，衰老方式也有差异，主要有4种方式（图7.25）。

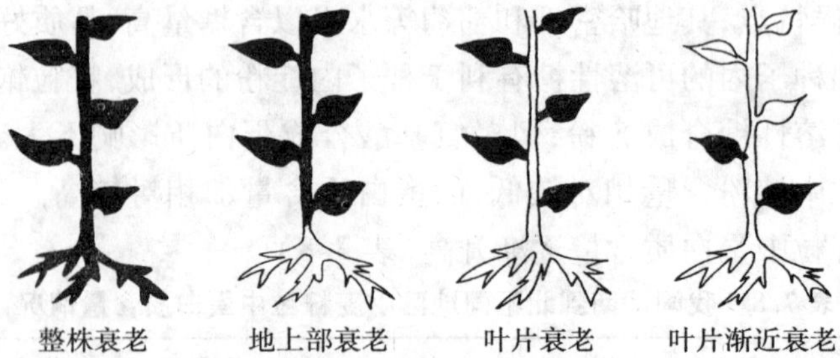

图 7.25　植物中的一些衰老类型

（黑色表示衰老部分，白色表示未衰老部分）

①整株衰老　一生中只开一次花的植物，在开花结实后不久，由于营养物质被生殖器官的生长发育消耗殆尽，造成植物整株衰老，直至死亡。一至二年生植物，还有些多年生植物属此类，如玉米、小麦、白菜、竹等。

②地上部衰老　有些多年生植物，整个地上部分随着生长季节的结束而死亡，而地下根、茎继续生存，如甘薯、茅草、莲等。

③叶片衰老　又称叶片同步衰老。落叶树木的叶片，在秋季或夏季发生季节性同时衰老脱落，如温带秋季和沙漠夏季的树木，脱落后植株便进入休眠状态，以度过接踵而至的恶劣环境。

④渐进衰老　植物体中较早产生的组织和器官，会随时间的推移逐渐衰老脱落，并被新的器官所取代。如木质部导管、管胞、周皮中的木栓层、老的根毛等，不断新旧更替，花瓣、花丝、柱头在受精后很快衰老脱落，而整株植物仍处于旺盛的生长状态。一些常绿树木和生长期的植物，叶片不是在同一时期衰老脱落，而是次第逐渐衰老脱落；禾本科植物的叶子，从下向上逐渐衰老，虽不产生离层，但最终死亡。果实、种子依成熟顺序自然脱落离开母体等都属于此类。

（2）植物衰老时的生理变化

植物的正常衰老是由遗传基因控制的有序过程，在这一过程中其内部发生一系列与衰老有关的复杂生理变化。

①膜功能逐渐丧失　衰老时构成细胞的生物膜逐渐失去弹性，老化降解，由正常的液晶相衰老为凝胶相、混合相等（图 7.26），选择透性功能逐渐丧失，内容物发生渗漏，使植物体内各种代谢紊乱；膜的衰老是细胞衰老的诱因，而细胞衰老是植物组织、器官衰老的基础。

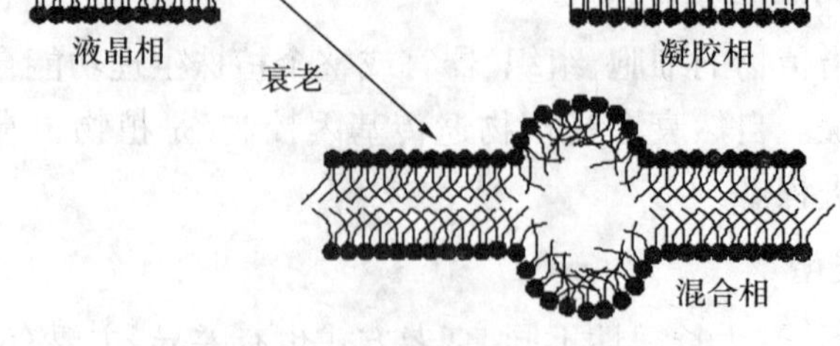

图 7.26　生物膜相变示意图

②合成过程变缓、降解过程加剧　生长速度下降；叶绿素降解，光合速率降低；呼吸速率开始较平稳，但随后会出现呼吸跃变，最后迅速下降；核酸总含量下降；蛋白质分解大于合成（如图 7.27）。大部分有机物和矿质元素从衰老部位向外撤退，转运到其他部位被再度利用。

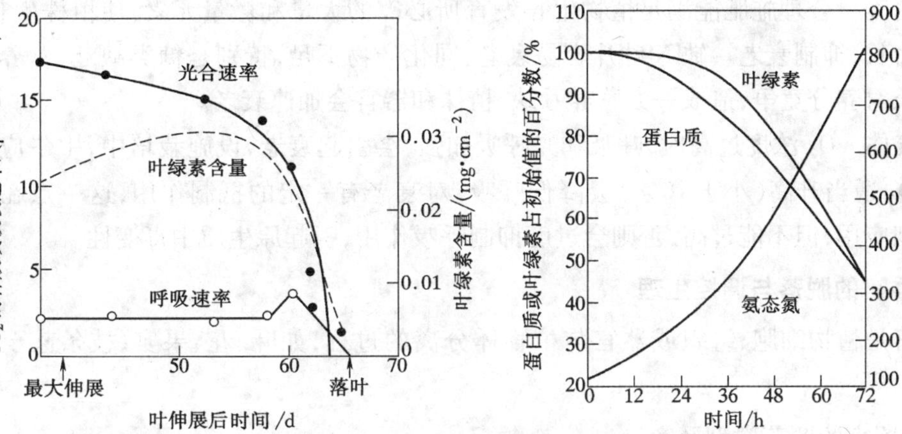

图 7.27　紫苏叶片衰老开始后各代谢变化情况

③植物激素间平衡关系的改变　植物衰老时，促进植物生长的激素 CTK、IAA、GA 等含量减少，而 ABA、ETH 等诱导成熟和衰老的激素含量增加。

总之，植物的衰老是在基因控制下，细胞结构整体有序的解体和降解过程，生命迹象也渐趋衰弱直至脱落或死亡。在这一过程中，有些可再利用的矿质元素和有机物质会逐渐向生殖器官或有贮藏繁殖功能的营养器官转移，以利于未衰老器官的循环利用及后代的繁殖。

（3）植物衰老的原因与调控

①营养竞争　一至二年生或一生中只开一次花的一些植物（如竹）在开花结实后，通常导致营养体衰老、死亡。由于生殖器官是竞争力很强的库，大量养分从营养器官运入生殖器官，致使营养器官衰老。若摘除花果，可延迟叶片和整个植株的衰老。

②衰老的激素调节　有人认为植物体内或器官内各种激素的相对水平不平衡是引起衰老的原因。CTK、IAA、GA 和 BR（油菜素内酯）等具有抗衰老的作用，而 ETH、ABA 和茉莉酸类物质等有助于促进叶片、果实等器官衰老的作用，它们之间通过相互作用来协作调控衰老的过程。如 IAA 在低浓度下可延缓衰老，但当浓度升高到一定浓度时则又可诱导 ETH 的合成，从而促进衰老；ABA 对成熟器官促进衰老的作用可为 CTK 所拮抗。而休眠芽、种子中的 ABA，可抑制代谢，从而抑制物质的分解，延长器官的寿命。

③环境因子对衰老的影响。

a. 光　光是调控植物衰老的重要因子。植株或离体器官在光下不易衰老，在暗中则加速衰老。因为光能促进光合作用并调节叶片上气孔的开度而影响植物的气体交换、呼吸作用、水分和矿质的吸收和运输。日照长度影响植物内源激素 GA 和 ABA 的合成，因而影响器官的衰老。光质对衰老也有不同的影响，红光可阻止叶绿素和蛋白质的降解，而远红光可消除红光的作用，可见这也是受光敏素调控的。蓝光可显著地降低叶绿素和蛋白质的分解，延缓植物衰老。

b.温度　低温和高温都加速叶片衰老，高温下根系合成CTK减少，促进衰老。

c.水分　水分胁迫诱导ABA和ETH形成，加速叶绿体结构解体，光合作用下降，呼吸速率上升，加速物质分解，促进衰老。

d.营养　合理施肥能满足植物生长发育所必需的大量和微量元素，使植株生长健壮，器官寿命长，抑制衰老。缺N叶片容易衰老；同化产物不足，特别是糖类缺乏，营养生长和生殖生长对养分竞争，造成一方营养亏缺，植株和器官会加速衰老。

e.气体　O_2浓度过高时，呼吸和光呼吸加强，会引起衰老，设施栽培中，中午应有放氧过程；CO_2适当升高（小于10%）会降低呼吸，对衰老有一定的抵制作用，这一点在果蔬贮藏中得到应用，但不能过高，否则会过度抑制呼吸作用，引起原生质中毒变性。

2）器官的脱落与调控生理

脱落是植物细胞、组织或器官与植物体分离的过程，如叶、花、果实、枝条甚至树皮的脱落。

（1）器官的脱落类型及意义

根据引起脱落的原因，器官脱落可分为两类：

①正常脱落　由于自然成熟、衰老引起的脱落，称为正常脱落。植物各部分的正常脱落，有时是完成其生理功能后的必然发育过程，如受粉受精后，花各部分的脱落，树皮的脱落等；有时是植物对不良环境的适应方式，如果实、种子的成熟脱落，有利于物种的保存。秋季落叶，可减少水分和营养消耗，以度过寒冷的冬季。

②异常脱落　异常脱落是指植物器官或各组成部分未完成其生长发育过程及担负的生理功能而中途脱落的现象。根据原因，异常脱落又可分为两种类型：胁迫脱落和生理脱落。

胁迫脱落是由于不良环境条件引起的脱落，如水涝、干旱、高温、低温、盐碱、病虫害、营养元素缺乏、环境污染等。

生理脱落是指植物体内部生理活动引起的脱落。如植物各器官之间竞争营养、源与库不协调等引起的脱落；植物内源激素缺乏或不平衡引起的脱落等。

农业生产中，器官脱落主要取决于植物营养物质的供需平衡、内部激素的水平和环境的影响。果树开花过多，消耗过多的营养物质，易造成大量花果脱落，生产上应加强肥水供应，及早疏花疏果；植株生长后期，ABA和ETH含量会增加，IAA、GA量会降低，果实容易脱落，如苹果、梨和柑橘等的采前落果，可通过适当补充GA抑制脱落。

但植物通过脱落可以摆脱损伤、染病或衰老的部分，排除累积在器官中的废物或有毒物质，使种子和其他繁殖器官得以传播。干旱时，叶子大量脱落能减少水分的蒸腾损失。花、果数目过多时，脱落一部分花和幼果，有利于存留的果实充分生长。因此，器官脱落是植物的一种自我修正过程，是对环境的一种适应，也是器官间相关性的一种表现。种子脱落有利于传播，但在栽培作物中则造成收获时的损失，如油菜、籼稻等作物或其某些品种成熟后易于落粒。

（2）器官脱落过程

器官在行将脱落时首先转入生理上不活跃的状态，随后大多数植物在脱落发生的部位形成离区。离区一般指叶柄、花柄、果柄以及某些枝条的基部的一段区域。离区细胞一部分随脱落部分一起与植物体分离死亡，称离层，还有留在断裂面的一部分细胞，细胞壁木栓化和其他部位的木栓层连接形成保护层（图7.28）。离层细胞可感受某些信号而促进纤维素酶、果胶酶等水解酶的产生和活性升高，使细胞壁降解，在重力或风、雨等外力作用下，维管束从离层断开，器官与母体脱离。有些植物叶片衰老时不产生离层，如玉米、小麦等禾本科植物，因此叶片死亡后仍留在植株上不脱落。

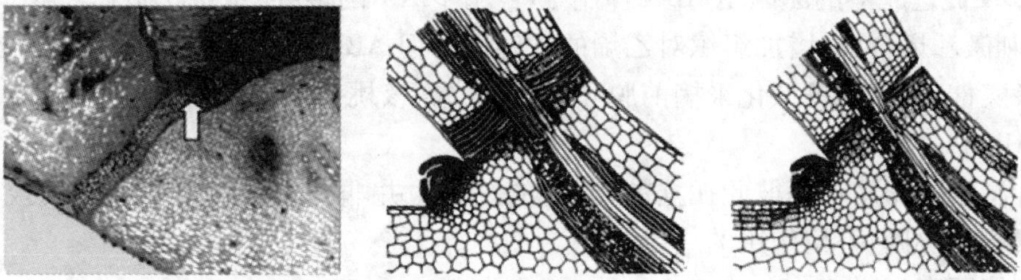

杨树叶柄离区（空箭头） 离区示意图 离层与保护层

图7.28 叶柄离区示意图

（3）器官脱落的原因

①激素与脱落。

a.生长素类 生长素既可以抑制脱落，也可以促进脱落，它对器官脱落的效应与生长素使用的浓度、时间和施用部位有关。1955年，Addicott等提出了生长素梯度学说来解释生长素与脱落的关系。该学说认为：器官脱落为离区两侧生长素浓度梯度所控制，将生长素施在离区近茎侧，叶片中营养向茎方运输，则促进脱落；施于近叶片一侧，帮助叶片获取营养，则抑制脱落。这表明脱落与离区两侧生长素含量差异密切相关。

b.赤霉素和细胞分裂素 这两种激素能抑制脱落。如杏、棉花和柑橘等植物上施用赤霉素能降低花果脱落，GA对防止棉花幼铃脱落效果显著。CTK能延缓脱落，因其能抑制核酸和蛋白质分解，降低乙烯对植物产生的影响。

生长素和赤霉素都有调运养分移向其所在的部位（图7.29）的功能，而细胞分裂素能抑制所在部位有机物质的分解，所以三者在适宜浓度都能延缓衰老和脱落。

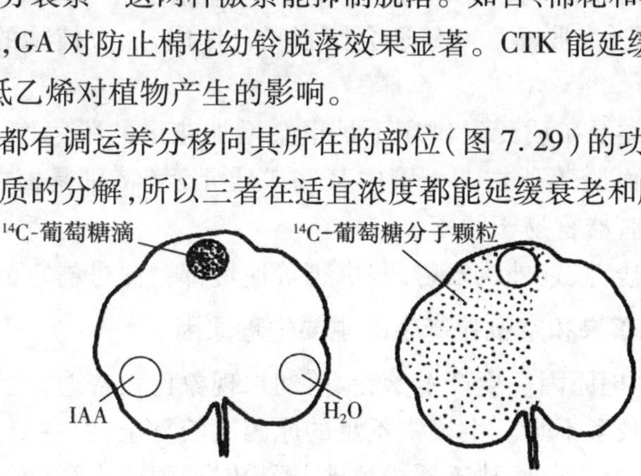

图7.29 生长素调运养分的作用

A.在天竺葵的叶片不同部位滴上IAA、H_2O和^{14}C-葡萄糖；B.48 h后同一叶片的放射性自显影

原来滴加^{14}C-葡萄糖的部位已被切除，以免放射自显影时模糊

（M. Penot，1978）

c. 乙烯　成熟衰老的器官和部位乙烯含量升高,内源乙烯水平与脱落率呈正相关关系。奥斯本(Osborne,1978)提出植物的离区内存在乙烯作用细胞,乙烯可刺激这些细胞分裂,诱导纤维素酶、果胶酶等多聚糖水解酶的产生,从而使细胞壁分解,导致脱落。离区细胞内生长素水平能影响乙烯的作用,如用乙烯处理枝条,会促进嫩叶脱落,但对完全展开的叶片无影响。化学分析表明完全展开叶片内游离态 IAA 含量较嫩叶高一倍以上。即只有当生长素含量降至某一临界值时,乙烯才能诱导水解酶的产生,促进器官脱落。

d. 脱落酸　棉铃中 ABA 含量与其脱落率成正相关。生长中的叶片脱落酸含量极低,只有衰老的叶片中才含有大量的脱落酸。秋天短日照促进 ABA 合成,所以能导致季节性落叶。ABA 促进脱落的原因是 ABA 抑制了叶柄内 IAA 的传导,促进了分解壁物质酶类的分泌,并刺激乙烯合成,增加组织对乙烯的敏感性。但 ABA 本身促进器官脱落的效果不如乙烯。果实催熟、棉花机械化采摘前脱叶、山楂采果、核桃去皮,一般喷施一定浓度乙烯利,而不用 ABA。

各种激素的作用不是彼此孤立的,器官的脱落也并非受某一种激素的单独控制,而是多种激素相互协调、平衡作用的结果。

②环境因素与脱落。

a. 光照　光强度、长度和光质都影响器官的脱落,光照充足时可抑制或延缓器官的脱落,而在弱光下,器官容易脱落。在大田生产中,如作物密度过大、光照不足,常使中下部叶片过早衰老,因此,作物栽培时一定要保证作物行间、株间通风透光。一般情况下长日照延缓脱落,而短日照是脱落的信号。红光、蓝光延缓脱落,远红光促进脱落。

b. 水分　植物在干旱时,ABA 和 ETH 含量大大增加,IAA 和 CTK 活性降低,导致器官脱落。脱落可减少水分养分的消耗,是植物的一种保护性反应;涝害、漫灌使土壤水分过多缺氧,根系进行无氧呼吸,ETH 合成上升,导致器官脱落。

c. 温度　低温和高温能导致生物膜相变,加速植物衰老、脱落。在田间条件下,高温常导致干旱而加速衰老脱落;霜冻常引起茎、叶细胞死亡脱落。

d. 氧气　高氧促进脱落,氧气浓度在 10% ~30% 范围内,增加氧浓度会增加脱落率,因高氧促进 ETH 合成而诱发脱落。高氧还会抑制光合作用,加大植物的呼吸和光呼吸,导致植物营养亏缺脱落。

e. 营养条件　糖类及矿质元素供应不足也会增加花果的脱落率。单稔植物开花结果后由于消耗过多营养而脱落死亡。土壤中某些矿质元素(特别是氮、钙、镁、钾和锌)缺乏时,各种代谢受到影响,器官易于脱落。

此外,大气污染、盐害、紫外线辐射、病虫害等逆境都会促进器官的脱落。

(4)生产上落花、落果和空秕粒产生的主要生理原因

①落花、落果的生理原因　生产上落花、落幼果现象比较普遍,主要原因有两方面。一是促进花果生长的生长素不足。生长素不足的原因比较复杂,但主要是没有充分授粉和受精。如花粉粒败育或发育不良、缺乏授粉植株、授粉时遇雨或大风天气、早春开花植物花器官受冻等,都可导致授粉和受精受阻,不能产生生长素或生长素不足,导致落花和花后半个月的早期落果。采收前一段时间作物也有落果现象,特别是果树的一些早、中熟品种,主要原因是果实中生长素含量下降,而乙烯、脱落酸含量升高所致。生产上可通过合理配制授

粉树,人工或蜜蜂授粉,喷施萘乙酸或赤霉素等措施提高坐果率,减少花果脱落;二是营养不足导致花果脱落。营养不足的原因也有两个方面,一是肥水不足,叶片光合能力差,光合产物不能满足花果生长所需,造成花果大量脱落;二是营养生长和生殖生长对营养竞争导致。如果营养生长太旺,消耗光合产物过多,花果生长相对缺乏营养物质,也造成生理落果,如苹果的6月落果,主要是这一原因引起的营养失调所致。生产上要及时施肥,特别是大量元素和微量元素配合施用,提高叶片光合速率,充分满足花果对养分的需求,同时通过修剪控制营养生长,促进生殖生长。

②产生空秕粒的生理原因　作物产生空秕粒有其内因和外因。内因主要有:花粉粒败育,花粉粒发育不良成畸形,受精后子房或胚乳中途停止发育。这些原因影响受精和种子形成,都可导致空秕粒的出现。外因主要有:生殖器官形成时外部条件不良,如光照不足、缺氮、干旱等,花粉粒败育或畸形增多,导致空秕粒产生。授粉受精时缺乏矿质营养,如缺硼影响花粉管发育,缺磷影响有机物向授粉受精部位运输,皆导致空秕粒和玉米秃尖现象的发生。受精完成后,籽粒的灌浆期和乳熟期不能缺乏水分,并需要充足的碳水化合物及时供应,如果水分、光照、氮肥不足,碳水化合物缺乏,会增加空秕粒量。但水、氮肥过量,营养生长过旺,也会使籽粒生长受到抑制,产生空秕粒。

从分子生物学方面来看,植物衰老、脱落过程是在各种水解酶的分解作用下直接进行的。酶是蛋白质,须通过DNA的转录才能在核糖体中合成这些酶,而转录合成过程是DNA中基因的表达过程。因此,衰老脱落是植株发育后期,由内部遗传基因控制的有序过程,是植物细胞程序化衰老、死亡的表现。更加深入地了解这方面的机理,应从植物衰老、脱落的分子生物学方面作进一步的探究。

本章小结

植物休眠是植物发育过程中形态暂时停止变化而生命活动仍存在的阶段,是植物长期适应环境而获得的一种能力,也是植物延续物种的重要方式。引起植物休眠有内部原因也有外部原因,生产上应根据原因,有目的地破除或延长休眠。

种子萌发应具备一定的条件。首先要有饱满且具生命力的种子,其次应有适宜的环境条件,即充足的水分、适宜的温度、足够的氧气和适宜的光照条件。

植物细胞、器官、或整个植株在生长速率上均表现出“慢—快—慢”的规律,即生长大周期现象。植物的营养生长还具有区域性、相关性和独立性等特点,营养生长是植物体分化、发育的基础。植物生长的相关性表现为地上部分与地下部分生长的相关性、主枝与侧枝生长的相关性和营养生长与生殖生长的相关性等主要方面。农业生产上,根据不同的生产目的,通过栽培管理正确地调整这些相关性,是作物的产量与品质的根本保证。植物生长的独立性主要表现在极性与再生作用。极性具体表现为无论环境条件如何,植株形态学上端总是长芽,形态学下端总是长根的性质。再生性是植物体的分离部分具有恢复植物其余部分的能力,园艺植物的扦插、嫁接、组培等繁殖措施都是植物极性与再生性的具体体现,再生作用的理论基础是细胞的全能性。

高等植物的某些器官在有限的空间内产生的位置移动,叫植物的运动。植物运动分为向性运动和感性运动两大类。向性运动又分为向光性、向重力性、向化性、向水性等,都是由于器官的不均衡生长引起。植物的感性运动指由没有一定方向的外界刺激而引起的运动,运动方向与外界刺激有关,包括感夜性、感震性、感热性等。

植物的生殖生长是在良好的营养生长基础上进行的。当植物营养生长一段时间后,才能开始生殖生长,这段营养生长时间,称植物的幼年期。植物进入花芽分化阶段,除需有机和无机营养外,还需环境条件的诱导,主要受低温和光周期的诱导。春化作用是指某些植物需经一段时间的低温诱导才能开花,用低温诱导植物开花的处理称为春化处理。感受低温的部位是茎尖生长点,低温是诱导春化作用的主导因子,还需充足的氧气、适量的水分和作为呼吸底物的糖类物质。通常,春化的温度范围为 0 ~ 15 ℃,并需要一定的持续时间。大多数情况下,最为有效的春化低温为 1 ~ 2 ℃。一天 24 h 中,昼与夜的光暗交替现象称光周期。植物对光周期发生反应的现象,称光周期现象,研究较多的是植物成花的光周期现象,即植物成花之前的一段时间,日照长度要达到一定的时数,植物才能成花。根据植物对光期反应的不同,把植物主要分为三类:长日照植物、短日照植物、日中性植物。感受光周期的部位是叶片,光周期现象在农业生产中主要应用于指导育种和引种、确定播维持营养生长、控制花期。

植物授粉后影响花粉萌发和伸长的因素有:营养、矿素、温度、湿度及群体效应。授粉受精后,子房中生长素含量升高,代谢加快,种子、果实细胞分裂,继而伸长,果实膨大。不经授粉受精作用的花脱落,糖分和磷、硼等促进坐果率。

种子成熟时,含水量逐渐减少,呼吸降低,干物质升高。种子中的淀粉来源于可溶性的糖,脂肪来源于碳水化合物,蛋白质来源于氨基酸和酰胺。不断输入可溶性的小分子物质并将其转化为大分子物质;果实生长呈单 S 曲线和双 S 曲线。果实成熟时发生一系列变化,产生呼吸跃变,可溶性糖含量增加,有机酸减少,芳香类物质增加,单宁降解,色素增加,内源激素也发生相应变化。

植物的衰老是指细胞、器官或整个植株的生命功能衰退,最终导致自然死亡的一系列过程。衰老是植物发育的正常过程,是导致自然死亡的最后发育阶段,也是植物长期进化过程和自然选择过程中形成的一种不可避免的生物学现象。一般将衰老分 4 类:整体衰老、地上部分衰老、脱落衰老和渐进衰老。

脱落是指植物细胞、器官或组织自然脱离母体的现象,如叶片、花、果实、种子或枝条等的脱落。脱落常分为两类:正常脱落和异常脱落,异常脱落包括生理脱落和胁迫脱落。正常脱落有利于物种保存,或有益于保留下的器官进一步的发育,但异常脱落常给农业生产的带来重大损失。影响脱落的环境因素有:光照、水分、温度、矿质、氧气等因素。生产上,应根据异常衰老、脱落的原因,采取正确的措施加以抑制。

案例1

菊花、牡丹花期调控的方法

1)牡丹

牡丹,是我国的传统名花,花大色艳,雍容华贵,自古以来就被尊为“国色天香”“花中之王”。随着人民生活水平的提高和花卉业的发展，牡丹作为一种时尚花卉的趋势已经形成，尤其春节前后能够应时开花的催花品种需求加大。每年年底，南下广东的催花牡丹种苗的数量可达 20 万～30 万株。具体花期调控技术如下：

牡丹属于多年生落叶木本花卉，花芽形成在前一年夏秋季节，然后经历冬天 1～4 ℃低温春化作用，完成开花诱导，随着气温的逐渐降低，便处于低温休眠阶段，翌年春天随着气温回升，花芽萌发，自然花期为 4 月上旬。以此为依据，若需牡丹在春节开花，则属于促成栽培，可利用春化作用，人为控制春化时间和春化进程，配合温度、水肥管理，以达到预期目的。具体可选择 4～5 年生的优良品种，于春节前 45～60 d 上盆，移入室内后逐渐升温，控制温度在 10～20 ℃，增加相对湿度和光照，结合施肥，经历 40～45 d，即可在春节露色开放。开花后，保持在 10～15 ℃，可延长花期。“五一”开花的推迟开花，可使其在前一年在自然条件下完成春化，并处于休眠状态，于翌年春季 3 月初气温上升前，将牡丹上盆并移入冷藏室贮藏，目标花期前 35 d 逐渐升高温度，并适量浇水、喷水和施肥，即可满足五一开花的需求。

2)秋菊

菊花作为我国十大传统名花之一，其观赏价值高，商品性能好，为常见的大众消费型花卉。自然花期在秋季的菊花统称为秋菊，其生长发育对光周期诱导极为敏感。秋菊属于多年生落叶草本花卉，自然花期 9—11 月，属于典型的短日照花卉，对菊花进行人为的光周期诱导，配合温度、水肥等调控，可使其花期按人们的意愿提早或延迟花期。具体花期调控技术：

①元旦开花的延迟处理　大部分秋菊花芽分化时间为 8—9 月。若要菊花在元旦开花，首先需要了解花芽分化和开花所需的时间（约 45 d），再结合开花前所必须经历的营养生长的时间（约 50 d），最后确定栽植时间。延迟处理的关键是给予长日照条件处理，长日照开始处理的时期约在营养生长结束之后开始，一直到目标花期前 45 d 时结束，每天给予 14 h 作用的人工补光，结合 16～25 ℃的温度以及适宜的水肥措施，便可在预计时节开花。

②夏季开花的促成栽培　夏季开花的促成栽培相对比较简单，只需在花芽分化期间进行遮光处理，每天照光控制在 9～10 h 以内，其余时间均用不透光材料遮光，持续处理 45 d 左右，并保持相对稳定的温度条件，和适宜的水肥措施，便可在预计时节开花。另外，扦插苗因扦插期间属于短日照条件，因此母本必须处在长光照条件下培养，以防插穗过早完成花芽分化。

案例分析与讨论题

1. 牡丹花期调控和秋菊花期调控的主要手段有何区别？

2. 牡丹和秋菊花期调控的方法中，首先确定花期控制的主导因素，为何还需配合其他环境因子？

3. 牡丹和秋菊花期控制所用到的方法是否适合其他种类的花卉？

4. 想想周围的农业生产中，还有哪些关于春化诱导或光周期诱导开花的实例。

案例2)))

大棚芹菜育苗技术

芹菜为伞形科二年生草本植物，近年来，大棚规模化培育技术为菜农创造了良好的经济效益，栽培管理过程因采收季节不同而异。芹菜幼苗期约45 d，定植后约3个月采收，若夏季(6—7月)收获，则3—4月定植，1月中旬至2月中旬育苗，若冬季元旦收获，则8月中旬育苗，10月定植。苗期管理的关键是创造冷凉潮湿的环境条件，防止干旱、水淹、徒长、死苗等。

冬季收获的培育过程：

①低温处理解除种子休眠　芹菜喜冷凉，气温若高于25 ℃，种子则难以发芽，在15～20 ℃下才可顺利萌芽，因此夏季播种一定要对种子进行低温处理。种子浸泡12 h后，置于10 ℃的冰箱中低温处理7～8 d解除休眠，新高脂膜拌种后再播种。

②畦面遮阳　选地势较高、排灌条件好的沙壤土做苗床，苗床长约10 m，宽1.2～1.5 m。将腐熟的有机肥过筛后，均匀撒施到畦面，翻入土内，使粪土混合均匀，然后整平床面，浇透水，将处理好的种子和细沙混匀，均匀撒播在床面，然后覆细土2～3 mm。每亩需优质种子50～80 g，播后遮荫，并防止强光暴晒和暴雨冲打，以利出苗，并能防止幼苗徒长。

③浇好苗床水　播后苗床表土需始终保持湿润，7～8 d萌发，浇水使出苗整齐，幼苗2～3真叶时再补浇1次，苗期水分不可过多，以防幼苗徒长和猝倒病发生。

④施好壮苗肥，及时防除杂草，幼苗3～4片叶时追施1次速效氮肥，以后视情况施肥。夏季高温要注意叶面喷施钙肥，防止心腐发生。芹菜出苗慢，生长也慢，与杂草竞争力很弱，容易被草“吃掉”，要即时拔除杂草或合理使用除草剂。

⑤分次间苗　由于芹菜夏季极易死苗，齐苗后先间去并生苗、过稠苗。2片真叶时第2次间苗，苗距1～1.5 cm左右，4片真叶时第3次间苗，苗间距保持3～5 cm。每次间苗后可浇一次小水压根。

⑥适时定植　8月下旬—9月下旬，当苗高10～15 cm，5～6真叶时及时定植。

夏季收获的培育过程：

①确定播种时间　根据采收时间确定播种时间，一般在采收期之间135 d前播种育苗。

②苗期处理　夏季收获的芹菜一般于1月前后播种，此时棚内温度较低，而芹菜本身为二年生植物。若在苗期处于8 ℃以下低温，则可完成春化诱导，而在后期生长过程中开花而降低商品价值。因此，冬季育苗正值低温时期，必须借助供暖设备提高室内温度，通常在育苗床铺设地热线使地温保持在8 ℃以上。芹菜生长较为缓慢，6片真叶后即可定植，此时已过惊蛰时节，大棚内温度已能维持在10～25 ℃的范围内，这样的温度条件正好能阻止春化作用的进行，抑制花芽分化，以保证其商品价值。其余浇水、施肥和定植环节同冬季收获的处理方法。

案例分析与讨论题)))

①芹菜冬季收获和夏季收获苗期处理的关键区别在什么地方？

②为什么冬季收获的芹菜在播种时需强调低温解除休眠,而夏季收获的芹菜则不作此要求?

③夏季收获的芹菜苗期处理时为何温度不能低于 8 ℃?

④如果是香菜的栽培,冬季收获和夏季收获时处理方式和芹菜相同吗?

案例3)))

玉米籽粒的发育过程

玉米种子实质上是果实(颖果),其形态大小和色泽多样。一般千粒重为 200 ~ 300 g,小的仅 50 g,最大可达 400 g 以上。玉米雌穗受精后花丝凋萎,即转入以子粒生长为中心时期,大致可分为以下 4 个时期。

1)籽粒形成期(灌浆期)

指玉米自受精至乳熟期,10 ~ 20 d(早熟品种 10 d,中 15 d,晚 20 d)。其特点是:①胚分化基本完成,初具发芽能力;②子粒体积迅速增长,并基本建成(达最大的 75%),干物质积累较少,只有 10%,水分含量变动为 80% ~ 90%,处于水分增长阶段。胚乳由清浆—白浆(乳状);③果穗轴基本定长、定粗;④是决定粒数的主要时期。要求条件:养分和水分充足。

2)乳熟期

自乳熟至蜡熟初,15 ~ 20 d,其特点是:①胚已具备正常发芽能力(因此,从育种角度早取种子考虑,可以在此时收获);②粒重迅速增长,并基本建成(70% ~ 80%),日增强度 3% ~ 4%,是一生中干物质积累最快的时期。初显品种形状,胚乳含水量由 80% 降到 50%,胚乳由乳状变为糨糊状;③果穗长、粗定型;④是决定粒重的关键时期。要求条件:光照充足,水分和温度适宜。

3)蜡熟期

自蜡熟初至完熟,10 ~ 15 d。其特点是:①子粒干重积累速度减慢,日增粒重 2% 左右,总干重接近最大值;②籽粒形状,接近品种形状,胚乳含水由 50% 降至 40%,由糊状变为蜡状;③果穗苞叶开始发黄;④是粒重基本定局的时期。要求条件:适量供水,不要过早停水。

4)完熟期

自完熟至收获 8 ~ 10 d。其特点是:①干物质积累停止;②子粒迅速脱水,由 40% 降至 20%(机械收获要求胚乳含水量降至 20% 以下),子粒变硬,表面呈现鲜明光泽,子粒基部出现黑层,乳线消失;③苞叶(完全干)枯黄;④粒重达最大值,是收获的适宜时期。

案例分析与讨论题)))

①玉米种子在形成过程中,首先进行胚形成,然后是光合产物向胚乳运输积累的过程,讨论分析一下各时期干重的变化情况。

②为什么在籽粒形成期要求水分充足,水分不足会出现什么状况?

③乳熟期是玉米种子一生中干物质积累最快的时期，生产上应采取哪些措施加以促进？

④比较4个时期胚乳形态的变化，试分析各时期胚乳的主要成分的转化。

复习思考题

1. 名词解释

种子休眠　植物生长大周期　根冠比　顶端优势　近似昼夜周期节奏　相关性　极性　再生作用　向性运动　感性运动　春化作用　光周期现象　临界日长　临界暗期　衰老　脱落

2. 简述题

(1)植物休眠的类型有几种？说明引起休眠的原因。

(2)种子萌发过程分哪三个主要步骤？生产上如何获得全苗壮苗？

(3)为何种子健壮萌发的温度应低于种子萌发的最适温度？

(4)植物的生长有哪些相关性？试分析营养生长和生殖生长的相关性。

(5)影响根冠比的因素有哪些？生产上如何提高和降低根冠比？

(6)何为春化作用？何为光周期现象？春化作用和光周期现象在农业生产实践中有何应用？

(7)植物生长大周期产生的原理是什么？生产上应如何利用这一规律？

(8)种子和果实成熟过程中有何主要生理变化？

(9)简述果实呼吸跃变产生的原因是什么？如何控制呼吸高峰的到来？

(10)生长上采取哪些措施可抑制作物花果的脱落？

实验实训1

植物离体授粉与受精实训

1)目的意义

植物的离体授粉与受精在生产实践中具有很重要的使用价值，通过实验了解离体授粉与受精的过程及环节。

2)原理

植物的离体授粉与受精，又可称为试管内授粉与受精。有以下四种主要用途：①克服自交不亲和性的障碍。②克服种间或属间杂交不亲和的障碍。③取得单倍体植株。④用于研究花粉及受精生理中的某些问题。因为离体条件下，环境相对地比较简单，容易严格控制，实验材料易做到同步化，有利于对受精过程和受精后胚的发育等进行生理与生化的分析。根据授粉对象的不同，离体授粉与受精可分为离休雌蕊受精(又称子房受精)和胚珠受精(又称胎座受精)。

3)实验材料、仪器与试剂

①材料：各种植物的花蕾。

②仪器：漏斗；500 mL 试剂瓶；容量瓶 10 mL、100 mL 及 1 000 mL；培养皿直径 6 ~ 9 cm；烧杯 500 mL、1 000 mL；三角瓶 100 mL；滤纸；酒精灯；棉花塞；长剪刀；解剖刀；接种针；长镊子；研钵；高压灭菌锅；超净工作台；烘箱；培养箱；酸度计等。

③试剂。

a. Nitsch 培养基：取 800 mL 蒸馏水加入 2 L 的烧杯中，然后按 Nitsch 培养基中的大量元素及蔗糖比例分别加入烧杯中，再依次按培养基比例加入 $FeSO_4 \cdot 7H_2O$、Na_2-EDTA、生物生长因子及微量元素的母液，并加蒸馏水到大约950 mL，用1 N 的 NaOH 将溶液的 pH 调到5.8，然后加入8 g 琼脂，并加热至琼脂完全融化，最后补充水至1 L。趁热，将 Nitsch 培养基分装于 125 mL 的锥形瓶中。每瓶 30 mL，塞上松紧合适的棉塞，包上牛皮纸，于高压灭菌锅内灭菌 15 min，随后，将培养基置于室温下凝固、备用。

b. 其他：氢氧化钠、乙醇、无菌水等。

Nit Sch 培养基成分配比：（毫克/升 mg/L）

无机盐：

大量元素	KNO_3	950 mg/L
	NH_4NO_3	720 mg/L
	KH_2PO_4	68 mg/L
	$CaCl_2 \cdot 2H_2O$	166 mg/L
	$MgSO_4 \cdot 7H_2O$	185 mg/L
微量元素	$FeSO_4 \cdot 7H_2O$	27.8 mg/L
	Na_2^-EDTA	37.3 mg/L
	$MnSO_4 \cdot 4H_2O$	25 mg/L
	H_3BO_3	10 mg/L
	$ZnSO_4 \cdot 7H_2O$	10 mg/L
	$CuSO_4 \cdot 5H_2O$	0.025 mg/L
	$Na_2MoO \cdot 2H_2O$	0.25 mg/L

有机物：

生长因子	维生素 H（生物素）	0.05 mg/L
	肌醇	100 mg/L
	维生素 B_1	0.5 mg/L
	烟酸	5 mg/L
	维生素 B_6	0.5 mg/L
	甘氨酸	2.0 mg/L
	蔗糖	20 g/L

4）操作步骤

（1）获取子房与胚珠

①取材：取开花前一天的花蕾。

②灭菌：花蕾在3% ~7% 的漂白精清液中灭菌 5 min 后，用无菌水洗 3 次，再用无菌滤纸将水吸干。

③取子房：剪开花营，除去花瓣、花丝、花药等，将子房从花托上切下，或是带花托培养（切勿伤害雌蕊），或是带花梗、花托、花萼的子房培养。

④取胚珠：用小刀切开子房壁，用特制小刀（见茎尖培养）轻轻剥取或切下胚珠，或切

时带胎座。

(2)获取无菌花粉

①取材:在花蕾开放前一天或数天套袋,在花开放前一天或当天将花蕾取下(花药尚未开裂时),剪开花蕾剥取花药。

②灭菌:将花药浸没在3%漂白粉(精)液中灭菌5 min后,用无菌水洗3次,再用无菌滤纸将水吸干。

③收集花粉:将上述灭过菌的花药置于铺有称量纸的培养皿中,待花药开裂后,收集花粉。(也可用刀切开花药,取出花粉)

(3)胚珠的授粉、受精及其培养(以芸苔属植物为例)

①先使花粉萌发,然后胚珠受精,再进行胚珠培养。

a.将花粉先撒于适合花粉萌发的培养基上(Nitsch培养基,添加2%蔗糖,0.1% $CaCl_2$,0.01%硼酸,10%凝胶),使花粉萌发。

b.将胚珠放在0.1% $CaCl_2$ 溶液中浸片刻,然后将胚珠撒播在上述花粉中间,在(20±1)℃下培养24~48 h后。用倒置显微镜观花粉管进入胚珠的动态,如有花粉管长入,则进一步进行胚珠培养。

c.将上述受精过的胚珠移到盛有液体培养基的培养皿中进行胚珠培养(Nitsch培养基,添加甘氨酸1 mg/L,烟酸1 mg/L,硫胺素1 mg/L,吡哆醛1 mg/L和2%蔗糖)。

d.移植后定期取样观察,以确定胚的生长时期,如有胚形成,可移至胚培养用的培养基上(培养基基本成分同胚珠培养用的培养基,但蔗糖用5%,另加0.8%琼脂)。

②受粉后的胚珠培养

a.将离体胚珠先放在含有4%凝胶、6%蔗糖、0.01%氯化钙和0.01%硼酸的培养液中浸数秒钟,然后授以花粉。

b.授粉后的胚珠置于Nitsch琼脂培养基上培养。

(4)子房授粉与培养

①将雌蕊置于Nitsch培养基上,进行柱头授粉,然后进行静止培养。

②将子房切开后,放在培养基上,将花粉直接撒在胚珠上,然后进行培养。

上述受精胚珠或授粉子房培养时以20~26 ℃为宜,开始时进行暗培养或弱光下培养,当形成胚后需置于1 000 lx光照下培养。

(5)胚珠培养与观察

将授粉后的胚珠置于20~25 ℃,室内自然光照下进行培养,经常观察受粉后胚珠的发育过程。烟草的胚珠授粉4 h后,大量的花粉管在胚珠表面萌发;2 d后,可用放大镜看到部分胚珠开始膨大,4 d后,肉眼可观察到膨大的胚珠为白色、半透明的圆球体;一周后,胚珠不再明显地增大;20 d后,胚珠逐渐地变为黄褐色的种子;30 d后,即获得成熟的种子;35 d左右,部分种子在原胎座上开始萌发,并长出幼苗。而未膨大的胚珠,19 d后即渐渐转为深褐色。同时可看到,部分已受精并开始膨大的胚珠,可能因营养不足得不到充分膨大,中途停止发育,较早地转为深褐色。用死花粉授粉的胚珠,亦有一部分略有膨大,但10 d后即转为深褐色,不能发育成种子,其胎座亦有所增大,但一般小于授以活花粉的胎座。

30 d 后，统计受精成功的百分率，成功率一般应能达到 70% 左右。

5）作业

记录实验过程及阶段结果，计算受精成功百分率。

【附注】

①由受精后的胚珠培养难度大，而带有胎座的胚珠培养比较容易成功。因此，如若胚珠培养失败，可改用带有胎座的胚珠培养。

②在基本培养基中添加椰子汁，黄瓜汁或 IAA、KT（0.1 ~ 1 ppm），水解酪蛋白和赤霉素，有利于胚珠与胚的发育。

③试管内受精，特别是胚珠受精及其培养基，还不能说是一普遍成功的方法，胚珠培养已取得成功的有甘蓝等；附在胎座上的胚珠培养取得成功的有：罂粟、蓟罂粟、花菱草、黄花烟草、烟草、麝香石竹，腋花矮牵牛、玉米、异株女娄菜（♀）×红色女娄菜（♂）；小油菜（Brassica chinensfs）（♀）×白菜（♂）；异株女娄菜（♀）×Silene chafta 等。子房培养取得成功的已有矮牵牛、烟草、金鱼草等植物，而且试验成功的植物尚在继续增加。

实验实训 2)))

种子生命力的快速测定

在农业生产中常进行种子生命力的测定，以便根据测定情况进行播种计划的制定，通过不同方法测定种子生命力，对比各种方法的优缺点，在生产中根据具体条件作出适当的选择。这里主要介绍 TTC 法、染色法和碘化钾反应法。

1）TTC 法

（1）原理

TTC（2,3,5-三苯基氯化四氮唑）的氧化态为无色，可被氢还原成不溶性的红色三苯甲月替（TTF）。应用 TTC 的水溶液浸泡种子，使之渗入种胚的细胞内，如果种胚具有生命力，其中的脱氢酶就可以将 TTC 作为受氢体使之还原成为三苯甲月替而呈红色。如果种胚死亡便不能染色，种胚生命力衰退或部分丧失生活力则染色较浅或局部被染色，因此，可以根据种胚染色的部位或染色的深浅程度来鉴定种子的生命力。

（2）材料、仪器设备及试剂

1. 材料：水稻、小麦、玉米、棉花、油菜等待测种子。

2. 仪器设备：小烧杯；刀片；镊子；温箱等。

3. 试剂：0.12% ~0.5% TTC 溶液（TTC 可直接溶于水，溶于水后，呈中性，pH = 7±0.5，不宜久藏，应随用随配）。

（3）实验步骤

①将种子用温水（约 30 ℃）浸泡 2 ~6 h，使种子充分吸胀。

②随机取种子 100 粒，水稻种子要去壳，豆类种子要去皮，然后沿种胚中央准确切开，取其一半备用。

③将准备好的种子浸于 TTC 试剂中，于恒温箱（30 ~35 ℃）中保温 30 min。

④染色结束后要立即进行鉴定，因放久会褪色。倒出 TTC 溶液，再用清水将种子冲洗 1 ~ 2 次，观察种胚被染色的情况，凡种胚全部或大部分被染成红色的即为具有生命力的种子。种胚不被染色的为死种子，如果种胚中非关键性部位（如子叶的一部分）被染色，而胚根或胚芽的尖端不染色都属于不能正常发芽的种子。

2）染料染色法

（1）原理

有生命力种子胚细胞的原生质膜具有半透性，有选择吸收外界物质的能力，一般染料不能进入细胞内，胚部不染色。而丧失生命力的种子，其胚部细胞原生质膜丧失了选择吸收能力，染料可自由进入细胞内使胚部染色。所以可根据种子胚部是否被染色来判断种子的生命力。

（2）材料、设备及试剂

①材料：水稻、玉米、大豆、棉花、小麦及一些树木种子。

②设备：小烧杯；刀片；镊子。

③试剂：0.02% ~0.2% 靛红溶液或 5% 红墨水（酸性大红 G）。

（3）实验步骤

参见 TTC 法。

（4）结果与分析

根据种胚的染色情况判断种子活力并统计死活种子的百分比。

（5）注意事项

①染色的浓度要适当，染色时间不能太长（如用红墨水染色，只需 5 ~ 10 min 即可），否则不易区别染色与否。

②染色法测定种子生命力，以靓红染色法应用较广，它使用于禾谷类、豆类、麻类、瓜类、十字花科、棉花、果树、乔灌木种子的生命力测定。

3）碘化钾反应法

（1）原理

某些种子在发芽过程中，胚内会形成和积累淀粉。淀粉在碘试剂作用下产生蓝色反应，从而可根据胚中产生蓝色反应的程度来判断种子的生活力。

（2）材料、设备与试剂

①材料：云杉、松和落叶松的种子。

②设备：玻璃板；培养皿；滤纸；其余用品同 TTC 法。

③试剂：I-KI 溶液：将 1.3 g 碘化钾溶解在水中，再加入 0.3 g 结晶碘，然后定容至 100 mL。

（3）实验步骤

①将种子在水中浸泡 18 h。

②取出放在垫有湿滤纸的培养皿内，将培养皿置于 30 ℃恒温箱中。松和云杉种子放 48 h，落叶松放 72 h。

③用刀片把胚部切下，然后浸入碘-碘化钾溶液中 20 ~ 30 min 后，取出胚用水冲洗

12 min，然后在垫有白纸的玻璃板上进行观察。

④鉴别种子生活力的标准是：有生活力种子的胚部全部染成不同程度的黑色至灰色，或者胚根部呈褐色，子叶为黄色。无生活力种子的胚部全部染成黄色，或子叶呈灰色或黑色，胚根呈黄色，或胚根末端呈黑色或灰色，而其他部分呈黄色。

⑤此法适于松属、云杉属和落叶松属种子生活力的测定。

4）作业

①比较三种方法之间的异同。

②若需要测定生活力的种子是蔬菜种子，应选哪种方法？

第8章 植物的逆境生理

学习目标

- 深入了解:植物逆境生理通论,植物温胁迫、水胁迫的相关知识。
- 了解:植物热、盐、病、污染等胁迫的类型、生理变化及调控措施。

技能目标

- 能用电导仪测植物细胞的电导率;能采取适当的措施提高作物对逆境的适应能力;能对植物进行抗逆锻炼。

知识点

植物逆境生理的基本概念;植物对逆境的适应方式;提高植物抗逆性的措施;植物在水、温、盐胁迫中的生理变化及提高其抗逆性措施。

案例导入)))

逆境与植物的生理代谢

植物不能移动,因此会因环境因素的改变而遭遇不利于生长发育的各种逆境因子。植物具有对环境变化快速感知和主动适应的能力,即植物当遇到各种不同逆境时,能产生各种不同的生理代谢反应,从最大限度减轻对自己伤害的角度来进行应对。对这逆境中生理代谢变化反应的研究,称为植物的逆境生理(stress physiology)或抗逆生理。

适应能力强的植物在一种全新的环境中,可以通过调整自己的生理代谢方式和形态结构来逐步适应与原来生存环境不同的逆境因子。植物对逆境的反应结果分为两种,即弹性反应和塑性反应。前者是指去掉逆境之后,植物仍可恢复到原来的生理状态。后者则是指当去掉逆境之后,植物发生的生理变化不能恢复到原来的正常状态,但仍可继续生存下去。一般如果逆境强度太剧烈,超出植物生命所能忍受的极限范围,如长期的干旱、冰冻,会使许多植物受伤害过度而死亡。

植物对逆境的反应是非常复杂的,牵涉到多方面的生理生化变化和形态结构变化。研究作物在逆境下的生理反应,对于培育耐旱、耐高温或对抗其他逆境因子的植物品种有重要的指导意义。了解植物在逆境中的生理反应，也有助于人们在栽培作物时，对逆境进行科学的规避，对现有品种进行有目的改良。从总体上来说，不良环境因素对植物的影响，不只局限于某一生理过程，也不限于个别植物，而是对整个植物群体和生态系统的一种损坏。有时逆境不仅影响农林业生产，也影响人类的生活环境。因此研究植物的逆境生理，在理论和实践上都具有重要的意义。

8.1 植物逆境生理通论

8.1.1 逆境与植物的抗逆性

在自然界中，植物分布极其广泛，生长的环境十分复杂，变化无常，差异显著，即使在同一地区也会经常遇到环境条件的剧烈变化。当其变化幅度超出了植物正常生长发育所需的范围时，即成为不良环境因素。对植物生存与生长发育不利的环境称逆境。由于逆境干胁和压迫了植物在适宜环境中应有的生长发育进程，又称胁迫，如水分不足或过多，称水胁迫。逆境主要包括干旱、寒冷、高温、涝害、盐碱、病虫害和环境污染等。概括起来可把逆境分为四大类：

①由于气候造成的逆境，如干旱，炎热，冷害和冻害等；

②由于地理位置造成的逆境，如土壤中盐分过多或缺水，光强度过高，海拔过高以及高山逆境等；

③由于生物因素造成的逆境，如病害，虫害，杂草等；

④由于化学因素造成的逆境，如盐类，离子，气体，除草剂等，特别是人为的环境污染造成的逆境。

各逆境之间通常是相互关联的，如强光会引起温度过高、水分亏缺，而水分缺乏会造成土壤盐碱化程度加大；又如环境水分过多，常造成杂草丛生，植物病害加重等。

在地球上比较适合于栽培作物生长的土地不足10%，其余为干旱、半干旱、冷土、盐土和碱土，植物对不良环境有不同的反应，有的能生存，有的会死亡，能生存的植物是对不良环境适应的结果。植物对逆境的抵抗和忍耐能力称植物抗逆性，简称抗性。抗性是植物对不良环境的一种适应性反应，研究不良环境条件对植物生长发育的影响称逆境生理。

8.1.2 逆境下植物的生理变化

1)膜系统受到破坏

膜系统的损伤主要由于膜脂过氧化、膜蛋白变性和膜脂流动性改变，造成膜相改变和膜结构破坏所致。膜的损伤使膜透性加大，选择透性能力降低。透性加大使细胞内容物外渗,外渗物质包括一些盐类、有机酸等导电物质。将损坏部位置于蒸馏水中,水的导电能力即电导率会加大。因此,常通过测电导率来作为逆境伤害植物程度的一个生理指标,广泛应用在植物抗性研究中。

膜结构破坏的程度与逆境的强度、持续时间、植物品种类型的抗性能力等有关。

2)植物细胞脱水,植物体内水分平衡受到破坏

寒冷、冰冻、高温、干旱、盐渍以及病害等逆境都会破坏植物的水分代谢,使细胞脱水,引起植物体内水分失衡和重新分布,导致水分胁迫,并使膜系统受损,透性增大。

3)光合作用降低,呼吸作用受阻

逆境会引起光合作用降低,同化物的形成减少。逆境下细胞及叶绿体结构受到伤害、叶绿素分解、酶活性降低、气孔开度变小,这些是光合作用降低的主要原因。

逆境下植物的呼吸作用变化较为复杂。高温、冰冻、盐渍等逆境下,植物的呼吸作用逐渐降低;在零上低温、干旱胁迫时,植物的呼吸作用发生先升高后降低;植物发生病害时,呼吸作用显著增强,氧化磷酸化解偶联,大大减少 APT 的供应;高温、低温、干旱等逆境还会导致植物无氧呼吸的增强,产生有毒物质。

4)酶活性发生变化,植物体内的分解作用大于合成

高温、低温、干旱、盐渍胁迫下,植物的合成酶活性降低,水解酶活性增强,糖类、脂类、蛋白质、核酸等生物大分子的分解大于合成,导致葡萄糖、蔗糖和可溶性氮化物(如氨基酸)含量增加,虽相应提高了植物对水、低温等胁迫逆境的抗性,但升高了呼吸作用,导致植物体内物质和能量的极大消耗。

这些生理变化表现在植物形态上,便是环境胁迫最直观的反应。如:植物萎蔫、停止生长;植物器官凋萎、枯黄、腐烂、死亡或脱落;根系褐变或腐烂;病原微生物侵染时,使病部呈现变形、病斑、溃烂、流胶、退绿、坏死和焦枯等。

5)产生活性氧

活性氧是化学性质活泼、氧化能力很强的含氧物质的总称。活性氧包括含氧自由基和含氧非自由基。主要活性氧有 O_2^-(超氧自由基)、$^1O_2$(单线态氧)、OH^-(羟基自由基)、RO^-(烷氧自由基)和含氧非自由基(H_2O_2)等。活性氧的主要危害是引起膜损坏即膜脂过氧化、蛋白质变性、核酸降解等。植物有两种系统防止活性氧的危害:酶系统和非酶系统。酶系统包括 SOD(超氧化物歧化酶)、CAT(过氧化氢酶)、POD(过氧化物酶);非酶系统包括抗坏血酸、类胡萝卜素、谷胱甘肽等。

8.1.3 植物对逆境的适应-植物的抗逆性

植物适应逆境、抵抗逆境的方式主要有两种:避逆性和耐逆性。

1)植物的避逆性

植物或植物器官通过各种方式,使自己的生长发育时期避开逆境的伤害,在相对适宜的环境中完成其生活史。这种适应逆境的方式称逆境逃避,简称避逆性。

如在自然条件十分严酷的高原或沙漠地带，有些植物为避开夏季干旱，能利用早春雨水或雪水，在夏季来临之前即可完成生长、开花、结果等生命周期，称其为短命植物，如沙滨藜、木贼、瓦松、短命菊等。北方寒、温带地区植物的冬芽、地下块根、块茎和种子，在冬季来临之前，通过休眠避开严寒，等待第二年春季来临再萌发。如北方的落叶树木上的休眠芽，辽宁发现的泥炭层中千年未萌发的古莲籽。昙花的花开起来大而美丽，白天不开花，要在晚上八、九点钟以后才开，通常花开3～4 h即谢，故称"昙花一现"。昙花为什么在夜间开花呢？因其原生长地在美洲墨西哥至巴西的热带沙漠中，那里的气候又干又热，晚上开花，可以避开强烈阳光的曝晒，大大减少水分的损失，使它完成生命过程。类似逆境逃避现象在自然界还有很多。

2）植物的耐逆性

植物或器官在逆境胁迫下，能够继续进行生长发育，完成自己的生命周期，这种适应逆境的方式称逆境忍耐，简称耐逆性。植物耐逆性的方式主要有两种：一是通过形态结构的改变来适应逆境；二是通过生理代谢的改变适应逆境。植物在长期的系统发育过程中，会调整自己的行为，启动不同的基因，产生不同的生理生化代谢系统，以适应环境的变化，确保自身物种生存与繁衍，这就是植物的生态适应性。如果没有这种适应性，也不会有物种的进化与生物多样性的形成。

（1）通过形态结构的改变来忍耐并适应逆境

植物的根系具有极强的生态适应性与发育上的可塑性。长于高山、沙漠中的植物，因环境的干旱，根系特别发达，如一种骆驼刺植物根系深达20 m，根冠比极大。而热带雨林中植物，根系分布广但不深，错纵交叉浮长于土壤表面，以达到吸收更多氧气的目的，有些在树干上长出大量的呼吸根，如榕树、红树林植物，因浮于表面的根系与树干上的气生根在雨林气候下的淹水或高湿环境，可以从空气中摄取更多的氧气。

生长于淤泥中的莲藕，原本也是陆生植物，由于沼泽环境的渐进形成，而让它渐渐成为水中的挺生植物，地下根状茎与地上叶柄和花葶在结构上形成了发达的通气组织，可由地上向水中器官输氧并贮氧，让它能在低氧的环境下正常生长。

仙人掌科、景天科等科植物叶常退化掉或退化为刺，器官表面有厚的角质层和蜡质，茎变态为肉质多汁并含有叶绿素，代替叶行使光合能力；白蜡树叶片发白、光亮、有蜡质，能反射光线、降低蒸腾；针叶松等叶片小而肉质，气孔下陷等。这些形态、结构上的变化都是为了适应高温、缺水、干旱的环境。

此外，高温多温的热带雨林下的阴性植物叶片边缘多水孔，以吐出过多吸收的水，保护植物不被过多的水伤害；胡杨等耐盐碱植物有发达的泌盐系统，以适应盐碱地环境。

还有许放多多形态适应环境的案例，不胜枚举，这些现象说明了环境是影响植株形态最为重要的因素。而形态的改变又使植物更好地适应环境，更好地生存。

（2）通过生理代谢的改变来忍耐逆境

①逆境蛋白与抗逆性　目前发现许多逆境（包括高温、低温、干旱、病菌感染等）都会引起植物基因表达的变化，使植物体内原来正常的蛋白质合成受阻，同时诱导一些新蛋白

质的产生，这些在逆境条件下诱导产生的蛋白质称为逆境蛋白。逆境蛋白类型如下：

a.热激蛋白　植物经受短时间高温胁迫后诱导产生的新蛋白，能增强植物的抗热性。

b.病程相关蛋白　植物受病原菌感染或用一些特定的化合物处理后，会产生一种或多种新的蛋白质，能提高植物的抗病能力。病程相关蛋白在植物体内的积累与植物局部诱导抗性和系统诱导抗性有关。病程相关蛋白也可由某些物质，如水杨酸、乙烯诱导合成。

c.低温诱导蛋白　植物经一定时间的低温处理后会合成一些特异性的新蛋白质，如同功蛋白、抗冻蛋白、胚胎发育晚期丰富蛋白等，这些新蛋白质的出现与植物抗寒性等的提高相伴随。

d.渗透调节蛋白　无论干旱或盐渍都能诱导出一些逆境蛋白，其合成总是伴随着渗透调节过程的开始。重金属元素、厌氧环境、活性氧和紫外线胁迫也能诱导一些逆境蛋白的产生。不同逆境条件下有时能诱导出一些相同或相似的逆境蛋白，如缺氧、干旱、盐渍和ABA处理等能诱导产生一些热激蛋白。

②渗透调节与抗逆性　各种逆境都会导致植物细胞内水分的散失，即水分胁迫，植物细胞通过在细胞液内积累各种可溶性有机物和矿质离子等无机物质，提高细胞液的浓度，降低其渗透性，抑制水分的蒸发，以适应水分胁迫的环境，称渗透调节。

干旱、低温时，植物通过水解细胞内淀粉、脂类等高分子贮藏物质为葡萄糖、蔗糖等小分子可溶性物质来提高细胞液浓度，降低其渗透势，从而增强细胞的保水和抗冻能力。

在逆境条件下(旱、盐碱、热、冷、冻)，植物体内还会合成积累脯氨酸和甜菜碱。脯氨酸是蛋白质的组分之一，可以游离状态存在于植物体中。积累的脯氨酸除了作为植物细胞质内渗透调节物质外，还在稳定生物大分子结构、降低细胞酸性、解除氨毒等方面起重要作用。抗旱性强的品种往往积累较多的脯氨酸。因此测定脯氨酸含量可以作为抗旱育种的生理指标。另外，由于脯氨酸亲水性极强，能稳定原生质胶体及组织内的代谢过程，因而能降低冰点，有防止细胞脱水、保护膜弹性的作用，提高了植物抗寒性。甜菜碱有效成分为三甲基甘氨酸，甜菜碱的溶解度很高，不带净电荷，其高浓度对许多酶及其他生物大分子没有影响。甜菜碱能够维持细胞渗透压，保护逆境对生物膜和酶的伤害，因其能解除高浓度盐对酶活性的毒害，降低膜脂过氧化程度，其含量与植物耐盐性呈正相关。

钾离子在植物体内游离存在，移动灵活，能迅速提高细胞液的浓度，是无机离子中最重要的渗透调节物质，所以施钾肥能提高作物的抗旱能力。

③通过代谢方式的改变来适应逆境　如高光强、高温环境中的C_4植物进化出了C_4途径，干旱、缺水环境中的仙人掌等CAM植物进化出了CAM途径，缺磷、钾环境和衰老、感病植株呼吸作用中的PPP途径比例上升等。

此外，耐盐碱植物通过把吸收的盐类隔离在液泡内或通过盐腺泌出植物体外的代谢方式，使代谢活跃部分免受伤害。

④植物激素与抗逆性　在逆境条件下，ABA和乙烯含量增加，IAA、GA、CK含量降低，其中以ABA的变化最为显著。

在干旱、低温、高温、盐渍、病害等胁迫下，植物体内ABA和乙烯含量明显增加。ABA增多可调节气孔的开度，减少蒸腾失水，抑制生长，提高抗逆性。ABA和乙烯还可以作为引发物诱发逆境蛋白的合成。

ABA 处理可增强植物的抗逆性。如外施适当浓度($10^{-6}-10^{-4}$ mol/L)的 ABA 可以提高作物的抗寒、抗旱和抗盐性.其具体作用如下:

a.能延缓抗氧化酶 POD(过氧化物酶)、SOD(超氧化物歧化酶)和 CAT(过氧化氢酶)等活性的下降,这些抗氧化酶可消除细胞内带阴电荷的自由基,阻止自由基引发的膜脂过氧化作用,保护膜免受损伤;能提高膜脂的流动性和不饱和程度,降低逆境对植物的伤害。

b.可使植物体内脯氨酸、甜菜碱、可溶性糖和蛋白质含量增加,增强细胞的保水或抗脱水能力,提高抗寒、抗旱和抗盐能力。

c.可促进气孔关闭,减少水分蒸发,增强根系对水分的吸收和运输。

植物经历了某种逆境后,能提高对另一些逆境的抵抗能力,这种对不良环境间的相互适应作用称为交叉适应。如低温、高温等逆境能刺激或提高植物对水分胁迫的抵抗能力;缺水、盐渍等处理可提高植物对低温和缺氧的抗性;低温锻炼和干旱可增加某些植物的抗冻性等。这些现象表明植物对不同逆境的适应存在着某些共同的生理基础。

8.1.4　提高作物抗逆性的主要措施

1)选育抗性品种

选育抗逆性强的品种,是提高作物抗逆性最根本的措施。根据各种环境胁迫中不同抗逆能力作物的生理生化特性检测、各种性状表现的考察,可选育抗性品种。组织培养已经成为一种快速筛选抗性新品种的方法,如利用一系列作物和牧草产生的愈伤组织,选择耐盐突变体,已获得了耐 90 mol/m^3 NaCl 的烟草,耐 170 ~ 340 m^3 NaCl 的辣椒和耐 60 ~ 170 m^3 NaCl 的苜蓿。通过基因工程将抗性基因转移到植物中去,从而提高植物的抗性,已经在多种植物中取得了成功。

2)进行抗性锻炼

农业生产上使各种栽培作物逐步适应不利于生存环境的过程,称抗性锻炼。一般在种子萌动和幼苗期进行,因植物幼小时,可塑性强。各种逆境锻炼是行之有效的增强作物抗逆性的途径。如进行抗寒锻炼、抗旱锻炼,使作物在生理生化上发生变化,产生相应的逆境蛋白、脱落酸、脯氨枝等抗逆物质,从而增强植物对不良环境的抵抗能力。

3)增施有机肥料

增施有机肥,可改良土壤理化性质,提高土壤中矿质元素的种类,有利于土壤微生物的繁衍,为根系吸收养分提供良好的水、肥、气、热根际环境氛围,结合适当施用大量元素化肥,使地上部的生长营养充足、代谢顺畅,健壮的植物机体能大大提高抵抗各种逆境的能力。

4)施用植物生长调节剂,进行化学调控

适当施用植物生长调节剂,也可通过改变植物体内的激素平衡,调控生长发育的速率和方向,从而达到提高植物抗逆性的能力。多效唑浸种使干旱 7 天、土壤含水量降至 15%

时再复水的水稻幼苗生存率由5.7%提高到76.1%；水杨酸、比久、茉莉酸甲酯等处理能显著增强烟草、桃、水稻、马铃薯、番茄等植株的抗病能力。

8.2 植物主要逆境生理各论

8.2.1 植物的抗旱性与抗涝性

1)抗旱性

陆生植物最常遭受的环境胁迫是缺水。当植物耗水大于吸水时，就使组织内水分亏缺。过度水分亏缺的现象，称为干旱。旱害则是指土壤水分缺乏或大气相对湿度过低对植物的危害。植物抵抗旱害的能力称为抗旱性。中国西北、华北地区干旱缺水是影响作物生产的重要因子，南方各省虽然雨量充沛，但由于各月分布不均，也时有干旱危害。

(1)干旱类型

①大气干旱　是指空气过度干燥，相对湿度过低(10% ~20%)，常伴随强光、高温和干热风。这时植物蒸腾过强，根系吸水补偿不了失水，从而受到危害。中国西北、华北地区常有大气干旱发生。每年的5月中、下旬至6月上、中旬，正是北方小麦灌浆期，会出现的一种高温、低湿并伴有一定风力的灾害性天气，称为干热风，属于大气干旱。干热风强烈地破坏小麦的水分平衡和光合作用，影响小麦灌浆成熟，造成小麦青枯、早死，千粒重明显下降，导致严重减产。

②土壤干旱　是指土壤中可利用水的缺乏，使植物根系吸水困难，体内水分亏缺严重，引起植物永久萎蔫，正常的生命活动受到干扰，生长缓慢或完全停止。

③生理干旱　是指土壤水分并不缺乏，但因土温过低、土壤盐碱土或施肥过多等因素导致土壤溶液浓度过高、土壤板结及积水过多，从而使得土壤缺氧或土壤存在有毒物质，妨碍根系吸水，造成植物体内水分平衡失调，植物受到干旱危害。

大气干旱如持续时间较长，必然导致土壤干旱，所以这两种干旱常同时发生。在自然条件下，干旱常伴随着高温，所以，干旱的伤害可能包括脱水伤害(狭义的旱害)和高温伤害(热害)。

知识链接)))

世界和我国干旱面积状况

植物经常遭受到干旱胁迫的危害，全世界14多亿公顷的耕地面积中，6亿公顷位于干旱、半干旱地区，约占43%，由此造成的产量的减少超过所有自然灾害的总和。中国年平均降水量为 629 mm，分布极不均衡，由东南沿海向西北内陆递减。西北内流区域平均 164 mm，而东南部外流区则达 896 mm。在降水分布图上，400 mm 等降水量线通过大兴安岭—榆林—兰州—拉萨一线，为半湿润和半干旱地区的分界线。800 mm 等降水量线约与秦岭、淮河线一致，此线以南降水丰沛，属于湿润地区。中国湿润地区占 32%，半湿润地区占 18%，半干旱地区占 19%，干旱地区占 31%。

（2）旱生植物的类型

根据植物对水分的需求，把植物分为三种生态类型：需在水中完成生活史的植物叫水生植物；陆生植物中适应于不干不湿环境的植物叫中生植物；适应于干旱环境的植物叫旱生植物。然而这三者的划分不是绝对的，因为即使是一些很典型的水生植物，遇到旱季仍可保持一定的生命活动。

（3）干旱对植物的伤害机理

①改变膜的结构及透性　正常状态下的膜内脂类分子靠磷脂极性同水分子相互连接，所以膜内必须有一定的束缚水时才能保持这种膜脂分子的双层排列。而干旱使得细胞严重脱水，膜脂分子结构即发生紊乱，膜因而收缩出现空隙和龟裂，引起膜透性改变。大量的无机离子和氨基酸、可溶性糖等小分子被动向组织外渗漏。

②破坏了正常代谢过程　细胞脱水对代谢破坏的特点是抑制合成代谢而加强了分解代谢，即干旱使合成酶活性降低或失活而使水解酶活性加强。主要导致如下现象：

a. 对光合作用的影响　水分不足使植物光合作用显著下降，直至趋于停止。番茄叶片水势低于-0.7 MPa 时，光合作用开始下降，当水势达到-1.4 MPa 时，光合作用几乎为零。干旱使光合作用受抑制的原因是多方面的，主要由于：水分亏缺后造成气孔关闭，CO_2 扩散的阻力增加；叶绿体片层膜体系结构改变，光系统Ⅱ活性减弱甚至丧失，光合磷酸化解偶联；叶绿素合成速度减慢，光合酶活性降低；水解加强、糖类积累等。

b. 对呼吸作用的影响　干旱对呼吸作用的影响较复杂，一般呼吸速率随水势的下降而缓慢降低。有时水分亏缺会使呼吸短时间上升，而后下降，这是因为开始时呼吸基质增多的缘故。若缺水时淀粉酶活性增加，使淀粉水解为糖，可暂时增加呼吸基质。但到水分亏缺严重时，呼吸又会大大降低。如马铃薯叶的水势下降至-1.4 MPa 时，呼吸速率可下降 30% 左右。

c. 蛋白质分解，脯氨酸积累　干旱时植物体内的蛋白质分解加速，合成减少，这与蛋白质合成酶的钝化和能源（ATP）的减少有关。如玉米水分亏缺 3 h 后，ATP 含量减少 40%。蛋白质分解则加速了叶片衰老和死亡，复水后蛋白质合成迅速地恢复。所以植物经干旱后，在灌溉与降雨时适当增施氮肥有利于蛋白质合成，补偿干旱的有害影响。与蛋白质分解相联系的是干旱时植物体内游离氨基酸特别是脯氨酸含量增高，可增加达数十倍甚至上百倍之多。因此脯氨酸含量常用作抗旱的生理指标，也可用于鉴定植物遭受干旱的程度。

d. 破坏核酸代谢　随着细胞脱水，其 DNA 和 RNA 含量减少。主要原因是干旱促使 RNA 酶活性增加，使 RNA 分解加快，而 DNA 和 RNA 的合成代谢则减弱。当玉米芽鞘组织失水时，细胞内多聚核糖体解离成单体，失去了合成蛋白质（酶）的功能。因此有人认为，干旱之所以引起植物衰老甚至死亡，是同核酸代谢受到破坏有直接关系的。

e.激素的变化　干旱时细胞分裂素含量降低，脱落酸含量增加，这两种激素对 RNA 酶活性有相反的效应，前者降低 RNA 酶活性，后者提高 RNA 酶活性。

脱落酸含量增加还与干旱时气孔关闭、蒸腾强度下降直接相关。

干旱时乙烯含量也提高，从而加快植物部分器官的脱落。

f.水分的分配异常　干旱时植物组织间按水势大小竞争水分。一般幼叶向老叶吸水，促使老叶枯萎死亡。有些蒸腾强烈的幼叶向分生组织和其他幼嫩组织夺水，影响这些组织的物质运输。例如禾谷类作物穗分化时遇旱，则小穗和小花数减少；灌浆时缺水，影响到物质运输和积累，籽粒就不饱满。对于其他植物，也常由此造成落花落果，影响产量。

③机械性损伤　上述的旱害多属破坏正常代谢，一般不至于造成细胞或器官的立即损伤或死亡。而干旱对细胞的机械性损伤可能会使植株立即死亡。细胞干旱脱水时，液泡收缩，对原生质产生一种向内的拉力，使原生质与其相连的细胞壁同时向内收缩，在细胞壁上形成很多折叠，损伤原生质的结构。如果此时细胞骤然吸水复原，可引起细胞质、壁不协调膨胀把粘在细胞壁上的原生质撕破，导致细胞死亡。

(4)作物抗旱性的形态、生理特征

作物抗旱性是作物的一种适应反应，是作物具有忍受干旱而受害最小、减产最少的一种特性。抗旱性强的植物往往根系发达，根冠比大，叶片细胞体积小，维管束发达，叶脉致密，单位面积气孔数目多，这不仅有利于根系吸水，还可加强蒸腾作用与水分传导。

适应干旱条件的生理特征是：细胞液的渗透势低，在缺水情况下气孔关闭较晚，光合作用不立即停止，酶的合成活动仍占优势(合成大于分解)。目前研究作物抗旱性，一般都以上述特征作为指标。不同抗旱性作物的根冠比是不同的，根冠比越大，越抗旱。

(5)提高作物抗旱性的途径

①抗旱锻炼　锻炼就是使植物处于一定的不良环境中，经过一定时间后，使植物增加对这种不良环境的抵抗能力。抗旱锻炼就是使植物处于适当的缺水条件下，经过一定时间，使之适应干旱环境的方法。如“蹲苗”“搁苗”“饿苗”及“双芽法”等，都是有效的方法。玉米、棉花、烟草、大麦等广泛采用在苗期适当控制水分，抑制生长，以锻炼其适应干旱的能力，这叫“蹲苗”；蔬菜移栽前拔起让其适当萎蔫一段时间后再栽，这叫“搁苗”；红薯剪下的藤苗很少立即扦插，一般要在阴凉处放置 1～3 d 甚至更长的时间，这叫“饿苗”。试验证明，经锻炼的苗，根系发达，植株保水力强，叶绿素含量高，以后遇干旱时，代谢比较稳定，尤其表现为蛋白氮含量高，干物质积累多。

“双芽法”是播前的种子锻炼。1934 年，金杰里等人在这方面进行了大量研究，他们认为，种子经过干旱锻炼能够提高作物抗旱增产能力。其方法是，让种子吸收一定量的水分，在 10～25 ℃保持湿润通风若干小时，最后将种子晒干至原重，除有些品种处理一次外，一般品种处理 2～3 次效果最好。

②化学诱导　用化学试剂处理种子或植株，可产生诱导作用，提高植物抗旱性。如用 0.25% $CaCl_2$ 溶液浸种 20 h，或用 0.05% $ZnSO_4$ 喷洒叶面都有提高植物抗旱性的效果。

③合理施肥　合理施肥可使植物抗旱性提高。磷、钾肥能促进根系生长，提高保水力。

麦在水分临界期缺水，未施钾肥的植株含水量为65.9%，而播前施钾的含水量可达73.2%。

氮素过多对作物抗旱不利，凡是枝叶徒长的作物，蒸腾失水增多，易受旱害。

一些微量元素也有助于作物抗旱。硼在提高作物的保水能力与增加糖分含量方面与钾类似，同时硼还可提高有机物的运输能力，使蔗糖迅速地流向结实器官，这对因干旱而引起运输停滞的情况有重要意义。铜能显著改善糖与蛋白质代谢，这在土壤缺水时效果更为明显。

④生长延缓剂与抗蒸腾剂的使用　脱落酸可使气孔关闭，减少蒸腾失水。矮壮素、B_9等能增加细胞的保水能力。合理使用抗蒸腾剂也可降低蒸腾失水。

2）植物的抗涝性

（1）涝害

水分过多对植物的伤害称涝害。植物对积水或土壤过湿的适应力和抵抗力称植物的抗涝性。涝害可分为湿害和淹害。

土壤过湿，水分处于饱和状态，土壤含水量超过了田间最大持水量，根系完全生长在沼泽化泥浆中，植物很难生长，称为湿害。湿害能使旱田作物发育不良，原因是：

①土壤全部空隙充满水分，根部呼吸困难，导致根系吸水吸肥都受到抑制。

②由于土壤缺乏氧气，使土壤中的好气性细菌（如氨化细菌、硝化细菌和硫细菌等）的正常活动受阻，影响矿质的供应；另一方面，嫌气性细菌（如丁酸细菌等）特别活跃，使土壤溶液的酸度增加，影响植物对矿质的吸收。

③产生一些有毒的还原产物，如硫化氢和氨等，能直接毒害根部。

淹害即典型的涝害，是指地面积水淹没了作物的全部或一部分，对植物造成的危害。我国几乎每年都有局部的涝灾现象，低洼、沼泽地带、河边，在发生洪水或暴雨之后，常有涝害发生，给农业生产带来很大损失。危害主要表现在：

①代谢紊乱　水涝缺氧限制了有氧呼吸，促进了无氧呼吸，抑制线粒体的活性，产生乙醇、乳酸等无氧呼吸产物，使植物受到毒害。无氧呼吸还使根系缺乏能量，阻碍矿质的正常吸收。

②营养失调　缺氧使土壤中的好气性细菌（如氨化细菌、硝化细菌等）的正常生长活动受抑，影响矿质供应；土壤厌气性细菌如丁酸细菌等活跃，会增加土壤溶液的酸度，使土壤内形成大量有害的还原性物质（如H_2S、Fe^{2+}、Mn^{2+}等），一些元素如Mn、Zn、Fe也易被还原流失，引起植株营养缺乏。

③激素变化　在淹水条件下，植物体内ETH含量增加，高浓度的ETH引起叶片卷曲、偏上生长、脱落、茎膨大加粗；根系生长减慢；花瓣褪色等。

④生长受抑　水涝缺氧可降低植物的生长量，受涝的植物生长矮小，叶黄化，根尖变黑，叶柄偏上生长。淹水对种子萌发的抑制作用尤为明显。

（2）抗涝机理

不同作物抗涝能力有别。如旱生作物中，油菜比马铃薯、番茄抗涝；荞麦比胡萝卜、紫云英抗涝。沼泽作物中,水稻比藕更抗涝;水稻中,籼稻比糯稻抗涝;糯稻又比粳稻抗涝。木本植物耐涝性随树种、生态型和原产地而异,通常木本被子植物耐涝性大于裸子植物,但少数裸子植物的耐涝性也很强,如落羽松、北美红杉、萌芽松、火炬松和晚松。洼地树种耐涝性的顺序(由强到弱)是:银白槭,风箱树,黑柳,杨属植物,洋白蜡树,美洲榆,栎属植物,一球悬铃木。

同一作物不同生育期抗涝程度不同。在水稻一生中,以幼穗形成期到孕穗中期最易受水涝危害,其次是开花期,其他生育期受害较轻。

作物抗涝性的强弱决定于对缺氧的适应能力:

①发达的通气系统　很多植物可以通过胞间空隙系统把地上部吸收的 O_2 输入到根或者缺氧的部位,水生植物抗淹水的机理主要是依靠发达的胞间空隙系统。据推算,水生植物的胞间空隙约占地上部总体积的70%,而陆生植物细胞间隙体积占20%。通常,陆生植物如水稻、小麦、番茄、蚕豆等也具有这种性能,而水稻由于长期对沼泽化土壤的适应,它的胞间隙系统比小麦等旱作作物发达,由地上部向地下部送 O_2 能力较强,根际氧化势高,降低了根际还原物质的积累,有利于根的生长,所以水稻较小麦等旱作作物耐涝。可以推断,凡是细胞间隙发达的作物抗涝性均较高。

②耐缺氧能力强　真正耐缺氧的植物或器官,应该是根生长在缺氧条件下比通气良好条件下更加有效。如有一种耐涝的千里光属的植物,根在缺 O_2 下呼吸略受抑制,可地上部干重反而增加,这类植物生长在通气良好条件下则是无益的。

诱发不定根是受淹植物最常见的形态学变化之一。许多单子叶和双子叶植物受淹后,在茎的基部或根基形成不定根,如大麦、小麦、玉米、水稻、甘蔗、番茄、向日葵、三叶草等。发根区域临近淹水水面,水分充足,通气良好。不定根发育缩短了氧从通气部位运至根尖的距离,避免根系缺氧和土壤中有毒物质的危害,减轻了地上部的涝害症状,延长了植株在淹水条件下存活的时间。

(3)提高作物抗涝性途径

①增施矿肥　水涝通过缺氧和淋溶而使某些矿质元素亏缺,因此,施入矿质肥料可以预防和补偿上述损失,田间试验也证明这是一种有效的措施。如果土壤中含有较多的矿质元素,则涝害减轻,在玉米抽丝期,淹水后减产16%,在高氮水平下,可以不减产。

②培育抗涝品种　利用常规育种、遗传工程等方法培育抗涝品种是最有效的途径之一。国外报道已培育出不少抗涝作物品种,如小麦、玉米、高粱以及一些果树品种。

③防涝种植方式　如高垄种植,既能提高地温,又保墒保苗,排水解涝;台田栽培,即在一定面积上,四周开沟排水,沟土作高畦,作物以带状种于高畦上,既避免地段积水,又通风透光。

水分不足固然对植物的生长不利,但水分过多对植物也有害。水分过多对植物之所以有害并不在于水分本身,因为植物在溶液中还是能正常生长的。

8.2.2 植物的抗寒性

植物生长对温度的反应有三基点,即最低温度、最适温度和最高温度。超过最高温度,植物就会遭受热害。低于最低温度，植物将会受到寒害（包括冷害和冻害）。温度胁迫即是指温度过低或过高对植物的影响。

1）抗冷性

（1）冷害

很多热带和亚热带植物不能经受冰点以上的低温，这种冰点以上低温对植物的危害叫做冷害。而植物对冰点以上低温的适应能力叫抗冷性。

我国冷害经常发生于早春和晚秋，对作物的危害主要表现在苗期与籽粒或果实成熟期。种子萌发期的冷害，常延迟发芽，降低发芽率，诱发病害。如棉花、大豆种子在吸胀初期对低温十分敏感，低温浸种会完全丧失发芽率。低温下子叶或胚乳营养物质发生泄漏，这为适应低温的病菌提供了养分。苗期冷害主要表现为叶片失绿和萎蔫。水稻、棉花、玉米等春播后，常遭冷害，造成死苗或僵苗不发。作物在减数分裂期和开花期对低温也十分敏感。如水稻减数分裂期遇低温（16 ℃以下），则花粉不育率增加，且随低温时间的延长而危害加剧；开花期温度在 20 ℃以下，则延迟开花，或闭花不开，影响授粉受精。晚稻灌浆期遇到寒流会造成籽粒空瘪。10 ℃以下低温会影响多种果树的花芽分化，降低其结实率。果蔬贮藏期遇低温，表皮变色，局部坏死，形成凹陷斑点。在很多地区，冷害是限制农业生产的主要因素之一。

根据植物对冷害的反应速度，可将冷害分为直接伤害与间接伤害两类。直接伤害是指植物受低温影响后几小时，至多在 1 d 之内即出现伤斑，说明这种影响已侵入胞内，直接破坏原生质活性。间接伤害主要是指由于引起代谢失调而造成的伤害。低温后植株形态上表现正常，至少要在五六天后才出现组织柔软、萎蔫，而这些变化是代谢失常后生理生化的缓慢变化而造成的，并不是低温直接造成的。

（2）冷害时植物体内的生理生化变化

冷害对植物的影响不光表现在叶片变褐、干枯，果皮变色等外部形态上，更重要的是在细胞的生理生化上发生了剧烈变化。

①膜透性增加　在低温冷害下，膜的选择透性减弱，膜内大量溶质外渗。用电导仪测定可发现，植物浸出液的电导率增加，这就是细胞膜遭受破坏的表现。

②原生质流动减慢或停止　把对冷害敏感植物（番茄、烟草、西瓜、甜瓜、玉米等）的叶柄表皮毛在 10 ℃下放置 1 ~2 min，原生质流动就变得缓慢或完全停止；而将对冷害不敏感的植物（甘蓝、胡萝卜、甜菜、马铃薯）置于 0 ℃时，原生质仍有流动。原生质流动过程需 ATP 提供能量，而原生质流动减慢或停止则说明了冷害使 ATP 代谢受到抑制。

③水分代谢失调　植株经冰点以上低温危害后，吸水能力和蒸腾速率都明显下降，其中根系吸水能力下降幅度更显著。在寒潮过后，作物的叶尖、叶片、枝条往往干枯，甚至发生器官脱落。这些都是水分代谢失调引起的。

④光合速率减弱　低温危害后，蛋白质合成小于降解，叶绿体分解加速，叶绿素含量下降，加之酶活性又受到影响，因而光合速率明显降低。

⑤呼吸速率大起大落　植物在刚受到冷害时，呼吸速率会比正常时还高，这是一种保

护作用。因为呼吸上升,放出的热量多,对抵抗寒冷有利。但时间较长以后,呼吸速率便大大降低,这是因为原生质停止流动,氧供应不足,无氧呼吸比重增大。特别是不耐寒的植物(或品种),呼吸速度大起大落的现象特别明显。

⑥有机物分解占优势　植株受冷害后,水解大于合成,不仅蛋白质分解加剧,游离氨基酸的数量和种类增多,而且多种生物大分子都减少。冷害后植株还积累许多对细胞有毒害的中间产物——乙醛、乙醇、酚、α-酮酸等。

(3)冷害的机理

造成冷害形态结构和生理生化剧烈变化的主要原因,通常认为有以下几点:

①膜脂发生相变　低温下,生物膜的脂类会出现相分离和相变,使液晶态变为凝胶态。由于脂类固化,从而引起与膜相结合的酶解离或使酶亚基分解而失去活性。因为酶蛋白质是通过疏水键与膜脂相结合的,而低温使二者结合脆弱,故易于分离。

随着温度的下降,高熔点的脂质分子从流动性高的液晶态移动到凝胶态,液晶相和凝胶相间出现了裂缝。

膜脂相变温度随脂肪酸链的加长而增加,随不饱和脂肪酸如油酸、亚油酸、亚麻酸等所占比例的增加而降低。即不饱和脂肪酸愈多,愈耐低温。温带植物比热带植物耐低温的原因之一,就是构成膜脂不饱和脂肪酸的含量较高。同一种植物,抗寒性强的品种其不饱和脂肪酸的含量也高于抗寒性弱的品种。经过抗冷锻炼后,植物不饱和脂肪酸的含量能明显提高,随之膜相变温度降低,抗冷性加强。因此膜不饱和脂肪酸指数即不饱和脂肪酸在总脂肪酸中的相对比值,可作为衡量植物抗冷性的重要生理指标。

②膜的结构改变,引起细胞内容物外渗　在缓慢降温条件下,由于膜脂的固化使得膜结构紧缩,降低了膜对水和溶质的透性。在寒流突然来临的情况下,由于膜脂的不对称性,膜体紧缩不匀而出现断裂,因而会造成膜的破损渗漏,胞内溶质外流。膜渗漏增加,使得胞内溶质外渗,打破了离子平衡,引起代谢失调(图 8.1)。据报道,受害甘薯的根组织在低温下,离子的外渗比正常组织高 5 倍。低温下,植物细胞内电解质外渗与否已成为鉴定植物耐冷性的一项重要指标。

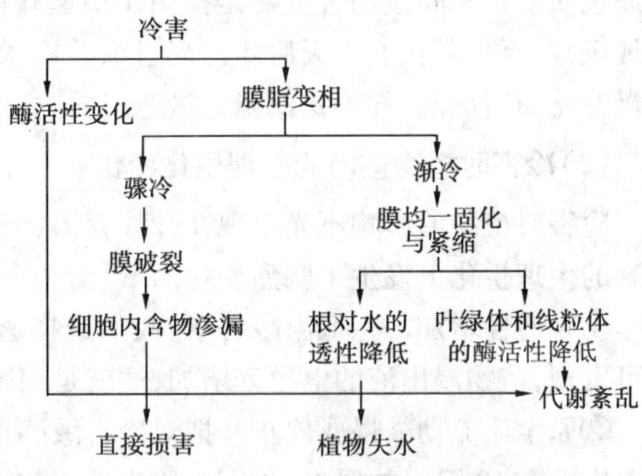

图 8.1　骤然降温和逐渐降温对膜与代谢的伤害

③代谢紊乱　生物膜结构的破坏会引起植物体内新陈代谢的紊乱。如低温下光合的降低与呼吸速率改变不但使植物处于饥饿状态,而且还使有毒物质(如乙醇)在细胞内积累,导致细胞和组织受伤或死亡。冷害的机理是多方面的,但相互之间又有联系。

(4)提高植物抗冷性的措施

①低温锻炼　这是个很有效的措施,因为植物对低温有一个适应过程。很多植物如预先给予适当的低温锻炼,而后即可抗御更低的温度,否则就会在突然遇到低温时遭灾。

春季在温室、温床育苗，进行露天移栽前，须先逐渐降低室温或床温。如番茄苗移出温室前先在10 ℃环境中放置一、二天，栽后即可抗5 ℃左右低温；黄瓜苗在经10 ℃锻炼后即可抗3～5 ℃低温。经过低温锻炼的植株，其膜的不饱和脂肪酸含量增加，相变温度降低，膜透性稳定，细胞内NADPH/NADP比值和ATP含量增高，这些都有利于植物抗冷性的增强。

②化学诱导　细胞分裂素、脱落酸和一些植物生长调节剂及其他化学试剂可提高植物的抗冷性。如玉米、棉花种子播前用福美双处理，可提高植物抗寒性；将2,4-D，KCl等喷于瓜类叶面则有保护其不受低温危害的效应；PP_{333}、抗坏血酸、油菜素内酯等于苗期喷施或浸种，也有提高水稻幼苗抗冷性的作用。

③合理施肥　土壤增施有机肥和适当增加磷、钾肥比重，可明显提高植物抗冷性。

2)抗冻性

当大气温度降到冰点以下时，一些植物由于抵御不了严寒而受冻致死，而另一些植物却能在冰天雪地里傲然挺立，生机盎然。这是由于不同植物抗冻本领有着显著差异的缘故。

(1)冻害

冰点以下低温对植物所导致的损害称冻害。植物对冰点以下低温的适应能力称抗冻性。地球上许多地区都存在冰点以下的低温，这对多种作物可造成程度不同的冻害，它是限制农业生产的一种自然灾害。

冻害发生的温度限度，可因植物种类、生育时期、生理状态、组织器官及其经受低温的时间长短而有很大差异。大麦、小麦、燕麦、苜蓿等越冬作物一般可忍耐-7～-12 ℃的严寒；有些树木，如白桦、网脉柳可以经受-45 ℃的严冬而不死；种子的抗冻性很强，在短时期内可经受-100 ℃以下冷冻而仍保持其发芽能力；某些植物的愈伤组织在液氮下，即在-196 ℃低温下保存4个月之久仍有活性。

一般剧烈的降温和升温，以及连续的冷冻，对植物的危害较大；缓慢的降温与升温解冻，植物受害较轻。植物受冻害时，叶像烫伤一样，细胞失去膨压，组织柔软、叶色变褐，最终干枯死亡。冻害主要是冰晶的伤害。植物组织结冰可分为两种方式：胞外结冰与胞内结冰。胞外结冰又叫胞间结冰，是指在温度下降时，细胞间隙和细胞壁附近的水分结成冰。随之而来的是细胞间隙的蒸汽压降低，周围细胞的水分便向胞间隙方向移动，扩大了冰晶的体积。胞内结冰是指温度迅速下降，除了胞间结冰外，细胞内的水分也冻结。一般先在原生质内结冰，后来在液泡内结冰。细胞内的冰晶体数目众多，体积一般比胞间结冰小。

(2)冻害的机理

①膜的损害　当植物遇到冻害时，生物膜便会发生相变，即从液晶相变成凝胶状态，并使膜的结构破坏，结果在原生质膜上形成透性较大的非脂类的“洞穴”，成为许多电解质自由出入的通道，细胞质内的溶胶因而大量排出，最终引起植物死亡。

膜对结冰最敏感，如柑橘的细胞在-4.4～-6.7 ℃时，所有的生物膜(质膜和细胞器膜)

都被破坏,小麦根分生细胞结冰后线粒体膜发生显著的损伤。低温造成细胞间结冰时,可产生脱水、机械损伤和渗透三种胁迫。这三种胁迫同时作用,使蛋白质变性或改变膜中蛋白和膜脂的排列,膜受到伤害,透性增大,溶质大量外流。另一方面,膜脂相变使得一部分与膜结合的酶游离而失去活性,光合磷酸化和氧化磷酸化解偶联,ATP 形成明显下降,引起代谢失调,严重的则使植株死亡。植物机体细胞内的生物膜体系与植物抗冻性有密切关系。

②结冰伤害　结冰会对植物体造成危害,但胞间结冰和胞内结冰的影响各有特点。胞间结冰引起植物受害的主要原因是:

a. 原生质过度脱水,使蛋白质变性或原生质发生不可逆的凝胶化　由于胞外出现冰晶,于是随冰核的形成,细胞间隙内水蒸气压降低,但胞内含水量较大,蒸汽压仍然较高,这个压力差的梯度使胞内水分外溢,而到胞间后水分又结冰,使冰晶愈结愈大,细胞内水分不断被冰块夺取,终于使原生质发生严重脱水。

b. 冰晶体对细胞的机械损伤　由于冰晶体的逐渐膨大,它对细胞造成的机械压力会使细胞变形,甚至可能将细胞壁和质膜挤碎,使原生质暴露于胞外而受冻害,同时细胞亚微结构遭受破坏,区域化被打破,酶活动无秩序,影响代谢的正常进行。

处在冰点温度时的植物体会由于水分随着水势梯度流动,穿过质体膜进入细胞壁和细胞间空隙,而造成细胞内水分匮乏。阻止细胞质结晶冰的形成,导致细胞死亡。相反,细胞会脱水,非原生质体发生结冰。

c. 解冻过快对细胞的损伤　结冰的植物遇气温缓慢回升,对细胞的影响不会太大。若遇温度骤然回升,冰晶迅速融化,细胞壁易于恢复原状,而原生质尚来不及吸水膨胀,有可能被撕裂损伤。例如葱和白菜叶等突然遇高热化冻后会立即瘫软,就是这种原因造成的。

胞内结冰对细胞危害更为直接。因为原生质是有高度精细结构的组织,冰晶形成以及融化时对质膜与细胞器以及整个细胞质产生破坏作用。胞内结冰常给植物带来致命的损伤。

③巯基假说　莱维特(Levitt)在 1962 年提出植物细胞结冰引起蛋白质损伤的二硫键假说(图 8.2)。主要内容为:当组织结冰脱水时,巯基(—SH)减少,而二硫键(—S—S—)增加。二硫键是由于蛋白质分子内部失水或相邻蛋白质分子的巯基失水而形成的。当解冻再度失水时,肽链松散,氢键断裂,但二硫键还保存,肽链的空间位置发生变化,蛋白质分子的空间构象改变,因而蛋白质结构被破坏,进而引起细胞伤害和死亡。所以组织抗冻性的基础在于阻止细

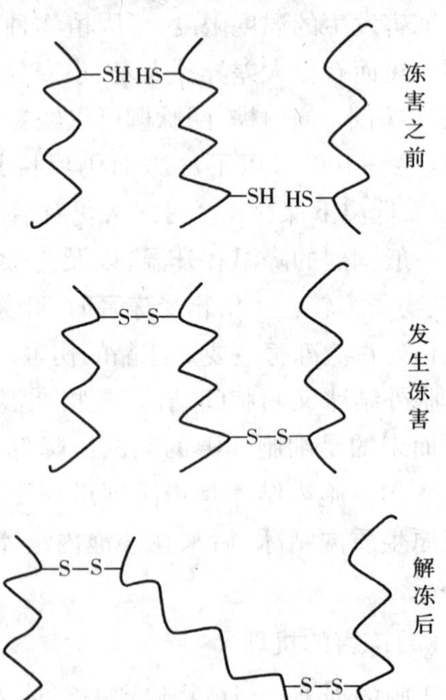

图 8.2　二硫键假说

胞中蛋白质分子间二硫键的形成。当植株脱水后，细胞内—SH 多，二硫键少，则抗冻性强。一些实验已发现植物受冻害的蛋白质中，二硫键增多，而受冻但未伤害的细胞却不发生这种变化。

(3)植物对冻害的适应性

植物在长期进化过程中，在生长习性和生理生化方面都对低温具有特殊的适应方式。如一年生植物主要以干燥种子形式越冬；大多数多年生草本植物越冬时地上部死亡，而以埋藏于土壤中休眠的延存器官(鳞茎、块茎、块根等)度过冬天；大多数木本植物或冬季作物除了在形态上形成或加强保护组织(如芽鳞片、木栓层等)和落叶外，主要在生理生化上发生变化进行适应，增强抗寒力。

一年中，植物对低温冷冻的抗性也是逐步形成的。在冬季来临之前，随着气温的逐渐降低，植物体内发生一系列适应低温的形态和生理生化变化，其抗寒力才能得到提高，这也是一个抗寒锻炼的过程。如冬小麦在夏天 20 ℃时，抗寒能力很弱，只能抗-3 ℃的低温；秋天 15 ℃时开始增强到能抗-10 ℃低温；冬天 0 ℃以下时可增强到抗-20 ℃的低温，春天温度上升变暖，抗寒能力又下降。

经过逐渐的降温，植物在形态结构上也有较大变化，如秋末温度逐渐降低，抗寒性强的小麦质膜能发生内陷弯曲现象。这样，质膜与液泡相接近，可缩短水分从液泡排向胞外的距离，排除水分在细胞内结冰的危险。

冬季低温到来前，植物在生理生化方面对低温的适应变化主要如下：

①植株含水量下降　随着温度下降，植株含水量逐渐减少，特别是自由水与束缚水的相对比值减小。由于束缚水不易结冰和蒸腾，所以总含水量减少和束缚水含量相对增多，有利于植物抗寒性的加强。

②呼吸减弱　植株的呼吸随着温度的下降而逐渐减弱，很多植物在冬季的呼吸速率仅为生长期中正常呼吸的 1/200。细胞呼吸弱，消耗的糖分少，既能延长寿命，又有利于对不良环境的抵抗。

③激素变化　随着秋季日照变短、气温降低，许多树木的叶片逐渐形成较多的脱落酸，抑制植物的代谢活动，而生长素与赤霉素的含量则减少。

④生长停止，进入休眠　冬季来临之前，植株生长变得很缓慢，甚至形态上停止生长，进入休眠状态。

⑤保护性渗透物质增多　在温度下降的时候，淀粉水解加剧，可溶性糖含量增加，细胞液的浓度增高，水势下降，抑制细胞的过度失水，使冰点降低，也可保护原生质胶体不致遇冷凝固。越冬期间，脂类化合物集中在细胞质表层，水分不易透过，代谢降低，细胞内不易结冰，亦能防止过度脱水。此外，细胞内还大量积累蛋白质、核酸等，使原生质浓度、黏性和弹性升高，这样可提高其抗寒性。

总而言之，在严冬来临之前，植物接受到各种信号，主要是光信号(日照变短)和温信号(气温逐渐下降)，会在生理上产生一系列适应性生理反应，如生长基本停顿、代谢减弱、自由水含量降低、渗透性物质增多、原生质胶体性质改变等，以适应低温条件，安全越冬。

(4)提高植物抗冻性的措施

①抗冻锻炼　在植物遭遇低温冻害之前，逐步降低温度，使植物提高抗冻的能力，是一项有效的措施。经过抗寒锻炼，可以人为地促进植物体内一系列生理上的转变，如植物的含水量发生变化，自由水减少，束缚水相对增多；膜不饱和脂肪酸也增多，膜相变的温度降低；同化物积累明显，特别是植物组织的可溶性糖含量（包括葡萄糖、果糖、蔗糖等）增多，还有一些多羟醇，如山梨醇、甘露醇与乙二醇等也增多。人们还发现，人工向植物渗入可溶性糖，也可提高植物的抗冻能力；激素比例发生改变，ABA 含量升高可显著提高植物抗脱水能力，从而增加其抗冻能力。

但植物抗冻能力主要受遗传因子控制，水稻无论如何锻炼也不可能像冬小麦那样抗冻。

②化学调控　一些植物生长物质可以用来提高植物的抗冻性。比如用生长延缓剂 B_9 等处理，可提高槭树的抗冻力。用矮壮素与其他生长延缓剂来提高小麦抗冻性已开始应用于实际，脱落酸可提高植物的抗冻性已得到比较肯定的证明。从以马铃薯等无菌苗为材料的研究中发现，培养基中添加植物激素脱落酸（ABA），在常温下培养半个月，其所诱导的抗寒性与低温 2 ℃锻炼效果相似。目前，这种方法已经开始用于葡萄、柑橘等果树防冻的科研与生产实践中。此外 20 μg/L 脱落酸即可保护苹果苗等不受冻害，细胞分裂素对许多作物，如玉米、梨树、甘蓝、菠菜等都有增强其抗冻性的作用。用化学药物控制生长和抵抗逆境（包括冻害）已成为现代农业的一个重要手段。

③农业措施　作物抗冻性的形成是对各种环境条件的综合反应。因此，环境条件如日照多少、雨水丰歉、温度变幅等都可决定抗冻性强弱。秋季日照不足，秋雨连绵，干物质积累少，体质纤弱；土壤过湿，根系发育不良；温度忽高忽低，变幅过剧；氮素过多，幼苗徒长等原因，都会影响植物的锻炼过程，使抗冻能力低下。因此要采取有效农业措施，加强田间管理，防止冻害发生。比如：

a. 及时播种、培土、控肥、通气，促进幼苗健壮，防止徒长，增强秧苗素质。

b. 寒流霜冻来前实行冬灌、熏烟、盖草，以抵御强寒流袭击。

c. 实行合理施肥，也可用厩肥与绿肥压青等，提高土壤有机肥含量，可适当提高钾肥比例，提高越冬或早春作物的御寒能力。

d. 早春育秧，采用薄膜苗床、地膜覆盖等对防止冷害和冻害都很有效。

小麦等越冬性二年生作物在大田条件下，抗寒锻炼要经过两个阶段：一是让植物在入冬前的好天气进行旺盛的光合作用，积累更多的"保护物质"，即越冬所需的营养物质（糖和氨基酸等），增加膜脂中不饱和脂肪酸的含量，这对防止生物膜的相变、稳定膜结构是很重要的；二是在晚秋稳定的低温条件下，控制田间灌水，使植物能够进行细胞间隙的正常脱水过程和原生质胶体状态的正常改变，并使植物组织中自由水含量减少，因而也减少了组织结冰的可能性。经过上述两个方面的锻炼，细胞原生质对不良条件的反应便会变得迟钝，抗冻能力自然就会显著增加。

知识链接)))

抗冻的植物必须具备的几个特性

第一,在温度降低时,必须能够维持机体内生物膜正常的液晶相。第二,具备膜结构上的稳定性,这种稳定性与植物品种的抗寒性成正相关。第三,能够避免细胞内结冰,以防止冰晶对膜的破坏。第四,细胞内的水流到细胞外结冰也会造成一定的伤害,这是因为冰冻脱水会引起细胞干旱,使蛋白质变性,同时也会使细胞发生收缩塌陷,使细胞质膜遭到破坏所致。因此,还必须具备抗冻脱水的性能。但是,各种植物对上述要求的抗冻性并不相同,有些只具备其中的一种或两种,有的甚至完全不具备,因而便出现了有些品种怕寒、有些品种抗冻的现象。如西红柿、黄瓜、香蕉、菠萝等,在10 ℃以下就常常发生寒害,而松、柏、竹、云杉、冬小麦、葱、蒜等,却能够在白雪皑皑、冰天雪地的环境中正常存活。

8.2.3　植物的抗热性

1)热害

由高温引起植物的伤害称热害。植物对高温胁迫的适应称抗热性。但热害的温度很难定量,因为不同类的植物对高温的忍耐程度有很大差异。根据不同植物对温度的反应,可分为如下几类:

①喜冷植物:例如某些藻类、细菌和真菌,生长温度为零度以上低温(0～20 ℃),当温度在20 ℃以上,即受高温伤害。

②中生植物:例如水生和阴生的高等植物,地衣和苔藓等,生长温度为10～30 ℃,超过35 ℃就会受伤。

③喜温植物:其中有些植物在45 ℃以上就受伤害,称为适度喜温植物,例如陆生高等植物,某些隐花植物;有些植物则在65～100 ℃才受害,称为极度喜温植物,例如蓝绿藻、真菌和细菌等。

发生热害的温度和作用时间有关,即致伤的高温和暴露的时间成反比。暴露时间愈短,植物可忍耐的温度愈高。

高温的直接伤害是蛋白质变性与凝固,但伴随发生的是高温引起蒸腾加强与细胞脱水,因此抗热性与抗旱性的机理常常不易划分。实际上,抗旱性机理中就包含有抗热性,同样,说明抗热性的机理也可能解释抗旱性。热害与旱害在现象上的差别在于,热害后叶片死斑明显,叶绿素破坏严重,器官脱落,亚细胞结构破坏变形,而旱害的症状不如热害显著。

在中国许多地方发生的"干热风",即高温低湿,并伴有一定风力的农业气象灾害性天气,可以认为是高温和干旱相结合对农作物危害的典型事例。

2)高温对植物的危害

植物受高温灼伤后会出现各种症状:树干(特别是向阳部分)干燥、裂开;叶片出现死斑,叶色变褐、变黄,鲜果(如葡萄、猕猴桃、番茄等)朝阳面失绿、变软坏死,后来受伤处与健康处之间形成木栓,有时甚至整个果实死亡;生殖器官出现雄性不育,花序或子房脱落等异常现象。高温对植物的危害是复杂的、多方面的,归纳起来可分为直接危害与间接危害两个方面。

(1)直接伤害

高温直接影响组成细胞质的结构,在短期(几秒到几十秒)内出现症状,并可从受热部位向非受热部位传递蔓延。其伤害实质较复杂,主要原因如下:

①蛋白质变性　高温破坏蛋白质空间构型。由于维持蛋白质空间构型的氢键和疏水键键能较低,所以高温易使蛋白质失去二级与三级结构,蛋白质分子展开,失去其原有的生物学特性。蛋白质变性最初是可逆的,在持续高温下,很快转变为不可逆的凝聚状态。高温使蛋白质凝聚的原因与冻害相似,蛋白质分子的二硫基含量增多,巯基含量下降。在小麦幼苗、大豆下胚轴都可以看到这种现象。

一般植物器官的细胞含水量愈少,其抗热性愈强。因为:第一,水分子参与蛋白质分子的空间构型,两者通过氢键连接起来,而氢键易于受热断裂,所以蛋白质分子构型中水分子越多,受热后越易变性;第二,蛋白质含水充足,它的自由移动与空间构型的展开更容易,因而受热后也越易变性。故种子越干燥,其抗热性越强;幼苗含水量越多,越不耐热。

②脂类液化　生物膜主要由蛋白质和脂类组成,它们之间靠静电或疏水键相联系。高温能打断这些键,把膜中的脂类释放出来,形成一些液化的小囊泡,从而破坏了膜的结构,使膜失去半透性和主动吸收的特性。脂类液化程度决定了脂肪酸的饱和程度,饱和脂肪酸愈多愈不易液化,耐热性愈强。经比较,耐热藻类的饱和脂肪酸含量显著比中生藻类高。

(2)间接伤害

间接伤害是指高温导致代谢的异常,渐渐使植物受害,其过程是缓慢的。高温常引起植物过度蒸腾失水,此时同旱害相似,因细胞失水而造成一系列代谢失调,导致生长不良。

①饥饿　高温下呼吸作用大于光合作用,即消耗多于合成。若高温时间长,植物体就会出现饥饿甚至死亡。因光合作用的最适温度一般低于呼吸作用的最适温度,如马铃薯的光合适温为 30 ℃,而呼吸适温接近 50 ℃。

呼吸速率和光合速率相等时的温度,称温度补偿点。所以当温度高于补偿点时,就会消耗体内贮藏的养料,使淀粉与蛋白质等的含量显著减少。当然,饥饿的产生也可能是由于运输受阻或接纳能力降低所致。

②毒性　高温使氧气的溶解度减小,抑制植物的有氧呼吸,同时积累无氧呼吸所产生的有毒物质,如乙醇、乙醛等。如果提高高温时的氧分含量,则可显著减轻热害。

氨(NH_3)中毒也是高温的常见现象。高温抑制含氮化合物的合成,促进蛋白质的降解,使体内氨过度积累而毒害细胞。

③缺乏某些代谢物质　高温使某些生化环节发生障碍,使得植物生长所必需的活性物质如维生素、核苷酸等缺乏,从而引起植物生长不良或出现伤害。

④蛋白质合成下降　高温一方面使细胞产生了自溶的水解酶类,或溶酶体破裂释放出水解酶使蛋白质分解;另一方面使呼吸过程中的氧化磷酸化的解偶联,因而丧失了为蛋白

质生物合成提供能量的能力。此外,高温还破坏核糖体和核酸的生物活性,从根本上降低蛋白质的合成能力。

3)植物耐热性机理

不同生长习性植物的耐热性不同。一般说来,起源于干燥炎热环境下的植物耐热性高于生长在潮湿冷凉环境下的植物。例如 C_4 植物起源于热带或亚热带地区,其耐热性一般高于 C_3 植物。C_4 植物光合最适温度为 35 ~ 45 ℃,高于 C_3 植物(25 ~ 30 ℃)。因此 C_4 植物温度补偿点高,在 45 ℃高温下仍有净光合的生产,而 C_3 植物温度补偿点低,当温度升高到 35 ℃以上时常已无净光合生产。

植物不同的生育期、部位,其耐热性也有差异。成长叶片的耐热性大于嫩叶,更大于衰老叶;种子休眠时耐热性最强,随着种子吸水膨胀,耐热性下降;果实越趋成熟,耐热性越强;油料种子对高温的抵抗力大于淀粉种子;细胞汁液含水量(自由水)越少,蛋白质分子越变性,耐热性越强。

耐热性强的植物在代谢上的基本特点是构成原生质的蛋白质对热稳定。蛋白质的热稳定性主要决定于化学键的牢固程度与键能大小。凡是疏水键、二硫键越多的蛋白质,其抗热性就越强,这种蛋白质在较高温度下不会发生不可逆的变性与凝聚。同时,耐热植物体内合成蛋白质的速度很快,可以及时补偿因热害而造成的蛋白质的损耗。

生长在沙漠、干热地区的一些植物,在高温下产生较多的有机酸,有机酸与 NH_4^+ 结合可消除 NH_3 的毒害。一般植物也有以增加有机酸来提高耐热能力的。

4)提高植物抗热性的措施

①高温锻炼　温度对植物耐热性有直接影响。如干旱环境下生长的藓类,在夏天高温时,耐热性强,冬天低温时,耐热性差。高温锻炼有可能提高植物的抗热性。如把一种鸭跖草栽培在 28 ℃下 5 周,其叶片耐热性与对照(生长在 20 ℃下 5 周)相比,从 47 ℃变成 51 ℃,提高了 4 ℃。将组培材料进行高温锻炼,也能提高其耐热性。将萌动的种子放在适当高温下锻炼一定时间,然后播种,可以提高作物的抗热性。

高温处理会诱导植物形成热激蛋白。有的研究表明热激蛋白的形成与植物抗热性呈显著正相关,也有的研究指出热激蛋白有稳定细胞膜结构与保护线粒体的功能,所以热激蛋白的种类与数量可以作为植物抗热性的生化指标。

②改善栽培措施　主要措施有:补充土壤水分,促进蒸腾,降低植株体温;采用间种套作,高秆和矮秆搭配,抗热作物和不抗热作物适当搭配;人工遮阴;树干涂白,防止日灼。矿质营养与耐热性的关系较复杂,通过对白花酢浆草等植物的测定得知,氮素过多,其耐热性减低。而营养缺乏的植物其热死温度反而提高,其原因可能是氮素充足生长快,机械程度差,也增加了植物细胞含水量。一般而言,一价离子可使蛋白质分子键松驰,使其耐热性降低,二价离子如 Mg^{2+}、Zn^{2+} 等联接相邻的两个基团,加固了分子的结构,增强了热稳定性;增施有机肥和磷、钾肥能明显提高植物耐热性。

此外,湿度与抗热性也有关。栽培作物时控制淋水或充分灌溉,可使细胞含水量不同,抗热性有很大差别。通常湿度高时,细胞含水量高,而抗热性降低。

③化学药剂处理　如干热风时叶面喷洒 $CaCl_2$、$ZnSO_4$、KH_2PO_4 等、多元素叶面肥、芸

苔素内酯等植物生长调节剂，可增加生物膜的热稳定性，提高作物抗热性。

8.2.4 植物的抗盐性

1）盐害

土壤中可溶性盐过多对植物的损害称盐害。植物对盐分过多的适应能力称抗盐性。

一般在气候干燥、地势低洼、地下水位高的地区，水分蒸发会把地下盐分带到土壤表层（耕作层），这样易造成土壤盐分过多。海滨地区因土壤蒸发或者咸水灌溉、海水倒灌等因素，可使土壤表层的盐分升高到1%以上。盐的种类决定土壤的性质，若土壤中盐类以碳酸钠（Na_2CO_3）和碳酸氢钠（$NaHCO_3$）为主时，此土壤称为碱土；若以氯化钠（NaCl）和硫酸钠（Na_2SO_4）等为主时，则称其为盐土。因盐土和碱土常混合在一起，盐土中常有一定量的碱土，故习惯上把这种土壤称为盐碱土（saline and alkaline soil）。盐分过多使土壤水势下降，严重地阻碍植物生长发育，这已成为盐碱地区限制作物收成的制约因素。世界上盐碱土面积很大，约有4亿公顷。我国盐碱土主要分布于北方和沿海地区，约2 000万公顷，另外还有700万公顷的盐化土壤。一般盐土含盐量在0.2%～0.5%时就已对植物生长不利，而盐土表层含盐量往往可达0.6%～10%。如果能提高作物抗盐力，并改良盐碱土，那么这将对农业生产的发展产生极大的推动力。

2）盐分过多对植物的危害

根据植物的耐盐能力，可将植物分为盐生植物和甜土植物。盐生植物是盐渍生境中的天然植物类群，这类植物在形态上常表现为肉质化，吸收的盐分主要积累在叶肉细胞的液泡中，通过在细胞质中合成有机溶质来维持与液泡的渗透平衡。绝大多数农作物属甜土植物，甜土植物在受到盐胁迫时会发生危害，主要表现以下几个方面。

（1）渗透胁迫引起生理干旱

由于高浓度的盐分降低了土壤水势，使植物吸水困难，甚至体内水分外渗，因而盐害通常表现为生理干旱。

甜土植物在土壤含盐量达0.2%～0.25%时，出现吸水困难；含盐量高于0.4%时，植物就易外渗脱水，生长矮小，叶色暗绿。在大气相对湿度较低的情况下，随蒸腾的加强，盐害更为严重。

（2）离子失调发生单盐毒害

盐碱土中Na^+、Cl^-、Mg^{2+}、SO_4^{2-}等含量过高，会引起K^+、HPO_4^{2-}或NO_3^-等离子的缺乏。Na^+浓度过高时，植物对K^+的吸收减少，同时也易发生磷和Ca^{2+}的缺乏症。植物对离子不平衡吸收，不仅使植物发生营养失调，抑制了生长，还会产生单盐毒害作用。

（3）膜透性改变

将大豆子叶圆切片放入浓度从20～200 mmol/L的NaCl溶液中，观察到渗漏率大致与盐浓度成正比。这是因为NaCl浓度的增高造成了植物细胞膜渗漏的增加。

(4)生理代谢紊乱

盐分胁迫抑制甜土植物的生长发育,并引起一系列的代谢失调,主要有以下几个方面:

①光合作用下降　盐分过多使 PEP 羧化酶和 RuBP 羧化酶活性降低,叶绿体趋于分解,叶绿素和类胡萝卜素的生物合成受干扰,气孔关闭,光合作用受到抑制。

②呼吸作用异常　低盐时植物呼吸受到促进,而高盐时则受到抑制,氧化磷酸化解偶联。

③蛋白质分解大于合成　盐分过多会降低植物蛋白质的合成,促进蛋白质分解。例如蚕豆在盐胁迫下叶内半胱氨酸和蛋氨酸合成减少,从而使蛋白质含量减少。

④产生有毒物质　盐胁迫使植物体内积累有毒的代谢产物。如小麦和玉米等在盐胁迫下蛋白质降解,产生的游离 NH_3 对细胞产生毒害作用。

3)植物抗盐性及其提高途径

(1)植物的抗盐方式

①避盐　植物回避盐胁迫的抗盐方式称为避盐。它可通过被动拒盐、主动排盐和稀释盐分来达到避盐的目的。

a. 拒盐　一些植物对某些盐离子的透性很小,在一定浓度的盐分范围内,不吸收或很少吸收盐分。也有些植物拒盐只发生在局部组织,如根吸收的盐类只积累在根细胞的液泡内,不向地上部分运转,地上部分"拒绝"吸收。

b. 排盐　也称泌盐,指植物将吸收的盐分主动排泄到茎叶的表面,而后被雨水冲刷脱落,防止过多盐分在体内的积累。盐生植物排盐主要通过盐腺,玉米、高粱等作物都有排盐作用。此外,有些植物将吸收的盐分转移到老叶中积累,最后脱落叶片以此来阻止盐分在体内的过量积累。

c. 稀盐　指通过吸收水分或加快生长速率来稀释细胞内盐分的浓度。如红树虽然每天接受 1.7 mmol/L 盐分,但叶片的盐浓度保持恒定(510 ~ 560 mmol/L)。肉质化的植物靠细胞内大量贮水来冲淡盐的浓度。

②耐盐　指通过生理或代谢过程来适应细胞内的高盐环境。

a. 耐渗透胁迫　通过细胞的渗透调节以适应由盐渍而产生的水分逆境。植物耐盐的主要机理是盐分在细胞内的区域化分配,如有的植物将吸收的盐分离子积累在液泡里,盐分在液泡中积累可降低其对细胞质中功能细胞器的伤害。植物也可通过合成可溶性糖、甜菜碱、脯氨酸等渗透物质来降低细胞渗透势和水势,从而防止细胞脱水。如遭受盐害的菠菜叶片叶肉细胞中,破坏细胞质代谢的钠和氯化物主要浓缩在液泡中。而叶绿体和细胞质中甘氨酸甜菜碱的浓度很高,而液泡中很低。

b. 营养元素平衡　有些植物在盐渍时能增加对 K^+ 的吸收,有的蓝绿藻能随 Na^+ 供应的增而加大对 N 的吸收,所以它们在盐胁迫下能较好地保持营养元素的电化学势平衡。

c. 代谢稳定性　在较高盐浓度中,某些植物仍能保持酶活性的稳定,维持正常的代谢。例如菜豆的光合磷酸化作用受高浓度 NaCl 抑制,而玉米、向日葵、欧洲海蓬子等在高浓度 NaCl 下反而刺激光合磷酸化作用。

d. 与盐结合　通过代谢产物与盐类结合，减少游离离子对原生质的破坏作用。细胞中清蛋白可提高亲水胶体对盐类凝固作用的抵抗力，从而避免原生质受电解质影响而凝固。

(2)提高抗盐性的途径

植物耐盐能力常随生育时期的不同而异，且对盐分的抵抗力有一个适应锻炼过程。种子在一定浓度的盐溶液中吸水膨胀，然后再播种萌发，可提高作物生育期的抗盐能力。如棉花和玉米种子用3% NaCl 溶液预浸 1 h，可增强耐盐力。

以在培养基中逐代加 NaCl 的方法，可获得耐盐的适应细胞，适应细胞中含有多种盐胁迫蛋白，以增强抗盐性。

另外，改良土壤、培育耐盐品种、洗盐灌溉等都是从农业生产的角度上抵抗盐害的重要措施。

知识链接)))

抗病性

许多微生物包括真菌、细菌、病毒等都可以寄生在植物体内，对寄主产生危害，称病害(disease)。植物抵抗病菌侵袭的能力称抗病性(disease resistance)。

引起植物病害的寄生物称为病原物(causal organism, pathogenetic organism)。若寄生物为菌类，称为病原菌(disease producing germ)，被寄生的植物称为寄主(host)。

大多数微生物只袭击植物的一个特殊部位，同时产生特定的病症，如花叶病、坏死、斑点、萎蔫。100 多种不同的致病微生物袭击西红柿类植物。

既然病害是寄主和寄生物相互作用的结果，它就不是寄主的固有特性。当植物受到病原物侵袭时，病原物和寄主相对亲和力的大小决定了植物不同的反应。亲和性相对较小，发病较轻时，寄主被认为是抗病的，反之则认为是感病的。

1)植物的抗病性

(1)植物对病原物的反应类型

植物受病原物侵染后，从完全不发病到严重发病，在一定范围内表现为连续过程，因此同一植物既可以认为是抗病的，也可以认为是感病的，这要根据具体情况而定。

寄主对病原物侵染的反应可分为下列几种类型：

①感病(susceptible)　寄主受病原物的侵染而发生病害，生长发育受阻，甚至局部或全株死亡，影响产量和质量。损失较大者为高度或严重感病。

②耐病(tolerant)　寄主对病原物是敏感的，受侵染后有发病症状，但对产量及品质没有很大影响。

③抗病(resistant)　病原物侵入寄主后被局限或不能继续扩展，寄主发病较轻，对产量、品质影响不大。发病很轻者为高抗。

④免疫(immune)　寄主排斥或破坏进入机体的病原物，在有利于病害发生的条件下不感染或不发生任何病症，这在植物中较少见。

(2)抗病性反应的几种类型

①避病(escape)　受到病原物侵染后不发病或发病较轻,这并非由于寄主自身具有抗病性,而是病原物的盛发期和寄主的感病期不一致,植物即可避免侵染。如雨季葡萄炭疽病孢子大量产生时,早熟葡萄品种已经采收或接近采收,因此避开了危害。又如大麦在自花授粉前,花序始终在旗叶鞘里,由于雌蕊不暴露,结果避开了黑穗病。

②抗侵入　指由于寄主具有的形态、解剖结构及生理生化的某些特点,可以阻止或削弱某些病原物侵入的抗性类型,如叶表皮的茸毛、刺、蜡质、角质层等。此外,如气孔数目、结构及开闭规律、表面伤口的愈合能力、分泌可抑制病原物孢子萌发和侵入的化学物质等,均与抗侵入的机理有关。

③抗扩展　寄主的某些组织结构或生理生化特征,使侵入寄主的病原物进一步的扩展被阻止或限制,如厚壁、木栓及胶质组织可以限制扩展。组织营养成分、pH、渗透势及细胞含有的特殊化学物质:抗菌素、植物碱、酚、单宁及侵染后产生的植保素等,均不利于病原物的继续扩展。

④过敏性反应

又称保卫性坏死反应,是病原物侵染后,侵染点附近寄主细胞和组织很快死亡,使病原物不能进一步扩展的现象。

2)病害对作物生理生化的影响

(1)水分平衡失调

植物受病菌感染后,首先表现出水分平衡失调,常以萎蔫或猝倒为特征。造成水分失调的原因主要有:

①根被病菌损坏,不能正常吸水;

②维管束被病菌或病菌引起的寄主代谢产物(胶质、黏液等)堵塞,水流阻力增大。如感染黄矮病的番茄茎秆水流阻力比健康植株大200倍。

③病菌破坏了原生质结构,使其透性加大,蒸腾失水过多。

(2)呼吸作用加强

病株的呼吸速率往往比健康植株高10倍。呼吸速率增强的原因,一方面是病原微生物进行着强烈的呼吸;另一方面是寄主自身的呼吸加快。因为健康组织的酶与底物在细胞里是间隔开的,病害侵染后间隔被打破,酶与底物直接接触,呼吸提高。由于氧化磷酸化解偶联,大部分呼吸能以热能形式释放,所以染病组织的温度升高。

(3)光合作用抑制

植物感病后,光合速率即开始下降,其直接原因可能是叶绿体受到破坏,叶绿素合成减少。随着感染的加重,光合更弱,甚至完全失去同化CO_2的能力。

(4)激素发生变化

某些病害症状(如形成肿瘤、偏上生长、生长速度猛增等)都与植物激素的变化有关。组织在染病时大量合成各种激素,其中以吲哚乙酸含量增加最突出,进而促进乙烯的大量生成,如锈病能提高小麦植株吲哚乙酸含量。有些病症是赤霉素代谢异常所致。例如,水稻恶苗病是由于赤霉菌侵染后,产生大量赤霉素,使植株徒长,而小麦丛矮病则是由于病毒侵染使小麦植株赤霉素含量下降，植株矮化，因而喷施赤霉素即可得到改善。

(5)同化物运输受干扰

感病后同化物比较多的运向病区，糖输入增加和病区组织呼吸提高是相一致的。水稻、小麦的功能叶感病后，严重妨碍光合产物输出，影响籽实饱满。

3)植物抗病机理

植物对病原菌侵染有多方面的抵抗能力。例如，形态结构对病菌不适应，生理代谢对病原菌的限制以及抗病物质的产生等。

植物有类似动物的免疫反应。如果先用无致病力的菌株或死的病菌接种植物体内，植物就会产生对病原菌有毒杀作用的物质。这类物质的产生，可认为是植物的一种免疫反应。

植物抗病的途径很多，主要如下：

(1)形态结构屏障

许多植物外部都有角质层保护，坚厚的角质层能阻止病菌侵入机体组织。苹果和李的果实在一定程度上能抵抗各种腐烂病真菌，主要依赖角质层的增厚。白粉病菌不侵染三叶橡胶树老叶，就是因为老叶有坚厚的角质层结构作保护。

(2)组织局部坏死

有些病原真菌只能寄生在活的细胞里，在死细胞里不能生存。抗病品种与这类病原菌接触时，过敏反应(hypersensitive reaction，HR)的结果是在侵染部位形成枯斑(necrotic lesion)，被侵染的细胞或组织坏死，使病原菌得不到合适环境而死亡，这样病害就被局限于某个范围而不能扩展。因此组织坏死是一个保护性反应。

此外，人们发现植物还能产生一类信号分子，顺着韧皮部传递到整株并使植物对更多种的病原微生物产生颉颃作用，即所谓系统获得性抗性(systemic acquired resistance，SAR)，这些信号分子可能包括水杨酸、茉莉酸类、乙烯、脱落酸等。

(3)病菌抑制物

植物体原本就含有一些物质对病菌有抑制作用，使病菌无法在寄主体中生长。酚类化合物与抗病有明显的关系，如儿茶酚对洋葱鳞茎炭疽病菌的抑制，绿原酸对马铃薯的疮痂病、晚疫病和黄萎病的抑制等。亚麻根分泌的一种含氰化合物，可抑制微生物的呼吸。生物碱、单宁都有一定的抗病作用。

(4)植保素(phytoalexin)

广义的植保素是指所有与抗病有关的化学物质；而狭义的植保素仅限于病原物或其他非生物因子刺激后寄主才产生的一类对病原物有抑制作用的物质。植保素通常是低分子化合物，一般出现在侵染部位附近。

最早发现的是从豌豆荚内果皮中分离出来的避杀酊，不久又从蚕豆中分离出非小灵，为异类黄酮和萜类物质。马铃薯中分离出逆杀酊，后来又从豆科、茄科及禾本科等多种植物中陆续分离出一些具有杀菌作用的物质。至今从被子植物的18个科中分离到的植保素就有100多种，在已明确其结构的48种里，大都是异类黄酮和萜类物质。诱导植保素产生的因子为激发子(elicitors)，激发子是指能够激发或诱导植物寄主产生防御反应的因子。

激发子通常由病原体产生,寡糖素、糖蛋白、蛋白质或多肽都可成为激发子。激发子被细胞膜上的激发子受体(一种能与激发子特异结合的蛋白)接受,通过细胞的信号系统转导,诱导抗病基因活化,从而使细胞合成与积累植保素。

(5)病原相关蛋白

如前所述,病原相关蛋白(PRs)是植物被病原菌感染或一些特定化合物处理后新产生(或累积)的蛋白。PRs 的种类很多,如有的 PRs 具有β-1,3-葡聚糖酶或壳多糖酶等水解酶的活性,它们分别以葡聚糖和甲壳素(甲壳质、几丁质)为作用底物。高等植物不含甲壳素,只含少量的葡聚糖,但它们是大多数真菌及部分细菌的主要成分。这两种酶在健康植株中含量很低,在染病后的植株中含量却大大提高,通过对病原菌菌丝的直接裂解作用而抑制其进一步侵染。PRs 是基因表达的结果,PRs 的发现使人们对植物的抗病性机制有了更深刻的理解。

此外,植物还通过多种方式来达到抗病的效果,如加强氧化酶活性。当病原微生物侵入作物体时,该部分组织的氧化酶活性加强,如过氧化物酶、抗坏血酸氧化酶等。它们可以分解毒素,促进伤口愈合,抑制病原菌水解酶活性,从而抵抗病害的扩展。苯丙氨酸代谢途径的产物如木质素、香豆素、类黄酮等也常常具有抑制病原菌的作用,因此该代谢的第一个关键酶苯丙氨酸解氨酶(phenylalanine ammonia lyase,PAL)的活性强弱可作为抗病性的重要生理指标。

总之,要提高植物的抗病性,可从多方面入手。培育抗病品种是防治病害的重要手段,改善植物的生存环境和营养状况也是提高抗病能力的重要措施。

抗虫性

1)虫害与抗虫性的概念

世界上以作物为食的害虫达几万种之多,其中万余种可造成经济损失,严重危害的达千余种。中国记载的水稻、棉花害虫就有300余种,苹果害虫160种以上。因害虫种类多、繁殖快、食量大,所以无论产量或质量均遭受到巨大的损失,虫害严重时其危害甚至超过病害及草害。

植食性昆虫和寄主植物之间复杂的相互关系是在长期进化过程中形成的,这种关系可以分为两个方面,即昆虫的选择寄主和植物对昆虫的抗性。

在植物—昆虫的相互作用中,植物用不同机制来避免、阻碍或限制昆虫的侵害,或者通过快速再生来忍耐虫害。植物具有的这些能力,被称为植物的抗虫性(pest resistance)。由于昆虫可以将病毒传入植物细胞而被认为是带菌者。

(1)植物对虫害的反应类型

根据田间观察害虫在植物上生存、发育和繁殖的相对情况,寄主植物对虫害的反应类型可分为如下情况:

①免疫　指植物或某一作物的品种在任何条件下,具有不被某一特定害虫取食或危害的特性。

②高抗　指植物或某一作物的品种在特定条件下具有受某种害虫危害很小的特性。

③低抗　指植物或某作物品种具有受害虫的危害低于其他植物或同种作物其他品种平均值的特性。

④易感　指植物或某品种表现为等于或大于某害虫对其他植物或同种作物其他品种的平均危害。

⑤高感　指植物或某一作物的品种表现为对某一害虫表现高度敏感性,危害程度远远高于对其他植物或同一作物其他品种的平均危害。

(2)抗虫性反应的几种类型

对抗虫性反应有多种分类法,如物理的、化学的和营养的抗性,也可分为生态抗性和遗传抗性两大类。

①生态抗性　昆虫—植物相互作用中不能忽视环境条件(特别是非生物因素)的影响,它们不同程度地减轻或加重害虫危害,影响着抗虫性的表现。

寄主回避:一定环境下寄主可以很快越过最易感虫的阶段,此时害虫的危害性已经减少。对于寡食性害虫来说,它们必须寻找到寄主及其感虫器官与危害的物候期(phenological period)相协调、同步的机会,否则就有可能出现寄主回避。自然界中,寄主回避造成了隔若干年才有一次害虫大发生的原因。有些品种是因早熟而回避害虫的,因而通过晚播早熟种可以判断是否存在寄主回避。我国常见害虫如稻瘿蚊、麦红吸浆虫等,均有严格的危害物候期,哪怕几天的相差就会使危害水平形成悬殊差异。

诱导抗虫性:由植物或环境因子变化而产生的暂时增强的抗性。如由于长期阴雨、日照不足,光合下降,致使害虫营养水平下降、虫群不易发展而表现的抗性;另如长管蚜在高于20 ℃下不易繁殖,然而这种温度却适宜小麦生长。

②遗传抗性　严格的抗虫性是可遗传的,可分以下几种类型。

拒虫性:指植物忌避害虫降落、产卵及取食,主要依靠形态解剖结构的特点或生理生化作用,使害虫不被吸引,不能侵入。

抗生性:指植物对昆虫的生存、发育和繁殖等产生影响,使入侵害虫死亡,如抗虫棉,当棉铃虫食其叶子后便死亡。

耐虫性:指植物能经受住害虫侵害。主要表现是,耐虫性植物有代偿性生长,如受地下害虫危害后,可以迅速长出新根,而又不至于过分竞争地上部分的养分,显然它有较好的内部调节机能。

以上三种可遗传的抗性类型的划分,并非绝对的,不是任何抗虫现象都能明显划归于三种类型之中的某一种,但也可能一种植物同时具备两种或三种抗性。如抗麦茎蜂的实秆小麦品种"Rescue",既因不吸引雌蜂产卵而具有拒虫性,又因幼虫蛀入后不易存活而具有抗生性,加之该品种即使受蛀后也不易倒伏,所以对收获影响不大。

2)植物抗虫的机理

(1)抗虫的形态解剖特性

形态解剖上的抗虫因子,主要是通过物理方式干扰害虫的运动机制,包括干扰昆虫对寄主的选择、取食、消化、交配及产卵,也包括部分耐虫性,因此形态解剖基础构成了拒虫机理主要方面。但拒虫性同时还与植物因不同形态解剖结构而产生对昆虫毒害甚至致死的化学物质密切相关。

(2)抗虫的生理生化特性

植物能否被昆虫侵害需靠两种联系:①信息联系,即指植物是否具有吸引昆虫取向、定位至栖息取食、繁衍后代的理化因素。②营养联系,即植物能否满足害虫生长繁殖所必需的营养条件。前者决定了植物对昆虫是趋还是避,即是否具有拒虫性,后者则是抗生性的决定因素之一。

①拒虫性的表现。

拒产卵:不同植物或品种所发出的引诱雌虫的气味不同,如甘蓝蝇(Hylemya brassicae)的产卵,决定于植物是否存在促进产卵的烯丙基异硫氰化物,该物质在品种间是有差异的。大菜粉蝶雌虫产卵则需要黑芥子苷的存在。印楝、川楝或苦楝的抽提物对稻瘿蛾有明显的拒产卵作用。棉花叶、蕾、铃上无花外蜜腺的品种,至少减少昆虫40%的产卵量,说明花外蜜腺含有促进产卵的物质,无花外蜜腺则成为重要的抗虫性状。Maxwell通过杂交,把海岛棉的拒产卵因子转育到陆地棉上,新选系可以减少25%~40%的卵量。

拒取食:植物存在一些能降低昆虫存活率的生化物质,但昆虫致死的原因,多是因为饥饿,加之不良环境的胁迫,而不是因为取食了毒素。如番茄碱、垂茄碱、茄碱、卡茄碱(即察康碱)和莱普亭等生物碱,均对幼虫取食起抗拒、阻止或不良影响。四季豆属植物中含有的生氰糖苷菜豆亭等,对墨西哥豆象(Epilachna varivestis)起取食诱停素的作用。

②抗生性的表现。

当昆虫取食了对它有抗性的植物成分,可由慢性中毒到逐渐死亡,这种现象称植物抗生性表现。抗生性多有季节性,还可能因害虫危害的结果而增加,这使得抗生性的机制更为复杂。

抗生性与植物营养的关系:豌豆抗蚜品种生长期碳氮比较高,可使成蚜体重下降、产仔量减少,而衰老时与感虫品种趋于一致。抗蚜豌豆品种“完美”较感蚜品种“锦标”氨基酸种类多,除作为营养物质外,氨基酸还通过影响筛管内的液压间接使昆虫无法取食而挨饿。通过研究抗甘蓝菜蚜和桃蚜的氨基酸种类还发现,两种蚜虫各有其偏嗜性氨基酸,这可以作某些品种均只能抗一种蚜虫的解释。糖和卵磷脂的含量影响昆虫的繁殖,因此就对生殖的抗性而言,糖和卵磷脂之比似乎较碳氮比更为重要。

维生素也是昆虫所偏嗜的食物,如缺乏抗坏血酸使某些玉米自交系能抗欧洲玉米螟。

抗生性与植物毒素的关系:毒素包括来自腺体毛的分泌物,组织胺以及一些次生化合物。

多种茄科植物可分泌粘固昆虫或对昆虫有毒的化学物质。前者主要是机械作用,无毒性可言。但如烟草属某些种,腺体毛分泌的烟碱、新烟碱、降烟碱等生物碱、对蚜虫皆是有毒的。圆叶苜蓿毛上分泌的浓度低的液体则会降低幼虫的取食发育速度,浓度高时几天内即死亡。抗生性有关的次生物质有异戊间二烯类、乙酰配体及其衍生的物质、生物碱,糖苷等。研究证明,α-蒎烯、3-蒈烯、棉酚(棉毒素的主要成分)、葫芦素等至少有双重作用。其中有些具有改变昆虫行为、感觉、代谢、内分泌的效应。有些还影响昆虫发育、变态、生殖及寿命,欧洲蕨及香脂冷杉中即含有前两种。

此外，如棉毒素含有的棉籽醇为环状三萜，除虫菊花中所含的杀虫有效成分除虫菊酯，则为附加了其他结构的一种混合萜，这些次生物质都以不同的方法对昆虫产生毒害。

从罗汉松中分离出来的一种高毒物质罗汉松内酯，已证实对昆虫的发育具有抑制效应。银杏这个古老树种之所以不易受昆虫侵害，与叶中存在的羟内酯和醛类有关。

如同受到病原菌侵染一样，遭受虫害的植物也可能产生特殊的信号分子，并将信号传递到整个植株，使植株获得抗性。系统肽(systemin)是这种信号分子之一，它能够实现长距离的植物细胞间联络，最后诱导植株的其余部位形成蛋白酶抑制剂，阻碍昆虫的进一步咬食。

(3)环境因子对抗虫性的影响

内因(基因型)在任何情况下都不能脱离外因(环境条件)而单独表现，所以环境因子如温度、光照与湿度、土壤、栽培条件等，都影响着抗虫性的大小和表现。

①温度　温度过高过低均会使植物丧失抗性。首先温度影响寄主正常的生理活动，进而可改变害虫的生物学特性。再有，温度可改变寄主对昆虫取食及生长的影响。此外，温度直接影响着昆虫的行为和发育，而温度的极限值则取决于植物和害虫的种类。

②光与相对湿度　较低光强及较高相对湿度对抗虫性影响很大。降低75%光强会明显降低抗虫性，因为光强可改变茎秆硬度而影响抗性。与田间小区比较，田间罩笼内和温室内的植株因光强较弱，抗虫性会丧失。而当光照减弱时，抗性降低的是具抗性的实秆小麦品种，感虫的空心茎小麦及硬粒小麦品种却不受影响。

③土壤肥力及水分　土壤营养水平能改变抗性水平和表现。苜蓿斑点蚜在缺钾无性系植株上容易存活繁殖，而缺磷无性系植株则会对该种蚜的抗性增强。此外，过量缺乏钙和镁，植株的抗虫性会减弱。随着氮肥及磷肥施用量的增加，玉米螟在感虫杂种叶片上取食级别加大，伤斑和虫道增多，而其对抗虫杂种则无影响。

土壤严重缺水，会使韧皮部汁液黏度加大，致使刺吸式口器害虫，如蚜虫取食减少，生殖受抑。

栽培条件也与抗虫性有关。栽植过密，通风透气不良，可能会诱导某些害虫大量发生。此外，还可通过适当的早播或迟播来提高抗虫性。

目前，国内外都有用生物技术来培育的抗虫品种，如抗虫棉。生物技术的运用将成为提高作物抗虫性的重要手段。

环境污染与植物的抗污染性

1)环境污染与植物生长

随着近代工业的发展，厂矿、居民区、现代交通工具等所排放的废渣、废气和废水越来越多，扩散范围越来越大，再加上现代农业因大量使用农药化肥等化学物质，引起残留的有害物质的增加，环境污染(environmental pollution)日趋严重。

环境污染不仅直接危害人类的健康与安全，而且对植物生长发育带来很大的危害，如引起严重减产。污染物的大量聚集，可以造成植物死亡甚至可以破坏整个生态系统。

环境污染可分为大气、水体、土壤和生物污染。其中，以大气污染和水体污染对植物的影响最大，不仅范围广，接触面积大，而且容易转化为土壤污染和生物污染。

2）大气污染

（1）大气污染物

对植物有毒的大气污染物是多种多样的，主要有二氧化硫（SO_2）、氟化氢（HF）、氯气（Cl_2）以及各种矿物燃烧的废气等。有机物燃烧时一部分未被燃烧完的碳氢化合物如乙烯、乙炔、丙烯等对某些敏感植物也可产生毒害作用；臭氧（O_3）与氮的氧化物如二氧化氮（NO_2）等也是对植物有毒的物质；其他如一氧化碳（CO）、二氧化碳（CO_2）超过一定浓度对植物也有毒害作用。

此外，光化学烟雾对植物的伤害非常严重。所谓光化学烟雾（photochemical smog），是指工厂、汽车等排放出来的氧化氮类物质和燃烧不完全的烯烃类碳氢化合物，在强烈的紫外线作用下，形成的一些氧化能力极强的氧化性物质，如 O_3、NO_2、醛类（RCHO）、硝酸过氧化乙酰（peroxyacetyl nitrate，PAN）等。早在20世纪40年代初期，美国洛杉矶地区曾因光化学烟雾使大面积的农作物和百余万株松树遭受伤亡。

（2）大气污染物的侵入途径与伤害方式

很多植物对大气污染敏感，容易受到伤害。因为植物有大量的叶片，在不断地与空气进行着气体交换，且植物根植于土壤之中，固定不动，无法躲避污染物的侵入。污染物浓度大、暴露次数多、持续时间长时对植物的伤害就大，另外，大气污染对植物伤害的程度还受内外因素影响。

①侵入的部位与途径　植物与大气接触的主要部位是叶，所以叶最易受到大气污染物的伤害。花的各种组织如雌蕊的柱头也很易受污染物伤害而造成受精不良和空瘪率提高。植物的其他暴露部分，如芽、嫩梢等也可受到侵染。

气体进入植物的主要途径是气孔。白天气孔张开，既有利于 CO_2 同化，也有利于有毒气体进入。有的气体直接对气孔开度有影响，如 SO_2 促使气孔张开，增加叶片对 SO_2 的吸收；而 O_3 则促使气孔关闭。另外，角质层对 HF 和 HCl 有相对高的透性，它是后二者进入叶肉的主要途径。

②伤害方式　污染物进入细胞后如积累浓度超过了植物敏感阈值即产生伤害，危害方式可分为急性、慢性和隐性3种。

a. 急性伤害　指在较高浓度有害气体短时间（几小时、几十分钟或更短）的作用下所发生的组织坏死。叶组织受害时最初呈灰绿色，然后质膜与细胞壁解体，细胞内含物进入细胞间隙，转变为暗绿色的油浸或水渍斑，叶片变软，坏死组织最终脱水而变干，并且呈现白色或象牙色到红色或暗棕色。

b. 慢性伤害　指由于长期接触亚致死浓度的污染空气，而逐步破坏叶绿素的合成，使叶片缺绿、变小，畸形或加速衰老，有时在芽、花、果和树梢上也会有伤害症状。

c. 隐性伤害　从植株外部看不出明显症状，生长发育基本正常，只是由于有害物质积累使代谢受到影响、导致作物品质和产量下降。

（3）主要大气污染物对植物的伤害

①SO_2　硫是植物必需矿质元素之一，植物中所需的硫一部分来自大气中，因此一定浓

度的 SO_2 对植物是有利的。但大气中含硫如超过了植物可利用的量，就会对植物造成伤害。据研究，SO_2 对植物慢性伤害阈值的范围约在 25～150 μg/m^3。

a. 伤害症状　不同植物对 SO_2 的敏感性相差很大。总的来说，草本植物比木本植物敏感，木本植物中针叶树比阔叶树敏感，阔叶树中落叶的比常绿的敏感，C_3 植物比 C_4 植物敏感。植物受 SO_2 伤害后的主要症状为：a. 叶背面出现暗绿色水渍斑，叶失去原有的光泽，常伴有水渗出；b. 叶片萎蔫；c. 有明显失绿斑，呈灰绿色；d. 失水干枯，出现坏死斑。

伤害机理 SO_2 通过气孔进入叶内，溶化于细胞壁的水分中，成为重亚硫酸离子（HSO_2^-）和亚硫酸离子（SO_3^{2-}），并产生氢离子（H^+），这 3 种离子会伤害细胞。

● 直接伤害：H^+ 降低细胞 pH 值，干扰代谢过程；SO_3^{2-}、HSO_3^- 直接破坏蛋白质的结构，使酶失活。如卡尔文循环中的核糖-5-磷酸激酶（Ru5PK）、NADP、甘油醛-3-磷酸脱氢酶（GAPDH）、果糖-1,6-二磷酸酶（FBPase）3 种酶活性明显受抑制。酶失活与-SH 基被氧化有关，迫使-SH 基氧化的毒物是 H_2O_2，它是 SO_2 进入细胞后由次生反应生成的。当暴露停止后，酶活力恢复，光合速度回升。因此低浓度、短时间 SO_2 引起的光合障碍是可逆的，如浓度高、暴露时间长则恢复慢，甚至无法复原。

● 间接伤害：在光下由硫化合物诱发产生的活性氧会伤害细胞，破坏膜的结构和功能，积累乙烷、丙二醛、H_2O_2 等物质，其影响比直接影响更大。在这种情况下，即使外观形态还无伤害症状也会使物质积累减少，促使器官早衰，产量下降。

②氟化物

氟化物有 HF、F_2、SiF_4（四氟化硅）、H_2SiF_6（硅氟酸）等，其中排放量最大、毒性最强的是 HF。当 HF 的浓度为 1～5 μg/L 时，较长时期接触可使植物受害。

伤害症状。植物受到氟化物危害时，叶尖、叶缘出现伤斑，受害叶组织与正常叶组织之间常形成明显界限（有时呈红棕色）。表皮细胞明显皱缩，干瘪，气孔变形。未成熟叶片更易受害，枝梢常枯死，严重时叶片失绿、脱落。

伤害机理。

a. 干扰代谢，抑制酶活性。F 能与酶蛋白中的金属离子或 Ca^{2+}、Mg^{2+} 等离子形成络合物，使其失去活性。F 是一些酶（如烯醇酶，琥珀酸脱氢酶，酸性磷酸酯酶等）的抑制剂。

b. 影响气孔运动。极低浓度 HF 会使气孔扩散阻力增大，孔口变狭，影响水分平衡。

c. 降低光合速率。F 可使叶绿素合成受阻，叶绿体被破坏。试验证明，用不同浓度的各种空气污染物处理作物（如燕麦、大麦等）2 小时，对光合作用抑制最为明显的为 HF。

③平流层中的臭氧

伤害症状。O_3 为强氧化剂，当大气中臭氧浓度为 0.1 mg/L，且延续 2～3 h，烟草、菠菜、萝卜、玉米、蚕豆等植物就会出现伤害症状。通常出现于成熟叶片上，伤斑零星分布于全叶，可表现出如下几种类型：

a. 呈红棕、紫红或褐色；

b. 叶表面变白，严重时扩展到叶背；

c. 叶子两面坏死，呈白色或橘红色；

d. 褪绿，有黄斑。随后逐渐出现叶卷曲，叶缘和叶尖干枯而脱落。叶片中央萎黄病的形成。叶尖(较老叶细胞)和叶基部(年轻的叶细胞)表现较小的伤害。

伤害机理。

a. 破坏质膜。臭氧能氧化质膜的组成成分,如蛋白质和不饱和脂肪酸,增加细胞内物质外渗。

• 影响氧化还原过程。由于 O_3 氧化—SH 基为—S—S—键,破坏以-SH 基为活性基的酶(如多种脱氢酶)结构,导致细胞内正常的氧化-还原过程受扰,影响各种代谢活动。

• 阻止光合进程。O_3 破坏叶绿素合成,降低叶绿素水平,导致光合速率和作物产量下降。

• 改变呼吸途径。O_3 抑止氧化磷酸化水平,同时抑制糖酵解,促进戊糖磷酸途径。

臭氧的作用和植物体的反应。因为臭氧的极性和亲水性物质,它不能够渗透到皮层中,仅能微弱的侵入质体膜中。由于气孔的关闭臭氧进入质膜空隙可以消失。臭氧的破坏发生最初结果是质膜脂体的过氧化反应和刺激 ROS 产物。臭氧可以激活植物体细胞内的抗氧化防御机制。抗氧化防御机制是否有效取决于臭氧的浓度、植物体忍耐能力、植株年龄和基因型。

④氮氧化物　这包括 NO_2、NO 和硝酸雾,以 NO_2 为主。少量的 NO_2 被叶片吸收后可被植物利用,但当空气中 NO_2 浓度达到 2 ~ 3 mg/L 时,植物就受伤害。

a. 伤害症状　叶片上初始形成不规则水渍斑,然后扩展到全叶,并产生不规则白色、黄褐色小斑点。严重时叶片失绿、褪色进而坏死。在黑暗或弱光下植物更易受害。

b. 伤害机理:

• 对细胞的直接伤害。NO_2 抑制酶活力,影响膜的结构,导致膜透性增大,降低还原能力。

• 产生活性氧的间接伤害。可引起膜脂过氧化作用,产生大量活性氧自由基,对叶绿体膜造成伤害,叶片褪色,光合下降。

3)水体污染和土壤污染

(1)水体污染物和土壤污染物

水体污染物种类繁多,包括各种金属污染物、有机污染物等。比如各种重金属、盐类、洗涤剂、酚类化合物、氰化物、有机酸、含氮化合物、油脂、漂白粉、染料等。还有一些含病菌的污水也会污染植物,比如城市下水道的污水等,这些还会对食用者造成危害。

土壤污染主要来自水体和大气。以污水灌溉农田,有毒物质会沉积于土壤;大气污染物受重力作用随雨、雪落于地表渗入土壤内,这些途径都可造成土壤污染;施用某些残留量较高的化学农药,也会污染土壤,例如,六六六农药在土壤里分解95%要6年半之久。

(2)水体和土壤污染物对植物的危害

污染水质中的各种金属,如汞、铬、铅、铝、硒、铜、锌、镍等,其中有些是植物必需的微量元素,但在水中含量太高,会对植物造成严重危害,主要是这些重金属元素可抑制酶的活性,或与蛋白质结合,破坏质膜的选择透性,阻碍植物的正常代谢。水中酚类化合物含量超过 50 μg/L 时,就会使水稻等生长受抑制,叶色变黄。当含量再增高,叶片会失水,内卷,根系变褐,逐渐腐烂。氰化物浓度过高对植物呼吸有强烈的抑制作用,使水稻、油菜、小麦等多种作物生长和产量均受影响。三氯乙醛对小麦的危害很大。在小麦种子萌发时期,它可以使小麦第一心叶的外壁形成一层坚固的叶鞘,以阻止心叶吐出和扩展,以致不能顶土出苗。苗期受害则出现畸形苗,萎缩不长,植株矮化,茎基膨大,分蘖丛生,叶片卷曲老化,麦根短粗,逐渐干枯死亡。其他如甲醛、洗涤剂、石油等污染物对植物的生长发育也都有不良影响。

酸雨或酸雾也会对植物造成非常严重的伤害。因为酸雨、酸雾的pH很低,当酸性雨水或雾、露附着于叶面时,它们会随雨点的蒸发而浓缩,从而导致pH下降,最初只是损坏叶表皮,进而进入栅栏组织和海绵组织,形成细小的坏死斑(直径约0.25 mm左右)。由于酸雨的侵蚀,在叶表面会生成一个个凹陷的小洼,以后所降的酸雨容易沉积在此,所以随着降雨次数的增加,进入叶肉的酸雨就越多,它们会引起原生质分离,且被害部分徐徐扩大。叶片受害程度与H^+浓度和接触酸雨时间有关。另外,温度、湿度、风速、和叶表面的润湿程度等都将影响酸雨在叶上的滞留时间。酸雾的pH有时可达2.0,酸雾中各种离子浓度比酸雨高10~100倍。雾滴的粒子直径约20 μm,雾对叶片作用的时间长,而且对叶的上下两面都可同时产生影响,因此酸雾对植物的危害更大。花瓣比叶容易受酸雨、酸雾危害,如牵牛花在pH为4.0时,即发生脱色斑,这是由于H^+容易浸湿花瓣细胞,破坏膜透性,细胞坏死,花青素等色素从细胞内溶出所致。

大气污染、水体污染和土壤污染是一个综合因素,它们对植物的危害是连续的过程。多种污染的共同侵袭是加快植株死亡的主要原因。

4)提高植物抗污染力与环境保护

(1)提高植物抗污染力的措施

①进行抗性锻炼　用较低浓度的污染物预先处理种子或幼苗,经处理后的植株对被处理的污染物的抗性会提高。

②改善土壤营养条件　通过改善土壤条件,提高植株生活力,可增强对污染的抵抗力。如当土壤pH值过低时,施入石灰可以中和酸性,改变植物吸收阳离子的成分,可增强植物对酸性气体的抗性。

③化学调控　有人用维生素和植物生长调节物质喷施柑橘幼苗,或加入营养液让根系吸收,提高植物对O_3的抗性。有人喷施能固定或中和有害气体的物质,如石灰溶液,结果使氟害减轻。

④培育抗污染力强的品种　利用常规的或生物技术方法选育出抗污力强的品种。

(2)利用植物保护环境

不同植物对各种污染物的敏感性有差异,同一植物对不同污染物的敏感性也不一样。利用这些特点,可以用植物来保护环境。

①吸收和分解有毒物质　通过植物本身对各种污染物的吸收、积累和代谢作用,能达到分解有毒物质减轻污染的目的。柳杉叶每kg(干重)每日能吸收3 g SO_2,若每公顷柳杉林叶片按20 t计算,则每日可吸收60 kg SO_2,这是一个可观的数字。植物对各种污染物的吸收速度是不相同的。地衣、垂柳、臭椿、山楂、板栗、夹竹桃、丁香等吸收SO_2能力较强,能积累较多硫化物;垂柳、拐枣、油茶有较大的吸收氟化物的能力,即使体内含氟很高,也能正

常生长。水生植物中的水葫芦、浮萍、金鱼藻、黑藻等能吸收与积累水中的酚、氰化物、汞、铅、镉、砷等物,因此对于已积累金属污染物的水生植物要慎重处理。污物被植物吸收后,有的分解成为营养物质,有的形成络合物,从而降低了毒性。酚进入植物体后,大部分参加糖代谢,和糖结合成对植物无毒的酚糖苷,贮存于细胞内;另一部分游离酚则被多酚氧化酶和过氧化物酶氧化分解,变成 CO_2、水和其他无毒化合物。有报道,植物吸收酚后,5~7 d 就会全部分解掉。NO_2 进入植物体内后,可被硝酸还原酶和亚硝酸还原酶还原成 NH_4^+,然后由谷氨酸合成酶转化为氨基酸,进而被合成蛋白质。

②净化环境 植物不断地吸收工业燃烧和生物释放的 CO_2 并放出 O_2,使大气层的 CO_2 和 O_2 处于动态平衡。据计算,一公顷(1 hm^2)阔叶树每天可吸收 1 000 kg 的 CO_2;常绿树(针叶林)每年每平方米可固定 1.4 kg CO_2。植物还可减少空气中放射性物质,在有放射性物质的地方,树林背风面叶片上放射性物质的颗粒仅是迎风面的 1/4。城市中的水域由于积累了大量营养物质,导致藻类繁殖过量,水色浓绿浑浊,甚至变黑臭,影响景观和卫生。为了控制藻类生长,可采用换水法或施用化学药剂,也可采用生物治疗法,如在水面种植水葫芦(凤眼莲)吸收水中营养物,来抑制藻类生长,使水色澄清。

③天然吸尘器 叶片表面上的绒毛、皱纹及分泌的油脂等可以阻挡、吸附和粘着粉尘。每公顷山毛榉阻滞粉尘的总量为 68 t,云杉林为 32 t,松林为 36 t。有的植物,像松树、柏树、桉树、樟树等可分泌挥发性物质,杀灭细菌,有效减少大气中细菌数。

④监测环境污染 低浓度的污染物用仪器测定时有困难,但可利用某些植物对某一污染物特别敏感的特性来监控当地的污染程度。如紫花苜蓿和芝麻在 1.2 μg/L 的 SO_2 浓度下暴露 1 h 就有可见症状出现;唐菖蒲是一种对 HF 非常敏感的植物,可用来监测大气中 HF 浓度的变化。

种植指示植物不仅能监测环境污染的情况,而且有一定的观赏和经济价值,起到美化环境的作用。

本章小结

植物生长的环境并非总是适宜的,在自然界条件下,由于不同的地理位置和气候条件以及人类活动等多方面原因,造成了各种不良环境,超出了植物正常生长、发育所能忍受的范围,致使植物受到伤害甚至死亡。对农业生产来说,各种不良环境是影响产量的最直接、最大的因素。因此,加强植物抗性生理的研究,探明植物在不良环境下的生命活动规律并加以人为调控,对于夺取农业高产稳产具有重要意义。

1)逆境生理通论

植物逆境生理是研究植物在逆境条件下的生理生化变化及其机制。逆境也常译为胁迫,通常定义为对植物施加有害影响的环境因子。在多数情况下,逆境强度用植物的生存能力、作物的产量、生长量、发育情况、光合速率或矿质元素吸收速率等度量。抗逆性是指植物抵抗不利环境的能力。用较温和的逆境处理植物,使植物的抗逆能力增强的过程,称为锻炼或驯化。驯化不同于适应,适应是指经过多代的选择所获得的抵抗逆境的遗传特性,驯化是在特定环境因子的诱导下植物抗性基因表达的过程。

对植物产生重要影响的逆境主要有水分亏缺、低温、高温、盐碱、环境污染等理化逆境和病虫杂草等生物逆境。理化逆境之间通常是相互联系的。例如水分亏缺通常伴随着盐碱和高温逆境，水分胁迫、低温胁迫、病虫害和大气污染等都可引起活性氧伤害。植物对逆境的抵抗也存在共同的机制。例如在低温驯化过程中产生的低温抗性，也增强植物的抗旱能力。这种现象称为交叉抗性。了解植物的适应和驯化的生理机制以及逆境伤害机制对农业生产和保护生态环境具有极其重要的意义。

2)水分亏缺和抗旱性

植物抗旱机制主要有两种方式：避旱性、耐旱性。避旱性是指植物维持组织高含水量的能力。避旱性在用词上很不准确，有人主张用脱水延迟代替避旱性。植物的避旱性有两种机制，一是降低蒸腾节约用水；二是利用发达的根系大量吸收土壤水分来保持植物组织的高含水量。耐旱性是指植物在脱水情况下维持一定功能或生存的能力，是植物在低含水量下的抗性。也有学者用脱水耐性来代替耐旱性。植物的第三种抗旱方式是干旱逃避，是指植物在湿润季节完成生活周期，植物自身并不经受干旱。植物通过发育时期调整使对干旱敏感的阶段避开干旱，也可称为干旱逃避。后者对农作物生产具有重要的意义。

在干旱条件下植物早期适应性反应之一是降低叶片生长速率。随着植物含水量的降低，细胞收缩，细胞壁放松，细胞膨压降低，叶片扩展受到抑制，同时新叶的生长也受到抑制而缩小叶面积。干旱促进根系的生长。光合作用对干旱的反应没有叶片扩展敏感。在干旱时叶片气孔阻力增大。这与在干旱条件下 ABA 的合成和再分布有关。在干旱时，植物根尖合成 ABA，并随蒸腾流运至地上部分，调节气孔阻力。干旱还会导致 ABA 在植物内的再分布，促进 ABA 从细胞质向细胞间隙的运转。

在干旱条件下土壤的水势降低，植物若要继续吸收水分，就必须使自身的水势低于土壤水势。植物细胞通过渗透调节过程积累溶质，从而降低水势。参与渗透调节的物质有糖、糖醇、氨基酸、离子等。离子主要积累在液泡中，而有机溶质则积累在细胞质和细胞器中，由于它们不影响酶的活性，这些溶质称为相容溶质。渗透调节能力的形成缓慢，所以植物的渗透调节能力只能在缓慢干旱条件下才能表现出来。

3)低温和植物的抗寒性

对植物产生有害影响的低温对植物产生的危害分别称为冷害和冻害，统称为寒害。植物对低温的抵抗能力称为抗寒性。

①冷害及抗冷性　冷敏感植物在零度以上低温条件下就表现出受害症状，甚至死亡。一般热带和亚热带植物易遭受冷害，它们在 10 ~ 15 ℃条件下，生长放慢，叶片失绿或表现出水浸状。植物的抗冷性可通过锻炼提高，锻炼要求温度逐渐缓慢地降低，骤然降温往往引起伤害。遭受冷害的植物光合作用和物质运输受到抑制，呼吸降低，蛋白质合成减弱，分解加强，电解质外渗。研究表明低温伤害的原初部位是生物膜。低温条件下，生物膜流动性降低，蛋白质组分不能行使正常功能，溶质的跨膜运输、能量转化、酶促代谢受到抑制，从而引起伤害。

膜伤害与膜的脂肪酸组成有关。冷敏感植物往往有高比例的饱和脂肪酸，而抗冷植物则有高比例的不饱和脂肪酸。在冷驯化过程中与脂肪酸脱饱和有关的酶活性升高，不饱和脂肪酸比例增大。转基因试验与表明增加植物体内的不饱和脂肪酸含量可增强抗冷性。

②冻害及抗冻性 在零度以下,植物有两种结冰方式:胞外结冰和胞内结冰。胞外结冰主要引起原生质脱水伤害,胞内结冰破坏细胞的细微结构,通常是致死的。

植物适应结冰温度的机制有:积累保护性物质,如防冻蛋白、可溶性糖等防止细胞脱水伤害,抑制胞外结冰的形成或减缓形成速度。过冷作用是防止冰晶形成的一个重要机制。过冷是指溶液在理论冰点以下仍不结冰的现象。一些植物通过过冷作用防止结冰抵御冻害。许多植物的花芽越冬就依赖深度过冷作用。

在自然环境下植物的冻驯化需要一定的条件。例如,主要木本植物的驯化过程分为两个阶段:首先是在早秋短日照和零度以上低温,诱导生长停止,促进可扩散防冻物质从叶片向茎的运输,降低木质部的含水量;然后经受结冰温度使植物完成驯化,达到最大抗性。细胞经过驯化后最低可忍耐-50~-100 ℃的低温。

植物的低温驯化与ABA有关。在驯化过程中ABA含量升高,外源ABA诱导许多植物在驯化过程表达的基因表达,在非驯化温度下用外源ABA处理可提高一些植物的抗冻性。但有实验表明,单用ABA处理不能使植物达到最大抗冻性。

4)高温与植物的抗热性

在高温条件下,植物可通过蒸腾等途径防止体温过度升高,也可直接忍耐高温。因此,高温往往伴随着干旱,而干旱也会引起高温伤害。

高温影响生物膜的稳定性,增强膜的流动性,减弱膜整合蛋白极性基团之间的氢键和静电引力,使蛋白与脂类的疏水基团结合更紧密,从而改变膜的组成和结构,引起离子渗漏。在高温条件下光合作用先于呼吸作用受到抑制。研究表明光系统Ⅱ对高温敏感。

在高温驯化过程中,膜中的饱和脂肪酸含量增加,并且合成热激蛋白。不同热激蛋白分布在细胞核、叶绿体、内质网和细胞质。热激蛋白的合成可改善植物的高温抗性。热激蛋白不但能被高温诱导,而且可被干旱、ABA处理、低温和盐碱等诱导。

5)高盐和抗盐性

地理原因和农业措施等都可使土壤盐分升高。土壤盐分过高抑制植物的光合作用和生长,叶片出现失绿等伤害症状。高盐对植物的作用有离子效应和渗透胁迫效应。当细胞内积累过多的 Na^+、Cl^-、SO_4^{2-} 等离子时,可使酶失活,抑制蛋白质的合成,使膜的通透性增大,导致伤害;土壤盐分过高低降低土壤水势,阻止植物对水分的吸收,即导致生理干旱,引起与干旱相同的效应。

根据对盐生植物的研究,植物抵御高盐胁迫的机制主要有四种方式:根系拒盐,地上部排盐,在液泡中或特殊的盐腺中积累盐分及渗透调节。

案 例)))

植物抗逆性在生产上的应用

植物的抗逆性是指植物对不良环境条件的适应性和抵抗能力。从广义上讲,植物的抗逆性包括植物的抗寒性、抗旱性、抗盐碱性、抗酸性、耐热性、抗病性、抗虫性等。抗逆锻炼是使植物处于适当的逆境环境下，利用植物对外界刺激的反应能力，使之在经过一段时间后具有一定抗逆性的方法。

1）抗寒锻炼

如早季育秧，有的农户低温过后转晴，马上揭开地膜造成青枯死苗，这是因秧苗吸收水分不及叶片蒸腾作用所需水分所致。正确做法是先掀地膜两边，使秧苗得到锻炼，才不会"伤风感冒"。目前，设施栽培在升温和揭膜时，同样要注意循序渐进这一问题。为了提高黄瓜幼苗抗低温性，可采用胚芽锻炼的方法，把已经萌动但胚根尚未露出种皮的种子，放到零下2 ℃左右的条件下冷冻2～5 h，用冷水徐徐缓冻重新催芽，既可催出壮芽，又能提高幼苗抗逆性。本来黄瓜种子最低发芽温度为12.7 ℃，经冷冻处理可把低温界限降至10 ℃。

2）抗旱保墒

旱作的花生、地瓜等，中耕结合除草、松土、通气，还有一个很主要作用就是切断侧根，使根系向深层延伸，切断毛细管的蒸发，起到保墒的作用。

3）选育抗逆性强的品种

通过杂交或转基因手段获得抗逆性强的组合或材料。如上海市农业生物基因中心选育的全球首例节水抗旱杂交稻"旱优3号"，能显著地提高作物的抗旱能力，在节水50%的条件下，平均666.7 m^2 产达560 kg。此外，还应选育抗病品种，并加强栽培技术和关键时期施药等措施，最大限度地发挥作物的抗逆机能。

（摘编自2013年5月29日　中国农业科技信息网）

如何提高盐碱地植物的抗盐性

我国盐碱地主要分布于西北、华北、东北和滨海地区，总面积3～4亿亩。通常，土壤含盐量为0.2%～0.5%时就不利于植物生长了，而我国不少盐碱地的含盐量达0.6%～1.0%。因此，研究植物抗盐性对盐碱地区的具有重要的实践意义。

植物对土壤盐分过多的适应能力或抵抗能力称为抗盐性。其抗盐机理有以下两种类型：

1）避盐

一些植物以某种途径或方式来避免盐分过多的危害。有的植物透性小，能阻止外界盐分进入植物体内，从而避免盐分的威胁。这种透性通常取决于一价阳离子（K^+、Na^+等）和二价阳离子（Ca^{2+}等）的平衡。有的植物吸盐后不存留在体内，而是通过茎叶表面的分泌腺排出或将其转运至老叶中，最后脱落。如柽柳常在茎叶表面存留一些盐的结晶。有的植物通过细胞内的区域化作用稀释盐分。茎叶肉质的植物碱蓬可将盐分集中于液泡，使细胞质和细胞核等代谢旺盛部位免受伤害，又可使细胞水势下降，保证吸水。

2）耐盐

有些植物通过生理或代谢来适应、耐受已进入细胞内的盐分。如绿藻在吸收Na^+的同时也增加对氮的吸收，从而维持元素平衡。有些植物在代谢上具有一定的稳定性，如向日葵在高浓度盐下能使光合磷酸化保持在较高水平上。

3）提高植物抗盐性的措施

①选育抗盐品种　合理种植耐盐品种，如白榆、沙枣、紫穗槐、香石竹、月季等。采用组

织培养等高新技术选择抗盐突变体,培育抗盐新品种。

②进行抗盐锻炼 在播种前用一定浓度溶液处理种子。即让种子吸水膨胀后放入适宜浓度的盐溶液中浸泡一段时间,其抗盐性将明显提高。

③使用植物生长调节剂 利用植物生长调节剂稀释植物体内盐分,促进其生长。如用5~10 mg/L的吲哚乙酸(IAA)或赤霉素等喷施。

④改造盐碱土,合理灌溉,增施有机肥 根据各地水的碱度用适量的硫酸铝或硫酸亚铁(即黑矾)与水中的碱分中和,配制出中性浇灌水。增施有机肥,栽种前一年的春季,先深翻土地,然后施腐熟粪肥($0.8 \sim 1.5\ kg/m^3$)。以后每隔一个月左右都松土一次。待七八月份雨季后,再松土、施肥一次。翌年三四月份,土壤中的碱分被肥中的腐殖酸吸附得差不了,此时栽植有利于植物生长。

(摘编自2004年6月11日 中国农业科技信息网)

案例分析与讨论题

①分析:设施栽培时,植物入薄膜大棚前和揭除棚膜时,应注意哪些问题?为什么?

②回答并讨论:怎样进行黄瓜抗寒锻炼?从生理上解释为何采取这些措施可提高黄瓜的抗低温能力?

③柽柳、碱蓬、绿藻、向日葵主要以哪些方式对抗盐碱?从哪些方面提高作物抗盐性?

④结合抗逆性通论,分析讨论植物在不同逆境下受害时,有哪些共同的生理变化?

复习思考题

一、名词解释

逆境 抗逆性 避逆性 耐逆性 抗逆性 抗性锻炼 冷害 冻害 盐害

二、简答题

1. 膜脂与植物的抗冷性有何关系?
2. 在逆境中植物体内累积脯氨酸有什么作用?
3. 外施ABA提高植物抗逆性的原因是什么?
4. 零上低温对植物组织的伤害大致分为几个步骤?
5. 逆境对植物代谢有何影响?
6. 在冷害过程中植物体内发生了哪些生理生化变化?
7. 提高作物抗旱性的途径是什么?
8. 作物适应干旱的形态和生理特征有哪些?

实验实训1

植物体内游离脯氨酸含量测定

1)目的意义

植物在正常条件下游离脯氨酸(proline,Pro)含量很低,但在干旱、高温、低温、盐碱、水涝等逆境条件下便会大量积累，并且积累指数与植物的抗逆性呈正相关关系。因此，脯氨酸可作为植物抗逆性的一项生化指标，测定其含量也成为抗性生理研究的重要内容之一。

本实验的目的是掌握游离脯氨酸含量的测定方法、原理及操作技术。

2）原理

植物体内的氨基酸只有脯氨酸能与酸性茚三酮发生反应，生成稳定的红色产物。该产物在515 nm有一最大吸收高峰，其吸收值与脯氨酸的含量呈直线关系。因此，样品中的脯氨酸含量可用酸性茚三酮法测定。除脯氨酸外，酸性和中性氨基酸不能与酸性茚三酮形成红色产物，碱性氨基酸对这一反应只有轻度干扰，在同类样品的测定中可忽略不计，在不同样品的测定中可加入人造沸石排除这种干扰。

3）实验材料、仪器与试剂

①实验材料：正常生长与经逆境处理萎蔫的植物茎、叶、穗等器官或组织。

②仪器：分光光度计、分析天平、离心机、温箱、冰箱、移液管、容量瓶、剪刀、镊子、纱布、研钵、漏斗、滤纸、具塞刻度试管、量筒、培养皿等。

③试剂。

a. 酸性茚三酮试剂：称取重结晶茚三酮2.5 g放入烧杯，加冰醋酸60 mL、6 mol/L磷酸40 mL于70 ℃下溶解，冷却后装入棕色瓶内贮于4 ℃冰箱中，24 h内稳定。现用现配。

b. 100 μg/L脯氨酸母液：精确称取脯氨酸0.010 0 g溶于少量80%乙醇中，用蒸馏水定容至100 mL。

c. 其他试剂：人造沸石、活性炭粉、冰醋酸、80%乙醇。

4）操作步骤

（1）标准曲线制作

①取7个50 mL容量瓶，分别放入脯氨酸母液0.5、1.25、2.5、5.0、7.5、10.0、12.5 mL，用蒸馏水定容至刻度，摇匀，各瓶的脯氨酸浓度分别为1.0、2.5、5.0、10.0、15.0、20.0、25.0 μg/mL。

②另取具塞刻度试管8只（0～7号），0号加入2 mL蒸馏水，1～7号分别加入不同浓度的标准系列各2 mL，再分别加入冰醋酸2 mL和茚三酮试剂2 mL，充分摇匀，加盖，沸水浴10～15 min。以0号管溶液为空白对照，于515 nm处比色，记录消光值，以消光值为纵坐标，脯氨酸浓度为横坐标，绘制标准曲线。

（2）样品提取

称取鲜样0.5～1.0 g放入研钵或匀浆器中，加入80%乙醇3 mL和石英砂少许研成匀浆，移入具塞刻度试管中，并用80%乙醇冲洗研钵，匀浆液与洗液合并总量为10 mL，加盖后沸水浴煮沸10 min，再加活性炭粉末0.25 g，振荡过滤（用80%乙醇冲洗滤纸与残渣3次），滤液于80～85 ℃水浴上蒸去乙醇，残渣用蒸馏水洗涤并定容至100 mL供测定之用。

（3）样品测定

取大试管1只，加样品提取液10 mL和人造沸石1 g，摇动10 min并滤去人造沸石。取具塞刻度试管2只，各加入上述过滤样液2 mL、冰醋酸2 mL、茚三酮试剂2 mL，摇匀后加盖,于沸水浴中煮沸 10 ~15 min,冷却后于 515 nm 下比色,记录 OD 值。

正常鲜叶和萎蔫鲜叶测法完全相同,记录二者所测定数据.

5)作业

①结果计算:

$$A=\frac{C\times V}{W}$$

式中　A——样品脯氨酸含量,(μg/g);

C——从标准曲线上查得脯氨酸浓度,(μg/L);

V——样品稀释体积,mL;

W——样品质量,g。

②比较正常及萎蔫状态下植物组织中脯氨酸含量的变化,并加以解释。

【附注】

脯氨酸与茚三酮于 100 ℃下的反应时间需严格控制,不宜过久,否则将产生沉淀。

实验实训 2)))

植物细胞电导率的测定

1)目的意义

学会使用电导仪测植物细胞的电导率,并能通过电导率大小得知不同植物细胞膜透性大小及同一植物在不同环境下膜透性的改变,从而了解植物对某种逆境抵抗能力的强弱。

2)原理

植物细胞膜对维持细胞的微环境和正常的代谢起着重要的作用。在正常情况下,细胞膜对物质具有选择透性能力。当植物受到逆境影响时,如高温或低温,干旱、盐渍、病原菌侵染后,细胞膜遭到破坏,膜透性增大,从而使细胞内的电解质外渗,以致植物细胞浸提液的电导率增大。膜透性的增大程度与逆境胁迫强度成正相关,与植物抗逆性的强度成反相关。这样,比较不同作物或同一作物不同品种在相同胁迫温度下膜透性的增大程度,即可比较作物间或品种间的抗逆性强弱。因此,电导法目前已成为作物抗性栽培、育种上鉴定植物抗逆性强弱的一个精确而实用的方法。

3)实验材料、仪器与试剂

①实验材料:植物叶片。

②仪器:电导仪,天平,温箱,真空干燥器,抽气机,恒温水浴锅,注射器。

③试剂:NaCl 溶液。

4)操作步骤

①制作标准曲线。如需定量测定透性变化,可用纯 NaCl 配成 0、10、20、40、60、80、

100 μg/mL 的标准液，在 20 ~ 25 ℃恒温下用电导仪测定，可读出电导率。以电导率为纵坐标，NaCl 量为横坐标做标准曲线。

②选取小麦或其他植物在一定部位上生长叶龄相似的叶子若干，剪下后，先用纱布拭净，称取两份，各重 2 g。

③一份插入小杯中放在 40 ℃恒温箱内萎蔫 0.5 ~ 1 h，另一份插入水杯中放在室温下做对照。处理后分别用蒸馏水冲洗两次，并用洁净滤纸吸干。然后剪成长约 1 cm 小段放入小烧杯中（大小以能够容纳电极为度），并用玻棒或干净尼龙网压住，在杯中准确加入蒸馏水 20 mL，浸没叶片。

④放入真空干燥器，用抽气机抽气 7 ~ 8 min 以抽出细胞间隙中的空气。重新缓缓放入空气，水即被压入组织中而使叶下沉。

⑤将抽过气的小烧杯取出，放在实验桌上静置 20 min，然后用玻棒轻轻搅动叶片，在 20 ~ 25 ℃恒温下，用电导仪测定溶液电导率。

⑥测过电导率之后，再放入 100 ℃沸水浴中 15 min，以杀死植物组织，取出放入自来水冷却 10 min，在 20 ~ 25 ℃恒温下测其煮沸电导率。

5）作业

①比较不同处理（萎蔫处理与对照）叶片细胞透性的变化情况，记录结果，并加解释。

②植物抗逆性与细胞膜透性有何关系？用电导仪法定量测定细胞膜透性变化为什么要用纯 NaCl 绘制标准曲线？

【附注】

①整个过程中，叶片接触的用具必须绝对洁净（全部器皿要洗净），也不要用手直接接触叶片，以免污染。

②各处理和对照的待测液的体积要一样。

③测定后电极要清洗干净。

【附】DDS-11A 型电导率仪的使用方法

①未打开电源开关之前，电表指针应指零；否则，应调整表头螺丝使指针指零。

②打开电源开关，指示灯即亮，预热至指针稳定为止。

③把开关拨至“校正”挡，调节“调正”旋钮使指针停在最大刻度。

④当被测物的电导率低于 300 μS/cm 时，将开关拨向“低周”；当被测物的电导率为 300 ~ 1 000 μS/cm 时，将开关拨向“高周”。

⑤将量程开关打到所需范围。若初测不知测量范围大小，应先将量程开关打到最大位置，然后逐格下降，以防过载，否则指针迅速摆动时易被打弯。

⑥将电极插入电极插口内，旋紧插口上的紧固螺丝，同时把电极常数调节器调节在与之配用的电极常数相应的位置上。（测量范围在 10 ~ 10^4 μS/cm 时，使用 DJS-I 型铂黑电极；当被测物的电导率大于 10^4 μS/cm 时，则应选用 DJS-10 型铂黑电极，这时应调节在与之所配用电极常数 1/10 的位置上。例如：电极常数为 9.8，则应调节在 0.98 位置上，但要将测得的读数乘以 10，即为被测液的电导率）。

⑦将电极完全浸入待测液中，把开关打到“测量”挡，从电表读数乘以量程开关所指的倍数（量程开关指红色时，读表中的红色数字；指黑色时则读黑色数字），即为被测溶液的电导率。

⑧每测完一个样品，必须用蒸馏水冲洗电极，然后用滤纸吸干水珠，再测另一个样品。

参考文献

[1] 王衍安,龚维红. 植物与植物生理实训[M]. 北京:高等教育出版社,2004.
[2] 陈忠辉. 植物与植物生理[M]. 北京:中国农业出版社,2007.
[3] 徐汉卿. 植物学[M]. 北京:中国农业大学出版社,2000.
[4] 强胜. 植物学[M]. 北京:高等教育出版社,2006.
[5] 林纬,潘一展,杨卫韵. 植物与植物生理[M]. 北京:化学工业出版社,2009.
[6] 潘瑞炽. 植物生理学[M]. 5 版. 北京:高等教育出版社,2004.
[7] 刘佃林. 植物生理学[M]. 北京:北京大学出版社,2007.
[8] 李合生. 现代植物生理学[M]. 北京:高等教育出版社,2006.
[9] 崔玲华. 植物学基础[M]. 北京:中国林业出版社,2005.
[10] 于桉,谷建田. 园林植物生理[M]. 北京:中国农业出版社,2005.
[11] 李合生. 植物生理生化实验原理和技术[M]. 北京:高等教育出版社,2005.
[12] 张新中,章玉平. 植物生理学[M]. 北京:化学工业出版社,2007.
[13] 中国农业年鉴[M]. 北京:中国农业出版社,2000.
[14] 郑莉荔. 植物与植物生理学[M]. 北京:农业出版社,1984.
[15] 王衍安,邹秀华. 植物与植物生理[M]. 北京:高等教育出版社,2009.
[16] 胡洪禄,王彬. 生物化学[M]. 北京:中国农业出版社,2006.
[17] 王忠. 植物生理学[M]. 北京:中国农业出版社,2001.
[18] 余叔文,汤章城. 植物生理与分子生物学[M]. 2 版. 北京:科学出版社,1999.
[19] 蒋高明. 植物生理生态学[M]. 北京:高等教育出版社,2004.
[20] 郝建军,康宗利. 植物生理学[M]. 北京:化学工业出版社,2005.
[21] 辽宁省熊岳农业专科学校. 植物及植物生理学[M]. 北京:农业出版社,1984.
[22] 王沙生. 植物生理学[M]. 2 版. 北京:中国林业出版社,1990.
[23] 上海植物生理学会. 植物生理学实验手册[M]. 上海:上海科学技术出版社,1985.
[24] A. Gslton P. Davies R. Satter. 新编植物生理学[M]. 北京:北京大学出版社,1989.
[25] 余冰宾. 生物化学实验指导[M]. 北京:清华大学出版社,2003.
[26] 陈钧辉. 生物化学实验[M]. 3 版. 北京:科学出版社,2003.
[27] 王联结. 生物化学与分子生物学[M]. 2 版. 北京:科学出版社,2004.
[28] 英. A. J. 拉克,D. E. 伊文思. 杨世杰译. 植物生物学[M]. 北京:科学出版社,2004.
[29] 裴保华. 植物生理学[M]. 北京:中国林业出版社,1990.
[30] http://image.baidu.com/
[31] http://jpkc.yzu.edu.cn/course